浙江省普通高校“十三五”新形态教材

国家一流课程配套教材

数据库原理

傅婷婷　张红娟　编　著

西安电子科技大学出版社

内 容 简 介

本书系统地介绍了关系数据库的基本概念、基本原理和设计等内容。全书共 11 章，第 1 章主要介绍了数据库系统的应用、构成和结构以及数据管理技术的发展；第 2 章、第 7 章、第 8 章介绍了数据库设计的相关内容，包括建立数据模型、关系数据库规范化理论和数据库设计；第 3 章至第 6 章介绍了关系数据库基础，包括 SQL 语言初步、完整性和安全性、数据库编程、关系数据模型及其运算基础；第 9 章、第 10 章介绍了数据库管理系统的相关知识，包括事务管理、数据存储与查询优化等；第 11 章介绍了数据库新技术。

本书内容丰富，结构合理，通俗易懂，各章都编排了一定的例题精讲和习题训练，书末还附有上机实验指导、PowerDesigner 入门实验和华为数据库 openGauss 的安装部署，可帮助读者构建完整的知识体系。

本书可作为高等院校计算机及相关专业本科生“数据库系统原理”课程的教材，也可作为科技人员学习数据库知识的自学教材和应用参考书。

图书在版编目(CIP)数据

数据库原理 / 傅婷婷，张红娟编著. --西安：西安电子科技大学出版社，2023.9(2024.4 重印)
ISBN 978 - 7 - 5606 - 6972 - 4

Ⅰ. ①数…　Ⅱ. ①傅…　②张…　Ⅲ. ①数据库系统　Ⅳ. ①TP311.13

中国国家版本馆 CIP 数据核字(2023)第 145379 号

策　　划　陈　婷
责任编辑　陈　婷
出版发行　西安电子科技大学出版社(西安市太白南路 2 号)
电　　话　(029)88202421　88201467　　邮　　编　710071
网　　址　www.xduph.com　　电子邮箱　xdupfxb001@163.com
经　　销　新华书店
印刷单位　咸阳华盛印务有限责任公司
版　　次　2023 年 9 月第 1 版　2024 年 4 月第 2 次印刷
开　　本　787 毫米×1092 毫米　1/16　印张 22.5
字　　数　535 千字
定　　价　58.00 元
ISBN 978 – 7 – 5606 –6972–4 / TP
XDUP 7274001-2

前 言

本书是在“互联网+”的教学背景下编写而成的，目前已入选浙江省普通高校“十三五”新形态教材建设项目计算机类专业核心系列教材，是第二批国家级一流本科课程(线上线下混合式)“数据库系统原理”的配套教材。本书既保留了传统教材的特色，又融合了交互性更好的数字课程等内容，配有电子教案及配套线上教学资源。

本书整体内容循序渐进、深入浅出，将数据库基本原理与应用实践相结合，并配有适量的例题和习题，可帮助读者从不同角度理解和掌握所学的知识，构建完整的知识体系。本书贯彻党的二十大精神，为实施科教兴国战略，强化现代化建设人才支撑，新增国产数据库管理系统华为 openGauss 作为实验平台之一，实现深度产教融合，从而激发学生家国使命感与民族自豪感。

全书共 11 章，主要内容如下：

第 1 章是数据库系统概论，以贯穿全书大多数章节的实例——职工项目管理系统引出数据库基本概念、数据库系统的构成和体系结构等，帮助学生理解数据库在软件系统框架中的地位和作用。

第 2 章是建立数据模型，介绍了数据库设计中的概念数据模型(实体-联系模型)、关系型数据库管理系统 RDBMS 采用的数据模型(关系模型)以及设计过程中将实体-联系模型转换为关系模型的方法，使学生初步具备数据抽象和数据建模能力。

第 3 章是 SQL 语言初步，介绍关系数据库的标准语言 SQL，包括数据定义语言 DDL、数据操纵语言 DML 和数据控制语言 DCL；第 4 章是完整性和安全性，介绍 SQL 中如何实现对数据的完整性约束、触发器编程以及如何控制用户对数据库的访问权限；第 5 章是数据库编程高阶篇，介绍了嵌入式 SQL、存储过程、用户自定义函数、数据库接口 ODBC 和 JDBC 等；第 6 章是关系数据模型及其运算基础，从关系模型查询抽象化处理引入关系上的操作集合关系代数。

不同 RDBMS 的扩展 SQL 编程语法不尽相同，本书介绍了 Microsoft SQL Server 的 T-SQL 和华为数据库 openGauss 的 PL/PGSQL 编程示例，使学生能够运用某种 RDBMS 对数据进行收集、检索和分析，并具有自学各类典型 RDBMS 的能力。

第 7 章是关系数据库规范化理论，从关系的规范化作用和函数依赖，引出范式的定义、通过对关系模式的分解实现规范化处理，从而改进关系数据库的设计；第 8 章是数据库设计，系统介绍数据库设计的方法和过程，还简单讨论 UML 方法论，结合计算机辅助设计工具 PowerDesigner 实现数据库应用系统的分析和设计，使学生初步掌握数据库设计、评价系统设计规范化与系统性能。

第 9 章是事务管理，介绍了如何支持事务的 ACID 性质的并发控制和数据库恢复技术。

第 10 章是数据存储与查询优化，介绍了数据库的存储结构、查询处理以及查询优化的过程，使学生更好理解关系数据库的物理存储、SQL 查询处理等 RDBMS 的基本原理。

第 11 章是数据库新技术，介绍了大数据、大数据处理平台和框架、NoSQL 数据库和 NewSQL 数据库中不同类型的数据库及其应用场景。介绍了我国 PingCAP 公司自主设计研发的开源分布式关系型数据库 TiDB，目的在于响应党的二十大号召，推进文化自信自强，铸就社会主义文化新辉煌。通过这一章节的学习，激励学生多调研、知国情，理解 IT 技术中与数据库相关的新概念、新技术，及时掌握国家相关方面的科技战略需求，树立强烈的爱国主义使命感与责任心，同时也提升自主学习与终生学习的能力。

此外，本书还包含 3 个附录。附录 A、C 涵盖了数据库 SQL 编程的上机实验指导，附录 A 介绍了 SQL Server 的安装使用，附录 C 介绍了华为数据库 openGauss 的安装部署和使用；附录 B 介绍了使用 PowerDesigner 工具设计数据库应用系统的上机实践方法。

《数据库原理》一书自 2002 年出版以来，历经四版，共印刷 18 次，总印刷量为 77000 册，深受读者和同行的认可，本版是在第四版的基础上重新出版。本版的编写工作主要由傅婷婷完成，张红娟进行了审核。由于作者水平有限，书中不足之处在所难免，恳请读者批评指正，并将您的宝贵意见反馈给我们(作者邮箱：ftt@hdu.edu.cn；hjzhang@hdu.edu.cn)，不胜感激。

作 者

2023 年 5 月

于杭州电子科技大学

目 录
CONTENTS

第 1 章

数据库系统概论

第 1 章讲什么?

数据库(DataBase，DB)技术是一门使用计算机管理数据(Data)的技术，是计算机学科的重要分支。使用数据库对数据进行管理是计算机应用的一个重要而广阔的领域。

数据处理是对各种形式的数据进行收集、存储、加工和传播等一系列活动的总和。数据处理的目的有两个方面：一方面是借助计算机科学地保存和管理大量复杂的数据，以便人们能方便而充分地利用这些宝贵的信息资源；另一方面是从大量的原始数据中抽取、推导出对人们有价值的信息。数据管理是指对数据进行分类、组织、编码、存储、检索和维护。由此可见，数据管理是数据处理的中心问题。

数据库系统(DataBase System，DBS)是当代计算机系统的重要组成部分。数据库技术所研究的问题是如何科学地组织和存储数据，如何高效地处理数据以获取其内在信息。

本章内容均为基础知识，对全面正确认识数据库系统的特征及功能至关重要，但同时，本章讨论的内容范围较广且比较抽象，涉及了大量新的概念与术语，在后面的章节中将对其中相关的概念和术语进行详细介绍。

1.1 数据库系统的应用

在日常生活中，人们会经常使用数据库，但由于应用系统的用户界面隐藏了访问数据库的细节，导致多数人没有意识到数据库已成为日常生活的基本组成部分。例如，当客户从银行的 ATM 取款机上提取现金或查询账户余额时，这些信息就是从银行的数据库系统中读取出来的；当用户使用某个购物网站进行网上订购时，订单就保存在该网站的数据库中；当用户在线查询、下载或播放音乐时，访问的视频或者音频数据就存储在某个数据库中。

1. 数据库的应用领域

数据库的应用领域非常广泛，无论是家庭，还是企业与政府部门，都需要使用数据库来存储数据信息。传统数据库大部分应用于商务领域，如证券机构、银行、企业的销售部门、医院、公司、国家政府部门、国防军工领域、科技发展领域等。以下是数据库系统具有代表性的一些应用。

(1) 航空售票系统：最先使用分布式数据库的在线销售管理系统之一，可通过网络上分散的结点来访问中央数据库系统。这个系统主要用来存储和管理航班信息(航班号、飞机型号、机组号、起飞地、目的地、起飞时间、到达时间、飞行状态等)、机票信息(票价、折扣、是否有票等)和座位预订信息(座位分配、座位确认、餐饮选择等)。

(2) 银行账务管理系统：用于存储客户信息、账户信息、存贷款以及银行的其他交易信息等，同时也记录并管理信用卡消费信息和产生每月清单等。

(3) 学校学籍管理系统：用于存储学生、课程、学生选课、成绩等信息。

(4) 电子政务系统：将政府机构的经济管理、市场监管、社会管理和公共服务这四大职能电子化、网络化。

(5) 销售管理系统：用于管理客户、订货、库存、往来账款、产品、销售人员等信息，以及收集与处理市场的有关信息。

(6) 人力资源管理系统：用于人事日常事务、薪酬、招聘、培训、考核以及人力资源的管理。

(7) 企业资源规划(Enterprise Resource Planning，ERP)：用来合并一个企业中的各种功能领域，包括产品生产、销售、分发、市场、财务、人力资源等。

(8) 电子商务系统：利用 Web 技术来传输和处理商业信息，在 Internet 上进行商务活动，其主要功能包括基于互联网的广告、订货、付款、客户服务、货物递交等售前、售中和售后服务，以及市场调查分析、财务核算、生产安排等多项利用 Internet 进行的商业活动。

2. 数据库技术

数据库技术是计算机科学技术中发展最快的领域之一，也是应用最广的技术之一。随着信息技术的发展，当今数据库技术跨学科交叉发展，数据模型丰富多样，新技术层出不穷，应用领域日益广泛。以下是一些面向新的应用领域的数据库技术：

(1) 多媒体数据库。多媒体数据库主要存储与多媒体相关的数据，如声音、图像、视频等数据，是数据库技术与多媒体技术相结合的产物。多媒体数据最大的特点是数据连续，而且数据量比较大，其存储需要的空间也比较大。

(2) 移动数据库。移动数据库是在移动计算机系统上发展起来的，如笔记本电脑、掌上计算机等。该数据库最大的特点是通过无线数字通信网络进行数据传输。移动数据库可以随时随地获取和访问数据，为商务应用和一些紧急情况带来了很大的便利。

(3) 空间数据库。空间数据库实现空间数据的组织、存储和查询，是数据库技术与空间信息科学技术相互交叉融合的产物，也是各种空间信息系统的核心。例如，地理信息数据库，又称为地理信息系统(Geographic Information System，GIS)，用于存储和管理地理空间数据。

(4) 传感器网络数据库。传感器网络由大量的低成本设备组成，用来测量目标位置、环境温度和湿度等数据。每个设备都是一个数据源，会提供重要的数据，这就产生了新的数据管理需求，同时也要求传感器数据库系统解决好传感器设备特有的移动性、分散性、动态性和传感器资源的有限性等特点所带来的许多新问题。

(5) 分布式数据库。分布式数据库是指数据在物理上分布存储而在逻辑上集中管理的数据库系统，是数据库技术与计算机网络相结合的产物。物理上的分布是指分布式数据库的数据分布在由网络连接的物理位置不同的结点上；逻辑上集中是指各结点的数据库在逻辑上是一个整体，并由统一的数据库管理系统管理。

(6) 并行数据库。并行数据库通过多个处理结点并行执行数据库任务，提高整个数据库系统的性能和可用性，是数据库技术与并行技术相结合的产物。并行数据库系统要实现的目标是高性能(High Performance)和高可用性(High Availability)。

3. 数据库应用系统示例

作为进一步学习的基础，本节通过一个职工项目管理系统数据库，简单介绍数据库的一些基本概念。该系统可用于查询公司职工和职工工资信息、公司正在进行或者已经完成的项目信息以及职工参加项目的情况，并可对这些信息进行维护。图 1-1 是该应用系统所涉及的部分数据信息。

Employee

Eno	Ename	Sex	DOB	Is_Marry	Title	Dno
1002	胡一民	男	1984-08-09	1	工程师	01
1004	王爱民	男	1962-05-03	1	高工	03
1005	张小华	女	1972-08-01	1	工程师	02

Item

Ino	Iname	Start_date	End_date	Outlay	Check_date
201801	硬盘伺服系统的改进	3/1/2018	2/28/2019	10.0	2/10/2019
201802	巨磁阻磁头研究	6/1/2018	5/30/2019	6.5	5/20/2019
201901	磁流体轴承改进	4/1/2019	2/1/2020	4.8	1/18/2020

Item_Emp

Ino	Eno	IENo
201801	1004	1
201801	1016	2
201802	1002	1

Salary

Eno	Basepay	Service	Price	Rest	Insure	Fund
1002	685.00	1300.00	85.00	488.40	18.80	630.50
1004	728.34	3500.00	85.00	580.00	21.00	800.50
1005	685.00	2500.00	85.00	512.00	18.80	700.50

Department

Dno	Name	Phone	Manager
01	技术科	8809****	1002
02	设计所	8809****	1010
03	车间	8809****	1004

图 1-1　职工项目管理系统数据库

由图 1-1 可知该数据库由五个表组成，每个表都存储了同一记录结构的数据。Employee 表存储了每个职工的相关信息，包括职工的职工号、姓名、性别、出生日期、婚否、职称和所在部门号；Item 表存储了有关项目的基本信息，包含项目编号、项目名称、起始日期、终止日期、项目经费和验收日期；Item_Emp 表存储了有关职工参与项目的信息，包括项目编号、参加该项目的职工编号、职工在该项目中的排名；Salary 表存储了有关职工的薪酬信息，包括职工号、基本工资、津贴、物价补贴、养老保险、医疗保险和公积金；Department 表存储了有关部门的基本信息，包括部门号、部门名称、联系电话和部门经理。

要定义该数据库，就必须要指定其每个表的记录结构，并指定构成每个表的各个数据元素的数据类型。同时必须把每个职工、项目、职工参与项目情况等信息都以记录的形式存储在适当的表中。这里需要注意的是，不同表中的记录可能是相关的。例如，Employee 表中的部门号 Dno 与 Department 表中所存储的部门号 Dno 具有相关性。

完成对该数据库的定义后，接下来就要考虑如何对数据进行存储操作以及读取操作。例如，查询所有参加了 201801 项目的职工号、姓名和职称，查询职工胡一民参加的所有项目情况。又如，可能要执行的数据更新操作有：将参加 201802 项目职工的津贴值都增加 2000 元，删除所有张小华参与项目的相关信息等。这些都是职工项目管理系统的任务。

本节给出的数据库应用系统示例将贯穿全书的大多数章节。要实现该示例，首先需要从需求分析阶段开始设计一个新的数据库。首先实现概念设计阶段的成果——实体-联系(Entity-Relationship，E-R)模型；其次实现逻辑设计，将 E-R 模型转换成可以用商业数据库管理系统 DBMS 实现的数据模型(关系模型)来表达，这部分内容将在本书的第 2 章着重介绍；接着利用第 7 章所讲解的规范化理论改进该数据库设计；最后对该关系模型进行物理设计，为存储和访问数据库提供进一步的详细规范说明。整个数据库设计过程将在第 8 章中借助于某种具体的计算机辅助软件工程(Computer-Aided Software Engineering，CASE)工具来实现。在第 3、4、5 章中，将通过具体的数据库应用程序设计来实现整个系统所预设的各个功能，包括从数据存储、数据查询到一些特定的业务逻辑功能的实现，并保证数据的有效性和安全性。

1.2 数据管理技术的发展

数据管理技术的发展

数据库技术是应数据管理任务的需要而产生的。随着计算机硬件、软件的发展，计算机数据管理技术不断发展，至今大致经历了三个阶段：人工管理阶段、文件系统阶段和数据库系统阶段。

1. 人工管理阶段

20 世纪 50 年代中期以前，计算机本身的发展水平较低。在硬件方面，计算机的运算速度低、内存容量小，没有磁盘等可直接存取的外部存储设备；在软件方面，没有操作系统，没有管理数据的软件。这一阶段的计算机主要用于科学计算，其数据管理的特点是：

(1) 不保存数据。需要时输入数据，用完就撤走，数据不保存在计算机中。

(2) 没有管理数据的软件系统。应用程序中不仅要管理数据的逻辑结构，还要设计其物理结构、存取方法、输入/输出方法等。当存储内容改变时，程序中存取数据的子程序就需随之改变，即数据和程序不具有独立性。

(3) 基本上没有文件的概念。数据的组织方式必须由程序员自行设计。

(4) 数据是面向应用的。一组数据只对应一个应用程序，即使两个应用程序都涉及了某些相同的数据，也必须各自定义，无法相互利用。这样就导致了不仅在程序之间有大量重复的数据，还易导致数据的不一致性(相同数据在不同程序中出现的值不同)。

在人工管理阶段，上述数据与程序的关系如图 1-2 所示。

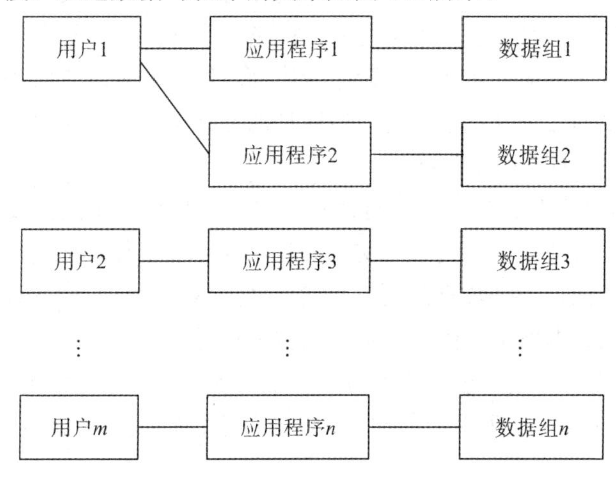

图 1-2　人工管理阶段数据与程序的关系

2. 文件系统阶段

从 20 世纪 50 年代后期到 60 年代中期，计算机的硬件、软件都有了很大的发展：有了磁盘、磁鼓等可直接存取的外部存储设备；有了操作系统，其中还有专门管理数据的文件系统。从处理方式讲，不仅有了文件批处理，而且能够进行联机实时处理。此时，计算机不仅用于科学计算，还大量用于管理。文件系统管理阶段的特点如下：

(1) 数据存放在数据文件中，数据文件可长期保存在外存中。需要时，可方便地把数据文件调入内存。因此，可经常方便地对文件进行检索、修改、插入和删除等操作。

(2) 数据文件由记录组成(记录由数据组成)。数据的存取基本上以记录为单位，按照文件名进行访问，按照记录进行存取。数据的逻辑结构保存在使用数据的应用程序中。应用程序取得记录后，首先根据数据的逻辑结构把记录分解成有含义的数据，然后才使用这些数据；应用程序要存储数据时，首先要把数据组成记录，才能进一步把记录存入数据文件。

(3) 程序和数据有了一定的独立性。由于有了管理数据的软件——文件管理系统，文件的逻辑结构(记录的逻辑结构)与存储结构由系统进行转换。文件在存储上的改变不一定反映到程序上，这就大大节省了维护程序的工作量，程序员也可不必过多地考虑物理细节，而是把精力集中在算法上。

(4) 文件多样化。由于有了直接存取存储设备，也就有了索引文件、链接文件、直接存取文件等。

在文件系统阶段，虽然在一定程度上方便了用户，但仍有以下缺点：

(1) 数据冗余度大。由于数据的基本存取单位是记录，因此，程序员之间很难明白他人数据文件的逻辑结构。虽然在理论上，一个用户可通过文件管理系统访问很多数据文件，但实际上，一个数据文件只能对应同一个程序员的一个或几个程序，不能共享，数据仍然是面向应用的。随着应用的增加，数据文件也会同步增加，且很多数据都是相同的。数据冗余度大，不仅浪费存储空间，而且数据的修改和维护也较困难，容易造成数据的不一致性(同一数据在多处出现，但值不同)。

例如，在项目管理中，可能保存有每个职工参与项目的信息文件。统计职工参与项目情况或者新增职工参与项目信息都可能是其中的某一个应用，但财务处只会关注职工的薪水以及每个项目的经费等情况。尽管这两个应用都可能会涉及职工的相关数据，但是每个用户却因为彼此需要的数据并不能从对方所管理的文件中得到，所以只能各自维护各自不同的文件，以及操作这些文件的程序。

(2) 数据和程序缺乏独立性。文件处理过程中，如果某一个用户要完成一个特定的软件应用，那么必须将该应用中所需要的文件的定义和实现当作该应用编程的一部分，即文件是为特定程序服务的，改变数据的逻辑结构就必须修改程序。应用程序若有改变，就可能影响文件中数据的数据结构，因此，数据和程序缺乏独立性。

这样，文件系统仍然是一个不具有弹性的无结构的数据集合。文件之间是孤立的，不能反映现实世界中事物之间的内在联系。在文件系统阶段，数据与程序的关系如图 1-3 所示。

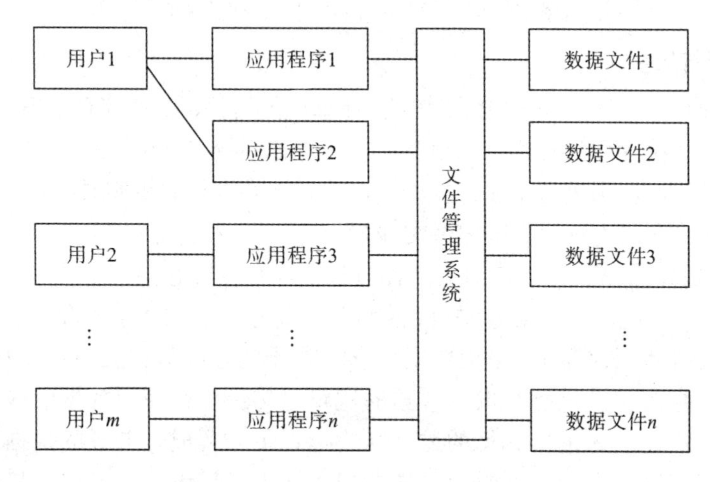

图 1-3　文件系统阶段数据与程序的关系

3. 数据库系统阶段

20 世纪 60 年代后期，计算机硬件、软件都有了进一步的发展。计算机的运算速度快、内存容量大，并有了大容量磁盘。随着管理数据规模的增大，文件系统的缺点越来越令人难以忍受，人们迫切盼望能有数据冗余度小、可共享数据的系统。

在文件系统中，数据为什么难以共享呢？原因就在于：数据的逻辑结构不在数据文件中(在对应的应用程序中)。在文件系统中，采用“按文件名访问，按记录存取”的数据管理技术，一般用户虽然都可以访问文件、数据，但却不知道这些数据的含义，当然就不能共享数据了。以如下一条记录为例：

1005 张三 700615 1800 设计所

一般用户很难理解其数据的逻辑结构，甚至连数据的创建者在经过一段时间后重新看到此记录时，也会感到不可理解。但如果数据的显示形式为

职工号	姓名	出生日期	工资	部门
1005	张三	700615	1800	设计所

则数据的逻辑结构就比较清楚，共享该数据自然就容易了。数据的逻辑结构包括数据的含义(名称)、类型、数据本身的约束条件以及数据之间的关系(约束条件)等。

定义数据时，能否既简单又明确地定义数据的逻辑结构；存储数据时，能否同时把数据的逻辑结构一并存入数据文件，这两点就成了改进文件系统的关键因素，从而出现了数据管理的新方式——数据库系统。在数据库系统中，数据以一种全新的方式——数据库方式存储；数据库的生成与修改使用的是一种新的管理数据的软件——数据库管理系统。

数据库是存储在计算机系统内的有结构的数据集合，是相关数据的集合；数据是由数据库管理系统统一管理和维护的。在此，数据指的是可记录的客观事实，并且有隐含的含义。例如，收集某班级全体学生(甚至是全校的学生)的姓名、出生日期、电话号码和家庭地址，把这些数据保存在一个带索引的学生信息簿上，或者使用 Access、Excel 等软件保存到某个电子文档中，这就是带隐含含义的相关数据的集合，就是一个数据库。

在数据库中，数据与数据的含义(数据名称及说明)被同时存储。数据的最小存取单位是构成记录的、有名称、有含义的最小数据单位——数据项。定义数据库时，必须定义数据项的逻辑结构；使用数据库时，以数据项名存储数据、更新数据以及查询和使用数据。

所以，在数据库中，不仅包含数据本身，还包含了数据结构和约束的完整性定义或者描述。这些定义存储在数据库管理系统的目录(Catalog)中，称为数据库的元数据(Meta-data)(也称数据字典)。元数据描述了数据库的结构。任何合法用户都可在数据库管理系统的元数据的帮助下，利用数据项名方便地访问数据库中的数据及它们的逻辑定义，并使用这些数据(即使所用数据是其他人建立的，也不会增加使用的难度)，亦即数据可高度共享。

由于数据可高度共享，因此，在数据库中，数据不再以各个应用程序各自的要求来分别存储，而是整个系统所有的数据，根据它们之间固有的关系，分门别类地加以存储。也就是说，数据库中的数据不再是互相独立、毫无联系的，不再有有害的、不必要的冗余了。数据与应用程序互相独立，数据可为所有合法用户共享。

可见，数据库系统区别于传统文件处理系统的最重要特征就是引入了数据库这个概念，以及产生了专门用来实现和维护数据库而建立的通用软件——数据库管理系统。也就是说，数据库是存储在计算机系统内的有结构的数据的集合，数据是由数据库管理系统管理的。

数据库系统的出现，极大地推动了计算机数据管理业和计算机本身的快速发展。可以毫不夸张地说，目前，计算机的任何应用都离不开数据库。数据库系统的发展水平已经成为衡量国家实力的标志之一。

1.3　数据库系统的构成

数据库系统的构成

1.3.1　数据库系统

数据库系统是指在计算机系统中引入数据库后构成的系统，由计算机硬件、操作系统、DBMS、DB、应用程序、用户、数据库开发和管理人员等组成。

在数据库系统中，程序与数据的关系如图 1-4 所示。

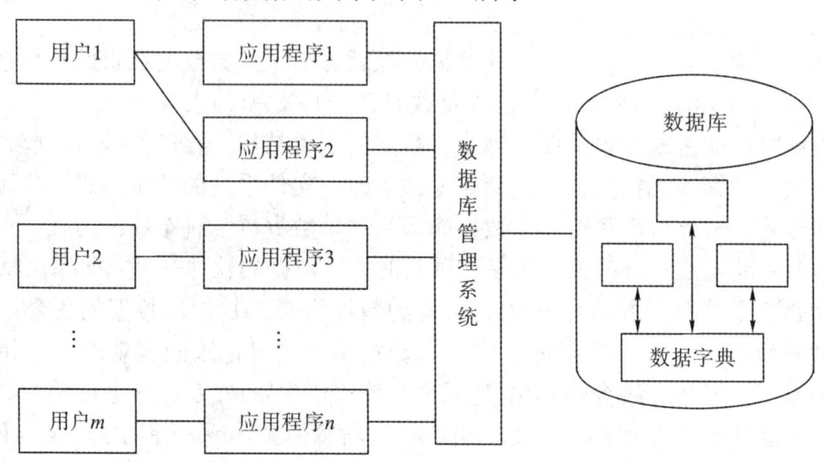

图 1-4 数据库系统中程序与数据的关系

与文件系统相比，DBS 主要有四个显著特点。

1. 整体数据结构化

有了 DBMS 后，数据库中的任何数据都不属于任何应用，数据是公共的，结构是全面的。它是在对整个组织的各种应用(包括将来可能的应用)进行全面的考虑后建立起来的总的数据结构。在数据库中，数据文件的个数是有限的、固定的，但数据库系统的应用却是无限制的。

整体数据的结构化是数据库的主要特征之一，数据的逻辑结构存储在数据库(数据字典)中，数据项是数据库组织的基础。

由于整体数据的结构化可减少乃至消除不必要的数据冗余，因此实现整体数据结构化可节约整体数据的存储空间，避免数据的不一致性和不相容性(数据不符合规定的约束条件)。

2. 数据的共享性高

在 DBMS 的管理下，数据与数据的逻辑结构同时存储在数据库中，显示数据时，可同时显示数据的逻辑结构。整体数据结构化就是整个组织的整体数据被综合考虑，因此，DBS 的数据共享性较高。合法用户都可很方便地使用数据库中的数据，且不用担心出现数据的不一致性和不相容性。数据库中的数据可适应各种合法用户的合理要求以及各种应用的要求，可以方便地扩充新的应用，因而，数据高度共享。

3. 数据独立性高

数据的独立性是指应用程序与数据之间是相互独立和互不影响的。数据和数据的结构是存储在数据库中的(在外存上)，是由 DBMS 管理的。应用程序既不存储数据，也不存储数据的逻辑结构。当用户需要数据时，DBMS 把数据库中的数据转换成用户需要的格式后，再提供给用户使用。用户程序要处理的只是所面对的数据，用户所面对数据的结构并非数据库中数据的实际存储结构，也非数据库中数据的逻辑结构，而只是所面对数据的逻辑结构而已。因此，应用程序存取数据的子程序既可简化又可规范化。

当数据库中数据的实际存储方式改变时，DBMS 可以适当改变转换数据的方式，这样就可以使用户所面对数据的逻辑结构保持不变，从而使处理数据的应用程序也可保持不变，这称为数据的物理独立性；当数据库中数据的逻辑结构发生变化时，DBMS 也可适当改变数据的转换方式，从而使用户所面对数据的逻辑结构保持不变，也使得处理数据的应用程序仍可保持不变，这称为数据的逻辑独立性。

数据与程序互相独立，不仅可方便地编制各种应用程序，而且可大大减轻应用程序的维护工作。

4. 高度的数据控制能力

(1) 较高的数据安全性(Security)。在 DBMS 管理下，只有合法用户才能访问数据库，且只能访问该用户有权访问的数据，即对数据进行其有权进行的操作，且操作必须合法。

(2) 较好的数据完整性(Integrity)。由 DBMS 而不是用户程序自动检查数据的一致性、相容性，保证数据符合完整性约束条件。

(3) 较强的并发控制能力。DBMS 提供并发控制手段，使得当多个用户程序同时对数据库数据进行操作时，数据可以得到有效控制，即保证在共享、并发操作时不会破坏数据的完整性。

(4) 较强的数据恢复能力。计算机系统出现各种故障是很正常的，数据库中的数据遭到破坏、丢失也是可能的。DBMS 必须具有某些数据库的恢复功能，即使数据库从错误状态恢复到正确状态的功能。

上述各种数据控制功能都不是用户程序的功能，而是 DBMS 的功能，它保证了数据库系统的正常运行，也大大简化了应用程序。

1.3.2　数据库管理系统

数据库系统阶段的几个基本概念

数据库管理系统是在操作系统支持下工作的数据管理软件，是支持用户创建和维护数据库的一组程序包。对内，它负责管理数据库；对外，它向用户提供一整套命令。利用这些命令，合法用户可以建立数据库，定义数据，对数据库中的数据进行各种合法的操作。数据是可以共享的，操作是可以同时进行的。

DBMS 是数据库系统 DBS 的关键内容，只有采用高质量的 DBMS，才有可能建立高质量的 DBS。下面将介绍 DBMS 的基本功能和模块组成。

1. DBMS 的基本功能

1) 数据定义

DBMS 提供了数据定义语言(Data Definition Language，DDL)。用户利用 DDL 可方便地定义数据库中数据的逻辑结构(数据与数据的含义可同时被定义)。用户在分析、研究整个系统所有数据的基础上，全面安排和定义数据的结构，并将数据库存储在 DBMS 控制的存储介质上。

2) 数据操纵

DBMS 提供数据操纵语言(Data Manipulation Language，DML)。用户利用 DML 实现对数据库中数据的各种操作：插入、查询、修改或删除等。例如，查询数据库以获取所需数据，更新数据库以反映客观世界的变化以及由数据生成报表等。

3) 完整性约束检查

所谓完整性约束，是指数据必须符合的一些规定，如学生的学号必须唯一、所属部门必须存在、出生年份不能在 1900 年以前等。DBMS 应能支持一些常用的完整性约束检查(Integrity Constraint Check)功能。

4) 访问控制

数据库中的数据不属于任何程序，数据可以共享(Sharing)，但只有合法用户才可以访问其可以访问的数据，才能进行其可以执行的数据操作，这就是访问控制(Access Control)。DBMS 提供数据控制语言(Data Control Language，DCL)来实现对不同级别用户的访问控制功能。

5) 并发控制

共享数据库允许多个用户和程序并发地访问数据库，这就可能引起冲突，引起数据的不一致。因此，DBMS 应有并发控制(Concurrency Control)的功能，确保试图更新同一数据的多个用户能够以一种受控的方式完成各自的工作，即避免并发操作时可能带来的数据不一致性。

6) 恢复功能

数据库是有可能遭到破坏的，因此 DBMS 应具有恢复数据库的功能即数据库的恢复功能(Database Recovery)。

2. DBMS 的主要组成模块

数据库管理系统 DBMS 是实现数据的组织、存储、管理和维护功能的一组程序包，此软件由多个不同的程序模块组成，如图 1-5 所示。其中，最主要的模块有查询处理器、存储管理器和事务管理器。

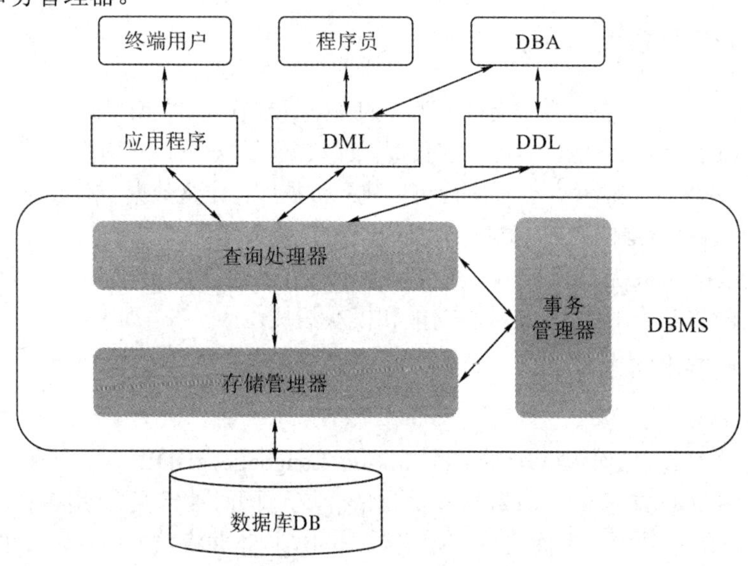

图 1-5　数据库管理系统主要模块组成

1) 查询处理器

查询处理器负责处理用户下达的查询语句，将外部程序提交的查询语句通过语法分析，转换成 DBMS 内部可执行的操作序列，并对这些操作进行查询优化后再执行。因此，查询处理器可再细分为多个模块，用来负责对查询和更新操作进行语法分析、检查、转换和优化。

2) 存储管理器

对于一些简单的数据库管理系统，其存储管理器就相当于操作系统的文件管理部分。

为了提高系统存取效率，DBMS 通常会自行配置磁盘空间，引入缓冲区管理。存储管理器又可被分为文件管理器和缓冲区管理器，其中文件管理器负责配置磁盘空间并将数据存入磁盘；缓冲区管理器负责计算机的主存管理，即将文件管理器从磁盘中取出的数据块存入主存中的系统缓冲区。

3) 事务管理器

数据库管理系统常常允许多个事务并发执行，这就要求保证事务的 ACID 特性：原子性(Atomicity)、一致性(Consistency)、隔离性(Isolation)和持久性(Durablility)。事务管理器包括事务的封锁管理器和日志管理器，其中封锁管理器负责锁定数据资源，实现并发控制管理；日志管理器负责记录数据库的所有操作日志，以此来实现数据库的恢复管理。

1.3.3　数据库系统人员构成

设计、构建、使用和管理数据库的人员是构成数据库系统不可或缺的一部分。对于一个小型数据库应用系统而言，常常集所有职能于一人，来完成定义、构建、使用以及维护数据库，也就不存在什么分工。但是，对于一个大型数据库系统而言，数据库的设计、使用和维护工作就需要多人共同参与。将这些人员根据所行使职能的不同进行分类，有数据库管理员、数据库设计者、应用系统开发人员以及终端用户。

1. 数据库管理员

数据库管理员(DataBase Administrator，DBA)是数据库所属单位的代表。一个单位决定开发一个数据库系统时，首先就应确定 DBA 的人选。DBA 不仅应当熟悉系统软件，还应熟悉本单位的业务。DBA 应自始至终地参加整个数据库系统的研制开发工作，开发成功后，DBA 又将负责全面管理和控制数据库系统的运行和维护工作。

DBA 的主要职责有以下几个方面：

(1) 在用户与数据库开发人员之间进行沟通和协调。DBA 须在用户和数据库开发人员之间建立沟通和联系，使开发人员准确知晓用户的所有目的和要求，使用户熟悉开发人员的开发思路和具体布局。

(2) 参与数据库设计工作。DBA 应熟悉数据库的整体布局及其缘由，熟悉数据库的存储结构、存取策略及其缘由，从而提高数据库的设计效率，也便于同用户沟通。

(3) 决定数据的完整性约束条件和不同用户的存取权限。DBA 必须保证数据库的数据符合完整性要求，同时还要保证数据库的安全性，因此，DBA 必须确定符合实际的数据完整性约束条件，确定每个用户对数据库的存取权限。

(4) 保证数据库的正常运行，进行数据库的维护工作。数据库投入运行后，DBA 应监视数据库的日常运行，进行事先规定的备份工作，负责数据库的各种维护工作，及时处理出现的问题；一旦出现故障，数据库遭到破坏，应及时恢复。

(5) 提出数据库的重构计划。当用户的需求有较大的改变时，DBA 还应及时提出数据库的重构计划，供部门负责人参考。

2. 数据库设计者

通常情况下，数据库设计者由数据库管理员 DBA 担任。数据库设计者需要识别要存储到数据库中的数据，并选择适当的结构表示和存储这些数据。这就要求他们必须要能和系统的终端用户进行有效沟通，分析用户需求，并针对用户需求进行数据库各个阶段的设计与建模。

同时参与用户需求分析以及确定系统事务规范说明的人员还有系统分析员(System Analyst，SA)。

3. 应用系统开发人员

应用系统开发人员(程序员)，需要用程序来实现该数据库应用系统的各功能模块，并完成数据库的调试、安装以及维护。通常，应用系统开发人员还需要负责对应用系统的终端用户进行系统的使用培训。

4. 终端用户

终端用户(End User)是指那些利用应用系统的用户界面以查询、更新或生成报表等形式访问数据库的人员。事实上，数据库主要就是为了终端用户的使用而存在的。

以上所提到的数据库管理员、数据库设计者、应用系统开发人员、终端用户等人员都是针对某个数据库应用系统开发过程中存在的人员。其实，还存在一些与该应用系统数据库无直接关联，但却是数据库系统发展中不可缺少的组成人员，比如数据库管理系统 DBMS 的设计和开发者、CASE 工具等数据库相关工具的开发者。

1.4 数据库系统的结构

数据库系统的结构

数据库系统的结构可以从多种角度来分析。本节介绍数据库系统的内部结构，即数据库管理系统的体系结构——数据库的三级模式结构，以及数据库系统外部的(面向用户的)体系结构。

1.4.1 数据库的三级模式结构

归根结底，数据库中的数据是被广大用户使用的，任何用户都不希望自己面对的数据逻辑结构发生变化(数据可以变化，如某人的工资从 2000 元变到 3000 元)，否则，应用程序就必须重写。即使数据的存储介质发生变化，单个用户所面对数据的逻辑结构也不能发生变化。

数据库中，整体数据的逻辑结构、存储结构的需求发生变化是有可能的、正常的，有时也是必需的；而单个用户不希望自己所面对的局部数据的逻辑结构发生变化也是合理的，必须尊重的。为此，各实际的数据库管理系统虽然使用的环境不同，内部数据的存储结构不同，使用的语言也不同，但一般都采用三级模式结构。

1. 模式和实例

将数据库的描述和数据库本身加以区别是非常重要的。数据库的描述称为数据库模式(Data Schema)，模式是对全体数据的逻辑结构、联系和约束的描述。模式是在数据库设计阶段就确定下来的，并且一般不会被频繁地修改。

图 1-6 表示的是图 1-1 所示数据库的模式，图中显示了每个记录类型的结构，但没有包含具体的数据。模式中的每一个对象(如 Employee、Item 等)都被称为一个模式构造(Schema Construct)。图 1-6 中只表示了模式的一些方面，如记录类型的名字(Employee 等)、

数据项(Eno、Ename 等)等，模式的其他方面并没有表示出来，比如记录项的数据类型、记录类型之间的关系、有关数据的约束等。

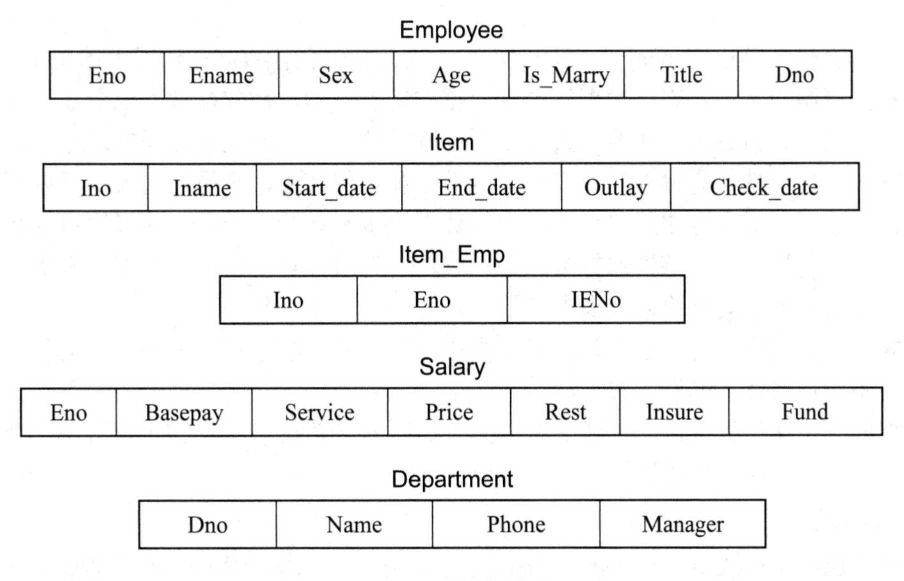

图 1-6　数据库模式

数据库中存储的数据会随着客观情况的变化而被修改，例如，公司新增了一位员工或者员工的工资发生了变化，则对数据库也要进行相应的修改。一个特定时刻数据库中的即时数据称为该数据库模式的一个实例(Instance)或者状态。因此，数据库模式是稳定的，而实例是不断变化、不断更新的。

2. 数据库的三级模式结构

数据库的三级模式结构包含模式(Schema)、外模式(External Schema)和内模式(Internal Schema)，如图 1-7 所示。其目的是将用户应用和物理数据库分离开来。

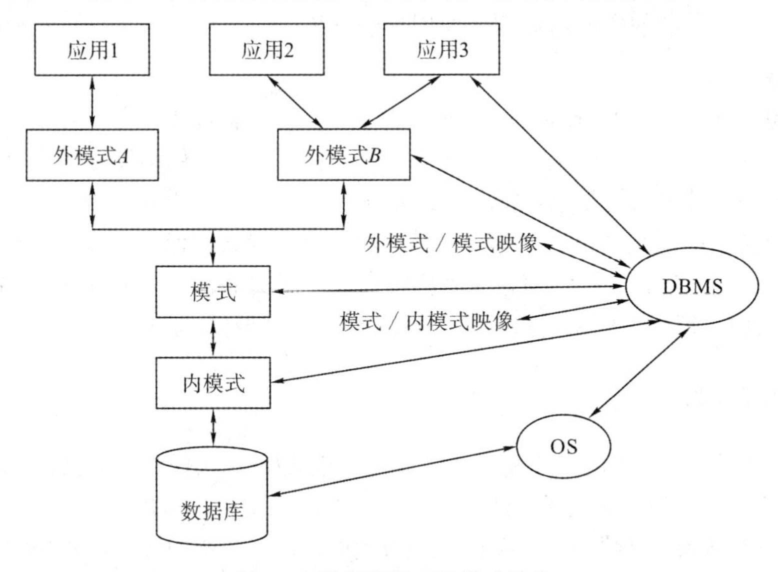

图 1-7　数据库的三级模式结构

为了支持三级模式，DBMS 必须提供在这三级模式之间的两级映像，即外模式/模式映像与模式/内模式映像。

1) 模式

模式也称概念模式(Conceptual Schema)，是数据库中全体数据在逻辑上的视图。它通常以某种数据模型为基础，定义数据库全部数据的逻辑结构。例如，数据记录的名称、数据项的名称、类型、值域等，还要定义数据项之间的联系，不同记录之间的联系，以及定义与数据有关的安全性、完整性等要求。安全性主要指保密性，不是任何人都可以存取数据库的数据，也不是每个合法用户可以存取的数据范围都是相同的，一般采用口令和密码的方法对用户进行检验。完整性包括数据的正确性、有效性和一致性，数据库系统应提供有效措施，以保证数据处于约束范围内。

模式不是数据库本身，它只是描述了数据库的结构。模式不涉及硬件环境和物理存储细节，也不与任何计算机语言有关。

数据库管理系统提供模式描述语言(模式 DDL)来定义模式。模式 DDL 给出一个数据库逻辑定义的全部语句便构成了该数据库的模式。

2) 外模式

外模式也称子模式(Sub Schema)或用户模式，它是个别用户组的数据库视图。每个外模式描述的是一个特定用户组所感兴趣的那部分数据库，而对该用户组隐藏了数据库的其他部分。

外模式是模式的子集，不同用户的外模式是不同的(可相互覆盖)。

一个应用程序只能使用一个外模式，但一个外模式可被多个应用程序所使用。由于各应用程序的需求和权限不同，因此各个外模式的描述也是不同的。对于模式中的某一数据，其在不同外模式中的结构、密级等也都是不同的。每个应用程序只能调用它的外模式所涉及的数据，而无法访问其余的数据。

数据库管理系统提供外模式描述语言(Sub-DDL)来描述外模式。Sub-DDL 给出的用以定义一个用户数据视图的全部语句称为此用户的外模式。

3) 内模式

内模式也称存储模式(Storage Schema)，它既定义了数据库中全部数据的物理结构，又定义了数据的存储方法、存取策略等。内模式与数据存储的软件和硬件环境有关。

DBMS 提供内模式描述语言(内模式 DDL)来描述和定义内模式。

对于一个数据库系统来说，只有一个模式和一个内模式，但可以有多个外模式。实际的数据库与内模式对应，应用程序则与外模式有关。模式/内模式映像是唯一的，但有多个外模式/模式映像，每一个外模式都有一个外模式/模式映像(包含在该外模式定义中)。

1.4.2 数据独立性

三级模式结构中，在外模式与模式之间通过外模式/模式映像进行转换。当模式改变时，只要改变相应的外模式/模式映像，就可使外模式保持不变。在模式与内模式之间通过模式/内模式映像进行转换。当数据库的存储结构改变时，只要改变相应的模式/内模式映像，就可使模式保持不变，从而，外模式也可保持不变。有了这二级转换，数据库系统的数据就有了较高的逻辑独立性和物理独立性。

1. 外模式/模式映像和数据的逻辑独立性

数据的逻辑独立性是指当数据库的模式发生改变时，只需要改变存在于外模式和概念模式之间的映射转换，而不必改变外模式或应用程序。可以通过改变概念模式，如在模式中增加新的记录类型，只要不破坏原有记录类型之间的联系，比如在原有记录类型之间增加新的数据项，或者在某些记录类型中增加新的数据项，只需相应改变各个外模式/模式的映像，即对模式重新逻辑重组后，引用外模式构造的应用程序就可以不必修改。

例如，在 1.1 节提到的数据库应用示例中，若改变了职工 Employee 表的结构，在原有基础上新增加一个字段 Serviceyears 表示某职工的工作年限，那么对于执行如“查找技术部门的职工记录”的应用程序，则无须作出任何修改。

2. 模式/内模式映像和数据的物理独立性

数据的物理独立性是指当数据库的内模式发生改变时，系统只要改变概念模式和内模式之间的映射转换，而不必改变模式，从而更不需要改变外模式。当对某些物理文件进行重新组织时，很可能需要对内模式作出相应的变动，例如创建一种新的存取结构，以提高检索或更新的效率。如果此时数据仍以原来的形式保存在数据库中，那么概念模式不必改变，从而不会影响外模式或者应用程序。

例如，通过提供一种存取路径(为职工 Employee 表的部门 Dno 字段创建索引)来提高以“部门 Dno”为查找条件查找某个部门的职工记录的速度，如实现“查找技术部门的职工信息”这样的应用程序，不需要对模式和应用程序做出任何修改。另外，改变存储设备或引进新的存储设备，或者改变数据的存储位置、存储记录的体积等，同样都不必改变模式，从而不改变应用程序。

通常逻辑数据独立性比物理数据独立性更难实现，因为若允许结构和约束进行改变且要求这些改变不能影响到应用程序，这实际上是一个十分严格的要求。比如，在模式中删除了应用程序所需的某个记录类型，或者在模式中删除了应用程序所需的某个记录类型中的某个数据项，或者改变模式中记录类型之间的联系，引起与应用程序对应的子模式的变化等，都将迫使应用程序做出相应的调整。

1.4.3　面对用户的数据库系统体系结构

三级模式结构是数据库系统最本质的系统结构，它是从数据结构的角度来看待问题的。而用户是以数据库系统的服务方式来看待数据库系统的，这就是数据库系统的软件体系结构。根据这种观点，当今的数据库系统大致可以分为四类：集中式系统、文件服务器系统、客户/服务器系统和浏览器/服务器系统。

1. 集中式系统

集中式系统是指一台主机带上多个用户终端的数据库系统。在集中式系统中，DBMS、DB 和应用程序都是集中存放在主机上的。用户通过终端可以并发地访问主机上的数据库，共享其中的数据。但所有处理数据的工作都是由主机完成的。用户在一个终端上提出数据请求，主机根据用户提出的数据请求访问数据库，运行应用程序对数据进行处理，把处理结果输出至该终端。

集中式处理的优点在于简单、可靠、安全；缺点是主机的任务很重，终端数量有限，当主机出现故障时，整个系统都不能被使用。

2. 文件服务器系统

在文件服务器系统中，有一台计算机被用作文件服务器，在其中存放可共享的数据库。各个用户通过自己的 PC 来访问文件服务器，但其功能只是在数据库中检索出用户需要的数据文件，并把这些数据文件传送到用户的 PC 上，文件服务器并不处理数据文件。在用户的 PC 上，由 DBMS 对数据进行处理，如果用户对数据库作了修改，还必须把整个数据库文件回传至文件服务器进行保存。

在文件服务器系统中，文件服务器的工作比较单一，仅为接收数据请求、检索数据文件和发送数据文件，对数据文件的处理是由用户的 PC 进行的。如果在网络上要传送整个数据文件，就会降低整个系统的性能。

3. 客户机/服务器系统

客户机/服务器(Client/Server，C/S)系统的结构模式是由一个服务器(Server)与多个客户机(Client)组成的。

在客户/服务器系统中，数据库也是存放在服务器上的。但是，当用户终端提出数据请求后，服务器不仅检索出数据文件，而且还要对数据文件进行操作，然后只向用户发送查询的结果而不是整个数据文件。用户机器(客户机)再根据用户对数据的要求，对数据作进一步的加工。

显然，一方面，在客户/服务器系统中，网络上的数据传输量比文件服务器系统的显著减少了，从而提高了系统性能；另一方面，客户机的硬件和软件平台也可是多种多样的，从而为应用带来了方便。客户/服务器结构的数据库系统是当前最为流行的数据库结构。

4. 浏览器/服务器系统

浏览器/服务器(Browse/Server，B/S)系统的结构模式是基于互联网的一种分布式结构模式，一般由客户机、应用服务器及数据库服务器三部分组成，即在客户机和数据库服务器间增加了一个应用服务器(也称为 Web 服务器的中间层)。这种三层体系结构如图 1-8 所示。

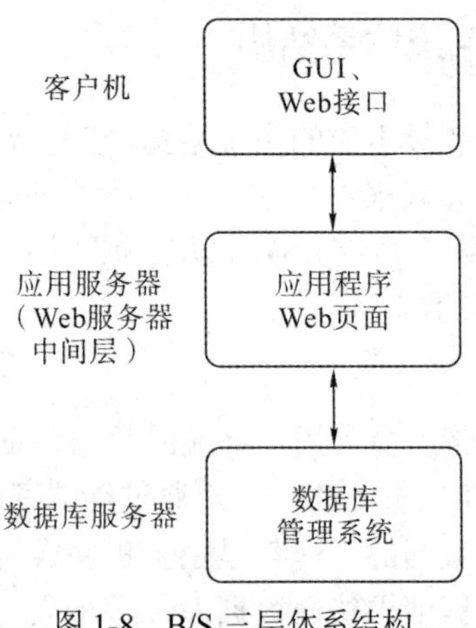

图 1-8　B/S 三层体系结构

B/S 模式是从传统的两层 C/S 模式发展起来的新的网络结构模式，其本质是三层结构的 C/S 模式。在用户的计算机(Browse 端)上安装浏览器(IE 等)软件，在服务器(Server 端)上存放数据并且安装服务应用程序，服务器有 WWW 服务器和文件服务器等。用户通过浏览器访问服务器，进行信息浏览、文件传输和电子邮件等服务。这样就减小了客户端电脑载荷，减轻了系统维护与升级的成本和工作量，降低了用户的总体成本。

本章小结

计算机数据管理大致经历了以下三个阶段：

(1) 人工管理阶段：没有管理数据的软件系统，数据不保存在计算机中；没有文件的概念，数据的组织方式由程序员自行设计。

(2) 文件系统阶段：数据存放在数据文件中，但数据的逻辑结构却存储在建立数据的应用程序中，造成了数据不能被共享。

(3) 数据库系统阶段：数据和数据的逻辑结构都存储在数据库中，由 DBMS 统一管理，从而产生了数据可高度共享、数据高度独立、整体数据结构化、系统有高度的数据控制能力等一系列特性。数据库管理系统 DBMS 是数据库系统 DBS 的关键所在。

数据库系统中，数据具有三级模式结构的特点，由外模式、模式、内模式以及外模式/模式映像、模式/内模式映像组成。三级模式结构使数据库中的数据具有较高的逻辑独立性和物理独立性。其中，内模式最接近物理存储；外模式最接近用户，它是不同用户所需的局部视图；模式则是介于外模式和内模式二者之间的中间层，它提供了数据的公共视图。二级映像则是提供数据逻辑独立性和数据物理独立性的关键所在。

在一个数据库系统中，只有一个模式和一个内模式，但有多个外模式。因而，模式/内模式映像是唯一的，而每一个外模式都有自己的外模式/模式映像。

数据库系统的软件系统结构，从最早的集中式系统、文件服务器系统发展到 20 世纪 80 年代末流行的客户机/服务器系统，目前最流行的是浏览器/服务器系统。

习　题　1

1. 试述数据管理技术的各个发展阶段。
2. 文件系统的主要缺点是什么？
3. 数据库系统的主要特征有哪些？
4. 试述 DB、DBMS、DBS、DBA 的概念，及它们之间的关系。
5. 数据库管理系统有哪些功能？
6. 解释术语：外模式、模式、内模式、DDL、DML、DCL。
7. DBA 的职责有哪些？
8. 数据库系统由哪几部分组成？其中，最关键的是哪一部分？
9. 与数据库系统相关的人员有哪些？
10. 从程序和数据之间的关系分析文件系统和数据库系统之间的区别和联系。

11. 什么是数据冗余？数据库系统与文件系统相比是如何减少冗余的？

12. 什么是数据与程序的逻辑独立性？什么是数据与程序的物理独立性？

13. 试述数据库的三级模式结构。为什么说三级模式结构使数据具有较高的逻辑独立性和物理独立性？

14. 谈谈你对数据库主要特性的认识。

15. 数据库系统的研究领域可分成哪几大类？谈谈你对它们的看法。

16. 谈谈你对数据库的认识；结合疫情防控阻击战，谈谈数据库技术发挥的作用。

17. 谈谈国内外数据库新技术及发展趋势；谈谈国产数据库技术的应用情况。

18. 谈谈我国发展国产自主产权数据库技术的必要性。

19. 举两个例子，谈谈未来数据库的发展方向。

第 2 章

建立数据模型

第 2 章讲什么?

现实世界需要先被抽象成信息世界，然后才能转化为数据世界。

信息世界中的数据模型又称为概念模型。作为从现实世界到其他数据模型转换的中间模型，概念模型不考虑数据的操作，而只是用比较有效、自然的方式描述现实世界的数据及其联系。在设计概念模型时，最著名、最实用的是 P.P.S.Chen 于 1976 年提出的“实体-联系模型”(Entity-Relationship Model，E-R 模型)。

本章主要从现实世界的数据化过程入手，讨论如何使用 E-R 模型进行数据库设计，即数据建模过程的实现。2.1 节讨论 E-R 模型的设计方法，然后将抽象的 E-R 模型转化成以最常用的关系型数据库管理系统 RDBMS 所描述的数据模型，即关系模型。

2.1 现实世界的数据化过程

现实世界是由实际存在的事物组成的，每种事物都有无穷的特性，事物之间有着错综复杂的联系。

现实世界的数据化过程

计算机系统是不能直接处理现实世界中的事物的，现实世界只有在数据化后，才能由计算机系统来处理这些代表现实世界的数据。但是，对现实世界进行直接数据化是不可行的，每个事物的无穷特性如何数据化？事物之间错综复杂的联系怎么数据化？人们必须首先调查、研究现实世界，归纳提炼出一个在研究范围内能反映现实世界的模拟世界——信息世界，然后，才能对所得到的信息世界进行数据化。

信息世界是现实世界在人脑中的反映。现实世界中的事物和事物特性在信息世界中分别反映为实体和实体的属性。本质上说，实体是由有限个属性组成的，例如，在 1.1.2 节的数据库应用示例中，职工实体由职工号、姓名、性别、出生日期、婚否、职称和所在部门号等七个属性组成；项目实体由项目编号、项目名称、起始日期、终止日期、项目经费和验收日期等六个属性组成。实体之间是有联系的(当然，已经不像现实世界中那样错综复杂了)，例如，职工实体和项目实体之间存在着“参加”联系。人们把描述信息世界的数据模型称为概念模型。

因此，信息世界不可能等价于现实世界。但是，信息世界必须具有以下几个特点：

(1) 真实。忽略的是非本质的、与研究无关的内容；抽象的是本质的、确实存在的内容。

(2) 完整、精确。信息世界应有丰富的语义表达能力，能完整、精确地模拟现实世界的各种情况。

(3) 易于理解、易于修改，特别是易于用户理解。

(4) 易于向 DBMS 所支持的数据模型转换。现实世界抽象成信息世界的目的是实现信息的计算机处理。

数据世界是信息世界数据化后的产物。信息世界中的实体和属性在数据世界中分别反映为记录和数据项，实体之间的联系反映为记录间的联系。人们用数据模型来描述数据世界。

现实世界、信息世界和数据世界的关系如图 2-1 所示。

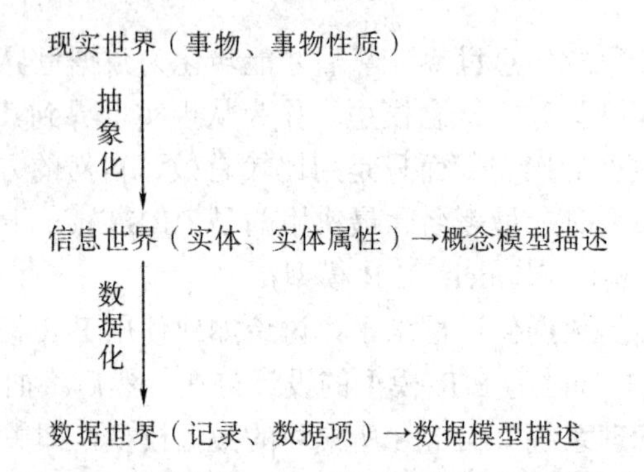

图 2-1　现实世界、信息世界和数据世界的关系

信息世界的概念模型是不依赖于具体的计算机世界的。概念模型是从现实世界到计算机世界的中间层次。现实世界只有先抽象为信息世界，才能进一步转换为数据世界。

2.2　概 念 模 型

概念模型

在进行数据库设计时，必须首先给出概念模型。概念模型不仅是数据库设计人员对现实世界研究后的产物，更为重要的是，它是数据库设计人员与用户进行交流的工具。甚至可以说，概念模型是以用户的观点对现实世界的抽象。因此，概念模型不仅要能完整地表达设计人员的思想，而且应简单清晰，受广大用户的青睐。

2.2.1　概念模型的基本概念

用于表示概念模型的最常用模型是实体-联系模型(E-R 模型)。在 E-R 模型中，数据的结构被表示为“实体-联系”图，即 E-R 图，实体集、联系集和属性是图中三个主要的元素类型。

1. 实体

实体(Entity)是客观事物的反映，既可以是实际存在的对象，也可以是某种概念，例如一个工厂、一个车间、一种操作流程等。实体间必须是可相互区分的。

2. 属性

事物是有特性的，反映在实体上，就是实体的属性(Attribute)。一个实体具有有限个属性，实际上，是这些有限个属性的总和组成了这个实体。例如，若职工实体由职工号、姓名、性别、出生日期、婚否、职称和所在部门号这七个属性组成，则(1002，胡一民，男，1984-08-09，1，工程师，01)这组属性值就构成了一个具体的职工实体。属性有属性名和属性值之分，例如，“性别”是属性名，“男”是性别属性的一个属性值。

3. 域

任一实体在任一属性上的取值都是有限制的。一个属性的取值范围就是这个属性的域(Domain)。例如，姓名属性的域被定义为四个汉字长的字符串，职工号被定义为七位整数等。

4. 实体集

所有属性名完全相同的实体集合在一起，称为实体集(Entity Set)。例如，全体职工就是一个实体集。为了区分实体集，每个实体集都有一个名称，即实体名，例如，职工实体指的是名为职工的实体集。而(1002，胡一民，男，1984-08-09，1，工程师，01)这个职工就是该实体集中的一个实体。同一个实体集中没有完全相同的实体。

5. 实体型

实体集的名称及其所有属性名的集合称为实体型(Entity Type)。例如，职工(职工号，姓名，性别，出生日期，婚否，职称，所在部门号)就是职工实体集的实体型。实体型抽象地刻画了所有同集实体。在不引起混淆的情况下，实体型往往简称为实体。

6. 码

由于实体对应于现实世界中的客观对象或者概念，因此必须是可以相互区分的。所以，在一个实体集中，没有两个完全相同的实体存在，即不能够有两个实体在各自对应属性上的属性值都是相同的。

在一个实体集中，根据一个或几个属性的值可唯一地确定每一个实体，而又没有包含多余的属性，则称此属性或属性组为该实体集的码(Key)，有时也称为候选码(Candidate Key)或键，例如，职工号就是职工实体集的码。

2.2.2 E-R 图的基本表示法

实体-联系(E-R)数据模型所采用的三个主要概念是：实体集、联系集和属性。

实体集是具有相同类型及相同性质(属性)的实体集合，联系集是指同类联系的集合。

在 E-R 模型中，用矩形框表示实体集(矩形框中写上实体名)，用椭圆表示属性(椭圆中标上属性名)，实体的码用下画线表示。例如，实体集职工可用 E-R 模型表示，如图 2-2 所示。

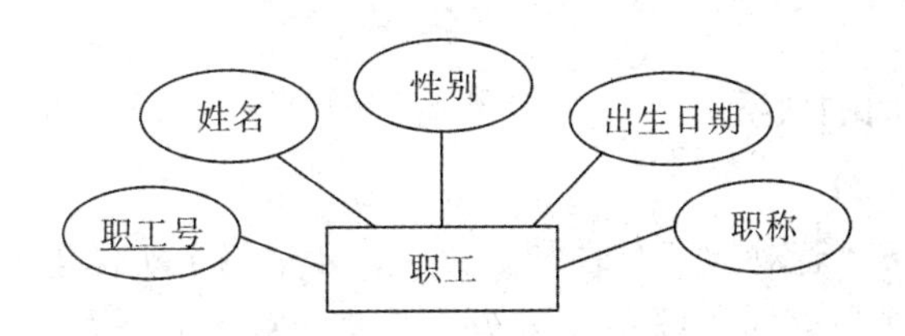

图 2-2 职工的 E-R 模型表示

实体集之间的联系集用菱形表示，并用无向边与相关实体集连接，菱形中写上联系集的名称，无向边上写上联系集的类型(有些参考书上也翻译为联系的阶)。

部门和职工间的联系可用图 2-3 所示的 E-R 模型表示。

图 2-3　部门和职工的一对多联系

在图 2-3 中，无向边上的 1 和 n 表示了部门和职工的联系是一对多联系(或者说职工与部门之间是多对一联系)，即表达了一个职工只能在一个部门中工作，而一个部门中可有多个职工这一语义(有些书中使用带箭头的有向边表示联系集的类型)。

实体集间除了一对多(或多对一)联系以外，还有一对一、多对多联系。

企业中除了职工、部门实体集以外，还有工资、项目等实体集。通过分析可知，企业中每一个职工有一份工资单，而每一份工资单也只属于一个职工，所以职工和工资实体集之间的联系为一对一联系，记为 1∶1，其 E-R 模型如图 2-4 所示。另外，一个职工可参加多个项目，一个项目可由多个职工来参加，所以职工和项目实体集之间的联系是多对多联系，记为 m∶n，其 E-R 模型如图 2-5 所示。

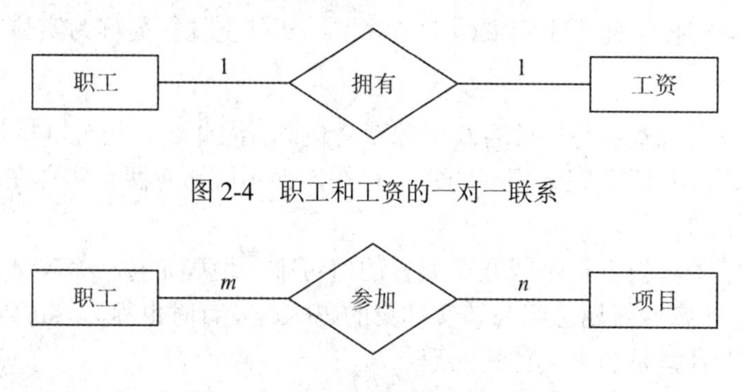

图 2-4　职工和工资的一对一联系

图 2-5　职工和项目的多对多联系

2.2.3　联系

在现实世界中，事物之间有着错综复杂的联系。反映在概念模型中，则有了实体集内部的联系和实体集之间的联系。其实，联系也是实体，但当概念模型确定之后，就只能作为联系存在了，所以联系也有联系名。当然，联系的属性大部分都隐藏在发生联系的各实体中。

1. 两个实体集之间的联系

1) 一对一联系(1∶1)

现有实体集 A 和 B，若对于某个联系 K 来说，A 中每个实体至多与 B 中一个实体相联系，反之亦然，则称 A 与 B 对于联系 K 来说，具有一对一的联系，如图 2-6(a)所示。

2) 一对多联系(1∶n)和多对一联系(n∶1)

对于联系 K 来说，若 A 中的每一个实体，B 中可有多个实体与之联系；但对 B 中的每一个实体，A 中最多有一个实体与之联系，则称 A 与 B 对于联系 K 来说是一对多联系，B 与 A 对于联系 K 来说是多对一联系，如图 2-6(b)所示。

3) 多对多联系($m:n$)

对于联系 K 来说，若 A 中的每一个实体，B 中都有多个实体与之联系，反之亦然，则称 A 与 B 对于联系 K 来说是多对多联系，如图 2-6(c)所示。

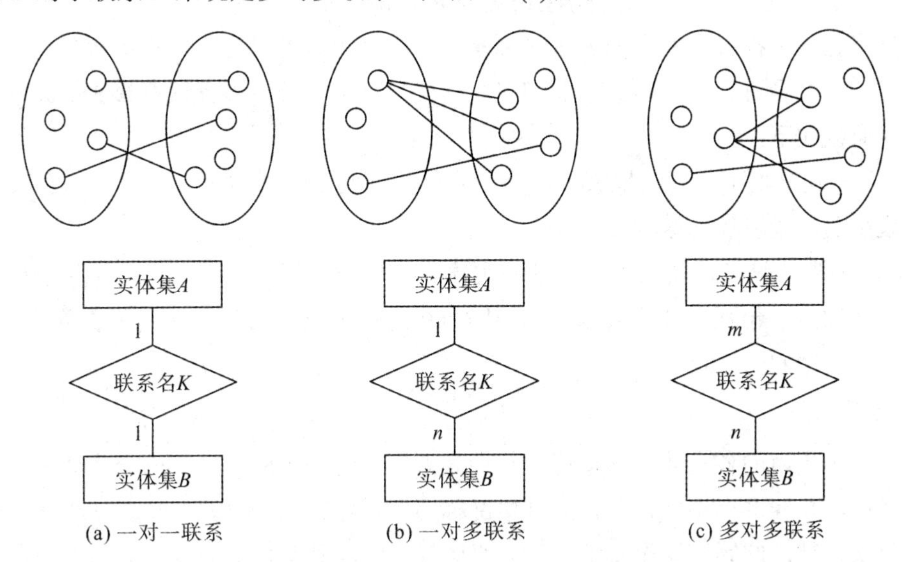

图 2-6 两个实体集之间的联系

例如，在世界杯比赛中，球队集与球队队长集之间对于代表关系来说，具有一对一的联系；主教练集与队员集之间对于指导关系来说，具有一对多的联系；裁判集与队员集之间对于执法关系来说，具有多对多的联系。

两个实体集之间的联系究竟是属于哪一类的联系，不仅与实体集有关，还与联系的内容有关。例如，在主教练集与队员集之间，对于朋友关系来说，就应是多对多的联系了。

与现实世界不同，信息世界中实体集之间往往只有一种联系，此时在谈论两个实体集之间的联系性质时，就可略去联系名，直接说两个实体集之间具有一对一、一对多或者多对多的联系。

2. 多元联系

在 E-R 模型中，可以表示两个以上实体集之间的联系，称为多元联系。

如图 2-7 中的联系“签约”就是一个三元联系。

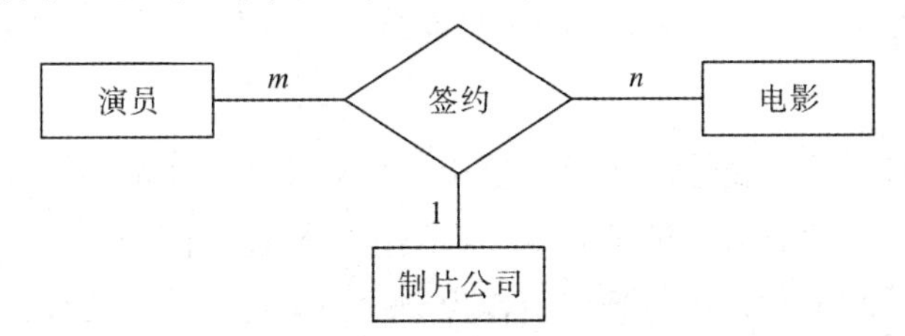

图 2-7 演员、电影和制片公司之间的三元联系

图 2-7 包含了如下语义：对于特定的演员和电影来说，该演员只能和一个制片公司签

约，一部电影只能属于一个电影公司；但一个制片公司可以为多部电影和多个演员签约，一个演员可以和一个制片公司签约主演多部电影。

一个多元联系集总是可以用多个不同的二元联系集来替代。考虑一个抽象的三元联系集 R，它联系了实体集 A、B、C。可引进一实体集 E 替代联系 R，然后，为实体集 E 和 A、B、C 建立三个新的二元联系集，分别命名为 R_A、R_B、R_C。

可以将这一过程直接推广到 n 元联系集的情况。所以在理论上，E-R 模型可以限制成只包含对二元联系进行的表示。然而，在大部分情况下，使用多元联系集比二元联系集更方便。其原因如下：

(1) 多元联系集可以清晰地表示出几个实体集参与到一个联系集的情况，而转换为多个二元联系后，难以体现这种参与性。

(2) 对于为替代多元联系集而引进的实体集，有时不得不为其创建一个标识码，因为每个实体必须可以相互区分。创建的标识码和新建的多个二元联系一样，增加了设计的复杂度和对存储空间的需求。

3. 自身联系

同一实体集内的各实体之间也可有某种联系。即在一个联系中，一个实体集可以出现两次或多次，扮演多个不同角色，此种情况称为实体集的自身联系。一个实体集在联系中出现多少次，就从联系到这个实体集画多少条线，到实体集的每条线代表该实体集所扮演的不同角色。

图 2-8 所示的是一个自身联系的例子。

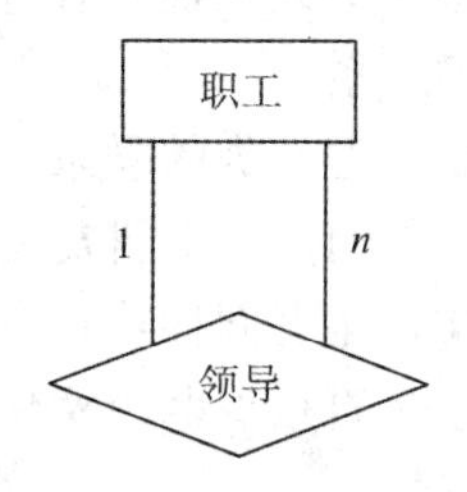

图 2-8 自身联系示例

图 2-8 给出了实体集职工的一个自身联系“领导”，在同一部门中，职工与职工之间可有领导和被领导的关系，其中一位是另一位的领导。图中的联系集是 1∶n，说明了一位职工(领导)可领导其他多位职工，而一位职工只能被另一位职工(领导)领导。

4. 联系的属性

联系也可以具有单独的属性。在图 2-7 中，如果要建立某演员和制片公司为一部电影签约的有关酬金信息，此时就不能把酬金作为演员的属性，因为一个演员可能签约了多部电影，得到了不同的酬金；也不能把酬金作为制片公司的属性，因为制片公司可能对不同演员支付了不同的酬金；酬金也不能作为电影的属性，因为一部电影中不同的演员可能得到不同的酬金。所以应该把酬金作为联系的属性，如图 2-9 所示。

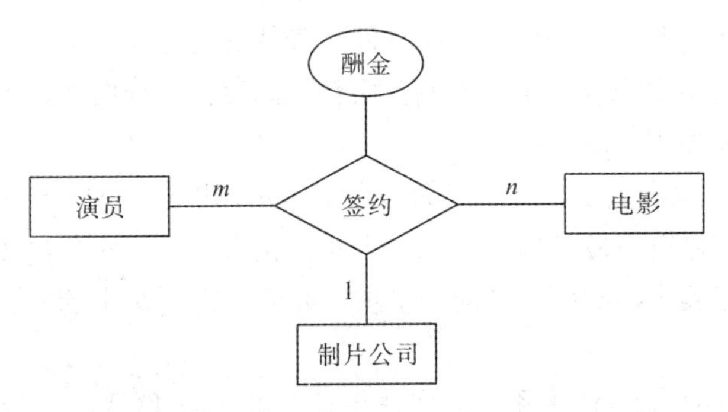

图 2-9 联系可具有属性

请读者自行考虑：在职工项目管理系统中，某个职工参加某个项目的排名属性，应该作为实体的属性还是联系的属性呢？

2.2.4 弱实体集

如果从一个实体集的属性中不能找出可以作为码的属性，那么这样的实体集就称为弱实体集(Weak Entity)；与此相对应的是，有码的实体集被称为强实体集(Strong Entity)。弱实体集是部分或全部依赖于其他一个或多个实体的码而存在的实体。强实体集则是不依赖于另一个实体的码存在的实体。

如图 2-10 所示，不依赖于任何其他实体的存在就可以明确标识每个演员实体，因为演员实体有自己的码(演员编号属性)，所以演员实体是强实体。但角色实体就是一个弱实体，代表演员在影片中扮演的角色。如果没有演员实体和影片实体的存在，就不能唯一地表示一个角色实体的存在，称这类没有码的实体为弱实体。作图时，用双线标识弱实体及依赖关系。

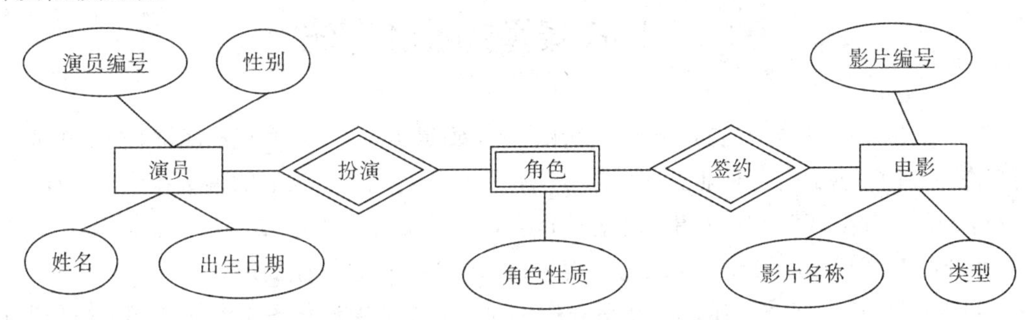

图 2-10 具有弱实体的 E-R 模型

弱实体集常出现在以下两种情况中：

(1) 2.6 节中将要讲解的由联系转换得来的联系实体集中，这些实体集没有自己的码属性，它们的码是由它们所连接实体的码的属性构成的。

(2) 在下一节中将要讲解的子类实体中，这类弱实体被称为子实体。

2.2.5 子类和 Is-a 层次联系

在信息世界中，常常需要描述这样的实体集 *A*:*A* 属于另一实体集 *B*，*A* 中的实体都有特殊的属性需要描述，并且这些特殊属性对 *B* 中其他的实体无意义。在 E-R 模型中，称 *A* 是 *B* 的子类，或 *B* 是 *A* 的父类。*A* 与 *B* 两类实体之间存在一种层次联系——Is-a(属于)。图 2-11(a)是它们的 E-R 模型表示方法。

如果 *A* 和 *B* 存在 Is-a 联系，则 *A* 中的每个实体 *a* 只和 *B* 中的一个实体 *b* 相联系，同样的，*B* 中的每一个实体也是最多和 *A* 中的一个实体相联系，从这个意义上说，*A* 和 *B* 存在一对一的联系。但事实上，*a* 和 *b* 是同一事物。*A* 可以继承 *B* 中的所有属性，又可以有自己特殊的属性说明。

例如，企业中的职工实体集和经理实体集存在着 Is-a 联系，即经理是职工。经理可以继承职工的所有属性，但又有“任职时间”这一其他职工没有的属性。其 E-R 模型如图 2-11(b)所示。

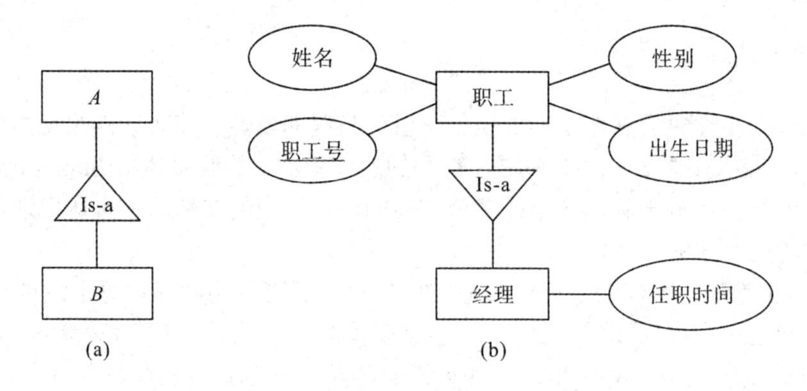

图 2-11　具有 Is-a 联系的 E-R 模型

2.3 E-R 模型的设计方法

在设计 E-R 模型时，首先必须根据需求分析，确定实体集、联系集和属性。一个企业(单位)有许多部门，就会有各种业务应用的要求，需求说明来自对它们的调查和分析。有关需求分析的方法将在第 8 章中介绍，这里只介绍 E-R 模型的设计方法。

在介绍 E-R 模型的设计方法之前，首先强调以下三条设计原则：

(1) 相对原则：实体、属性、联系等是对同一对象抽象过程的不同解释和理解。即建模过程实际上是一个对对象抽象的过程。由于属性、联系在本质上都是实体，因此，不同的人或同一人在不同的情况下，抽象的结果可能不同。

(2) 一致原则：同一对象在不同的业务系统中的抽象结果要求保持一致。业务系统是指建立系统的各子系统。

(3) 简单原则：为简化 E-R 模型，现实世界的事物能作为属性对待的，尽量归为属性处理。

属性和实体间并无一定的界限。如果一个事物满足以下两个条件之一，则一般可作为属性对待：

① 属性不再具有需要描述的性质，属性在含义上是不可分的数据项。

② 属性不能再与其他实体集具有联系，即 E-R 模型指定联系只能是实体集间的联系。

例如，职工是一个实体集，可以有职工号、姓名、性别等属性，工资如果没有需要进一步描述的特性，就可以作为职工的一个属性。但如果涉及工资的详细情况，如基本工资、各种补贴、各种扣除时，它就成为一个实体集，如图 2-12 所示。

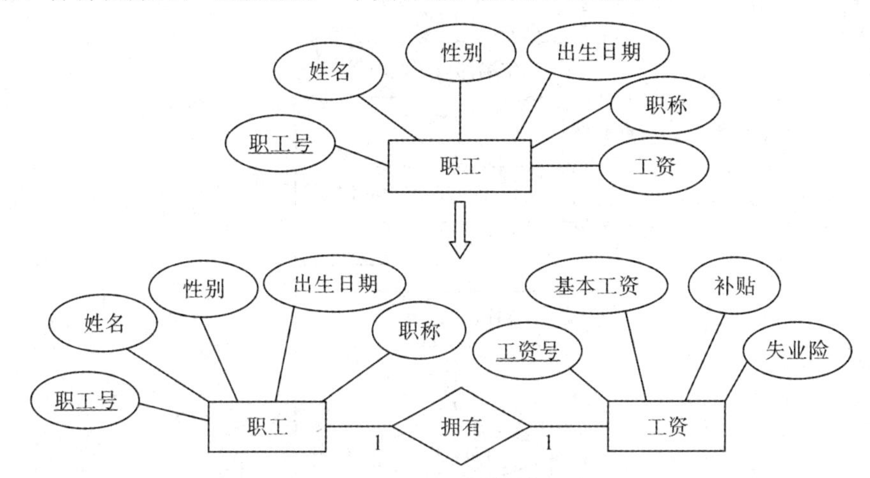

图 2-12 工资由属性变为实体集

再如，仓库和货物的关系。如果一种货物只存放在一个仓库中，那么仓库可作为货物的属性加以说明。但如果仓库与职工发生联系(每个仓库有若干个保管员)，那么仓库就应该作为一个实体集加以说明，如图 2-13 所示。

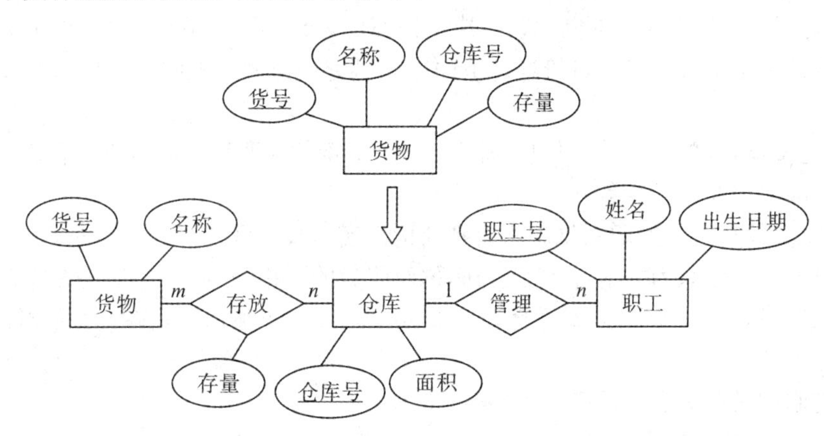

图 2-13 仓库由属性变为实体集

设计一个较大型的企业或单位的 E-R 模型，一般按照先局部、后整体、最后优化的方法进行。下面以企业职工管理系统为例，说明 E-R 模型的一般设计过程。

例 2.1 在企业职工管理中，涉及以下功能：

(1) 人事处对职工的档案和部门进行管理，包括职工基本情况，部门的基本情况以及各种职称、职务的管理。

(2) 财务处管理职工的工资情况。

(3) 科研处管理项目、职工参加项目的情况。

具体的设计步骤如下：

(1) 确定局部应用范围，设计局部 E-R 模型。

局部 E-R 模型的设计步骤如图 2-14 所示。

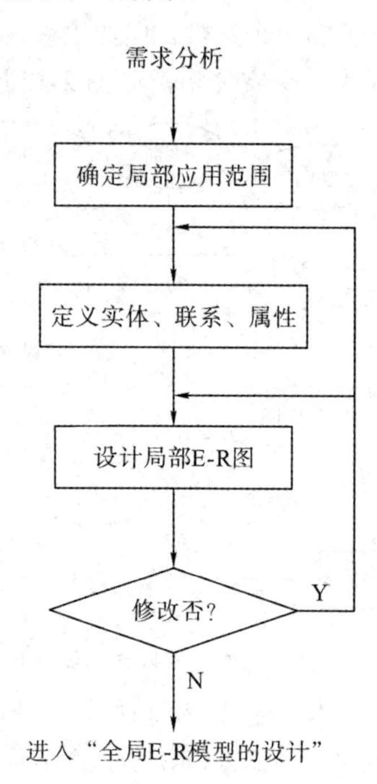

图 2-14　局部 E-R 模型的设计步骤

① 确定局部应用范围。本例中初步决定按部门划分不同的应用范围，即分为三个子模块：人事管理、工资管理和项目管理。下面以人事管理为例，说明设计局部 E-R 模型的一般过程。

② 确定实体集。在人事管理中，需要对职工、部门、职称及职务进行管理，所以实体集有职工、部门、职称及职务。

③ 确定实体集之间的联系集。需要判断所有实体集之间是否存在联系。

职工与部门的联系为 $n:1$；职工与职称及职务的联系为 $m:n$。因为多个职工可有同一种职称或职务，而一个职工既可有职称又可有职务。如某职工具有高级职称(高工)，同时又是处级干部。

部门与职称及职务之间没有联系。

④ 确定实体集的属性。

职工：职工号、姓名、性别、出生日期。

部门：部门号、名称、电话。

职称、职务：代号、名称、津贴。

⑤ 确定联系集的属性。职工与部门的联系没有单独的属性，职工与职称及职务的联系有单独的属性：职称或职务的任职日期。

⑥ 画出局部 E-R 模型。图 2-15～图 2-17 分别是人事管理、工资管理和项目管理的局部 E-R 模型。

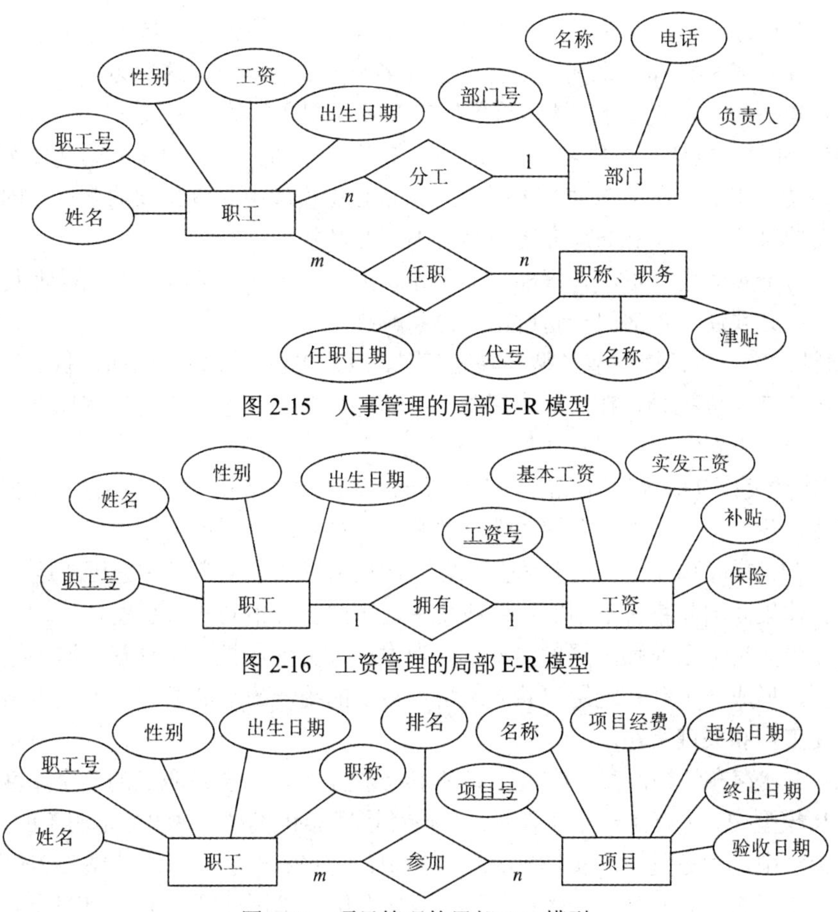

图 2-15 人事管理的局部 E-R 模型

图 2-16 工资管理的局部 E-R 模型

图 2-17 项目管理的局部 E-R 模型

(2) 集成局部 E-R 模型，形成全局初步 E-R 模型。

将所有局部 E-R 模型集成为全局 E-R 模型，设计步骤如图 2-18 所示。

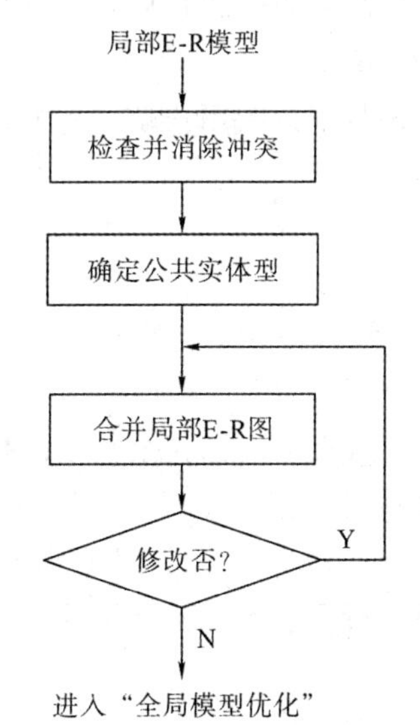

图 2-18 全局 E-R 模型的设计步骤

由于各个局部应用所面对的问题不同，且通常由不同的设计人员负责局部E-R模型的设计，因此各局部E-R模型之间必定会存在许多不一致的地方，这称为冲突。所以在合并各局部E-R模型时，首先要合理地消除各局部E-R模型之间的冲突。冲突主要有以下三类：

① 命名冲突：包括实体集名、联系集名、属性名之间的同名异义和同义异名等命名冲突。同名异义，即不同意义的对象在不同的局部E-R模型中具有相同的名称。同义异名，即同一意义的对象在不同的局部应用中具有不同的名称。

例如，对于实体集职工，人事部门称之为职工，科研部门可能称之为科研人员。

命名冲突必须通过各部门一起讨论，协商解决。

② 属性冲突：包括属性值类型、取值范围、取值单位的冲突。例如，职工号在一个局部E-R模型中定义为整数，在另一个局部E-R模型中定义为字符串。有些属性采用不同的度量单位，也属于属性冲突。

③ 结构冲突：包括两种情况，一种是同一对象在不同应用中具有的抽象不同；另一种是同一实体在各局部应用中包含的属性个数和属性排列次序不完全相同。

例如，在人事部门中，工资可能是职工的一个属性，而在财务部门中它可能是一个实体集。

有时实体集间的联系在不同的局部应用中，可能会有不同的联系集。

根据需求分析，在兼顾全局的情况下，对发生冲突的属性、实体集、联系进行合理的调整和综合，形成一个全系统用户共同理解和接受的统一的E-R模型，是合并各局部E-R模型的主要工作和关键所在。

例2.1中就存在结构冲突。在人事管理E-R模型中，工资是职工的一个属性，而在工资管理E-R模型中，工资是一个实体集；在项目管理E-R模型中，职务是职工的一个属性，而在人事管理中，职务是一个实体集。在该例中，可将工资和职务均调整为实体集。

在集成全局E-R模型时，一般采用两两集成的方法，即先将具有相同实体集的两个E-R模型以该相同实体集为基准进行集成，如果还有相同实体集的E-R模型，再次集成，直到所有具有相同实体集的局部E-R模型都被集成，得到初步的全局E-R模型。例2.1中，可以职工为公共实体集进行集成，其初步的全局E-R模型如图2-19所示。

(3) 消除冗余，优化全局E-R模型。

一个“好”的全局E-R模型，除能反映用户功能需求外，还应该满足以下几个条件：

① 实体联系尽可能少；

② 实体集所含属性尽可能少；

③ 实体集间联系无冗余。

为了使实体集尽可能少，有时需要合并相关的实体集，如1∶1联系的两个实体集、具有相同码的实体集。

有些实体集的属性可能是冗余数据。所谓冗余数据，是指重复存在或可由基本数据导出的数据。如图2-19所示的工资中的实发工资即可由其他几项工资计算得到，属于冗余数据。冗余数据一方面浪费存储空间，另一方面又会破坏数据的完整性。如某职工因为某种原因，增加了基本工资，用户除了修改基本工资一项外，还必须同时修改实发工资，否则数据就会前后不一致。

但并不是所有的冗余数据都必须消除，有时为了提高效率，不得不以冗余数据为代价。如财务处频频地对每个职工的实发工资进行计算和统计，影响工作效率，可以让此冗余数据存在，但必须有数据的关联说明，并作为数据模型的完整性约束条件。

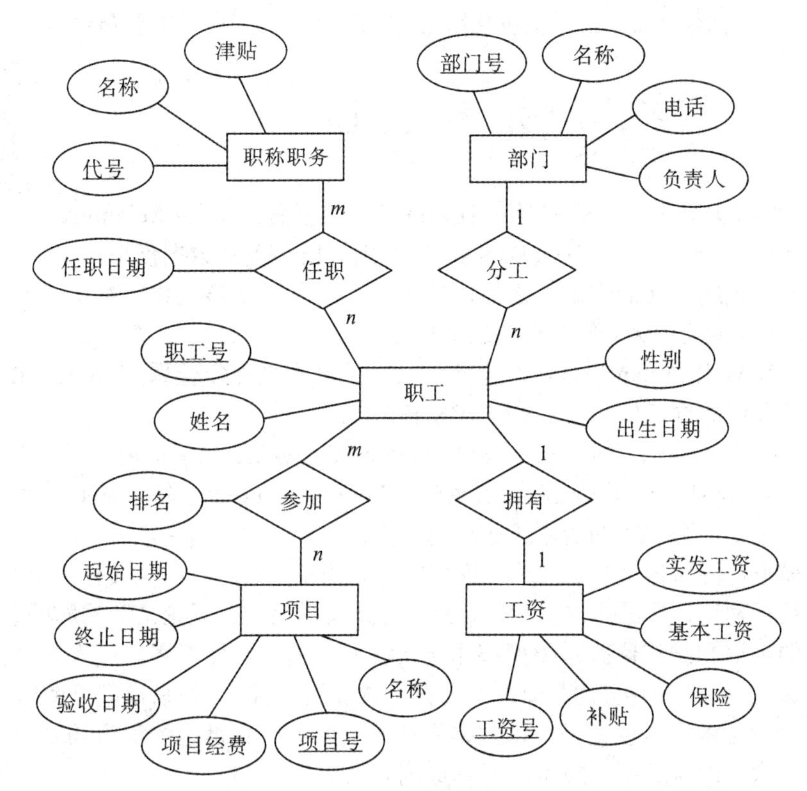

图 2-19 合并后的初步全局 E-R 模型

2.4 数 据 模 型

数据模型

数据模型是数据库系统的核心和基础，任何一种数据模型都规定了一种数据结构，即信息世界中的实体和实体间的联系的表示方法。数据结构描述了系统的静态特性，这是数据模型最本质的内容。

数据模型必须规定对数据可以执行的操作及操作规则，数据操作描述了系统的动态特性。对数据库的操作主要有数据维护和数据检索两大类，包括相应的操作符、含义、规则等。

最后，数据模型还必须提供定义完整性约束条件的手段，并在操作中对它进行自动检查，符合完整性约束条件的操作才能被执行，否则拒绝执行，从而保证数据正确、相容和有效。

实际的数据库管理系统所支持的主要数据模型有以下几种：

(1) 层次模型(Hierarchical Model)；

(2) 网状模型(Network Model)；

(3) 关系模型(Relational Model)；

(4) 面向对象模型(Object Oriented Model)。

其中，前两类数据模型在数据库系统的发展初期起到了重要的作用。在关系模型得到发展后，层次、网状模型迅速衰退，在 2.7 节中将对它们作简单介绍。

面向对象模型是近年才出现的数据模型，是目前数据库技术的研究方向之一。

关系模型是目前使用最广泛的数据模型，占据了统治地位。后面主要介绍的就是关系模型。

2.5 关系模型

关系模型

1970年，美国IBM公司的研究员E.F.Codd在他的著名论文“A Relational Model of Data for Large Shared Data Banks”中首先提出了关系数据模型，这标志着数据库系统新时代的来临。之后，他又接连发表了多篇文章，奠定了关系数据库的理论基础。E.F.Codd于1981年荣获ACM图灵奖。

1974年，IBM公司San Jose研究室研制成功关系数据库实验系统System R，后来又陆续推出了新的关系数据库软件产品SQL/DS和DB2等。

1980年后，各种RDBMS(Relational Database Management System)的产品迅速出现，如Oracle、Ingress、Sysbase、Informix、dBASE、FoxBase、FoxPro等，从此关系数据库系统统治了数据库市场，数据库的应用领域迅速扩大。

与层次模型和网状模型相比，关系模型的概念简单、清晰，并且具有严格的数据基础，形成了关系数据理论，其操作也直观、容易，因此易学易用。无论是数据库的设计和建立，还是数据库的使用和维护，关系模型都比层次、网状模型简便得多。层次、网状模型下的数据库技术多称为专家数据库技术(只有专家才能正确使用)，关系模型下的数据库技术则称为大众数据库技术。这也正是关系数据库技术一经出现就迅速统治市场并排挤了原来占统治地位的层次、网状数据库技术的根本原因。

支持关系模型的DBMS称为关系型数据库管理系统RDBMS。

与其他的数据模型相同，关系模型也是由数据结构、数据操作和完整性约束三部分组成。

2.5.1 关系模型数据结构及基本概念

在关系模型中，数据的逻辑结构是关系。关系可形象地用二维表表示，因此常称为表。图2-20给出了职工和项目两个实体集之间具有参加联系的概念模型，而表2-1所示的则为与之对应的关系模型的三张二维表。

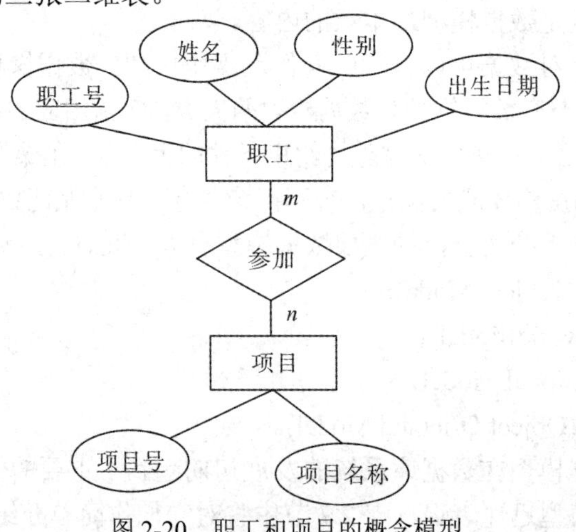

图2-20 职工和项目的概念模型

表 2-1 概念模型对应的表

表(一) 职工(Employee)

职工号	姓名	性别	出生日期
1002	胡一民	男	1984-08-09
1004	王爱民	男	1962-05-03
1005	张小华	女	1972-08-01
1010	宋文彬	男	1988-02-02
1011	胡民	男	1988-09-02
1015	黄晓英	女	1996-08-31
1022	李红卫	女	1995-07-07
1031	丁为国	男	1998-10-05

表(二) 项目(Item)

项目代号	项 目 名 称
201801	硬盘伺服系统的改进
201802	巨磁阻磁头研究
201901	磁流体轴承改进
201902	高密度记录磁性材料研究
202001	MO 驱动器性能研究
202101	相变光盘性能研究

表(三) 参加(Item_Emp)

项目代号	职工号
201801	1016
201802	1002
201802	1010
201901	1005
201901	1010
201901	1031
201902	1005

关系模型的主要术语如下：

• 关系(Relation)。一个关系可用一个二维表来表示，也被称为表，每个关系(表)都有与其他关系(表)不同的名称。

• 属性(Attribute)。关系中的每一列即为一个属性。每个属性都有一个属性名，在每一列的首行显示，一个关系中不能出现同名属性。

• 域(Domain)。一个属性的取值范围就是该属性的域。例如：姓名属性的域为 10 个字节字符串，出生日期属性域为日期型数据等。

• 元组(Tuple)。关系中的一行数据总称为一个元组。一个元组即为一个实体的所有属性值的总称。一个关系中不允许出现完全相同的元组。

• 分量(Component)。一个元组在一个属性上的值称为该元组在此属性上的分量。

• 候选码(Candidate Key)。一个关系中的某个属性(或属性组)的值能唯一标识关系中的各个元组，且又不含有多余的属性，则该属性(组)称为该关系的一个候选码，简称为码(Key)。

• 主码(Primary Key)。若一个关系中有多个候选码，则选取其中一个为主码。每个关系都有并且只有一个主码。

• 主属性(Prime Attribute)。包含在任何一个候选码中的属性称为主属性，不包含在任何候选码中的属性称为非主属性(Nonprime Attribute)或非码属性(Non-key Attribute)。

- 外部码(Foreign Key)。若 A 是基本关系 R_1 的属性(组)，但不是 R_1 的码，且 A 与基本关系 R_2 的主码 K 相对应，则称 A 是 R_1 的外部码，简称外码。R_1 和 R_2 不一定是不同的关系。当然，A 和 K 一定在同一组域上。
- 关系模式。一个关系的关系名及其全部属性名的集合简称为该关系的关系模式。一般表示为：

关系名(属性名 1，属性名 2，…，属性名 *n*)

如职工关系的关系模式为：

职工(职工号，姓名，性别，出生日期，婚否，职称，部门)

关系模式是型，描述了一个关系的结构；关系则是值，是该关系中某一时刻的元组集合，是该时刻关系模式的状态或内容。因此，关系模式是稳定的、静态的，而关系则是随时间变化的、动态的。但在不引起混淆的场合，二者都称为关系。

关系是关系模型中最基本的数据结构。关系既用来表示实体集(如上面的职工表、项目表)，也用来表示实体间的联系集(如上面的参加表)。当然，联系本质上也是实体集，是实体集的另一种表示形式(其实属性也是实体)。

关系具有以下六个基本性质：

(1) 关系中的每个分量值都是原子的，即是不可分的基本数据项。如表 2-2 的情况是不允许的。

表 2-2　不允许的表

工资级别	工　资	
	基本工资	补贴工资

空值(NULL)在关系中是很重要的一个概念，它用来表示暂时不知道或者无意义的属性值。比如在项目表中，由于项目编号为 201801 和 201802 的两个项目还没有最后验收，因此系统暂时不知道它们的验收日期，故只能用 NULL 值代替。

(2) 属性列是同质的，即同一列的分量值应该出自相同的域。在具体的数据库产品或者编程语言中，域常被称为类型(Type)，数据类型描述了各列中可以出现的值的类型，它是定义域的最简单的方法，如 INTEGER、REAL、CHARACTER 等。

(3) 不同的列可以出自同一个域。比如，在职工的工资关系中，基本工资、津贴、公积金等不同的列，取值范围都是一样的，都是数值型数据，即它们的域相同。

(4) 列的次序可以相互交换。

(5) 行的顺序也可以相互交换。

(6) 一个关系中的任意两个元组不能相同。

关系模型的许多基础理论都是基于上面这些关系的基本性质而发展起来的，但在实际的关系数据库产品中，基本表(Table)并不完全遵循这六条基本性质。比如，有些产品区分了元组或者属性的次序，有些基本表中允许存在完全相同的元组，但在系统开发中会给开发人员带来意想不到的麻烦。

2.5.2 关系模型的数据操作

数据操作是指对数据库中各种对象的实例允许执行的操作的集合，包括操作及有关的操作规则，是对系统动态特性的描述。关系模型的操作主要分为查询和维护两大类。数据操作的特点如下：

(1) 操作对象和操作结果都是关系，即关系模型中的数据操作是集合操作。

(2) 在关系模型中，存取路径对用户是隐蔽的。用户只需要指出干什么，而不必考虑怎么干。存取路径是由 RDBMS 自动选择的，从而方便了用户，提高了数据的独立性。

早期的关系操作用抽象的查询语言关系代数或关系演算。其中，关系演算又分为元组关系演算和域关系演算两种。关系代数、元组关系演算和域关系演算三种抽象语言在表达能力上是完全等价的。本书将在第 6 章详细介绍这三种抽象语言。

实际的 RDBMS 提供的语言与上述抽象语言当然是不相同的，它们除了必须能提供实现抽象语言功能的能力外，还提供很多附加功能，其中的代表语言就是结构化查询语言(Structured Query Language，SQL)。本书在第 3 章、第 4 章和第 5 章介绍 SQL 语言。

2.5.3 关系的完整性约束

关的完整性约束

完整性约束是一组完整的数据约束规则，它规定了数据模型中的数据必须符合的条件，对数据作任何操作时都必须保证符合完整性约束条件。例如，职工号必须唯一且不能为空，职工所属部门必须存在或为空(职工尚未被分配部门)；性别只能是男、女两个值之一等。

关系模型中共有三类完整性约束：实体完整性、参照完整性和用户定义的完整性。实体完整性和参照完整性是关系模型必须满足的两个完整性约束条件，任何关系系统都应该自动对它进行维护。

1. 实体完整性

实体完整性(Entity Integrity)规定，任一候选码的任何属性值都不能为空，而不仅仅是候选码的值整体不能为空。

实体完整性的必要性如下：

(1) 一个基本关系不是对应于概念模型中的一个实体集就是对应于概念模型中的一个联系；

(2) 概念模型中的实体及联系都是可区分的，以候选码为唯一性标识；

(3) 在关系模型中，任一候选码都是唯一性标识(与概念模型中的候选码相对应)；

(4) 主属性不能取空值。如果主属性可取空值，则意味着概念模型中存在不以候选码为唯一性标识的实体，这与第(2)点矛盾。

由于在关系系统中，只能定义主码(不支持候选码概念)，因此在具体 DBMS 中，实体完整性对应变为任一基本关系的主码属性都不能为空。即若属性 A 是基本关系 R 的一个主属性，则任何元组在 A 上的分量都不能为空。这里，空是指没有值，如学号属性为空，不是指学号为 0，而是指没有学号。

2. 参照完整性

参照完整性(Referential Integrity)是对关系间引用数据的一种限制。

参照完整性是指：若属性组 A 是基本关系 R_1 的外部码，它与基本关系 R_2 的码 K 相对应(R_1，R_2 也可以是同一关系)，则 R_1 中每个元组在 A 上的值必须为以下两种情况之一：

(1) 等于 R_2 中某元组的码值；

(2) 取空值。

例如，在参加关系中，职工号只能取职工关系中已有的职工号，项目号只能取项目关系中已有的项目号。单就参照完整性而言，职工号和项目号还可取空值，但由于它们是参加关系的码，因而不能取空值。

再如，若另有一关系：部门(部门号，部门名，部门电话，部门负责人)，那么在此关系的部门负责人属性上，各个元组或取空值(表示该部门的负责人暂时还没有确定)，或取职工关系中已有职工号(表示必须是本单位存在的职工)。

3. 用户定义的完整性

除上述两类完整性约束外，任何数据库系统都会有一些自己特殊的约束要求，例如年龄值不能大于 60，夫妻的性别不能相同，创新的世界纪录必须好于原世界纪录，考试成绩只能在 0～100 之间等。这些约束条件都是需要用户自己来定义的，故称为用户定义的完整性。

关系模型应向用户提供定义这类完整性约束的手段，以供用户使用这种手段来定义自己特殊的完整性要求。关系模型还应具有检验用户定义的完整性的机制，以便整个数据库在生命周期中保证符合用户所定义的完整性的约束要求。

2.6 E-R 模型向关系模型的转化

E-R 模型是概念模型的一种表示。要使计算机能处理模型中的信息，首先必须将它转化为具体的 DBMS 能处理的数据类型。E-R 模型可以向现有的各种数据模型转换，而目前市场上的 DBMS 大部分是基于关系数据模型的，所以本节介绍 E-R 模型向关系数据模型的转换方法。

关系模型的逻辑结构是一系列关系模式(表)的集合。将 E-R 模型转化为关系模式主要需解决的问题是：如何用关系来表达实体集以及实体集之间的联系。

下面从一个具体例子出发，说明 E-R 模型向关系模型转换的一般规则和步骤。

例 2.2 将图 2-15 所示的人事管理局部 E-R 模型转换为关系模型。

(1) 将每一个实体集转换为一个关系模式，实体集的属性转换成关系的属性，实体集的码对应关系的码。生成如下三个关系模式：

职工(<u>职工号</u>，姓名，性别，出生日期，工资)

部门(<u>部门号</u>，名称，电话，负责人)

职称职务(<u>代号</u>，名称，津贴)

(2) 将每个联系集转换成关系模式。对于给定的联系 R，由它所转换的关系具有以下两种属性：

① 联系 R 单独的属性都转换为该关系的属性；

② 联系 R 涉及的每个实体集的码属性(组)转换为该关系的属性。

转换后关系的码有以下几种情况：

① 若联系 R 为 1∶1 联系，则每个相关实体的码均可作为关系的候选码；

② 若联系 R 为 1∶n 联系，则关系的码为 n 端实体的码；

③ 若联系 R 为 m∶n 联系，则关系的码为相关实体码的集合。

有时，联系本身的一些属性也必须是结果关系的码属性。

根据此规则，由联系转换来的关系模式为

分工(职工号，部门号)
任职(职工号，代号，任职日期)

(3) 根据具体情况，把具有相同码的多个关系模式合并成一个关系模式。具有相同码的不同关系模式从本质上来说描述的是同一实体集，因此可以合并。合并后的关系包括被合并的两个关系的所有属性，这样可以节省存储空间。如职工关系和分工关系可以合并为下面同一个关系模式：

职工(职工号，姓名，性别，出生日期，工资，部门号)

事实上，当将联系集 R 转换为关系模式时，只有当 R 为 m∶n 的联系集时，才需要重新建立新的关系模式；当 R 为 1∶1、1∶n 及 Is-a 的联系集时，可以不引进新的关系模型，只对与联系有关的实体集的关系模式作适当的修改。

因此，由 E-R 模型向关系模式转换的一般规律如下：

(1) 将 E-R 模型中的每一个实体集均转换成一个关系模式，关系的属性由对应的实体集的属性组成，关系的码就是对应实体集的码。

(2) E-R 模型中的 1∶1 联系，可以通过在任意一方的关系中加入另外一方的码来表达。

(3) E-R 模型中的 1∶n 联系，需要在多方实体集转换的关系中加入其中一方实体集的码来表达。

(4) E-R 模型中的 m∶n 联系，必须增加一个关系模式来进行表达，该关系模式的属性除了原来联系的属性外，还必须加入相关实体集的码属性。一般情况下，该关系的码由相关实体集的码的集合(复合码)组成。

例 2.3 将图 2-20 中的 E-R 模型转换为等价的关系模式。

转换的等价的关系模式如下：

职工(职工号，姓名，性别，出生日期，部门号)
部门(部门号，名称，电话，负责人)
职称职务(代号，名称，津贴)
项目(项目号，名称，起始日期，终止日期，验收日期)
工资(工资号，职工号，基本工资，补贴，保险，实发工资)
任职(职工号，代号，任职时间)
参加(职工号，项目号，排名)

说明：职工表中的部门号表达了部门与职工的 1∶n 联系，它是职工表的外码。工资表中的职工号表达了职工与工资之间的 1∶1 联系，该联系也可以通过在职工表中加入工资号来表达。任职表是职称职务与职工之间的 $m∶n$ 联系引进的关系模式，参加表表达了职工与项目之间的 $m∶n$ 联系。

对于 $m∶n$ 多元联系的 E-R 模型，转换成相应的关系模式，除了每个实体集转换成相应的关系外，联系集也必须转换成一个关系模式。

例 2.4 请将图 2-9 中的 E-R 模型转换成相应的关系模式。

给各个实体集添加上相应的属性后，得到如下相应的关系模式：

演员(演员编号，姓名，性别，出生日期，国籍)
电影(电影编号，名称，类型，拍摄起始日期，拍摄结束日期，首映日期，票房)
制片公司(公司编号，名称，地址，负责人)
签约(演员编号，电影编号，公司编号，酬金)

说明 图 2-9 中包含了“一部电影只能在一个制片公司拍摄”这样的语义，如果语义为“一部电影可以由多个制片公司拍摄”，那么图 2-7 中的三元联系就全都是多对多($n∶m∶p$)了，转换成的签约表应该为

签约(演员编号，电影编号，公司编号，酬金)

在实际应用中，对于码是三个或三个以上属性组成的复合码的关系，常常将流水号或者编号作为主码，故在实际应用中签约表可能更多地转换成如下关系模式：

签约(签约编号，演员编号，电影编号，公司编号，酬金)

例 2.5 请将图 2-8 中的 E-R 模型转换成相应的关系模式。

给职工实体集添加了合适的属性后，得到如下转换后的关系模式：

职工(职工号，姓名，性别，出生日期，主管领导)

其中的主管领导就表达了职工中的某些成员是其他职工的领导这个自身联系。

例 2.6 一个图书馆管理系统提供下列服务：

(1) 可随时查询书库中现有书籍的品种、数量和存放位置。各类书籍均由书号唯一标识。

(2) 可随时查询书籍的借还情况，包括借书人的单位、姓名、借书证号，并规定任何人可以借多种书，任何一种书可以为多个人所借，借书、还书需要记录借还月期，借书证号具有唯一性。

(3) 当需要时，可通过数据库中出版社的编号、电话、邮编及地址等信息向有关书籍的出版社订购书籍，并规定一个出版社可以出版多种书籍，同一种书仅由一个出版社出版，出版社编号和出版社名具有唯一性。

(4) 由员工负责图书的维护工作，员工信息包括工号、姓名、性别、联系方式和部门，并规定每个员工可以维护多种图书，每种图书在不同的时间可以由不同的员工维护。

根据语义画出完整的全局 E-R 图，并转换成对应的关系模式。

根据语义画出的图书馆管理系统的全局 E-R 模型如图 2-21 所示。

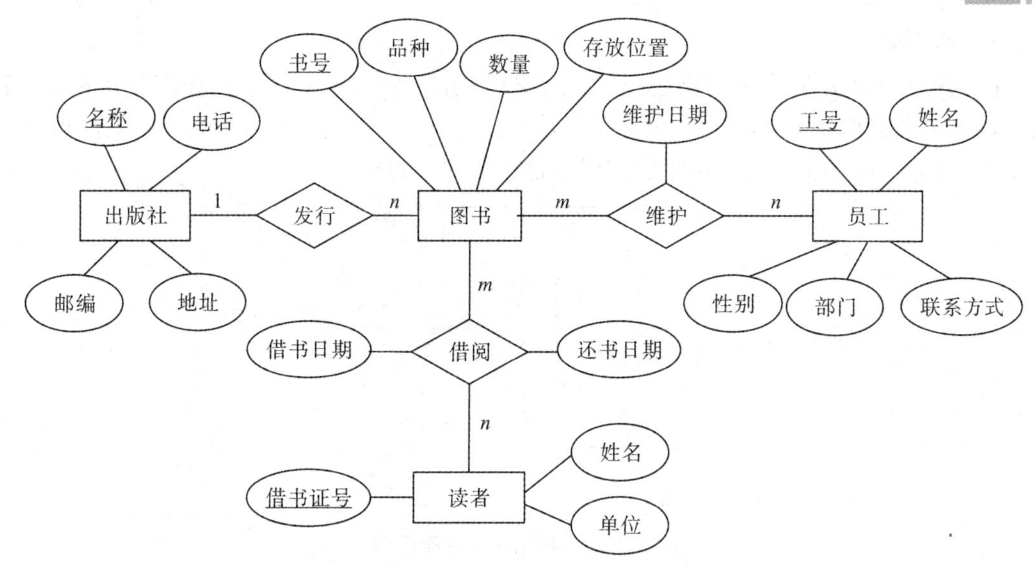

图 2-21 图书馆管理系统全局 E-R 模型

图 2-21 所示的图书馆管理系统全局 E-R 模型对应的关系模式为：

图书(书号，品种，数量，存放位置，出版社名) 外码：出版社名
出版社(名称，电话，邮编，地址)
读者(借书证号，姓名，单位)
员工(工号，姓名，性别，部门，联系方式)
借阅(书号，借书证号，借书日期，还书日期) 外码 1：书号；外码 2：借书证号
维护(书号，工号，维护日期) 外码 1：书号；外码 2：工号

2.7 历史上有影响的数据模型

在关系数据模型产生之前，数据库管理系统普遍使用的数据模型是层次数据模型和网状数据模型，它们的数据结构和图的结构是相互对应的。

概念模型中的实体型反映为记录型。因此，图的结点表示为记录型(实体)，结点之间的连线弧(或有向边)表示为记录型之间的联系。每个记录型可包含若干个字段，对应于描述实体的属性。

由于实际系统一般不允许直接表示多对多联系(多对多联系应转换为多个一对多联系)，所以下面的讨论仅限于一对多(包括一对一)的情况。通常，把表示“一”的记录型放在上方，称为父结点，或父记录；表示“多”的记录型放在下方，称为子结点，或子记录。图 2-22 表示部门记录型和职工记录型之间的联系，是一个基本层次联系。

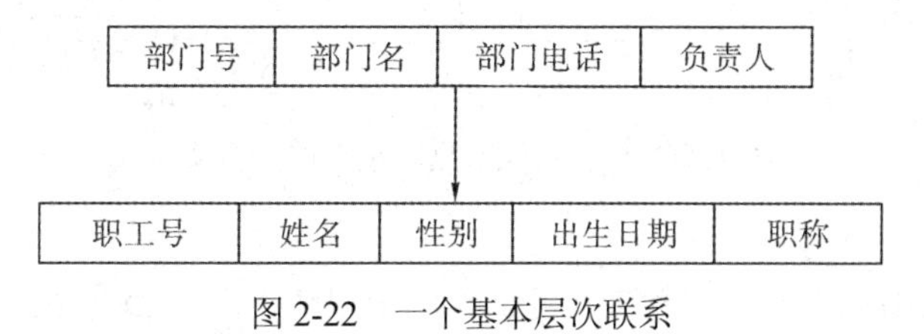

图 2-22 一个基本层次联系

1. 层次模型

在现实世界中，有许多事物是按层次组织起来的，例如，一个学校有若干个系，一个系有若干个班级和教研室，一个班级有若干个学生，一个教研室有若干教师。其数据库模型如图 2-23 所示。由图 2-23 可见层次模型是一棵倒挂的树。

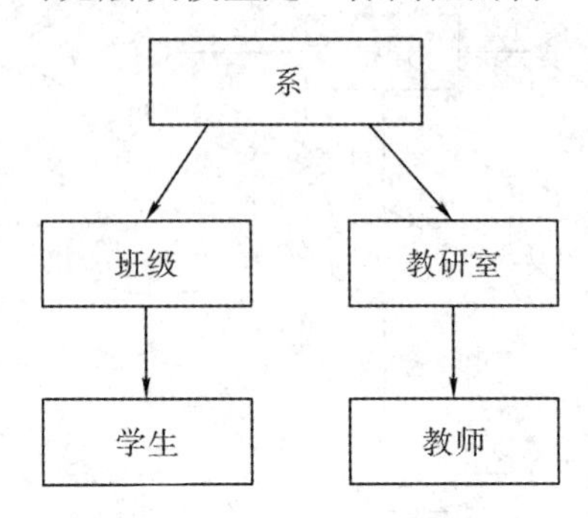

图 2-23 学校层次数据库模型

图 2-23 中，系和班级、班级和学生、教研室和教师等都构成了双亲与子女关系，这是层次模型中最基本的数据关系。

层次模型有以下两个特点：

(1) 有且仅有一个结点无父结点，这样的结点称为根结点；

(2) 非根结点都有且仅有一个父结点。

在层次模型中，一个结点可以有几个子结点；也可以没有子结点。在前一种情况下，这几个子结点称为兄弟结点，如图 2-23 中的班级和教研室；在后一种情况下，该结点称为叶结点，如图 2-23 中的学生和教师。

图 2-24 是图 2-23 数据模型的一个实例(一个值)，该实例是计算机系记录值及其所有的后代记录值组成的一棵树。

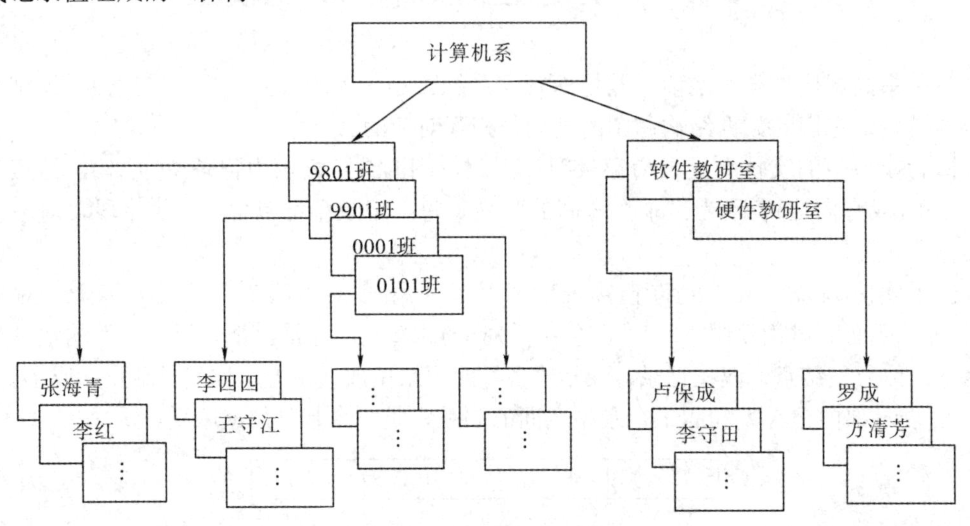

图 2-24 学校层次数据库模型的一个实例

2. 网状模型

把层次模型的限制放开：一个结点可以有一个以上的父结点，就得到网状模型。

网状模型具有以下两个特点：

(1) 可能有一个以上的结点无父结点；

(2) 结点与其父结点之间的联系不止一个。

层次模型中子结点与父结点的联系是唯一的，而在网状模型中这种联系可以不唯一。因此，在网状模型中，每一个联系都必须被命名，每一个联系都有与之相关的双亲记录和子记录。图 2-25 给出了几个网状模型的例子。

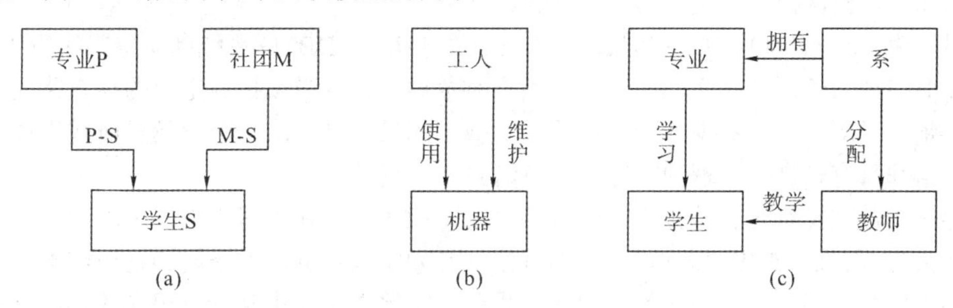

图 2-25 几个网状模型的例子

网状数据模型中记录的概念类似于关系数据模型中关系的概念，如：

记录型 $\xrightarrow{\text{对应}}$ 关系模式

记录 $\xrightarrow{\text{对应}}$ 关系的元组

记录的字段 $\xrightarrow{\text{对应}}$ 关系的属性

在网状模型中，用系(Set)表示一对多的联系，网状模型的有向图即是系的集合。系由一个双亲记录型和一个或多个子记录型构成，系必须被命名。系中的双亲记录型称为首记录，子记录型称为属记录。

在网状模型中，子结点是不能脱离其父结点而独立存在的，任何一个记录只有按其路径查看时才有实际意义。用户必须提供父结点才能查询子结点。因此数据库开发人员必须熟悉所用模型的结构，在应用程序中才能明确指出查询的路径，才能实现查询。这种要求，自然加重了用户的负担。

层次模型曾在 20 世纪 60 年代末至 70 年代初流行过，其中最有代表性的当推 IBM 公司的 IMS。但层次 DBMS 提供用户的数据模型和数据库语言比较低级，数据独立性也较差，所以在关系数据库之前，网状 DBMS 要比层次 DBMS 用得普遍。美国 CODASYL(Conference on Data Systems Languages)委员会中的 DBTG(Data Base Task Group)组在 1971 年提出了著名的 DBTG 报告，对网状数据模型和语言进行了定义，在 1978 年和 1981 年又作了修改和补充。因此，网状数据模型又称为 CODASYL 模型或 DBTG 模型。在 20 世纪 70 年代，曾经出现过大量的网状 DBMS 产品。比较著名的有 Cullinet 软件公司的 IDMS、Honeywell 公司的 IDS Ⅱ、HP 公司的 IMAGE 等，有些网状 DBMS 目前还在运行。所以说，在数据库的发展史上，层次模型和网状模型曾起过重要的作用。

2.8 数据模型与数据库系统的发展

数据模型是数据库系统的核心和基础。按照计算机所支持的数据模型的发展历史，数据库系统的发展过程可分为以下四个阶段。

1. 第一代数据库系统

层次数据库系统和网状数据库统统被统称为第一代数据库系统。

层次模型是分层结构，网状模型是网状结构，它们的数据结构都可以用图来表示。层次模型对应于一棵有根的定向树，网状模型对应于平面有向图。它们统称为格式化数据模型。实际上，层次模型是网状模型的特例。

层次模型和网状模型有许多共同的特征，如 IMS 和 DBTG 系统都支持三级模式结构；都用存取路径来表示数据之间的联系；用户对数据的存取必须按照定义的存取路径进行；必须清楚地了解数据在数据库中的位置；对数据的操作是一次一个记录导航式进行的；程序和数据都具有较高的物理独立性，但逻辑独立性较低。

导航式数据操纵语言的优点是存取效率高，但程序员在编写应用程序时，不仅要知道"干什么"，而且要指出"怎么干"，即程序员必须掌握数据库的逻辑和物理结构。程序员在编写程序时，必须一步一步地"引导"程序，按照数据库中某一已定义的存取路径来访问数据。所以网状和层次数据库又被称为"专家数据库"，不能被一般的用户所接受。

同时，这种导航式数据操纵语言使得数据库应用程序的可移植性很差，数据的逻辑独立性也较差。

2. 第二代数据库系统

支持关系数据模型的数据库系统是第二代数据库系统。

层次、网状和关系数据模型是数据库诞生以来广泛应用的数据模型，一般称之为传统数据模型。

关系模型概念清晰、简单，易于用户使用和理解，有严格的理论基础——关系代数。

关系模型中，只有单一的数据结构——关系，实体和实体间的联系均用关系表示。数据结构的单一性带来了数据操作的简单化，克服了非关系系统中由于信息表示方式的多样性带来的操作复杂性。

关系模型支持非过程化语言(如 SQL)操作数据。关系数据库语言的高度非过程化将用户从对数据库的导航式编程中解脱出来，降低了编程难度。用户只要提出"做什么"，而不需要指出"怎么做"，因此无须了解数据库的存取路径(存取路径的选择由系统自动完成)。这不但减轻了用户的负担，而且有利于提高数据独立性。

层次和网状数据模型中采用面向记录的操作方式，而在关系数据模型中，采用的是集合操作方式，操作的对象和结果都是元组的集合。

1970 年，E.F.codd 提出关系模型后，关系数据库系统很快就在数据库领域中占据了相当重要的地位。商业关系数据库系统，特别是微机型 RDBMS 的使用使数据库技术广泛应用于管理信息系统、企业管理、情报检索、商业应用等各个领域。

3. 第三代数据库系统

由于数据库技术的应用在商业领域获得了巨大成功，使得数据库应用领域越来越广，如计算机辅助设计/管理/集成制造(CAD/CAM/CIMS)、联机分析处理(OLAP)、办公自动化系统(OAS)、地理信息系统(GIS)、知识库系统、电子数据交换和电子商务、图像处理与模式识别、实时仿真等。这些应用有着与传统应用不同的行为特性和数据特性。关系数据模型也随之开始暴露出以下多方面的缺陷：

(1) 不能存储和处理复杂对象。对于具有复杂联系的实体集合，传统数据模型过于简单，表现力差，语义不够丰富，不能表达聚集关系和抽象关系等。

(2) 仅支持有限的数据类型(整型、字符串型、数值型等)，不能存储和检索复杂的数据类型，如抽象数据类型、半结构或无结构的超长数据(图形、图像、声音等)、版本数据、用户自定义复杂类型等。

(3) 关系数据库语言(SQL)与程序设计语言之间的差距较大，不能进行无缝连接。

(4) 关系模型对应用环境的适应性差，缺乏灵活丰富的建模能力。

为此，人们提出并开发了许多新的数据模型，新数据模型的研究主要沿以下几个方向进行：

(1) 对传统的关系数据模型进行扩充，引入构造器，使之能表达复杂数据类型，增强建模能力。这种数据模型称为复杂数据模型。

(2) 抛弃关系数据模型，发展全新的语义数据模型。语义数据模型可表达复杂的结构和丰富的语义，具有全新的数据构造器和数据处理原语，代表模型有：语义数据模型(SDM)、E-R 模型、函数数据模型(FDM)等。

(3) 结合语义数据模型和面向对象程序设计方法，提出了面向对象数据模型(Object Oriented Data Model，OODM)。它是一种可扩充的数据模型，以对象(实体)为基础，支持面向对象的分析、面向对象的设计和面向对象的编程。

人们把支持新的数据模型的数据库系统，统称为第三代数据库系统。无论是基于哪一种数据模型，体系结构如何，应用在何种领域，第三代数据库系统都具有以下三个基本特点：

(1) 第三代数据库系统必须保持或继承第二代数据库系统的技术；

(2) 第三代数据库系统应支持数据管理、对象管理和知识管理；

(3) 第三代数据库系统应该对其他系统开放。

4. NoSQL 数据库系统

NoSQL 是 Not Only SQL 的缩写，是区别于关系型数据库的数据库系统的统称。该名称最早出现于 1998 年，是 Carlo Strozzi 开发的一个轻量、开源、不提供 SQL 功能的关系数据库。NoSQL 是一项运动，这个运动推动了广义定义的非关系型数据存储管理系统的发展，并打破了长久以来关系型数据库一家独大的局面。该术语在 2009 年初得到了广泛认同。

NoSQL 数据库的产生是为了解决大规模数据集合具有多重数据种类带来的挑战，尤其是大数据的应用难题。比如 Google 公司或 Facebook 公司每天要为用户收集万亿比特的数据，这些类型的数据存储不需要固定的模式，无须多余操作就可以横向扩展。而 NoSQL 数据存储不需要固定的表结构，通常也不存在连接操作，在大数据存储上具备关系型数据库无法比拟的性能优势。

目前市场上的 NoSQL 数据库产品主要分成以下四类：

(1) 键值(Key-Value)存储数据库。键值存储数据库可以通过 Key 快速查询到其 Value，这一类数据库主要使用哈希表，表中有一个特定的键和一个指针指向特定的数据。Key-Value 模型对于 IT 系统来说，其优势在于简单、易部署，但是如果 DBA 只对部分值进行查询或更新，Key-Value 就显得效率低下了。这类数据库的主要产品有：Redis、Tokyo

Cabinet/Tyrant、Voldemort 和 Oracle Berkeley DB。

(2) 列(Column)存储数据库。列存储数据库通常用来应对分布式存储的海量数据，是按列存储数据的，其最大的特点是方便存储结构化和半结构化数据，方便做数据压缩，对针对某一列或者某几列的查询有非常大的 I/O 优势。这类数据库的代表产品有：Cassandra、HBase 和 Riak。

(3) 文档(Document)型数据库。文档型数据库同键值存储数据库相类似，可以看作键值数据库的升级版，允许嵌套键值，而且比键值数据库的查询效率更高。文档存储一般用类似 JSON 的格式存储，存储的内容是文档型的，这样也就有机会对某些属性建立索引，实现关系数据库的某些功能。这类数据库的主要产品有 MongoDB、CouchDB。

(4) 图形(Graph)数据库。图形数据库使用灵活的图形模型，是图形关系的最佳存储，能够扩展到多个服务器上。图形数据库并不太关注数据规模或者可用性，而主要针对数据间存在怎样的相关性以及用户需要如何执行计算任务。图形数据库允许以事务方式执行关联性操作，这一点在关系型数据库中只能通过批量处理来完成。这类数据库使用较多的产品有 Neo4J、InfoGrid 和 Infinite Graph。

此外，NoSQL 数据库产品还有对象存储数据库、XML 数据库等。

一般来说，NoSQL 数据库在以下情况比较适用：

(1) 数据模型比较简单；

(2) 需要灵活性更强的 IT 系统；

(3) 对数据库性能要求较高；

(4) 不需要高度的数据一致性；

(5) 对于给定 Key，比较容易映射复杂值的环境。

本章小结

一般地说，设计数据库时，现实世界只有先抽象成信息世界，才能进一步转化为数据世界。信息世界不依赖于具体的计算机系统，数据世界则依赖于计算机系统。因此，信息世界不仅必须真实、完整和精确，易于理解和修改，还应易于向数据世界转化。

本章首先介绍了信息世界中的数据模型——概念模型。概念模型不考虑数据的操作，但必须能用比较有效、自然的方法来抽象现实世界中的事物及其联系。设计概念模型的方法很多，其中 E-R 模型(实体-联系模型)是目前最著名、最实用的方法。

E-R 模型中采用的三个基本概念是实体集、联系集和属性。

现实世界中的事物及其特性，在信息世界中分别反映为实体和实体的属性。事物的特性是无限的，而实体的属性是有限的，实体是由有限的属性组成的。事物之间有无限的联系，而实体之间只有有限的联系。两个实体集之间的联系可有一对一、一对多、多对一和多对多四种类型。由于现实世界的复杂性，更由于联系、属性在本质上也是实体(是实体的另两种表现形式)，从而使现实世界抽象为信息世界的工作具有极大的不确定性。这是数据库设计中最困难、最有挑战性的工作。本章介绍了 E-R 模型的设计方法，读者应在实际应用中进一步加强实践。

描述数据世界的工具是数据模型。历史上有影响的两种数据模型为层次数据模型和网状数据模型。目前，最广泛使用的是关系模型，本书主要介绍关系模型。

在关系模型中，实体和实体之间的联系都是用关系来表示的。关系的结构称为关系模式，是稳定的；关系的值称为关系，是变化的。在关系模型中，操作对象和操作结果都是关系，数据的存取路径对用户是隐蔽的。在关系中，数据的一系列约束条件称为完整性约束，完整性约束又分为实体完整性、参照完整性和用户定义完整性三种。

本章介绍了从 E-R 模型向关系模型的转换方法。应该指出，虽然从一个 E-R 模型向关系模型的转化是比较容易的，但 E-R 模型本身与关系模型是没有联系的，即 E-R 模型并非专为关系模型服务的。

E-R 模型向关系模型的初步转化可分为两个步骤：

(1) 把每一个实体集转化成一个关系模式，实体集的码即为该关系的码。

(2) 把每一个联系集转化成一个关系模式。此关系模式的码由发生联系的诸实体的码合成，而初步转化得到的结果必须根据具体情况进行合并等优化后，才能得到最后的结果。

本章介绍了数据模型与数据库系统的发展情况：层次数据库系统和网状数据库系统统称为第一代数据库系统；目前广泛使用的支持关系数据模型的数据库系统为第二代数据库系统；而正在研究的、能克服关系系统缺点的、支持新的数据模型的数据库系统，称为第三代数据库系统。

习 题 2

1. 为什么说概念模型是现实世界到机器世界的中间层次？
2. 定义并解释概念模型中以下术语：实体、属性、实体集、实体型和码。
3. 举例说明两个实体型之间的一对一、一对多和多对多关系。
4. 什么是 E-R 模型？E-R 模型的主要组成有哪些？
5. 三个实体集间的多对多联系和三个实体集两两之间的三个多对多联系等价吗？为什么？
6. 什么是 Is-a 层次联系？
7. 在合成全局 E-R 模型时，各局部 E-R 模型中可能存在的冲突有哪几类？
8. 定义并解释关系模型中以下术语：关系、属性、域、分量、元组、候选码、主码、主属性、外部码和关系模式。
9. 关系模式对二维表的要求是什么？
10. 举例说明关系的三类完整性。
11. 试述 E-R 模型向关系模型转换的转换规则。
12. 试述层次模型的概念，举出两个层次模型的实例。
13. 试述网状模型的概念，举出两个网状模型的实例。
14. 试述层次模型与网状模型的不同之处。
15. 试述数据模型的发展过程。
16. 第三代数据库系统的主要特点是什么？

17. 现有关于班级、学生和课程的信息如下：

(1) 描述班级的属性：班级号、班级所在专业、入校年份、班级人数、班长的学号；

(2) 描述学生的属性：学号、姓名、性别、出生日期；

(3) 描述课程的属性：课程号、课程名、学分。

假设每个班有若干学生，每个学生只能属于一个班，学生可以选修多门课程，每个学生选修的每门课程有一个成绩记载。根据语义，画出它们的实体-联系模型(E-R 模型)。

18. 若在上题中再加入实体集教师和学会，其中：

(1) 描述教师的属性：教师号、姓名、职称、专业；

(2) 描述学会的属性：学会名称、成立时间、负责人姓名、会费。

假设每门课程可由多位教师讲授，每位教师可讲授多门课程；每个学生可加入多个学会，学生进入学会有一个入会年份。试根据语义，画出班级、学生、课程、教师和学会间的 E-R 模型。

19. 将第 17 题得到的 E-R 模型转换为关系模型。

20. 图 2-26(a)、(b)是三个实体集供应商、项目、零件之间的两种概念模型，将它们分别转换为关系模型(添上必要的属性)。

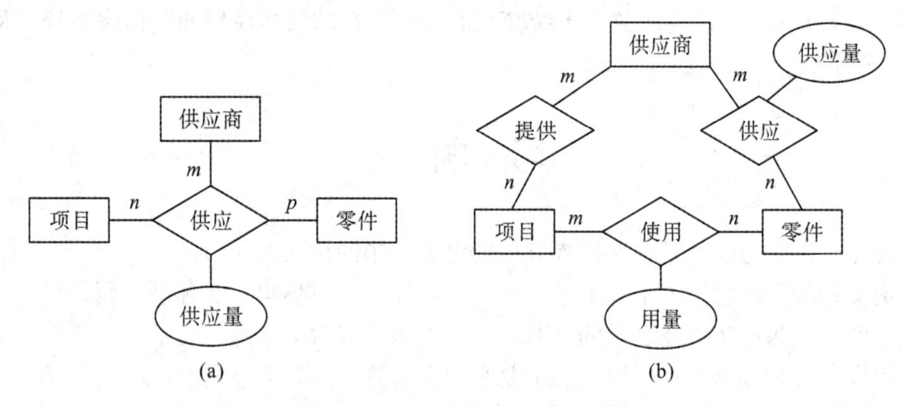

图 2-26　三个实体集的两种概念模型

21. 图 2-27(a)～(c)分别给出了三个不同的局部 E-R 模型，请将其合并成一个全局 E-R 概念模型(可在联系集中增加必要的属性，也可将有关的基本实体集的属性选作联系的属性)。

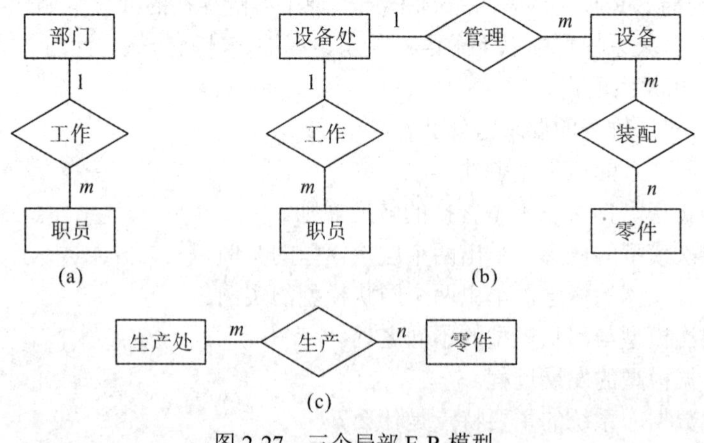

图 2-27　三个局部 E-R 模型

其中各实体的构成如下：

部门：部门号，部门名，电话，地址；

职员：职员号，职员姓名，职务(干部/工人)，出生日期，性别；

设备处：单位号，电话，地址；

工人：工人编号，姓名，出生日期，性别；

设备：设备号，名称，位置，价格；

零件：零件号，名称，规格，价格；

生产处：单位号、名称，电话，地址。

22. 工厂(包括厂名和厂长名)需要建立数据库，用来管理存储以下信息：

(1) 一个工厂内有多个车间，每个车间有车间号、车间主任姓名、地址和电话；

(2) 一个车间内有多个工人，每个工人有职工号、姓名、出生日期、性别和工种；

(3) 一个车间生产多种产品，产品有产品号和价格，每种产品只在一个车间中生产；

(4) 一个车间生产多种零件，一个零件也可能由多个车间生产。零件有零件号、重量和价格；

(5) 一个产品由多种零件组成，一种零件也可装配在多种产品内；

(6) 产品与零件均存入仓库中，工厂内有多个仓库，但同种产品或零件存放在同一仓库中，仓库有仓库号、仓库保管员姓名和电话。

根据以上信息，试完成：

(1) 画出该系统的 E-R 模型；

(2) 给出相应的关系数据模型。

第3章

第3章讲什么？

SQL 语言初步

1970年，IBM研究实验室的研究员E.F.Codd博士发表了题为《大型共享数据库数据的关系模型》的论文，文中首次提出了数据库的关系模型。该论文的发表使Codd博士在1981年获得了计算机领域中的最高奖项——ACM图灵奖。

由于关系模型简单明了，具有坚实的数学理论基础，所以一经推出就受到了学术界和产业界的高度重视和广泛响应，其产品很快成为数据库市场的主流。在E. F. Codd发表了这一著名论文之后，计算机厂商推出的数据库管理系统几乎都支持这种关系模型。近40多年来，关系数据库在理论上和关系型数据库管理系统(RDBMS)的研制上都得到了迅速发展，出现了许多著名的RDBMS，如DB2、Oracle、Sybase、Informix、Ingres、Microsoft SQL Server、MySQL、PostgreSQL等。

国内数据库技术蓬勃发展，数据库产品百花齐放，有分布式关系型数据库TiDB、达梦数据库、华为的openGauss和云数据库Gauss DB、阿里的OceanBase和PolarDB、腾讯云TDSQL、人大金仓数据库、南大通用GBase等。

在第2章中已经介绍了有关关系数据模型的重要概念。接下来，就要讨论如何在关系数据库中实现数据操作，即用户如何以某种语言来使用关系数据库数据，比如实现查询数据等。

虽然也有完全基于关系代数和完全基于关系演算的关系语言，但是最著名、最成功的关系语言仍是结构化查询语言(Structured Query Language，SQL)。在接下来的几个章节中主要讨论的就是RDBMS中SQL语言的最基本使用方法。本章介绍SQL的基本功能。

3.1 SQL 简介

SQL 简介

SQL语言是1974年由Boyce和Chamberlin提出的一种介于关系代数与关系演算之间的结构化查询语言，是一个通用的、功能极强的关系型数据库语言。SQL在最早研究RDBMS之一的IBM公司San Jose研究室的System R项目上得到了实现。它功能丰富，不仅具有数据定义、数据控制功能，还有着强大的查询功能，而且语言简洁，集数据定义、数据操纵、数据控制功能于一体，且完成核心功能只用了9个动词，易学易用，因此被众多数据库厂商采用。虽然不同的厂商存在不同类型的SQL，但经过不断修改、完善，SQL最终成为关系数据库的标准语言。

1986 年 10 月，美国国家标准局(American National Standard Institute，ANSI)的数据库委员会 X3H2 把 SQL 批准为关系数据库语言的美国标准，并公布了 SQL 标准文本(SQL-86)。1987 年，国际标准化组织(International Organization for Standardization，ISO)也通过了此标准。此后，ANSI 又于 1989 年公布了 SQL-89，1992 年公布了 SQL-92(也称 SQL2)，接着又在 SQL2 的基础上做了修改和扩展，于 1999 年推出了 SQL-99(亦称 SQL3)。

SQL 成为关系数据库语言的国际标准后，各数据库厂商纷纷推出了符合 SQL 标准的 DBMS 或与 SQL 的接口软件。大多数数据库都用 SQL 作为数据存取语言，使不同数据库系统之间的相互操作有了可能。这个意义十分重大，因而有人把 SQL 的标准化称为一场革命。

此外，SQL 在数据库以外的领域也受到了重视。在 CAD、人工智能、软件工程等领域，不仅把 SQL 作为数据检索的语言规范，还把它作为检索图形、声音、知识等信息类型的语言规范。SQL 已经成为并将在今后相当长的时间里继续是数据库领域以至信息领域中的一个主流语言。

1. SQL 语言的特点

SQL 语言的主要特点如下：

(1) 一体化。SQL 集数据定义语言 DDL、数据操纵语言 DML、数据控制语言 DCL 的功能于一体，语言风格统一。另外，在关系模型中实体和实体之间的联系均用关系表示，这种数据结构的单一性带来了数据操作符的统一。

(2) 面向集合的操作方式。非关系数据模型采用的是面向记录的操作方式，操作对象是一条记录。这就使得在操作过程中通常需要说明具体的处理过程，如按照哪条路径如何读取数据。而 SQL 采用面向集合的操作方式，操作对象是集合，操作结果仍然是集合。

(3) 高度非过程化。非关系数据模型的数据操作语言是面向过程的语言，用过程化语言完成某项请求，必须指定存取路径。而用 SQL 进行数据操作时，用户只需提出“做什么”，无须告诉“怎么做”，因此操作过程中的存取路径对用户是透明的，从而简化了用户对数据操作的实现。

(4) 两种使用方式，统一的语法结构。 DML 有两类：宿主型和自主型。宿主型 DML 本身不能独立使用，只能嵌入特定的计算机高级语言：C、C++、Java 等，这些高级语言称为主语言。自主型又称自含型，可以独立使用。因此，SQL 既是自含式语言(用户使用)，又是嵌入式语言(程序员使用)。

(5) 语言简洁，易学易用。SQL 语言功能丰富，集数据定义、数据操纵、数据控制功能于一体，而且语言简洁，完成核心功能只用了 9 个动词，易学易用。

2. SQL 语句的分类

SQL 命令核心功能主要有以下几类：

(1) 数据定义语言(Data Definition Language，DDL)：负责创建、修改、删除表、索引和视图等对象，由动词 CREATE、ALTER、DROP 组成。

(2) 数据操作语言(Data Manipulation Language，DML)：负责数据库中数据的插入、修改、查询和删除操作，由动词 INSERT、UPDATE、SELECT 和 DELETE 组成。

(3) 数据控制语言(Data Control Language，DCL)：用来授予和撤销用户对数据的操作权限，主要由动词 GRANT 和 REVOKE 组成。

各厂商 RDBMS 实际使用的 SQL 语言，为保持其竞争力，与标准 SQL 语言都有所差异及扩充。因此，具体使用时，应参阅实际系统的有关手册。

3. SQL 中的三级模式结构

DBMS 中采用的关系数据库的标准语言——结构化查询语言 SQL 支持数据库的三级模式结构，如图 3-1 所示。从图中可以看出，模式与基本表相对应，外模式与视图相对应，内模式与存储文件相对应。基本表和视图都被称为关系。

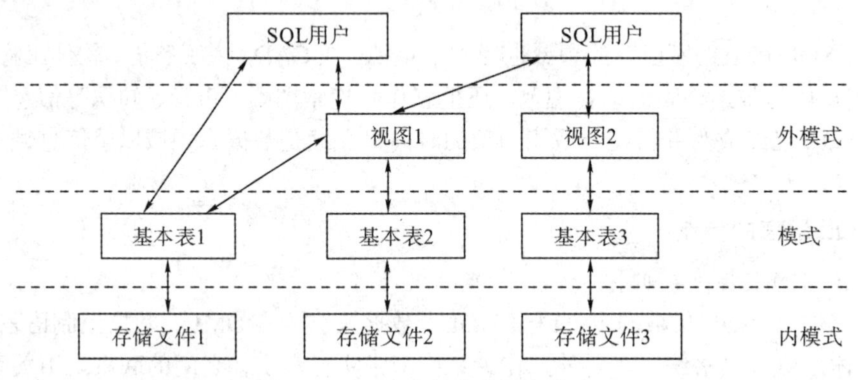

图 3-1 SQL 支持的数据库模式

(1) 基本表。

基本表(Base Table)是模式的基本内容，每个基本表都是一个实际存在的关系。

(2) 视图。

视图(View)是外模式的基本单位，用户通过视图使用数据库中基于基本表的数据(基本表也可作为外模式使用)。一个视图虽然也是一个关系，但是它与基本表有着本质的区别。任何一个视图都是从已有的若干关系导出的关系，它只是逻辑上的定义，实际上并不存在。在导出关系时，就定义了视图(从哪几个关系中，根据什么标准选取数据，组成一个什么名称的关系等)，该定义存放在数据库(数据字典)中，但并没有被真正地执行(并未真正生成此关系)。

当使用某一视图查询数据时，将实时从数据字典中调出该视图的定义，并根据该定义以及视图查询条件，从规定的若干基本表中取出数据，生成查询结果，展现给用户。因此，视图是虚表，实际上并不存在，只有定义存放在数据字典中。当然，用户可在视图上再定义视图，就像在基本表上定义视图一样，因为视图也是关系。因而对于用户来说，使用一个视图和使用一个基本表的感觉是一样的。只是当对视图进行修改时，可能会产生一些麻烦(将在具体介绍视图操作时讲述)。

(3) 存储文件。

存储文件是内模式的基本单位，每一个存储文件存储一个或多个基本表的内容。一个基本表可有若干个索引，索引也存储在存储文件中。存储文件的存储结构对用户是透明的。

对于目前常用的关系模型来说，一般用户面对的仅仅是外模式。数据库管理员负责模式、外模式的定义和模式、外模式之间的映像定义，以及内模式中的索引定义。内模式的其他内容(模式/内模式的映像)都是由DBMS负责的。

需要指出的是，三级模式结构并不是关系型数据库特有的，其他数据库的数据模型也同样可以有这种结构，但是，关系型数据库的关系模型特别适合于实现三级模式结构。

模式是很容易用关系模型来实现的，外模式也可以通过对概念模型中的关系进行各种关系操作来定义(操作的结果也是关系，所以外模式也是关系模型)。但内模式却不是用关系模型实现的，它是指数据在数据库内部的存储方式。

3.2 基本的数据定义

3.1节中提到SQL支持数据库的三级模式结构，其模式、外模式和内模式的基本对象有数据库、模式、基本表、视图和索引等。通常，一个关系数据库管理系统的实例中可以建立多个数据库，一个数据库中可以建立多个模式，一个模式下可以包含多个基本表、视图和索引等数据库对象。因此SQL的数据定义功能包括数据库、模式、基本表、视图和索引的定义。本节将介绍基本表和索引的定义，视图的定义将在学习完数据查询后的3.6节中讨论讲解。

3.2.1 创建基本表——CREATE TABLE

表的创建、修改和删除

CREATE TABLE语句用于创建基本表，其基本格式为

```
CREATE TABLE <表名>
(<列定义清单>);
```

说明：

(1) <表名>：规定所创建的基本表的名称。在一个数据库中，不允许有两个基本表同名(应该更严格地说，任何两个关系都不能同名，这就把视图也包括了)。

(2) <列定义清单>：规定了该表中所有属性列的结构情况。每一列的内容包括：

```
<列名><数据类型>[<默认值>|<标识列设置>][<该列的完整性约束>]
```

其中，不同列的内容之间用英文逗号隔开。

(3) <列名>：规定了该列(属性)的名称。一个表中不能出现同名列。

(4) <数据类型>：规定了该列的数据类型。各具体DBMS所提供的数据类型是不同的。但下面的几种数据类型几乎都是支持的(方括弧中间的内容为选择项)：

INT或INTEGER：全字长整数型。

SMALLINT：半字长整数型。

DECIMAL(p[, q])或DEC(p[, q])：精确数值型，共p位，其中小数点后有q位，$0 \leq q \leq p \leq 15$，$q = 0$时可省略。

FLOAT：双字长的浮点数。

CHAR(n)或CHARATER(n)：长度为n的定长字符串。

VARCHAR(n)：最大长度为 n 的变长字符串。

DATETIME：日期时间型，格式可以设置。

其中，如果需要处理不同语言的文字，需要用到 Unicode 字符集。对 openGauss 来说，Unicode 字符集目前只能选择 UTF-8，而 UTF-8 编码中大部分中文字符占 3 字节大小。

(5) <默认值>：DEFAULT 常量表达式，表示该列上某值未被赋值时的默认值。

(6) <标识列设置>：IDENTITY(初始值，步长值)，当向表中添加新行时，DBMS 将为该标识列提供一个唯一的、递增的值。

(7) <该列的完整性约束>：该列上数据必须符合的条件。最常见的有以下几种：

NOT NULL：该列值不能为空。

NULL：该列值可以为空。

UNIQUE：该列值不能有相同者。

SQL 只要求语句的语法正确就可以，对字母大小写等格式不作规定。一条语句可以放在多行上，字和符号间有一个或多个空格分隔。一般每个列定义单独占一行(或数行)，每个列定义中相似的部分对齐(这不是必需的)，从而增加可读性，一目了然。

例 3.1　创建职工表：

```
CREATE TABLE Employee
( Eno       CHAR(4) NOT NULL UNIQUE,            /* Eno 取唯一值 */
  Ename     CHAR(8) NOT NULL,
  Sex       CHAR(2) NOT NULL DEFAULT('男'),     /* Sex 的默认值为“男”，openGauss 中需要
                                                   改长度 CHAR(3)*/
  Age       INT NULL,                           /*为数据处理方便，用年龄替换出生日期*/
  Is_Marry CHAR(1) NULL,
  Title     CHAR(6) NULL,
  Dno       CHAR(2) NULL );
```

系统执行以上 CREATE TBALE 语句后，数据库中就新建立了一个名为 Employee 的表，此表尚无元组(空表)。此表的定义及各约束条件都自动存放进数据库的系统表中，由 DBMS 进行统一的管理和维护(有些参考书也称这些系统表为数据字典)。

其中，自定义的表名或者列名若是由包含多个单词的词组所构成，则必须选择使用中括号“[ ]”或者双引号“" "”将此表名或列名括起来，注意使用英文环境下的中括号或者双引号来表示。但是，这在实际应用中会带来麻烦，建议使用下画线等符号连接加以表示。

例 3.2　创建职工表 2，其中表名或者列名由多个单词构成。

```
CREATE TABLE Employee2
( [Employee no]       CHAR(4) NOT NULL UNIQUE,
  "Employee name"     CHAR(8) NOT NULL,
  Sex            CHAR(2) NOT NULL,   /* openGauss 中需要改长度 CHAR(3) */
  Age            INT NULL,
  Is_Marry       CHAR(1) NULL,
  Title          CHAR(6) NULL,
```

```
Dno          CHAR(2) NULL );
```

项目管理数据库的表有 Employee(职工表)、Item(项目表)和 Item_Emp(参加表)，如表 3-1 所示。表(四)及表(五)为该数据库中的另外两个表：工资表和部门表。

表 3-1 数 据 库 表

表(一) Employee

Eno	Ename	Sex	Age	Is_Marry	Title	Dno
1002	胡一民	男	38	1	工程师	01
1004	王爱民	男	60	1	高工	03
1005	张小华	女	50	1	工程师	02
1010	宋文彬	男	36	1	工程师	01
1011	胡民	男	34	1	工程师	01
1015	黄晓英	女	26	1	助工	03
1022	李红卫	女	27	0	助工	02
1031	丁为国	男	24	0	助工	02

表(二) Item

Ino	Iname	Start_date	End_date	Outlay	Check_date
201801	硬盘伺服系统的改进	3/1/2018	2/28/2019	10.0	2/10/2019
201802	巨磁阻磁头研究	6/1/2018	5/30/2019	6.5	5/20/2019
201901	磁流体轴承改进	4/1/2019	2/1/2020	4.8	3/18/2020
201902	高密度记录磁性材料研究	10/18/2019	9/30/2020	25.0	9/28/2020
202001	MO 驱动器性能研究	3/15/2020	3/14/2021	12.00	NULL
202002	相变光盘性能研究	6/1/2020	6/1/2022	20.00	NULL

表(三) Item_Emp

Ino	Eno	IENo
201801	1004	1
201801	1016	2
201802	1002	1
201802	1010	2
201902	1005	3
201901	1010	1
201901	1031	2
201902	1005	1
201902	1031	2
202001	1002	1
202001	1004	2
202002	1015	1

表(四) Salary

Eno	Basepay	Service	Price	Rest	Insure	Fund
1002	685.00	1300.00	85.00	488.40	18.80	630.50
1004	728.34	3500.00	85.00	580.00	21.00	800.50
1005	685.00	2500.00	85.00	512.00	18.80	700.50
1010	660.50	1200.00	85.00	441.20	16.60	580.00
1010	660.50	1000.00	85.00	441.20	16.60	580.00
1015	512.27	600.00	85.00	398.90	10.20	440.00
1015	523.45	700.00	85.00	422.60	12.20	480.60
1015	512.27	300.00	85.00	398.90	10.20	440.00

表(五) Department

Dno	Name	Phone	Manager
01	技术科	8809****	1002
02	设计所	8809****	1010
03	车间	8809****	1004
04	销售科	8809****	1101

3.2.2 改变表结构——ALTER TABLE

基本表的结构是会随系统需求的变化而修改的，增加、修改或删除其中一列(或完整性约束条件，增加或删除表级完整性约束等)。

ALTER TABLE 语句的基本格式为

```
ALTER TABLE <表名>
    [ ADD <列名><数据类型>[列的完整性约束]]| [ ADD <表级完整性约束>]
    [ ALTER COLUMN <列名><新的数据类型>]
    [ DROP COLUMN <列名>]
    [ DROP CONSTRAINT <表级完整性约束名>];
```

说明：

(1) ADD：为表增加一个新列或者表级完整性约束，具体规定与对 CREATE TABLE 的规定相同，但新列必须允许为空(除非有默认值)。

(2) DROP COLUMN：在表中删除一个原有的列。

(3) ALTER COLUMN：修改表中原有列的数据类型。通常，当该列上有约束定义时，不能修改数据类型。需要注意的是，有的 DBMS 厂商使用关键字 MODIFY 实现该功能。

(4) DROP CONSTRAINT：删除原有的表级完整性约束。

例 3.3 在 Employee 表中增加一列 Emgr(负责人)。

```
ALTER TABLE Employee
ADD Emgr CHAR(4) NULL;
```

例 3.4 修改列 Emgr 的数据类型为 CHAR(10)。

```
--华为 openGauss 中实现: 使用关键字 MODIFY
ALTER TABLE Employee
MODIFY Emgr CHAR(10);
```

或者:

```
ALTER TABLE Employee
ALTER COLUMN Emgr TYPE CHAR(10);
--Microsoft SQL Server 中实现
ALTER TABLE Employee
ALTER COLUMN Emgr CHAR(10);                /* 只修改数据类型，不可修改列名*/
```

例 3.5 删除例 3.3 中新增加的列 Emgr。

```
ALTER TABLE Employee
DROP COLUMN Emgr;
```

例 3.6 增加 Ename 必须取唯一值的约束条件。

```
ALTER TABLE Employee
ADD CONSTRAINT UQ_Ename UNIQUE(Ename);     /* 用户为该唯一值约束设定约束名为
                                           UQ_Ename */
```

或者:

```
ALTER TABLE Employee
ADD UNIQUE(Ename);                         /* 系统将自动为此约束名赋值 */
```

例 3.7 增加列 Title 的默认值取值为“助工”。

```
--华为 openGauss 中实现
ALTER TABLE Employee
ALTER COLUMN Title SET DEFAULT '助工'
--Microsoft SQL Server 中实现
ALTER TABLE Employee
ADD CONSTRAINT DF_Title DEFAULT '助工' FOR Title;
```

例 3.8 删除列 Ename 上所设定的完整性约束条件。

```
ALTER TABLE Employee
DROP CONSTRAINT UQ_Ename;                  /* 必须指定所需删除的约束名称 */
```

此外，DBMS 支持表名、列名的重命名，但是，各大厂商的实现方式各有不同。openGauss 数据库中采用 ALTER TABLE 实现，但 Microsof SQL Server 数据库中，ATLER TABLE 语句不支持列名的修改，如果需要重命名列名，则可以使用系统存储过程 sp_rename 来完成(存储过程的有关内容将在 5.2 节中介绍)。系统存储过程 sp_rename 也可将表名进行重命名。

例 3.9 将表 Employee2 重命名为 Emp。

```
--华为 openGauss 中实现
ALTER TABLE Employee 2 RENAME TO EMP;
```

```
--Microsoft SQL Server 中实现
EXEC sp_rename 'Employee2', 'Emp';
```

例 3.10 将 Employee 表中的列 Is_Marry 重命名为 IsMarry。

```
--华为 openGauss 中实现
ALTER TABLE Employee RENAME Is_Marry To IsMarry;
--Microsoft SQL Server 中实现
EXEC sp-rename 'Employee. Is_Marry', IsMarry, 'column';
```

3.2.3 删除基本表——DROP TABLE

DROP TABLE 语句的基本格式为

```
DROP TABLE <表名 1>[, <表名 2>];
```

说明：

(1) 此语句一旦被执行，指定的表即从数据库中删除(表被删除，表在数据字典中的定义也被删除)，此表上建立的索引和视图也被自动删除(有些系统对建立在此表上的视图的定义并不删除，但也无法使用了)。

(2) DROP TABLE 语句一次可以删除多个表，多表间用逗号隔开。

例 3.11 删除职工表。

```
DROP TABLE Employee;
```

索引

3.2.4 创建索引——CREATE INDEX

在一个基本表上，可建立若干索引，以提供多种存取路径，加快查询速度。索引的建立和删除工作由 DBA 或表的拥有者(dbowner)负责。用户在查询时并不能选择索引，选择索引的工作由 DBMS 自动进行。

CREATE INDEX 语句的基本格式为

```
CREATE [UNIQUE][CLUSTERED|NONCLUSTERED] INDEX <索引名>
ON <表名|视图名>(<列名清单>);
```

上述语句为表名为<表名>的表建立一个索引，索引名为<索引名>。

说明：

(1) <列名清单>中，每个列名后都要指定 ASC(升序)或 DESC(降序)。若不指定，默认为升序。

(2) 本语句建立索引的排列方式为：首先以<列名清单>中的第一个列的值排序；若该列值有相同的记录，则按下一列名的值排序；以此类推。

(3) UNIQUE：规定索引的每一个索引值只对应于表或视图中唯一的一个记录，允许存在 NULL 值，但不允许存在多个 NULL 值。

(4) CLUSTERED：规定此索引为聚簇索引。一个表或者视图只允许同时有一个聚簇索引。建立聚簇索引后，表在磁盘中的物理存储顺序将与聚簇索引中的一致。在最常查询的列上建立聚簇索引可以加快查询速度；在经常更新的列上建立聚簇索引，则 DBMS 维护索引的代价太大。需要注意的是，有的 DBMS 厂商使用的关键字是 CLUSTER。

(5) NONCLUSTERED：规定此索引为非聚簇索引，是 SQL 的默认选项，一个表可有多个非聚簇索引。对于非聚簇索引，数据的物理存储顺序独立于索引存储顺序。每个索引行均包含非聚簇键值和一个或多个行定位器(指向包含该值的行)，每个索引均可以提供对数据的不同排序次序的访问。需要注意的是，有的 DBMS 厂商使用的关键字是 NONCLUSTER。

例 3.12 为职工表建立一个索引，首先以部门值升序排序，部门相同时，再以职工号降序排序。

```
CREATE INDEX IX_Emp
ON Employee (Dno, Eno DESC);
```

数据库设计者对索引创建的选择是衡量数据库设计成败的一个重要因素。设计索引时需要考虑以下两个重要的因素：

(1) 对某个属性使用索引能极大地提高对该属性上的值的检索效率，使用到该属性时，还可以加快表的连接。

(2) 对表上某个属性的索引会使得对表的数据插入、删除和修改变得复杂和费时。

因此，如果对某个表的查询操作比对它的更新操作多，那么在该表上建立索引具有较高的效率。所以在建立索引时，数据库管理员必须权衡利弊。一般来说，下列情况适合建立索引：

(1) 经常被查询搜索的属性，如经常在 WHERE 子句中出现的属性。

(2) 在 ORDER BY 子句中使用的属性。

(3) 频繁出现在连接条件中的属性，即主码或外部码的属性。

(4) 该列值唯一的属性。

下列情况不适合建立索引：

(1) 在查询中很少被引用的属性。

(2) 包含太多重复选用值的属性。例如，“性别”属性的取值只有“男”和“女”两个值，在这种列上建立索引没有任何意义。

(3) 一些特殊数据类型的属性不能建立索引，比如 BIT、TEXT、IMAGE 数据类型。

3.2.5 删除索引——DROP INDEX

建立索引是为了加快查询速度，但若表中数据的增删改频繁，则系统将会花费更多的时间来维护索引，即索引的维护开销将有所增大，从而降低了系统的运行效率。因此，不必要的索引应及时删除。

DROP INDEX 语句的基本格式为

```
DROP INDEX <索引名 1>[, <索引名 2>];
```

说明：

(1) 删除规定的索引，该索引在数据字典中的描述也将被删除。

(2) <索引名>：规定使用“表名|视图名.索引名”的格式。其中，表名|视图名表示索引列所在的表或索引视图。

例 3.13 删除 IX_Emp 索引。

```
DROP INDEX Employee.IX_Emp;
```

3.3 基本的数据操纵

基本的数据操作

3.3.1 表中增加元组——INSERT

INSERT 语句和下面两小节介绍的 UPDATE、DELETE 都有很强的功能，这里仅介绍它们的基本功能。

INSERT 语句既可以为表插入一条记录，也可一次插入一组纪录。这里介绍的是插入一条记录的语句。

INSERT 语句的基本格式为

```
INSERT INTO <表名>[(<属性名清单>)]
VALUES (<常量清单>);
```

上述语句在指定表中插入一条新记录。

说明：

(1) 若有<属性名清单>，则<常量清单>中各常量为新记录中这些属性的对应值(根据语句中的位置一一对应)。但在定义该表时，被说明为 NOT NULL，且无默认值的列必须出现在<属性名清单>中，否则将出错。

(2) 若无<属性名清单>，则<常量清单>必须按照表中属性的顺序，为每个属性列赋值(每个属性列上都应有值)。

(3) <常量清单>中，字符串常量和日期型常量要用单引号(英文符号)括起来。

例 3.14 在 Employee 表中插入一职工记录。

```
INSERT INTO Employee
VALUES ('2002', '胡一兵', '男', 38, '1', '工程师', '01');
```

例 3.15 在 Employee 表中插入一新职工：宋文彬，编号为 2003，男。

```
INSERT INTO Employee (Eno,Ename,Sex)
VALUES ('2003', '宋文彬', '男');
```

3.3.2 修改表中数据——UPDATE

若要修改表中已有记录的数据，可用 UPDATE 语句。

UPDATE 语句的基本格式为

```
UPDATE <表名>
SET <列名> = <表达式> [, <列名>=<表达式>]^n
[WHERE <条件>];
```

上述语句把指定<表名>内，符合<条件>记录中规定<列名>的值更新为该<列名>后<表达式>的值。

说明：

(1) [, <列名>=<表达式>]^n 的含义为最少 0 个的此类内容，即本语句可修改符合<条件>记录中的一个或多个列的值。

(2) 若无 WHERE<条件>项，则修改全部记录。

例 3.16 在工资表中，将所有职工的基本工资都增加 50。

```
UPDATE Salary
SET Basepay = Basepay + 50;                /* 修改多个元组的值 */
```

例 3.17 将职工“胡一兵”修改为“胡一民”。

```
UPDATE Employee
SET Ename = '胡一民'
WHERE Ename = '胡一兵';                    /* 修改某个元组的值 */
```

3.3.3 删除记录——DELETE

有时需要删去一些记录，则可用 DELETE 语句。

DELETE 语句的基本格式为

```
DELETE FROM <表名>
[WAHERE<条件>];
```

上述语句将在指定<表名>中删除所有符合<条件>的记录。

说明：

(1) 若指定 WHERE<条件>项，则从表中删除满足 WHERE 条件项的所有元组。

(2) 若未指定 WHERE<条件>项，则删除<表名>中的所有记录。但是，该表的结构还是存在的(包括属性、约束等)，只是没有了记录，成为一个空表。

例 3.18 从职工表中删除职工号 Eno 为 1003 的记录。

```
DELETE FROM Employee
WHERE Eno = '1003';                /* 删除某个元组的值 */
```

例 3.19 删除 Employee 中的所有记录。

```
DELETE FROM Employee;              /* 删除多个元组的值 */
```

3.3.4 更新操作与数据库的一致性

上述增删改语句一次只能对一个表进行操作。但有些操作必须在几个表中同时进行，否则就会产生数据的不一致性。例如，要修改项目(Item)表中某记录的项目号(Ino)，则其他与项目有关的表中所有与原项目号相同的记录也必须同时修改为同一新项目号。可以用以下两条语句完成：

```
UPDATE Item
SET Ino = '202010'
WHERE Ino = '202001';
```

以及：

```
UPDATE Item_Emp
SET Ino = '202010'
WHERE Ino = '202001';
```

第一条语句执行后，第二条语句尚未完成前，数据库中数据处于不一致状态。若此时突然断电，第二条语句无法继续完成，则问题就严重了。为此，SQL 中引入了事务概念，把这两条语句作为一个事务，要么全部都做，要么全部不做。有关事务的内容，将在第 9 章中进行介绍。

3.4 数据查询——SELECT 语句

数据查询

查询是数据库应用的核心内容。SQL 只提供一条查询语句——SELECT，但该语句功能丰富，使用方法灵活，可以满足用户的任何要求。使用 SELECT 语句时，用户不需指明被查询关系的路径，只需要指出关系名，查询什么，有何附加条件即可。

SELECT 既可以在基本表关系上查询，也可以在视图关系上查询。因此，下面介绍语句中的关系既可以是基本表，也可以是视图。这里的关系专指基本表，到介绍视图操作时，再把它与视图联系起来。

3.4.1 无条件单关系查询

无条件单关系查询

单关系查询只涉及一个关系的所有列或者几个列。

无条件单关系查询语句的基本格式为

```
SELECT[DISTINCT/ALL]<目标列表达式[[AS] 别名]清单>
FROM <关系名>;
```

上述语句从当前数据库中找到指定的关系，取出选中的列到结果集中。

说明：

(1) [DISTINCT/ALL]：若从一关系中查询出符合条件的元组，但输出部分属性值，结果关系中就可能有重复元组存在。选择 DISTINCT，则每组重复元组只输出一条元组；选择 ALL，则所有重复元组全部输出；两个都不选，默认为 ALL。

(2) <目标列表达式>：一般地，每个目标列表达式本身将作为结果关系列名，表达式的值作为结果关系中该列的值。

(3) FROM <关系名>：指明被查询的关系名。

1. 查询关系中所有信息

例 3.20 查询职工表的所有信息。

```
SELECT Eno, Ename, Sex, Age, Marry, Title
FROM Employee;
```

该语句将列出 Employee 表中所有的行和列。除了指定所有列名外，也可以使用通配符

“*”返回表中的所有列。该语句可以用以下语句代替：

```
SELECT *                -- “*”代替表中的所有列
FROM Employee;
```

使用通配符“*”虽然能很方便地查询所有的列，不用明确列出所需的列，但查询不需要的列通常会降低查询速度和应用程序的性能，所以通常需要明确指定需要查询的列。

2. 指定要查询的列

例 3.21 查询职工的职称。

```
SELECT Title
FROM Employee;
```

查询结果为

```
Title
工程师
高工
工程师
工程师
工程师
助工
助工
助工
```

3. 取消结果集中的重复行

当查询结果中只包含原表中的部分列时，结果中可能会出现重复行，使用 DISTINCT 关键字可去掉结果集中的重复行，只返回不同的值。例 3.21 若改为：

```
SELECT DISTINCT Title
FROM Employee;
```

则，结果为

```
Title
工程师
高工
助工
```

注意：DISTINCT 关键字必须放在列名的前面，且作用于查询的所有列。

4. 查询经过计算的列

例 3.22 查询职工的姓名、出生年份、职称。

```
SELECT Ename, 2022-Age, Title
FROM Employee;
```

查询结果为

Ename	无列名	Title
胡一民	1984	工程师
王爱民	1962	高工
张小华	1972	工程师
宋文彬	1986	工程师
胡民	1988	工程师
黄晓英	1996	助工
李红卫	1995	助工
丁为国	1998	助工

SQL 显示查询结果时，使用属性名作为列标题，但当查询列为表达式时，则该列标题显示“无列名”。属性名通常很短并且令人费解，要改变这些令人费解的列标题以便更好地让用户理解，可以为该列标题设置别名。为此将例 3.22 的 Select 语句改为

```
SELECT Ename, 2022-Age AS [Year of Birth], Title
FROM Employee;
```

输出结果为

Ename	Year of Birth	Title
胡一民	1984	工程师
王爱民	1962	高工
张小华	1972	工程师
宋文彬	1986	工程师
胡民	1988	工程师
黄晓英	1996	助工
李红卫	1995	助工
丁为国	1998	助工

SELECT 的目标列表达式中，除了可以是表的属性名、计算表达式、常量外，还可以是集函数。

5. 查询汇总数据

在查询过程中，应用程序常常需要查询汇总数据，而不是具体明细数据。为增强此项查询功能，SQL 提供了许多集函数(Aggregate Function)。各 DBMS 提供的集函数可能不尽相同，但一般都提供以下几个集函数，如表 3-2 所示。

表 3-2　SQL 集函数

函　　数	功　　能
COUNT([DISTINCT/ALL]*)	统计结果中元组个数
COUNT([DISTINCT/ALL]<列名>)	统计结果中某列值的个数
MAX(<列名>)	给出一列上的最大值
MIN(<列名>)	给出一列上的最小值
SUM([DISTINCT/ALL]<列名>)	给出一列上值的总和(只对数值型)
AVG([DISTINCT/ALL]<列名>)	给出一列上值的平均值(只对数值型)

其中，DISTINCT 只计算不同取值的行，默认为 ALL，即对所有行执行计算。指定通配符(*)表示整行数据计算；否则，函数计算时，忽略列上取值为 NULL 的行。

例 3.23 使用集函数输出查询结果。

```
SELECT COUNT(*) FROM Employee;                    --得到 Employee 表的记录数：8
SELECT COUNT(Title) FROM Employee;                --得到职称的个数：8
SELECT COUNT(DISTINCT Title) FROM Employee;       --得到职称的种类数：3
```

例 3.24 求所有项目的总经费、平均经费、最高经费和最低经费。

```
SELECT SUM(Outlay) AS 总经费, AVG(Outlay) AS 平均经费,
MAX(Outlay) AS 最高经费, MIN(Outlay) AS 最低经费
FROM Item;
```

输出结果为

总经费	平均经费	最高经费	最低经费
78.3	13.05	25.0	4.8

3.4.2 带条件单关系查询

带条件单关系查询

一般地，数据库表中的数据量都非常大，显示表中的所有行很不实际也没有必要。相关数据的条件查询可以在 WHERE 子句的帮助下完成。

带条件单关系查询语句的基本格式为

```
SELECT [DISTINCT/ALL] <目标列表达式[别名]清单>
FROM <关系名>
WHERE <查询条件表达式>;
```

上述语句从当前数据库中找到指定的关系，找出符合 WHERE 子句中<查询条件表达式>的元组；再根据<目标列表达式清单>的规定，组合这些元组的属性值，形成一个新的查询结果关系；最后输出这个结果关系。

说明：

WHERE<查询条件表达式>：给出查询条件。WHERE 子句中不能用集函数作为条件表达式。

根据查询条件的不同，单表条件查询又可以分为几种情况。

1. 使用比较运算符

使用比较运算符的条件表达式的一般形式为

<属性名>θ<属性名>，<属性名>θ 常量

其中 θ 为比较操作符，如 =、<、>、<=、>=、<> 等。

例 3.25 查询所有工程师的姓名、年龄。

```
SELECT Ename, Age
FROM Employee
WHERE Title = '工程师';
```

例 3.26　查询所有在 2019 年底前结束的项目情况。

```
SELECT *
FROM Item
WHERE End_date<'1/1/2020';
```

注意　不同版本的 SQL 语言使用的日期格式不尽相同，有 mm/dd/yyyy、yyyy-mm-dd、yy.mm.dd 等，有的月份使用英语单词的前三个缩写。在引用日期型常量时，有的 SQL 并不用单引号括起，比如有的 SQL 需用大括号。

2. 使用特殊运算符

ANSI 标准 SQL 允许 WHERE 子句中使用特殊的运算符。表 3-3 列出这些特殊运算符及含义。

表 3-3　特殊运算符号

运 算 符 号	含　　义
IN、NOT IN	检查属性值是否属于一组值之一
BETWEEN…AND…、NOT BETWEEN…AND…	检查属性值是否属于某个范围
IS NULL、IS NOT NULL	检查属性值是否为空
LIKE、NOT LIKE	字符串匹配

例 3.27　查询职称为工程师或高工的职工姓名。

```
SELECT Ename
FROM Employee
WHERE Title in ('工程师','高工');
```

例 3.28　从 Salary 表中查找 Basepay(基本工资)不在 500 和 700 间的元组，显示符合条件元组的所有属性。

```
SELECT *
FROM Salary
WHERE Basepay NOT BETWEEN 500 AND 700;
```

例 3.29　从项目表中选取鉴定日期不为空的记录。

```
SELECT *
FROM Item
WHERE Check_date IS NOT NULL;
```

特殊符号 LIKE 可用来进行字符串的匹配，其一般格式为

```
[NOT]   LIKE   '<匹配字符串>'   [ESCAPE '<转义字符>']
```

其中，匹配串是一个字符串，它可以包含通配符“%”和“_”。“%”表示任意长度的字符串(长度可为 0)；“_”表示任意单个字符。当无[NOT]时，值与该字符串匹配时有效，否则无效；有[NOT]时，与之相反。

例 3.30 从 Item 表中查找 Iname(项目名称)中包含“性能研究”的项目名称。

```
SELECT Iname
FROM Item
WHERE Iname LIKE '%性能研究%';
```

若通配符本身就是要匹配的字符串内容，则可增加短语 ESCAPE，使之转义。例如：WHERE Iname LIKE 'C_%' ESCAPE'\'，则紧跟在\后的_不是通配符，仅是一个字符而已。该查询条件为：Iname 属性值以字符“C_”开头，其后可跟任意一个字符。

3. 多条件单关系查询

当需要查询满足多个条件的数据时，WHERE 子句中的<查询条件表达式>可以辅以布尔运算符，如 NOT、AND 和 OR 进行检索。其一般形式是：

```
<条件表达式>[AND|OR<条件表达式>]ⁿ
```

其中，各<条件表达式>本身为逻辑值(真或假)。

例 3.31 从 Salary 表中选取符合条件的元组。

```
SELECT *
FROM Salary
WHERE ( Basepay BETWEEN 600 AND 700 )
AND ( Service IN (600.0, 700.0, 1300.0, 2500.0) )
AND Eno LIKE '100_';
```

本例将从 Salary 表中选取符合下列条件的元组：

(1) 基本工资在 600 与 700 之间；

(2) 津贴为 600、700、1300、2500；

(3) 职工号前三位为 100。

3.4.3 分组查询

分组查询

有时需要将查询结果分组输出，这时可在 SELECT 语句中使用 GROUP BY 子句。

分组查询语句的基本格式为

```
SELECT [DISTINCT/ALL] <目标列表达式[别名]清单>
FROM <关系名>
[WHERE <查询条件表达式>]
GROUP BY <列名清单> [HAVING <条件表达式>];
```

说明：

GROUP BY 子句把查询所得元组根据 GROUP BY 中<列名清单>的值进行分组。在这些列上，对应值都相同的元组分在同一组；若无 HAVING 子句，则各组分别输出；若有 HAVING 子句，则只有符合 HAVING 条件的组才输出。此时，SELECT 子句中只能包含两种目标列表达式，要么是集函数，要么是出现在 GROUP BY 后面的分组属性名。

一般地，当 SELECT 的<目标列表达式[别名]清单>中有集函数(COUNT、SUM 等)时，才使用 GROUP BY 子句。因此，对查询结果分组的目的是细化集函数的作用对象。

例 3.32 把职工表中的元组按部门分组，计算平均年龄，并输出部门号和平均年龄两列。

```
SELECT Dno, AVG(Age) AS Average_Age
FROM Employee
GROUP BY Dno;
```

结果如下：

Dno	Average_Age
01	36
02	33
03	43

有了 GROUP BY 子句后，AVG 函数对每一组求平均值，若无 GROUP BY，AVG 函数对整个输出求平均值。GROUP BY 子句细化了集函数的作用对象，这一点，对所有的集函数都成立。

若将例 3.32 加上 HAVING 条件，语句改为：

```
SELECT Dno, AVG(Age) AS Average_Age
FROM Employee
GROUP BY Dno
HAVING AVG(Age)<40;
```

则输出结果为

Dno	Average_Age
01	36
02	33

HAVING 条件作用于结果组，选择满足条件的结果组；而 WHERE 条件作用于被查询的关系，从中选择满足条件的元组。

WHERE 条件子句和 HAVING 条件子句的区别：

(1) 作用条件不同。WHERE 子句作用于基表或视图，从中选择满足条件的元组；HAVING 子句作用于分组后的组，从中选择满足条件的组。

(2) 执行时间不同。GROUP BY 子句分组之前先去掉不满足 WHERE 中条件的行；而 HAVING 子句中的条件在分组之后会被应用。

(3) 聚合函数使用不同。HAVING 子句可以在条件中包含聚合函数；WHERE 子句不可直接包含聚合函数。

3.4.4 排序查询结果

SELECT 语句中的 ORDER BY 子句可使输出结果按照要求的顺序排列。

排序查询语句的基本格式为

```
SELECT [DISTINCT/ALL] <目标列表达式[别名]清单>
FROM <关系名>
[WHERE <查询条件表达式>]
[GROUP BY <列名清单> [HAVING <条件表达式>]]
ORDER BY <列名[ASC/DESC]清单>;
```

说明：

有了 ORDER BY 子句后，SELECT 语句的查询结果表中各元组将排序输出：首先按第一个<列名>值排序；前一个<列名>值相同者，再按下一个<列名>值排序，以此类推。若某列名后有 DESC，则以该列值的降序排列，否则，为升序排列。

例 3.33 将 Employee 表中婚姻状态为“已婚”的数据先以部门号降序排序，对于部门号相同的元组再以年龄排序。

```
SELECT *
FROM Employee
WHERE Is_Marry=1
ORDER BY Dno DESC, Age;
```

结果首先以部门号的降序排序，对于部门号相同的元组再以年龄的升序排列。

Eno	Ename	Sex	Age	Is_Marry	Title	Dno
1015	黄晓英	女	26	1	助工	03
1004	王爱民	男	60	1	高工	03
1005	张小华	女	50	1	工程师	02
1011	胡民	男	34	1	工程师	01
1010	宋文彬	男	36	1	工程师	01
1002	胡一民	男	38	1	工程师	01

由此可见，ORDER BY 子句只能作用于最终查询结果。

3.4.5 多关系连接查询

多关系连接查询

SELECT 语言可以方便地实现关系的连接查询，即实现从两个或多个关系中查询出所需要的数据。多个关系之间的连接类型有以下几种：

(1) 交叉连接(Cross Join)；

(2) 内部连接(Inner Join)；

(3) 外部连接(Outer Join)，它又分为左外连接(Left Join)、右外连接(Right Join)、全外连接(Full Join)；

(4) 自身连接(Self Join)。

连接查询的类型可以在 SELECT 语句的 FROM 子句中指定，也可以在其 WHERE 子句中指定。

1. 交叉连接

交叉连接的基本格式为

```
SELECT[DISTINCT/ALL] <目标列表达式[别名]清单>
FROM <关系名[别名]清单>;
```

需要连接查询的关系名在 FROM 子句中指定，关系名之间用英文逗号分开。

例 3.34 Employee 表与 Department 表的交叉连接。

```
SELECT e.Ename, e.Title, e.Dno, d.Dno, d.Name
FROM Employee e, Department d;
```

由于 Employee 表和 Department 表都有相同的列 Dno，在引用时容易引起歧义，所以必须使用完全限定列名(表名.列名)，如此语句中 SELECT 子句的两列分别指定 e.Dno 和 d.Dno。其中，“e”和“d”分别是职工表和部门表的别名，此处给 Employee 表和 Department 表分别设置别名只是为了简化表名。但是，一旦为关系名指定了别名，则在该命令中，都必须用别名代替该关系名。该命令的输出结果为

e.Ename	e.Title	e.Dno	d.Dno	d.Name
胡一民	工程师	01	01	技术科
胡一民	工程师	01	02	设计所
胡一民	工程师	01	03	车间
胡一民	工程师	01	04	销售科
王爱民	高工	03	01	技术科
王爱民	高工	03	02	设计所
王爱民	高工	03	03	车间
王爱民	高工	03	04	销售科
丁为国	助工	02	01	技术科
丁为国	助工	02	02	设计所
丁为国	助工	02	03	车间
丁为国	助工	02	04	销售科

例 3.34 中，把 Employee 表与 Department 表连接成一个新表，新表由两表各部分属性组成(见 SELECT 子句)。在 FROM 子句和 WHERE 子句中没有指定任何连接条件，系统将 Employee 表的每一个元组都与 Department 表中的各个元组进行了连接，所以最后输出的结果集中共有 $8 \times 4 = 32$ 个新的元组。正如输出结果所示，这样的连接一般都没有现实意义，所以很少使用。

2. 内连接

内连接的基本格式为

```
SELECT [DISTINCT/ALL] <目标列表达式[别名]清单>
FROM <关系名 1[别名 1]> INNER JOIN <关系名 2[别名 2]>
ON <连接条件表达式>;
```

或者

```
SELECT [DISTINCT/ALL] <目标列表达式[别名]清单>
FROM <关系名[别名]清单>
WHERE <连接条件表达式>;
```

需要连接查询的关系名在 FROM 子句中指定，连接类型和连接条件可以在 FROM 子句或 WHERE 子句中指定。

例 3.35 Employee 表和 Department 表的内连接。

```
SELECT e.Ename, e.Title, e.Dno, d.Dno, d.Name
FROM Employee e INNER JOIN Department d
ON e.Dno=d.Dno;
```

上述语句只输出 Employee 表和 Department 表中部门号相等的连接元组。结果如下：

e.Ename	e.Title	e.Dno	d.Dno	d.Name
胡一民	工程师	01	01	技术科
王爱民	高工	03	03	车间
张小华	工程师	02	02	设计所
宋文彬	工程师	01	01	技术科
胡民	工程师	01	01	技术科
黄晓英	助工	03	03	车间
李红卫	助工	02	02	设计所
丁为国	助工	02	02	设计所

也可以在 WHERE 子句中指定连接类型和条件如下：

```
SELECT e.Ename, e.Title, e.Dno, d.Dno, d.Name
FROM Employee e, Department d
WHERE e.Dno=d.Dno;
```

此语句首先将 Employee 表和 Department 表做交叉连接，检索出的行数是 Employee 表的行数乘以 Department 表的行数，然后 WHERE 子句将 Employee 表的 Dno 列与 Department 表的 Dno 列匹配相等的行检索出来并予以返回。

ANSI 标准 SQL 首选 INNER JOIN 语法，建议读者充分理解上述两种格式再考虑选择哪一种方式进行内连接数据检索。

内连接是使用最多的一种连接类型。在内连接的两张表中，只有满足连接条件的元组，才作为结果输出。一般地，表和表之间的连接，是通过其所具有的共同性质的属性实现的。如上例中 Employee 的 Dno 和 Department 的 Dno，连接的属性名不必相同，但数据类型要兼容。

3. 外连接

ANSI 标准 SQL 不支持外连接。但是，外连接已在许多 DBMS 产品中得到支持。外连接又分为左外连接、右外连接和全外连接。

(1) 左外连接：除了返回两表中满足连接条件的元组以外，还返回左侧表中不匹配元组，右侧表中以空值(NULL)替代。

(2) 右外连接：除了返回两表中满足连接条件的元组以外，还返回右侧表中不匹配元组，左侧表中以空值(NULL)替代。

(3) 全外连接：除了返回两表中满足连接条件的元组以外，还返回左侧表中不匹配元组，右侧表中以空值(NULL)替代，以及右侧表中不匹配的元组，左侧表中以空值(NULL)替代。

(4) 外连接的使用格式与内连接的相似，在使用 FROM 进行连接的语句中，只需将 INNER JOIN 改成 LEFT JOIN、RIGHT JOIN 或 FULL JOIN 即可。

例 3.36 Employee 表和 Department 表的外连接。

```
SELECT d.Dno, d.Name, e.Dno, e.Ename, e.Title
FROM Department d LEFT JOIN Employee e
ON d.Dno=e.Dno;
```

结果如下：

d.Dno	d.Name	e.Ename	e.Title	e.Dno
01	技术科	胡一民	工程师	01
03	车间	王爱民	高工	03
02	设计所	张小华	工程师	02
01	技术科	宋文彬	工程师	01
01	技术科	胡民	工程师	01
03	车间	黄晓英	助工	03
02	设计所	李红卫	助工	02
02	设计所	丁为国	助工	02
04	销售科	NULL	NULL	NULL

从本例结果和上例结果的比较中可见，本例多了最后一个元组，“04”号部门“销售科”，由于没有职工，即没有任何一个职工元组与其匹配，所以在右表中补以空值。

也可以在 WHERE 子句中指定连接类型和条件：

```
SELECT e.Ename, e.Title, e.Dno, d.Dno, d.Name
FROM Employee e, Department d
WHERE d.Dno=e.Dno*;
```

有些 DBMS 的外连接符可能为符号“＋”(例如 Oracle)或者其他字符。

4. 自身连接

有时，一些特殊的查询需要对同一个关系进行连接查询，称为表的自身连接。

例 3.37 假设职工表中只有职工号(Eno)、职工姓名(Ename)和负责人(Emgr)属性，求出所有职工号的间接负责人号。

由于在 Employee 表中只有职工的直接负责人，要找到某职工的间接负责人，必须先找到他的负责人，再按照该负责人号，找到他的负责人。这需要将 Employee 进行自身连接。

为了把先后查询的同一关系区分开来，使用关系的别名即可达到此目的，表 3-4 中的 emp1、emp2 都是 Employee 表的别名。

表 3-4 内容相同的两张表

表(一) emp1

Eno	Ename	Emgr
1002	胡一民	1004
1004	王爱民	1004
1005	张小华	1031
1010	宋文彬	1031
1011	胡民	1005
1015	黄晓英	1002
1022	李红卫	1031
1031	丁为国	1002

表(二) emp2

Eno	Ename	Emgr
1002	胡一民	1004
1004	王爱民	1004
1005	张小华	1031
1010	宋文彬	1031
1011	胡民	1005
1015	黄晓英	1002
1022	李红卫	1031
1031	丁为国	1002

完成该自身连接的 SQL 语句为

```
SELECT emp1.Eno, emp2.Emgr
FROM Employee emp1, Employee emp2
WHERE emp1.Emgr=emp2.Eno;
```

此时，在 SELECT 子句和 WHERE 子句中出现的属性名，必须指明是 emp1 关系的还是 emp2 关系的。

以上连接查询中，使用的都是等值连接条件。也可以使用不等值的连接条件，即表之间的连接关系不是“等于”，而是“小于”“大于”和“不等于”之类，称为不等值连接查询。

3.4.6 嵌套查询

嵌套查询

一个 SELECT…FROM…WHERE 语句称为一个查询块，WHERE 子句中的查询块称为嵌套查询。其中，外层的查询称为外层查询或父查询，内层的查询称为内层查询或子查询。

一个查询还可以再嵌套子查询，这就是多层查询，层层嵌套，这就是结构化。

求解嵌套查询的一般方法是由里向外，逐层处理。即子查询在它的父查询处理前先求解，子查询的结果作为其父查询查找条件的一部分。

有了嵌套查询后，SQL 的查询功能就变得更强大了。复杂的查询可以用多个简单查询嵌套来解决，一些原来无法实现的查询也因有了多层嵌套查询而迎刃而解。

1. 使用 IN 嵌套查询

例 3.38 查询所有参加了 201901 项目的职工号、姓名和职称。

```
SELECT Eno, Ename, Title
FROM Employee
WHERE Eno IN
                ( SELECT Eno
                  FROM Item_emp
                  WHERE Ino='201901' );
```

本例的执行过程是，先执行子查询：

```
SELECT Eno
FROM Item_emp
WHERE Ino='201901';
```

得到子查询的结果如下：

```
Eno
1005
1010
1031
```

再执行父查询：

```
SELECT Eno, Ename, Title
FROM Employee
WHERE Eno IN ('1005','1010','1031');
```

最后得到本例的查询结果如下：

Eno	Ename	Title
1005	张小华	工程师
1010	宋文彬	工程师
1031	丁为国	助工

在嵌套查询中，子查询的结果常常是一个集合，所以，IN 是嵌套查询中最常使用的连接词。

例 3.39 查询职工 1010 所没有参加的所有项目情况。

```
SELECT  *
FROM Item
WHERE Ino NOT IN
                ( SELECT Ino
                  FROM Item_emp
                  WHERE Eno='1010' );
```

如果能确定子查询的返回结果是单个值，则可以用“=”代替“IN”。

例 3.40 查询参加了项目“相变光盘性能研究”的职工情况。

```
SELECT  *
FROM Employee
WHERE Eno IN
           ( SELECT Eno
             FROM Item_emp
             WHERE Ino =
                       ( SELECT Ino
                         FROM Item
                         WHERE Iname='相变光盘性能研究' ) );
```

本例最内层的查询，返回的是“相变光盘性能研究”的项目号，肯定是单个值，所以可用等号。而它外层的子查询，由于不知道有多少职工参加了该项目，所以只能用“IN”连接词。

2. 使用比较运算符的嵌套查询

比较运算符包括：<、=、>、<=、>=、<> 等，其均可以作为嵌套查询的连接词。

例 3.41 查询所有大于平均年龄的职工的姓名和年龄。

```
SELECT Ename,Age
FROM Employee
WHERE Age >
         ( SELECT AVG(Age)
           FROM Employee );
```

比较运算符还可以与 ANY 或 ALL 一起使用，ANY 只要与子查询中一个值符合即可，ALL 要与子查询中所有值相符合。

例 3.42 查询非 02 部门的，且年龄大于 02 部门最小职工年龄的职工，并按年龄的升序排序。

```
SELECT *
FROM Employee
WHERE Age > ANY ( SELECT Age
                  FROM Employee
                  WHERE Dno='02' ) AND Dno <> '02'
ORDER BY Age;
```

由于“02”部门职工的年龄为 50、27、24，所以结果集中应包括非 02 部门的年龄大于 24 的职工，并按年龄的升序排序，最后输出结果为：

Eno	Ename	Sex	Age	Is_Marry	Title	Dno
1015	黄晓英	女	26	1	助工	03
1011	胡民	男	34	1	工程师	01
1010	宋文彬	男	36	1	工程师	01
1002	胡一民	男	38	1	工程师	01
1004	王爱民	男	60	1	高工	03

如果例 3.42 中的 ANY 改为 ALL，则输出结果是非 02 部门的、年龄大于 50 的职工。结果为：

Eno	Ename	Sex	Age	Is_Marry	Title	Dno
1004	王爱民	男	60	1	高工	03

为便于理解，将 ANY 和 ALL 的确切含义归纳如下：

>ANY：只要大于其中一个即可。

>ALL：必须大于所有结果。

<ANY：只要小于其中一个即可。

<ALL：必须小于所有的结果。

>=ANY：只要大于等于其中一个即可。

>=ALL：必须大于等于所有结果。

<=ANY：只要小于等于其中一个即可。

<=ALL：必须小于等于所有的结果。

=ANY：只要等于其中一个即可。

<>ANY：只要与其中一个不等即可。

<>ALL：必须与所有结果都不等。

3. 使用 BETWEEN 的嵌套查询

[NOT] BETWEEN…AND 也可以作为嵌套查询的连接词。

例 3.43 查询基本工资介于职工号为“1010”的工资和 800 元之间的职工号。

```
SELECT FIRST.Eno
FROM Salary FIRST
WHERE Basepay BETWEEN
                    ( SELECT Basepay
                      FROM Salary SECOND
                      WHERE SECOND.Eno='1010' ) AND 800;
```

4. 相关子查询

在前面的嵌套查询中，子查询先于其父查询被执行，该执行不依赖于父查询的任何条件。每个子查询仅执行一次，子查询的结果集为父查询的 WHERE 条件所用，这类查询叫作非相关子查询。

但在有的查询中，子查询的执行依赖于父查询的某个条件，子查询不只执行一次。例如要输出每个年龄高于该部门平均年龄的职工姓名，父查询的思路为

```
SELECT Ename
FROM Employee
WHERE Age>(该职工所在部门的平均年龄);
```

子查询的思路为

```
SELECT AVG(Age)
FROM Employee
WHERE Dno=(主查询的职工所在的 Dno);
```

合起来嵌套查询为

```
SELECT Ename
FROM Employee emp1
WHERE Age >
          ( SELECT AVG(Age)
            FROM Employee emp2
```

```
        WHERE emp2.Dno=emp1.Dno );
```

该嵌套查询执行时，父查询在判断 Employee 表的每行(每个职工)时，必须将其部门号(Dno)传给子查询，由子查询计算出该 Dno 的平均年龄，且返给父查询，由父查询再判断该职工的年龄是否高于他部门的平均年龄。这类子查询的查询条件往往依赖于其父查询的某属性值，被称为相关子查询。

在相关子查询中，可使用 EXISTS，测试子查询是否存在返回值。

例 3.44 查询参加了项目的职工号、姓名。

```
SELECT Eno, Ename
FROM Employee e
WHERE EXISTS
              ( SELECT *
               FROM Item_Emp
               Where Eno=e.Eno);
```

在上例中，子查询(SELECT 语句)不返回任何数据，只产生逻辑值：子查询结果非空，返回值为真(TRUE)，否则返回值为假(FALSE)。

执行该相关子查询的过程是：从外查询的关系(Employee)中依次取一个元组，根据它的 Eno 值在内查询进行检查，若父查询的 WHERE 子句为真，则此元组放入结果表；若为假，则舍去。如此反复处理，直至父查询关系的元组全部处理完为止。

在此格式的子查询中，<目标列表达式清单>一般都用“ * ”号(用实际的属性名也可以，但无任何意义。因此，为了用户方便起见，一般用“ * ”号处理)。

例 3.45 查询一个项目都没有参加的职工信息。

```
SELECT *
FROM    Employee
WHERE NOT EXISTS
               ( SELECT *
                FROM Item_Emp
                WHERE Eno = Employee.Eno );
```

例 3.46 查询参加了全部项目的职工号和职工姓名。

```
SELECT Eno, Ename
FROM Employee
WHERE NOT EXISTS
              (SELECT *
               FROM Item
               WHERE NOT EXISTS
                          ( SELECT *
                           WHERE Item_Emp. Eno = Employee. Eno
                           AND Item_Emp. Ino = Item. Ino );
```

在 Item_Emp 表中不存在职工没有参加项目的相关记录。

3.4.7　多个 SELECT 语句的集合操作

多个 SELECT 语句的集合操作

SELECT 语句的查询结果是元组的集合，所以对于多个 SELECT 语句查询的结果可以进行集合操作。集合操作主要包括并操作(UNION)、交操作(INTERSECT)和差操作(EXCEPT 或 MINUS，视具体的 DBMS 而定)。

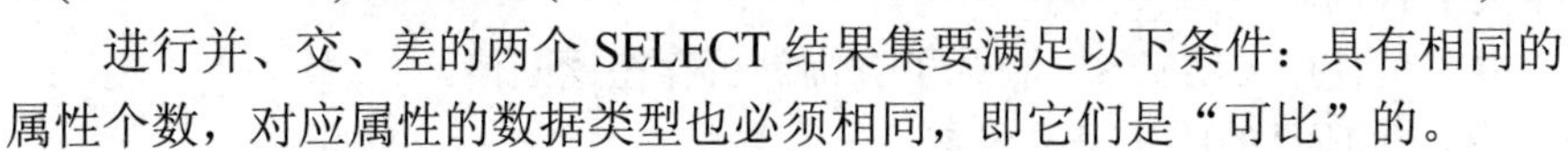

进行并、交、差的两个 SELECT 结果集要满足以下条件：具有相同的属性个数，对应属性的数据类型也必须相同，即它们是“可比”的。

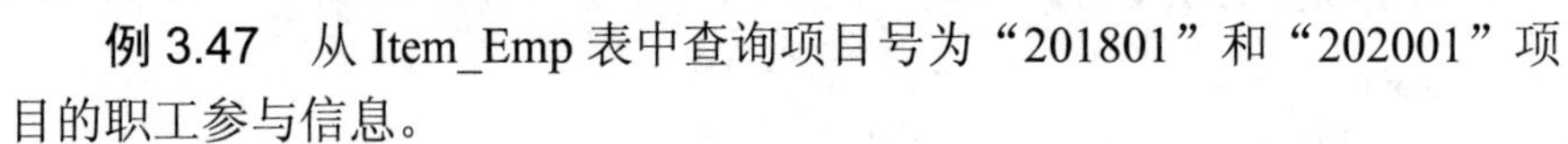

例 3.47　从 Item_Emp 表中查询项目号为“201801”和“202001”项目的职工参与信息。

```
SELECT *
FROM Item_Emp
WHERE Ino='201801'
UNION
SELECT *
FROM Item_Emp
WHERE Ino='202001';
```

本例把两条 SELECT 语句各自得到的结果集并为一个集(两集合中若有相同元组，只留一个)。

注意：参加 UNION 的记录结果集必须有相同的列数，各对应项的数据类型也必须相同。

SELECT 语句中缺省保留重复的元组，除非使用 DISTINCT 保留字指明。与之不同的是在集合操作的并、交和差操作在缺省情况下消除重复。如果要阻止消除重复元组，必须在集合操作的关键字后跟上保留字 ALL。

例 3.48　查询参加了全部项目的职工号和职工姓名。

```
SELECT Eno, Ename
FROM Employee
WHERE NOT EXISTS
            ( SELECT Ino
              FROM Item
              EXCEPT
              SELECT Ino
              FROM Item_emp
              WHERE Eno = Employee.Eno );
```

3.5　含有子查询的数据更新

含有子查询的数据更新

在 3.3 节中已经介绍了 INSERT、UPDATE 和 DELETE 的基本使用方法及注意事项，本节将介绍它们与子查询结合使用的方法。与子查询结合后，这三种语句的功能更加强大，使用手段也更加灵活。

3.5.1 INSERT 与子查询的结合

INSERT 与子查询的结合语句基本格式为

```
INSERT INTO <表名> [<属性名清单>]
(子查询);
```

上述语句把子查询的结果插入指定的<表名>中。INSERT 语句可以一次向指定表插入多条元组。

例 3.49 假如部门号为“01”的部门由于需要自己建立一个部门职工表，结构与 Employee 相同(表名为 Employee_01)。则该表的元组可用如下一条 INSERT 语句一次全部插入：

```
INSERT INTO Employee_01
SELECT *
FROM Employee
WHERE Dno= '01';
```

3.5.2 UPDATE 与子查询的结合

UPDATE 与子查询的结合语句基本格式为

```
UPDATE <表名>
SET <列名>=<表达式>[, <列名>=<表达式>]^n
[WHERE<带有子查询的条件表达式>]
```

上述语句执行时，将修改能使<带有子查询的条件表达式>为真的所有元组。

例 3.50 使参加“201802”项目的职工，工资表中津贴的值都增加 200。

```
UPDATE Salary
SET Rest=Rest+200
WHERE Eno IN
        ( SELECT Eno
          FROM Item_Emp
          WHERE Ino= '201802');
```

DBMS 还支持在 UPDATE 的 SET 子句中使用子查询，使 UPDATE 的使用更加灵活。

例 3.51 将所有工程师的工资修改为职工的平均工资。

```
UPDATE Salary
SET Basepay=
        ( SELECT AVG(Basepay)
          FROM Salary )
WHERE Eno IN
        ( SELECT Eno
          FROM Employee
          WHERE Title='工程师' );
```

3.5.3 DELETE 与子查询的结合

DELETE 与子查询的结合语句基本格式为

```
DELETE FROM <表名>
[WHERE <带有子查询的条件表达式>]
```

上述语句将删除能使<带有子查询的条件表达式>为真的所有元组。

例 3.52 从 Item_Emp 表中，删除项目参加人中包含“丁为国”的所有元组。

```
DELETE FROM Item_Emp
WHERE Eno =
        ( SELECT Eno
          FROM Employee
          WHERE Ename='丁为国' );
```

3.6 视　图

视图

视图是数据库系统的一个重要机制。无论是从方便用户使用的角度出发，还是为加强数据库的安全管理进行考虑，视图都有着极其重要的作用。

一个视图是从一个或多个关系(基本表或已有的视图)导出的关系。导出后，数据库中只存有此视图的定义(在数据字典中)，但并没有实际生成此关系，因此视图是虚表。

用户使用视图时，其感觉与使用基本表是相同的。其不同之处有以下几点：

(1) 由于视图是虚表，所以一般情况下在视图中不建立索引；可以建立索引的视图，在创建时需要满足较为复杂的条件。

(2) SQL 不提供修改视图定义的语句(有此需要时，只要把原定义删除，重新定义一个新的视图即可，这样不影响任何数据)。

(3) 对视图中数据做更新时是有些限制的。

3.6.1 定义视图——CREATE VIEW

CREATE VIEW 语句的基本格式为

```
CREATE VIEW <视图名> [<列名清单>]
    AS <子查询>
    [WITH CHECK OPTION]
```

说明：

(1) <视图名>给出所定义的视图的名称。

(2) 若有<列名清单>，则此清单给出了此视图的全部属性的属性名；否则，此视图的所有属性名即为子查询中 SELECT 语句中的全部目标列。

(3) <子查询>为任一合法 SELECT 语句(但一般不含有 ORDER BY，UNION 等语法成分)。

(4) 若有[WITH CHECK OPTION]时，则对此视图进行 INSERT、UQDATE 和 DELETE 操作时，系统会自动检查是否符合原定义视图子查询中的<条件表达式>。

(5) 定义视图语句被执行后，视图的定义即存入数据字典，但对语句中的<子查询>并未执行，即视图并未真正生成。只是在对视图查询时，才按视图的定义从基本表中将数据查出，所以说，视图是虚表。

例 3.53　建立“02”号部门的职工视图，即从职工表中取出部门为“02”的元组组成一个视图。

```
CREATE VIEW Employee_02
AS SELECT *
   FROM Employee
   WHERE Dno = '02';
```

如果只从单个基本表导出一个视图，且保留了原来的码，同时去掉了原基本表的某些行和非码属性，则称该视图为行列子集视图，有些书上称为“简单视图”。上述 Employee_02 视图中省略的列名，由子查询 SELECT 子句中的查询所得到的所有列名所组成。

例 3.54　建立“02”号部门的职工视图，并要求在进行修改和插入操作时仍须保证该视图只有“02”号部门的职工。

```
CREATE VIEW Employee_02_2
AS SELECT *
   FROM Employee
   WHERE Dno = '02'
   WITH CHECK OPTION;
```

由于上述在定义视图过程中带有 WITH CHECK OPTION 子句，则以后对该视图进行插入、修改和删除操作时，DBMS 会自动加上 Dno= '02'的条件，如果条件判断成立，则进行插入、修改和删除操作；反之，则不予操作并返回错误。

视图可以从一个基本表或视图导出，也可以从多个基本表或多个视图导出。

定义视图时，若设置了一些派生属性(这些属性是原基本表没有的，其值是用一个表达式对原基本表的运算而得到的)，则此视图称为带有表达式的视图，这些派生属性也称为虚拟列。

例 3.55　在工资表上定义某个职工的实发工资 V_salary。

```
CREATE VIEW V_salary(Eno, Ename, Act_salary)
AS SELECT Employee.Eno, Ename, Basepay+Service+Price+Rest-Insure-Fund
   FROM Employee, Salary
   WHERE Employee.Eno = Salary.Eno;
```

注意：由于计算属性没有属性名，此时必须为之设置别名，或在视图名后指明视图的属性名。

视图不仅可以建立在一个或多个基本表上，也可以建立在一个或多个已定义好的视图上，或建立在基本表与视图上。

例 3.56　建立职工实发工资大于 2000 的职工实发工资视图。

```
CREATE VIEW V_salary2
AS SELECT *
    FROM V_salary
    WHERE Act_salary>2000;
```

在定义视图时，若使用了集函数和 GROUP BY 查询子句，则将此视图称为分组视图。

例 3.57 建立含部门及部门职工平均实发工资的视图。

```
CREATE VIEW V_Dept_Salary(Dno, Avg_Act_salary)
AS SELECT Dno, AVG(Act_salary)
    FROM Employee, V_salary
    WHERE Employee.Eno = V_salary.Eno
    GROUP BY Dno;
```

3.6.2 删除视图——DROP VIEW

DROP VIEW 语句的基本格式为

```
DROP VIEW <视图名>
```

此语句将把指定视图的定义从数据字典中删除。

一个关系(基本表或视图)被删除后，所有由该关系导出的视图并不会自动删除，它们仍在数据字典中，但已无法使用。删除视图必须用 DROP VIEW 语句。

例 3.58 将 Employee_02 视图的定义从数据字典中删除。

```
DROP VIEW Employee_02;
```

执行此语句后，Employee_02 视图的定义就从数据字典中删除了。

3.6.3 视图的查询

1. 用户的工作

对用户来说，对视图的查询与对基本表的查询是没有区别的，都使用 SELECT 语句对有关的关系进行查询。在查询时，用户不需区分是对基本表查询，还是对视图查询。SELECT 语句中不需(也不可能)标明被查询的关系是基本表还是视图。例如：

```
SELECT *
FROM Employee_02;
```

2. DBMS 对视图查询的处理

DBMS 对某 SELECT 语句进行处理时，若发现被查询对象是视图，则 DBMS 将进行下述操作：

(1) 从数据字典中取出视图的定义；

(2) 把视图定义的子查询和该 SELECT 查询相结合，生成等价的对基本表的查询(此过程被称为视图的消解)。

(3) 执行对基本表的查询，把查询结果(作为本次对视图的查询结果)向用户显示。

3. 特殊情况的处理

一般情况下，对视图的查询是不会出现问题的。但有时，视图消解过程不能给出语法正确的查询条件。因此，对视图查询时，若出现语法错误，可能不是查询语句的语法错误，而是转换后出现的语法错误。此时，用户须自行把对视图的查询转化为对基本表的查询。

3.6.4 视图的更新

1. 视图更新的含义及执行过程

视图是虚表，其中并没有实际存储的数据。所谓视图的更新，表面上是对视图执行INSERT、UPDATE和DELETE来更新视图的数据，其实质是由DBMS自动转化成对导出视图的基本表的更新，即转化成对基本表执行INSERT、UPDATE和DELETE语句(但用户在感觉上确实是在对视图进行更新)。

例3.59 向“02”号部门职工视图Employee_02中插入一个新的职工“陈向东”的相关记录。

```
INSERT INTO Employee_02
VALUES('1036', '陈向东', '男', 25, 1, '工程师', '02');
```

将转化成对基本表Employee的插入，实现语句如下：

```
INSERT INTO Employee
VALUES('1036', '陈向东', '男', 25, 1, '工程师', '02');
```

例3.60 将“02”号部门职工视图Employee_02中职工号为“1036”的职工姓名改为“陈向东”。

```
UPDATE Employee_02
SET Ename = '程向东'
WHERE Eno = '1036';
```

也将转化成对基本表Employee的如下更新：

```
UPDATE Employee
SET Ename = '程向东'
WHERE Eno = '1036';
```

例3.61 删除“02”号部门职工视图Employee_02中职工号为“1036”的职工记录。

```
DELETE FROM Employee_02
WHERE Eno = '1036';
```

转化为

```
DELETE FROM Employee
WHERE Eno= '1036';
```

2. 定义视图时，WITH CHECK OPTION 的作用

视图是根据 AS<子查询>中设定的条件定义的。但更新视图的语句 INSERT、UPDATE 和 DELETE 却都不能保证被更新的元组必定符合视图定义中 AS<子查询>中的条件。如果这样的话，那视图就没有多大的作用了。

在定义视图时，若加上子句 WITH CHECK OPTION，则在对视图更新时，系统将自动检查其定义时的条件是否满足，若不满足，则拒绝执行。

例 3.62 向“02”号部门职工视图 Employee_02_2 中插入一个隶属于“03”号部门的职工记录。

```
INSERT INTO Employee_02
VALUES('1038', '陈华', '男', 25, 1, '助工', '03');
```

其输出结果为

```
(所影响的行数为 1 行)
```

例 3.63 向视图定义中带有 WITH CHECK OPTION 子句的“02”号部门职工视图 Employee_02_2 中插入一个隶属于“03”号部门的记录。

```
INSERT INTO Employee_02_2
VALUES('1039', '陈华东', '男', 25, 1, '助工', '03');
```

其输出结果为对视图进行的插入或更新操作失败，原因是目标视图或者目标视图所跨越的某一视图指定了 WITH CHECK OPTION，而该操作的一个或多个结果行又不符合 CHECK OPTION 的约束条件，导致语句被终止执行。

3. 视图的可更新性

不是所有的视图都是可更新的，因为有些视图的更新不能被转化成相应基本表的更新。

例 3.64 定义一个视图，其命令如下：

```
CREATE VIEW V_avg_age
AS SELECT Dno, Avg(Age) AS Avg_age
   FROM Employee
   GROUP BY Dno;
```

上述语句从职工表导出一个视图 V_avg_age，该视图有两列：部门号、平均年龄。

对该视图的任何更新都无法转换成对职工表的更新，因此视图有可更新和不可更新之分。

(1) 有些视图是各个已有的 DBMS 都可更新的，这些视图就属于实际可更新的视图。如前面指出的行列子集视图就属于此类。

(2) 有些视图在理论上就是不可更新的，如前面定义的 V_avg_age 视图，称为不可更新的视图。

(3) 有些视图在理论上是可更新的，但特征较复杂，因此实际上还是不能更新，称为不允许更新的视图。一般的 DBMS 只允许对单个基本表导出的视图进行更新，并有下列限制：

① 若视图的列由表达式或常数组成，则不允许执行 INSERT 和 UPDATE，但可执行 DELETE。

② 若视图的列由集函数组成，则该视图不允许更新。

③ 若视图定义中有 GROUP BY 子句，则该视图不允许更新。

④ 若视图定义中有 DISTINCT 选项，则该视图不允许更新。

⑤ 若视图定义中有嵌套查询，且内外层 FROM 子句中的表是同一个表，则该视图不允许更新。

⑥ 从不允许更新的视图导出的视图也是不允许更新的。

3.6.5 视图的作用

视图是 SQL 语句支持的三级模式结构中外模式的成分。因此，视图是数据库中数据的物理独立性和逻辑独立性的重要支柱。这一点在讨论三级模式结构时就已经强调过了，除此之外，视图还有如下作用：

(1) 视图能方便用户操作。若用户所需数据来自多个基本表，则通过视图可使用户感到数据是来自一个关系的；若用户所需数据是对基本表中的数据通过某种运算才能得到的，则通过视图可使用户感到数据是一个关系的基本数据。有了视图，用户就可对一个关系(一张虚表)进行较简单的查询即可完成工作。而这个关系究竟是基本表还是虚表，虚表又是如何生成的，用户都无须知道。

(2) 视图可对数据提供安全保护。有了视图以后，可使任何用户只能看到他有权看到的数据，用户对数据更新也由视图定义中的 WITH CHECK OPTION 而有所限制。因此，视图给数据提供了一定的安全保护。

(3) 视图能使不同用户都能用自己喜欢的方式看待同一数据。同一数据在不同用户的各个视图中，可以以不同的名称出现，可以以不同的角色出现(平均值，最大值等)。这给数据共享带来了很大的方便。

视图的缺点在于：查询和更新时可能会出现问题，对这一点，也必须有所准备。

本 章 小 结

SQL 语言是关系数据库的标准语言，它包括数据定义、约束说明、数据查询、数据更新、视图定义、安全授权等语句。本章首先简单介绍了 SQL 语言标准的发展、SQL 语言的特点及分类等，随后介绍了 SQL 语言的基本使用方法，包括：基本表的创建、修改、删除，基本表中数据的插入、修改、删除和查询，索引的创建、删除，视图的创建、删除等。

查询语句 SELECT 是 SQL 语言的一个重要语句，它内容复杂，功能丰富。为使读者能方便地掌握该语句，本章采用了根据实际查询需要，由浅入深地介绍语句的使用方法，希望读者在学习时，能同时上机实践。为了方便读者学习，特把 SELECT 的完整格式总结如下：

SELECT [DISTINCT/ALL] <目标列表达式 [[AS] 别名]清单>
FROM <关系名>
WHERE <查询条件表达式>
[GROUP BY <列名清单> [HAVING <条件表达式>]]
[ORDER BY <列名 [ASC/DESC]清单>]

本章内容丰富、实用，读者必须与上机实践结合才能真正掌握。

习 题 3

1. SQL 语言支持三级模式结构吗？请具体说明。
2. SQL 语言有哪些特点？
3. SQL 语言的数据定义语句有哪些？
4. 建立索引有什么好处？一般由谁来创建和选择使用索引？
5. SQL 语言的数据操纵语句有哪些？
6. 描述 SELECT 语句的基本使用格式、高级使用格式和完整使用格式。
7. SQL 语言中基本表和视图的区别和联系是什么？
8. 试述视图的定义和作用。
9. 哪些视图是可以更新的？哪些视图是不可更新的？请各举一例说明。

10. 设有一数据库 GradeManager(成绩管理)，包括四个表：学生表(Student)、课程表(Course)、班级表(Class)以及成绩表(Grade)。四个表的结构如表 3-5 的表(一)～表(四)所示，数据如表 3-6 的表(一)～表(四)所示。用 SQL 语句创建四个表。

表 3-5 成绩管理数据库的表结构

表(一) Student

属性名	数据类型	可否为空	含义
Sno	CHAR(7)	否	学号(唯一)
Sname	VARCHAR(20)	否	学生姓名
Ssex	CHAR(2)	否	性别
Sbirth	DATE	可	出生日期
Clno	CHAR(5)	否	学生所在班级

表(二) Course

属性名	数据类型	可否为空	含义
Cno	CHAR(3)	否	课程号(唯一)
Cname	VARCHAR(20)	否	课程名称
Ccredit	SMALLINT	可	学分
Cpno	CHAR(3)	可	先修课的课程号

表(三) Class

属性名	数据类型	可否为空	含义
Clno	CHAR(5)	否	班级号(唯一)
Speciality	VARCHAR(20)	否	班级所在专业
Inyear	CHAR(4)	否	入校年份
Number	INTEGER	可	班级人数
Monitor	CHAR(7)	可	班长学号

表(四) Grade

属性名	数据类型	可否为空	含义
Sno	CHAR(7)	否	学号
Cno	CHAR(1)	否	课程号
Gmark	NUMERIC(4,1)	可	成绩

表 3-6 成绩管理数据库中的数据

表(一) Student

Sno	Sname	Ssex	Sbirth	Clno
2020101	李勇	男	2002-08-09	20311
2020102	刘诗晨	女	2003-04-01	20311
2020103	王一鸣	男	2002-12-25	20312
2020104	张婷婷	女	2002-10-01	20312
2021101	李勇敏	女	2003-11-11	21311
2021102	贾向东	男	2003-12-12	21311
2021103	陈宝玉	男	2004-05-01	21311
2021104	张逸凡	男	2005-01-01	21311

表(二) Course

Cno	Cname	Credit	Cpno
1	数据库系统原理	4	5
2	计算机系统结构	3	8
3	数字电路设计	2	
4	操作系统	4	8
5	数据结构	4	7
6	软件工程	2	1
7	C 语言	4	
8	计算机组成原理	4	3

表(三) Class

Clno	Speciality	Inyear	Number	Monitor
20311	软件工程	2020	35	2020101
20312	计算机科学与技术	2020	38	2020103
21311	软件工程	2021	40	2021103

表(四) Grade

Sno	Cno	Gmark
2020101	1	92
2020101	3	88
2020101	5	86
2020102	1	78
2020102	6	55
2020103	3	65
2020103	6	78
2020103	5	66
2020104	1	54
2020104	6	83
2021101	2	70
2021101	4	65
2021102	2	80
2021102	4	90
2020103	1	83
2020103	2	76
2020103	4	56
2020103	7	88

11. 针对习题 10 的四个表，用 SQL 语言完成以下各项操作：

(1) 给学生表增加一属性 Nation(民族)，数据类型为 Varchar(20)。

(2) 删除学生表中新增的属性 Nation。

(3) 向成绩表中插入记录(“2021110”，“3”，80)。

(4) 修改学号为“2021110”的学生的成绩为 70 分。

(5) 删除学号为“2021110”的学生的成绩记录。

(6) 在学生表的 Clno 属性上创建一个名为 IX_Class 的索引，以班级号的升序排序。

(7) 删除 IX_Class 索引。

12. 针对习题 10 的四个表，用 SQL 语言完成以下各项查询。

(1) 找出所有被学生选修了的课程号。

(2) 找出 20311 班女学生的个人信息。

(3) 找出 20311 班、20312 班的学生姓名、性别、出生年份。

(4) 找出所有姓李的学生的个人信息。

(5) 找出学生李勇所在班级的学生人数。

(6) 找出课程名为操作系统的平均成绩、最高分、最低分。

(7) 找出选修了课程的学生人数。

(8) 找出选修了课程操作系统的学生人数。

(9) 找出 2020 级计算机软件班的成绩为空的学生姓名。

(10) 找出每一门课的间接先修课(即先修课的先修课)，包括没有间接先修课的课程。

13. 针对习题 10 的四个表，用 SELECT 的嵌套查询完成以下各项查询：

(1) 找出与李勇在同一个班级的学生信息。

(2) 找出所有与学生李勇有相同选修课程的学生信息。

(3) 找出出生日期介于学生李勇和 2005 年 1 月 1 日之间的学生信息。

(4) 找出选修了课程操作系统的学生学号和姓名。

(5) 找出所有没有选修 1 号课程的学生姓名。

(6) 找出每个学生超过他选修课程的平均成绩的学生号和课程号。

(7) 找出选修了全部课程的学生姓名。

(提示：可找出这样的学生，没有一门课程是他不选修的。)

(8) 找出数据库系统原理成绩高于该课平均分的所有学生学号、姓名、成绩。

(9) 找出每个班级课程数据库系统原理成绩高于本班数据库系统原理平均分的所有学生的学号、姓名、成绩。

(10) 找出至少选修了“2020101”号学生选修的全部课程的学生学号。

14. 针对习题 10 的四个表，用 SQL 语言完成以下各项查询：

(1) 查询选修了 3 号课程的学生学号及其成绩，并按成绩的降序排列。

(2) 查询全体学生信息，要求查询结果按班级号升序排列，同一班级学生按出生日期降序排列。

(3) 查询每个课程号及相应的选课人数。

(4) 查询选修了三门以上课程的学生学号。

(5) 查询至少选修 1 号和 2 号课程的学生的学号和姓名。

(6) 查询每门课程成绩前三名的学生学号、姓名、课程号和成绩。

(7) 查询每个学生学号、姓名和选修课程的总学分，并按总学分降序排序。

15. 针对习题 10 的四个表，用 SQL 语言完成以下各项操作：

(1) 将 20311 班的全体学生的成绩置 0 值。

(2) 删除 2021 级计算机软件的全体学生的选课记录。

(3) 学生李勇已退学，从数据库中删除有关他的记录。

(4) 对每个班，求学生的平均年龄，并把结果存入数据库。

16. 完成以下对视图的操作：

(1) 建立 20312 班选修了 1 号课程的学生视图 Stu_20312_1。

(2) 建立 20312 班选修了 1 号课程并且成绩不及格的学生视图 Stu_20312_2。

(3) 建立视图 Stu_age，由学生学号、姓名和年龄组成。

(4) 查询 2000 年以后出生的学生姓名。

(5) 查询 20312 班选修了 1 号课程并且成绩不及格的学生的学号、姓名和年龄。

(6) 查询选课数超过两门的学生的平均成绩和选课门数。

(7) 查询软件工程专业中比计算机科学与技术专业所有学生年龄小的学生学号、姓名和年龄。

(8) 查询所有课程的平均成绩和不及格人数的百分比(不合格率)，输出课程号、课程名、平均成绩和不及格人数的百分比。

第 4 章

完整性和安全性

第 4 章讲什么?

在第 1 章中已经讲到数据库的特点之一是 DBMS 提供统一的数据保护功能来保证数据的安全可靠和正确有效，数据库的数据保护主要包括数据的完整性和安全性两个内容。

完整性约束保证授权用户对数据库进行修改时不会破坏数据的一致性。因此，完整性约束防止的是对数据的意外破坏。触发器是在数据被更新时由系统自动激活并执行的 SQL 语句，可以实现比外部码、Check 约束等更为复杂的约束规定。

除了防止意外造成的不一致性，保存在数据库中的数据也需要防止未经授权的访问和恶意的破坏与窜改。DBMS 提供了安全机制来确保避免发生这样的事情。

4.1 完整性约束的 SQL 定义

DBMS 完整性约束控制机制

完整性约束的 SQL 定义

数据库系统必须保证数据库中的数据是完整的。在更新数据库时，关系中不能出现不符合完整性要求的元组，这样才能给用户提供正确、有效的信息。实现这一目的的最直接方法，是要求用户在编写数据库应用程序时，对每个插入、删除、修改操作都加入必要的完整性检查代码。但这种检查往往是复杂、重复、低效的，不仅给编程人员带来了很大的麻烦，而且是不可靠的。

现在，SQL 把各种完整性约束作为数据库模式定义的一部分，这样既可有效防止对数据库的意外破坏，提高完整性检测的效率，又可减轻编程人员的负担。作为模式定义一部分的约束，由 DBMS 来对其进行维护。

4.1.1 实体完整性约束和主码

在 SQL 中，实体完整性是通过主码(Primary Key)的定义来实现的。一旦某个属性或属性组被定义为主码，该主码的每个属性就不能为空值，并且在关系中不能出现主码值完全相同的元组。

主码可在定义关系的 CREATE TABLE 语句中使用 PRIMARY KEY 关键字加以定义。有两种定义主码的方法，一种是在属性后增加关键字，另一种是在属性表中加入如下额外的定义主码的子句：

```
PRIMARY KEY (主码属性名表)
```

例 4.1　在 Employee 表中说明 Eno 为主码，有两种方法。

(1) 将属性直接说明为主码。

```
CREATE TABLE Employee
  ( Eno CHAR(4) PRIMARY KEY,
   Name VARCHAR(8),
   Sex CHAR(2),              /* openGauss 中需要改长度，采用 CHAR(3) */
   Age INT,
   Dno CHAR(2) );
```

(2) 在属性列表后单独说明主码。

```
CREATE TABLE Employee
    ( Eno CHAR(4),
     Name VARCHAR(8),
     Sex CHAR(2),
     Age INT,
     Dno CHAR(2),
     PRIMARY KEY(Eno) );
```

如果关系的主码只含有单个属性，则上面的两种方法都可以使用；如果关系的主码由两个或两个以上属性组成，则只能使用第(2)种方法。如 Item_emp 表的主码由 Ino 和 Eno 组成，则只能采用第(2)种方法，PRIMARY KEY 子句应说明为

```
PRIMARY KEY (Ino,Eno)
```

除了主码，SQL 中还提供了类似于候选码的说明方法，使用关键字 UNIQUE 说明该属性(或属性组)的值不能重复出现。但被说明为 UNIQUE 的属性可以定义为空值，这一点与候选码又有所不同，并且一个表中只能有一个主码，但可以有多个“UNIQUE”说明。

例 4.2　说明 Employee 表中职工不能重名。

实现上述要求有以下两种方法：

(1) 在说明主码的第(1)种方法的 Name 属性后面加上 UNIQUE 说明。

```
Name VARCHAR(8) UNIQUE
```

(2) 在说明主码的第(2)种方法的属性列表后使用 UNIQUE 说明。

```
UNIQUE(Name)
```

通常在各厂商的 DBMS 支持的 SQL 语言中，并没有强制规定必须为每个关系指定主码，但为每个关系指定主码通常更好一些。

4.1.2　参照完整性约束和外部码

数据库模式的第二种约束类型，就是利用外部码的说明实现参照完整性约束，以限制

相关表中某些属性的取值。如职工表 Employee 中的部门号 Dno 必须是部门表 Department 中实际存在的部门号，只有这样才有意义。部门表称为被参照关系(或父表)，职工表称为参照关系(或子表)。

1. 外部码约束的说明

说明外部码的方法有以下两种：

(1) 在该属性的说明(属性名、类型)后直接加上关键字 REFERENCES，后跟对应表的主码说明，格式为

```
REFERENCES <父表名>(<属性名>)
```

其中，属性名为父表的主码或者是被定义了 UNIQUE 约束的属性名。

(2) 在 CREATE TABLE 语句的属性清单后，加上外部码的说明子句，格式为

```
FOREIGN KEY <属性名表> REFERENCES <父表名>(<属性名表>)
```

其中，属性名表中的属性可以多于一个，但必须前后对应。

例 4.3 说明 Employee 表中 Dno 为外部码，被参照关系为 Department。

两种说明方法分别如下：

(1) 第一种方法。

```
CREATE TABLE Employee
      ( Eno CHAR(4) PRIMARY KEY,
        Name VARCHAR(8),
        Sex CHAR(2),
        Age INT,
        Dno CHAR(2) REFERENCES Department(Dno) );
```

(2) 第二种方法。

```
CREATE TABLE Employee
      ( Eno CHAR(4) PRIMARY KEY,
        Name VARCHAR(8),
        Sex CHAR(2),
        Age INT,
        Dno CHAR(2),
        FOREIGN KEY(Dno) REFERENCES Department(Dno) );
```

注意：在说明 Dno 为 Employee 的外部码时，Department 关系中的 Dno 必须已被说明为主码或加了 UNIQUE 约束。

2. 参照完整性约束的实现策略

前面讲到参照完整性时，规定外部码的取值只有两种情况：取空值、取被参照关系中的主码值。

当用户的操作违反了上述规则时，如何保持此种约束呢？SQL 中提供了四种可选方案供数据库实现者使用：RESTRICT(限制策略)、CASCADE(级联策略)、SET NULL(置空策

略)和 SET DEFAULT(置默认值策略)。但具体使用情况视具体的 DBMS 不同而不同。

1) 限制策略

限制策略是 SQL 的默认策略，有的 DBMS 采用关键字 RESTRICT，有的使用 NO ACTION 等关键字。

任何违反参照完整性的更新均会被系统拒绝，以 Department 和 Employee 表为例，更新操作包括以下几种：

(1) 向 Employee 中插入一个新元组，其中的 Dno 分量值既非空值，也非 Department 元组的 Dno 分量值；

(2) 修改 Employee 中的一个元组，它的 Dno 分量值被改为 Department 关系的 Dno 分量值中不存在的非空值；

(3) 删除或修改 Department 表中的元组中的 Dno 分量值，而该分量值出现在一个或多个 Employee 中的 Dno 分量中。

以上这些更新操作均会被系统拒绝，产生一个错误并回滚操作，Employee 和 Department 中的元组不会有任何改变。

2) 级联策略

当对父表进行删除和修改时，SQL 提供了另一种方案，即级联策略(ON DELETE CASCADE | ON UPDATE CASCADE)。在这种策略下，当删除或修改父表中某元组的主码值时，子表中具有该外部码值的元组也将被删除或修改，以保证参照完整性。

3) 置空策略

置空策略(ON DELETE SET NULL | ON UPDATE SET NULL)也是针对父表的删除或修改操作的。在这种策略下，当删除 Department 中某一元组或修改某一元组的 Dno 时，Employee 中 Dno 分量中对应该部门号的值将被置空。

4) 置默认值策略

置默认值策略(ON DELETE SET DEFAULT | ON UPDATE SET DEFAULT)也是针对父表的删除或修改操作的。在这种策略下，当删除 Department 中某一元组或修改某一元组的 Dno 时，Employee 表中 Dno 分量中对应该部门号的值将被置为事先已有的约束默认值。

目前，各大厂商的 DBMS 在实现参照完整性约束时，都默认采用了限制策略。有的也支持上述方案中的部分策略。

例 4.4　将 Employee 的外部码 Dno 的更新操作设置为级联策略、删除操作设置为限制策略。

只需将例 4.3 中的最后一行改为

```
Dno CHAR(4) REFERENCES Department(Dno)
    ON DELETE NO ACTION
    ON UPDATE CASCADE
```

或

```
FOREIGN KEY Dno REFERENCES Department(Dno)
    ON DELETE NO ACTION
    ON UPDATE CASCADE
```

4.1.3 用户自定义完整性约束

用户自定义完整性约束取决于应用环境的需要，因此不同数据库应用系统的自定义完整性要求是千差万别的，有些较简单，有些则较复杂。SQL 中提供了非空约束、对属性的 CHECK 约束、对元组的 CHECK 约束、触发器等来实现用户的各种完整性要求。

非空约束在 3.2 节中已介绍过，触发器将在 4.2 节中介绍，这里主要介绍基于属性、元组的 CHECK 约束。

1. 基于属性的 CHECK 约束

使用 CHECK(检查)子句可保证属性值满足某些前提条件。CHECK 子句的一般格式为

```
CHECK <条件>
```

属性的 CHECK 约束既可跟在属性的定义之后，也可在定义语句中另增一个子句加以说明。

例 4.5 规定 Employee 表中属性 Age 的值不能小于 18 且不能大于 65。

只需将例 4.1 中的 Age 属性说明为如下形式：

```
Age INT CHECK(Age>=18 AND Age<=65)
```

或在属性列表的最后加上

```
CHECK(Age>=18 AND Age<=65)
```

CHECK 还可以模拟枚举类型，例如，可在 CREATE TABLE 语句中用以下子句说明属性 Sex 的取值只能为“男”或“女”。

```
Sex CHAR(2) CHECK(Sex IN ('男','女'))
```

CHECK 子句的条件中还可以带子查询，引用该关系的其他属性甚至是其他关系。例如，可以使用 CHECK 子句实现参照完整性约束，将外部码说明改为如下说明：

```
CHECK(Dno IN (SELECT Dno FROM Department))
```

这样也可保证关系 Employee 中，每个元组的 Dno 值必须是关系 Department 中的一个部门的部门号。在以后插入、修改关系 Employee 中的元组时都要检查上述定义，但它的作用与外部码的作用并不完全相同，读者可自行分析。

2. 基于元组的约束

对表内元组进行约束说明时，可在 CREATE TABLE 语句中的属性表、主码、外部码的说明之后加上 CHECK 子句。每当对元组进行插入或修改操作时，都要对 CHECK 子句的条件表达式求值，如果条件为假，则违背了约束，系统将拒绝该插入或修改操作。

例 4.6 定义工资表 Salary。

```
CREATE TABLE Salary
    ( Eno CHAR(4)   PRIMARY KEY,
     Basepay DECIMAL(7,2),
```

```
Service DECIMAL(7,2),
Price DECIMAL(7,2),
Rest DECIMAL(7,2),
Insure DECIMAL(7,2),
Fund DECIMAL(7,2),
CHECK(Insure+Fund<Basepay) );
```

例 4.6 中，CHECK 约束涉及表中多个域，为元组约束。在对整个元组完成插入或对某一元组的修改完成之后，系统将检查元组是否符合 CHECK 条件表达式。

完整性约束的检查将花费系统一定的时间，特别是那些复杂的 CHECK 条件，虽然非常有用，但不应泛滥使用。

4.1.4　约束的更新

约束与数据库中的表、视图等一样，可以对其进行增加、删除和修改的更新操作。为了修改和删除约束，需要在定义约束时对约束进行命名，即在约束前加上关键字 CONSTRAINT 和该约束的名称。

例如，在说明 Employee 表中的主码和外部码时，以如下形式分别将其命名为 PK_Employee 和 FK_employee：

```
Eno CHAR(4) CONSTRAINT PK_Employee PRIMARY KEY,
Dno CHAR(4) CONSTRAINT FK_Employee FOREIGN KEY REFERENCES Department(Dno)
```

例 4.6 中的约束也可以在定义时命名如下：

```
CONSTRAINT CK_RightSalary CHECK (Insure+Fund<Basepay)
```

这样，就可以使用 ALTER TABLE 语句来更新与属性或表有关的约束。在第 3.2 节已讨论了使用 ALTER TABLE 语句的其他一些用法，这里，再通过举例说明对约束的使用方法。

例 4.7　删除 Employee 表中的外部码约束 FK_Employee。

```
ALTER TABLE Employee DROP CONSTRAINT FK_Employee ;
```

例 4.8　修改例 4.6 中对 Salary 的约束 RightSalary 中的 CHECK 表达式为

```
Insure+Fund<Rest
```

由于 SQL 不能直接修改约束，可通过以下两个步骤完成对约束的修改：

(1) 删除原约束。

```
ALTER TABLE Salary
DROP CONSTRAINT CK_RightSalary ;
```

(2) 增加同名约束。

```
ALTER TABLE Salary
ADD CONSTRAINT CK_RightSalary CHECK(Insure+Fund<Rest);
```

从上例可见，约束也可以通过 ALTER TABLE 语句定义，而不一定要在表的模式定义时进行，只是通过 ALTER TABLE 语句定义的约束都是基于元组的约束，而不是基于属性的。

4.2　SQL 中的触发器

触发器(Trigger)不仅能实现完整性规则，而且能保证一些较复杂业务规则的实施。所谓触发器，就是一类由数据库操作事件(插入、删除、修改)驱动的特殊过程，一旦由某个用户定义，任何用户对该触发器指定的数据进行增、删或改操作时，系统将自动激活相应的触发动作，在数据库服务器上进行集中的完整性控制。

4.2.1　触发器的组成和类型

触发器的组成和类型

触发器的定义包括以下两个方面：

(1) 指明触发器的触发事件；

(2) 指明触发器执行的动作。

触发事件包括表中行的插入、删除和修改，即执行 INSERT、DELETE 和 UPDATE 语句。在定义触发器时，必须要指定一个触发器条件，也可以同时指定多个。在修改操作(UPDATE)中，还可以将特定的属性或属性组的修改指定为触发条件。

事件的触发还有三个相关的时间：BEFORE、AFTER 和 INSTEAD OF。BEFORE 触发器是在事件发生之前触发；AFTER 触发器是在事件发生之后触发；INSTEAD OF 触发器是替换触发事件的发生。

触发动作实际上是一系列 SQL 语句，可以有以下两种方式：

(1) 对被事件影响的每一行(每一元组)执行一次触发过程(FOR EACH ROW)，称为行级触发器；

(2) 对整个事件只执行一次触发过程(FOR EACH STATEMENT)，称为语句级触发器。该方式是触发器的默认方式。

综合触发时间和触发方式，触发器的基本类型如表 4-1 所示。

表 4-1　触发器的类型

触发方式	FOR EACH STATEMENT(默认)	FOR EACH ROW
BEFORE 选项	语句前触发器：在执行触发语句前激发触发器一次	行前触发器：在修改由触发语句所影响的每一行前，激发触发器一次
AFTER 选项	语句后触发器：在执行触发语句后激发触发器一次	行后触发器：在修改由触发语句所影响的每一行后，激发触发器一次
INSTEAD OF 选项	替换触发器：在执行触发语句后替换触发器执行的动作一次	替换触发器：在修改由触发语句所影响的每一行后，替换触发器执行的动作一次

4.2.2　创建触发器

创建触发器

创建触发器的语句一般格式为

```
CREATE TRIGGER <触发器名> { BEFORE | AFTER | INSTEAD OF}
    { [DELETE | INSERT | UPDATE OF[列名清单]]}
```

```
        ON 表名
        [REFERENCING <临时视图名>=
        [WHEN <触发条件>=
    [FOR EACH { ROW | STATEMENT }]
      <触发动作>
```

说明：

(1) BEFORE：指示 DBMS 在执行触发语句之前激发触发器。

(2) AFTER：指示 DBMS 在执行触发语句之后激发触发器。

(3) INSTEAD OF：指示 DBMS 在执行触发语句之后替换触发器执行的动作。

(4) DELETE：指明是 DELETE 触发器，每当一个 DELETE 语句从表中删除一行时激发触发器。

(5) INSERT：指明是 INSERT 触发器，每当一个 INSERT 语句向表中插入一行时激发触发器。

(6) UPDATE：指明是 UPDATE 触发器，每当 UPDATE 语句修改由 OF 子句指定的列值时，激发触发器。如果忽略 OF 子句，每当 UDPATE 语句修改表的任何列值时，DBMS 都将激发触发器。

(7) REFERENCING <临时视图名>：指定临时视图的别名。

在触发器运行过程中，系统会生成两个临时视图(虚拟表)，分别存放被更新值(旧值)和更新后的值(新值)。一般情况下，默认临时视图名分别是 OLD 和 NEW(不同的 DBMS，命名可能会有所不同)。一旦触发器运行结束，临时视图就不存在了。

(8) WHEN <触发条件>：指定触发器的触发条件。当满足触发条件时，DBMS 才激发触发器。触发条件中必须包含临时视图名，而不包含查询。

4.2.3 触发器创建实例

本节实例均在 Microsoft SQL Server 环境下执行通过。

在 Microsoft SQL Server 环境中，不区分行级触发器和语句级触发器。触发器可以包含任意数量和种类的 Transact-SQL 语句。触发器旨在根据数据修改语句检查或更改数据，它不会将数据返回给用户。触发器编程中可以使用的两个临时视图(虚拟表)为 INSERTED 表和 DELETED 表。这两个虚拟表的表结构与触发器的主体表(用户将要操作的表)结构一致，分别用于保存用户操作可能更改的行的新值或旧值。在 INSERTED 表中记录了修改后(或新插入的)记录值，DELETED 表中包含了修改前(或被删除的)记录值。

也即，在触发器中可以使用类似于以下的查询语句：

```
SELECT * FROM INSERTED          //取得新增或修改后的内容
SELECT * FROM DELETED           //取得被删除或修改前的内容
```

Microsoft SQL Server 允许为任何给定的 INSERT、UPDATE 或 DELETE 语句创建多个触发器。

创建触发器的语句的基本格式为

```
CREATE TRIGGER <触发器名> ON <表名>|<视图名>
    [ WITH ENCRYPTION ]
    { FOR | AFTER | INSTEAD OF } { [DELETE | INSERT | UPDATE ] }
AS
    [ { IF UPDATE (<列名>) [ { AND | OR } UPDATE (<列名>) 清单} ]
    <触发动作>
```

说明：

(1) WITH ENCRYPTION：加密 DBMS 系统表中包含 CREATE TRIGGER 语句文本的条目。

(2) AFTER：指定触发器只有在触发 SQL 语句中指定的所有操作(包括所有的引用级联操作和约束检查)都已成功执行后，该触发器才能被激活并运行。如果仅指定 FOR 关键字，则 AFTER 是默认设置，且不能在视图上定义 AFTER 触发器。

(3) INSTEAD OF：指定执行触发器而不是执行触发 SQL 语句，从而替代触发语句的操作。在表或视图上，每个 INSERT、UPDATE 或 DELETE 语句最多可以定义一个 INSTEAD OF 触发器。INSTEAD OF 触发器不能在 WITH CHECK OPTION 的可更新视图上定义。

(4) IF UPDATE (<列名>)：如果在指定列上执行的是 INSERT 或 UPDATE 操作，则返回 TRUE 值。该语句不能用于 DELETE 操作。

例 4.9 设数据库中有一个职工历史表 Emp_His，其表结构与 Employee 表相同，为 Employee 表创建一触发器，当删除职工时，将被删除职工的信息保存到表 Emp_His 中。

```
CREATE TRIGGER Tri_del_emp
    ON Employee
    AFTER DELETE
AS
    INSERT INTO Emp_His
    SELECT * FROM INSERTED
```

例 4.10 为 Employee 表创建一个触发器，当插入一个职工信息时，在工资表中生成该职工的工资记录，设置其基本工资为 500，其他工资项为 0。

```
CREATE TRIGGER Tri_ins_employee
    ON Employee
    AFTER INSERT
AS
    DECLARE @eno CHAR(4)
    SELECT @eno=Eno FROM INSERTED
    INSERT INTO Salary (Eno,Basepay,Service,Price,Rest,Insure,Fund)
    VALUES (@eno,500,0,0,0,0,0)
```

例 4.11 为 Employee 表创建一个触发器，当修改某个职工的职称时，应同时修改 Salary 表中的基本工资(Basepay)。具体标准为：当职称被修改为工程师时，基本工资增加 150 元；当职称被修改为高工时，基本工资增加 300 元。

```
CREATE TRIGGER Tri_updatetitle_employee
    ON Employee
    FOR UPDATE
AS
IF UPDATE(Title)
    IF ( SELECT Title FROM INSERTED ) = '工程师'
        UPDATE Salary
        SET Basepay=Basepay+150
        WHERE Eno = ( SELECT Eno FROM INSERTED )
    ELSE IF ( SELECT Title FROM INSERTED ) = '高工'
        UPDATE Salary
        SET Basepay=Basepay+300
        WHERE Eno = ( SELECT Eno FROM INSERTED )
```

例 4.12　假设有一个用于查询每个部门的部门号和该部门职工人数的视图，则创建一个触发器，使得删除该视图中数据时也删除了该部门信息以及该部门的所有职工信息，并将删除的职工信息存入职工历史表 Emp_His 中。

```
--创建视图，实现查询每个部门的部门号和该部门的职工人数
CREATE VIEW V_dnumber(Dno,Dnumber)
AS
    SELECT Dno,COUNT(Eno)
    FROM Employee
    GROUP BY Dno
--创建触发器，实现替换删除视图数据操作
CREATE TRIGGER Tri_del_V_dnumber
    ON V_dnumber
    INSTEAD OF DELETE
AS
BEGIN
    INSERT INTO Emp_his
    SELECT * FROM Employee
    WHERE Dno = (SELECT Dno FROM DELETED)
    DELETE FROM Employee
    WHERE Dno = (SELECT Dno FROM DELETED)
    DELETE FROM Department
    WHERE Dno = (SELECT Dno FROM DELETED)
END
```

4.2.4　openGauss 数据库的触发器实例

在 openGauss 环境中，采用 PL/PGSQL 实现扩展 SQL 编程，用来创建一个可加载的过

程语言。

openGauss数据库支持语句级触发器和行级触发器，默认为语句级触发器。触发器可以使用的两个临时视图为OLD和NEW表，这两个虚拟表的表结构与触发器的主体表结构相同，使用“OLD.列名”和“NEW.列名”的形式调用与触发器关联的这两个虚拟表中某列的旧值或新值。

openGauss中触发器的SQL实现分成以下两部分：

(1) 在创建触发器之前，需要先创建一个触发器函数，与普通函数不同的是它的返回值是Trigger。创建触发器函数的语法格式为

```
CREATE OR REPLACE FUNCTION 触发器函数名()
RETURNS TRIGGER       --返回值为 TRIGGER
AS
$$ DECLARE
BEGIN
     <标准 SQL 或过程化 SQL>
RETURN <NEW 或 OLD>;
END;
$$ LANGUAGE PLPGSQL;
```

(2) 创建触发器，触发器执行的动作主要是执行这个函数，即创建调用上面创建的触发器函数的触发器，语法格式为

```
CREATE TRIGGER 触发器名称
[BEFORE | AFTER | INSTEAD OF]   [INSERT | UPDATE | DELETE]
ON   <表名 | 视图名>
[FOR EACH ROW | FOR EACH STATEMENT]
EXECUTE PROCEDURE 触发器函数名();
```

例4.13 例4.12在openGauss数据库中的实现。

```
--创建 TRIGGER 函数(触发器调用)
CREATE OR REPLACE FUNCTION Tri_del_v_func()
RETURNS TRIGGER
AS
$$ DECLARE
BEGIN
        INSERT INTO Emp_his
          SELECT * FROM Employee
          WHERE Dno=OLD.Dno;
        --触发器默认临时视图名分别是 OLD 和 NEW
        DELETE FROM Employee
        WHERE Dno = OLD.Dno;
        DELETE FROM Department
        WHERE Dno = OLD.Dno;
```

```
    RETURN OLD;
END
$$ LANGUAGE PLPGSQL;
--创建触发器
CREATE TRIGGER Tri_del_v_dnumber
INSTEAD OF DELETE ON V_dnumber
FOR EACH ROW
EXECUTE PROCEDURE Tri_del_v_func ( );
```

数据库安全性

用户与访问控制

4.3 数据库安全

由于数据库中的数据是共享资源，因此必须在数据库管理系统中建立一套完整的使用规则对数据库进行安全性保护。安全性问题不是数据库系统所独有的，所有计算机系统都存在不安全因素，只是由于在数据库系统中集中存放大量数据，而且被众多最终用户直接共享，从而使数据安全性问题更加突出。数据安全性是数据的拥有者和使用者都十分关心的问题，它涉及法律、道德及计算机系统等诸多因素。

由于数据库的安全隐患有很多种，因此数据库的安全工作也包括多个方面：防火、防水、防磁、防盗、防掉电、防破坏以及对工作人员的审查等。这些方面，无论哪里出了问题，对数据库都可能是致命的。本书暂不介绍这方面的内容，有兴趣的读者可以查阅相关资料。本书只介绍 DBMS 中的安全措施，用来防止由于非法使用数据库而造成的数据泄露、窜改及破坏。

数据库管理系统应提供完善的安全措施。系统安全保护措施是否有效是数据库系统的主要性能指标之一。如图 4-1 所示，在计算机系统中，安全措施是一级一级层层设置的。数据库的安全性是指保护数据库以防止不合法的使用所造成的数据泄露、更改或破坏。

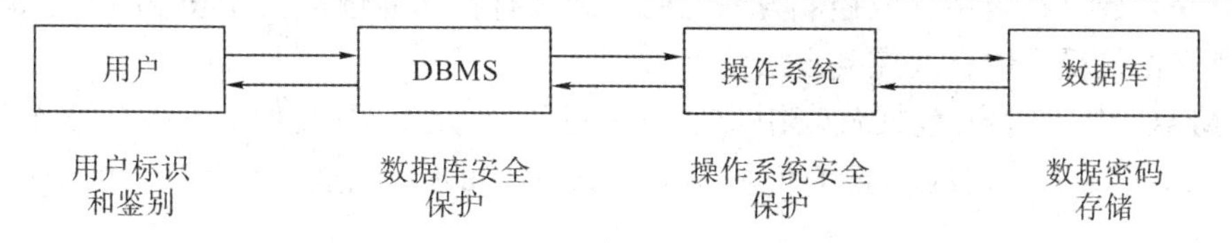

图 4-1　计算机系统的安全模型

数据库的安全性与计算机系统的安全性，包括计算机硬件、操作系统、网络系统等的安全性都是紧密相关的。其中，安全的操作系统是数据库安全的前提，而网络协议安全保障的不足也会对数据库安全性造成破坏。因此，只有建立了完善的计算机系统安全标准，才能规范和指导安全计算机系统部件的生产，从而较为准确地测定产品的安全性能指标，满足不同级别的数据安全性要求。

此外，数据库安全保护机制对一些安全性级别要求更高或更敏感的数据还支持数据加密存储，即将原始数据(明文)先按照一定的加密算法加密成为不可直接识别的格式(密文)，再将数据以密文形式进行传输和存储。这里涉及加密算法等密码学知识，不属本章节内容。

4.3.1 数据库的安全措施

1. 用户标识与鉴别

用户标识与鉴别是数据库管理系统对数据提供的最外层安全保护措施。用户访问DBMS时，必须先提交正确的用户标识符给DBMS进行身份认证。

2. 存取控制机制

通过上述最外层的用户身份认证，只有DBMS的合法认证用户才能访问数据库。接下来，这些合法用户能对数据库使用的合法操作，即权限的分配和管理，需要通过数据库系统的存取控制机制来实现。存取控制机制主要包括定义用户权限和合法权限检查两部分。

(1) 定义用户权限。DBMS使用DCL语言来定义用户对某一数据库对象的操作权限，并将这些用户权限的定义经过编译后登记存储在数据字典中，被称为安全规则或授权规则。

(2) 合法权限检查。每当用户发出对某一数据库对象的具体操作请求后，DBMS查找数据字典，根据安全规则进行合法权限检查，若用户的操作请求超出了定义的权限，系统将拒绝执行此操作。

DBMS支持自主存取和强制存取两类存取控制方法。

1) 自主存取控制

在自主存取控制方法(Discretionary Access Control，DAC)中，用户对于不同的数据库对象有不同的存取权限，不同的用户对同一对象也有不同的权限，而且用户还可将其拥有的存取权限转授给其他用户。

2) 强制存取控制

在一些有更高安全要求的部门(如军事部门)中，希望能有比上述的存取控制更安全的存取控制方法，于是就有了强制存取控制方法(Mandatory Access Control，MAC)。强制存取控制方法是建立在自主存取控制方法上的，即只有首先通过自主存取控制方法检查的用户，才有资格接受强制存取控制方法检查。

在MAC中，用户(包括代表用户的所有进程)以及数据(文件、基表、视图等)都被标上一个密级标记。密级标记的值域是有等级规定的几个值，如绝密、机密、秘密、公开等。

当某一合法用户(进程)要求存取某数据时，MAC机制将对比该用户与此数据的密级标记，以决定是否同意此次操作。系统不同，对比的规则也不尽相同，下面介绍两种常用的对比规则：

(1) 仅当用户的密级大于等于数据的密级时，该用户才能读取此数据。

(2) 仅当用户的密级小于等于数据的密级时，该用户才能写此数据。

规则(1)是必须的，低级别的用户当然不能读取高级别的数据；规则(2)的目的在于防止高密级的用户更新低密级的数据对象。

在MAC中，数据及数据的密级标记、用户和用户的密级标记都是不可分的整体，用户只能对与他的密级值相匹配的数据进行允许的操作。因此，强制存取控制方法比单纯的自主存取控制方法有着更高的安全性。

3. 视图

为不同的用户定义不同的视图，把数据对象限制在一定的范围内，这样才能达到访问控制的目的。在视图中，只定义该用户能访问的数据，使用户无法访问他无权访问的数据。也就是说，通过视图机制把要保密的数据对无权存取的用户隐藏起来，从而达到对数据的安全保护目的。

例如，每个车间的统计员只能查询本车间职工的情况，可为他们分别定义只包含本车间职工记录的视图；为保密职工工资情况，可定义一个不包含工资属性的视图，供一般查询使用。

4. 查询修改

有些 DBMS 可以事先为一些用户规定一些访问限制条件，用户访问时，能自动生成其查询条件，使其只能在规定的访问范围内查询，这就是查询修改。

例如，数学系教师要查询学生情况，DBMS 根据事先的限制，在其查询语句上自动增加 DEPARTMENT = '数学系' 这一条件，就限制了数学系教师的访问范围。

查询修改比视图简单、效率高且易于实现，但查询修改只能处理一些较为简单的访问条件，不如视图灵活。如在多表查询时，较难用查询修改实现预期的限制，此时可用视图较为容易地实现，而且视图的逻辑独立性也较高。

5. 跟踪审计

任何安全措施都不是绝对可靠的，最严重的问题往往在最安全的地方出现。因此，安全工作者除了要使系统在一定代价内尽量可靠外，还必须考虑能发现越权或企图越权的行为，这就是跟踪审计的目的。

跟踪审计仅是一种监视措施，它把用户对数据的所有操作都自动记入审计日志中。事后，可利用审计日志中的记录，分析出现问题的原因。在未产生问题时，也可以利用审计日志分析有无潜在的问题。审计内容一般包含本次操作的有关值(操作类型、操作者、操作时间、数据对象、操作前的值和操作后的值等)，也可增加一些内容，如在用户的磁卡中增加一个数据项——用户访问数据库的次数，即在系统中自动记录各用户访问本系统的次数。一旦某用户的这两个数据不一致，就可抓住有潜在问题的地方。

跟踪审计往往花费很大的代价，一般只在有较高安全要求的场合采用。在实际 DBMS 中，跟踪审计往往是一个可选项，由 DBA 决定是否采用、何时采用，使用 AUDIT 语句设置审计功能，NOAUDIT 语句取消审计功能。

审计一般可以分为用户级审计和系统级审计两种。用户级审计是任何用户都可设置的审计，主要是用户针对自己创建的数据库表或视图进行审计，记录所有用户对这些表或视图的一切成功和不成功的访问请求以及各种类型的 SQL 操作。系统级审计只能由数据库管理员设置，用于检测成功或失败的登录请求、监测授权和收回操作以及其他数据库级权限下的操作。

6. 数据加密

数据是存储在介质上的，且经常需要通过通信线路进行传输。因此，既可在介质上窃取数据，也可在通信线路上窃听到数据，而且有时在跟踪审计的日志文件中也找不到窃取数据的记录。

对敏感的数据进行加密存储是防止数据泄露的有效手段。原始数据(明文 Plain Text)在加密密钥的作用下，通过加密系统加密成密文(Cipher Text)。明文是大家都看得懂的数据，一旦失窃后果严重；但密文是谁也看不懂的数据，只有掌握解密密钥的人，才能在解密密钥的帮助下，由解密系统解密成明文。因此，仅窃得密文数据是没有用处的。

数据加、解密的代价也不小，因此实际 DBMS 往往把加密特性作为一种可选功能，由用户决定是否选用。

如果选用了加密功能，用户必须要保管好自己的加密密钥和解密密钥，不能失去或泄露。如果失去密钥，则自己都无法知道密文的真实内容。

4.3.2 用户标识和鉴别

只有成功注册了 DBMS 的人员才是该数据库的用户，才能访问数据库。用户注册时，会生成一个与其他用户不同的用户标识符(Identification)，任何数据库用户在访问数据库时，都须声明自己的用户标识符。系统首先要检查有无该用户标识符的用户存在，若不存在，就拒绝该用户进入系统；但即使存在，系统还要进一步核实该声明者是否确实是具有此用户标识符的用户，只有通过核实的用户才能进入系统，这个核实工作就被称为用户鉴别(Authentication)。以下介绍几种常用的用户鉴别方法。

1. 口令

口令(Password)是最广泛使用的用户鉴别方法。所谓口令就是在用户注册时，DBMS 给予每个用户的一个字符串，同时，系统在内部存储一个用户标识符和口令的对应表，用户必须记住自己的口令。当用户声明自己是某用户标识符用户时，DBMS 将进一步要求用户输入自己的口令。只有当用户标识符和口令与系统内的相一致时，系统才确认此用户，才允许该用户进入系统。

用户必须保管好自己的口令，不能遗忘，不能泄露给别人。系统也必须保管好用户标识符和口令的对应表，不允许除 DBA 以外的任何人访问此表(有高级安全要求的系统，甚至 DBA 都不能访问此表)。口令不能是一个他人能轻易猜出的特殊字符串。

用户在终端输入口令时，口令不能显示在终端上，并且应允许用户输错若干次。但这些口令是静态不变的，很容易被破解，而一旦被破解，非法用户就可以冒充该用户使用数据库。因此这种方法虽然简单，但容易被攻击，安全性较低。为了口令的安全，每隔一段时间，用户还必须更换自己的口令。

采取上述方法，一个口令多次使用后，往往容易被人窃取，因此可以采取较复杂的方法。例如，用户和系统共同确定一个计算过程(每个用户不必相同)，鉴别时，系统向用户提供一个随机数(和口令的规定组合)，用户根据确定的计算过程对此随机数进行计算，并把计算结果输入系统，系统根据输入的结果是否与自己同时计算的结果相符来鉴别用户。

这种方式的口令是动态变化的，每次鉴别时均使用动态产生的新口令登录数据库管理系统，即采用一次一密的方法。与静态口令鉴别相比，这种认证方式增加了口令被窃取或破解的难度，安全性相对高一些。

在有更高安全要求的数据库系统中，还可以采用通信系统中的三次握手体系、公开密钥方法来鉴别用户。

2. 利用用户的个人特征

用户的个人生物特征包括指纹、虹膜、声波纹等。利用用户的个人特征进行用户鉴别的方法，其效果是很不错的，但这种鉴别方法需要通过特殊的鉴别装置才能实现。这种方法是通过生物特征进行认证的技术，即通过采用图像处理和模式识别等技术实现了基于生物特征的认证，与传统的口令鉴别相比，无疑产生了质的飞跃，安全性较高。

3. 磁卡

磁卡是使用较广的鉴别手段，磁卡上记录有某用户的用户标识符。使用时，用户需显示自己的磁卡，输入装置自动读入该用户的用户标识符，然后请求用户输入口令，从而鉴别用户。如果采用智能磁卡，还可把约定的复杂计算过程存放在磁卡上，结合口令和系统提供的随机数自动计算结果并把结果输入到系统中，使得安全性更高。

4.3.3 用户和角色

DBMS 支持两类存取控制方法：自主存取控制(DAC)和强制存取控制(MAC)。在自主存取控制方法中，用户是数据库对象的控制者，用户依据自身决定是否将自己的部分或全部对象访问权限授权给其他用户；而在强制存取控制方法中，对特定用户指定授权，且该用户不能将权限转交给其他用户。由此可见，DAC 方法太弱，MAC 方法却又过于严格。因此在实际应用中，引入新的概念——角色，基于角色的访问控制机制是更为有效的存取控制方法。

数据库角色(Role)是指一组具有相同权限的数据库用户的集合，使用角色来管理数据库用户权限可以简化授权的过程。在 SQL 中首先用 CREATE ROLE 语句来创建角色，然后用 GRANT 语句给角色授权，用 REVOKE 语句收回授予角色的权限。

当然，DBMS 也可以直接创建新用户以及对用户进行授权等。

数据库用户(User)是指数据库级别上的用户，普通用户登录后只能够连接到数据库服务器上，不具有访问数据库的权限，只有成为数据库用户后才能访问此数据库。数据库用户一般都来自服务器上已有的登录账户，让登录账户成为数据库用户的操作称为“映射”，一个登录账户可以映射多个数据库用户。默认情况下新建的数据库中已有一个用户即数据库拥有者 dbo。

数据库服务器的安全模型分为以下三层结构：

(1) 用户必须通过正确的数据库服务器身份验证(包括登录账号和密码)才能连接到数据库服务器，即服务器安全管理；

(2) 检查用户是否具有访问某个数据库的权利，即用户数据库安全管理，包括用户和角色的管理；

(3) 检查用户是否具有对数据库对象的访问权限，即访问权限控制。用户对具体的数据库对象(表、视图、存储过程等)进行操作时，必须要先进行访问权限的授权，否则系统拒绝操作。

1. 登录账号管理

Microsoft SQL Server 支持两种身份验证模式：Windows 身份验证模式和混合模式(SQL Server 和 Windows 身份验证模式)。

登录名独立于数据库用户。必须将登录名或 Windows 组映射到数据库用户或角色。接下来，向用户、服务器角色、数据库角色授予访问数据库对象的权限。

在 SQL Server 环境中建立用户的登录账号信息时，SQL Server 会提示用户选择默认的数据库。对于选择默认数据库的任何用户来说，Master 数据库总是能连接并访问的。如果在设置登录账号时没有指定默认的数据库，则用户的权限将局限在 Master 数据库以内。

(1) 可以使用系统存储过程来创建登录账号等操作。

① 创建账号语句的基本格式为

```
SP_ADDLOGIN '<登录账号名>' [,'<密码>'][, '<默认数据库名>'];
```

② 修改账号密码语句的基本格式为

```
SP_PASSWORD '<旧密码>', '<新密码>', '<登录账号名>';
```

③ 修改默认数据库名语句的基本格式为

```
SP_DEFAULTDB '<登录账号名>'，'<默认数据库名>';
```

④ 删除账号语句的基本格式为

```
SP_DROPLOGIN '<登录账号名>'
```

(2) 使用 CREATE LOGIN 语句为某用户创建登录名并分配密码。语法格式为

```
CREATE LOGIN <登录账号> WITH PASSWORD = '<强密码>';
```

其中，PASSWORD = '<强密码>'仅适用于 SQL Server 登录，指定正在创建的登录名的密码，且需要使用强密码，应至少包含八个字符。

例 4.14 建立一个标准登录账号 test，然后将该账号添加为 Work 数据库的用户。

```
/*登录账号 mylogin，密码 test1234，默认数据库为 Master*/
SP_ADDLOGIN mylogin, test1234;
GO
/*或者，使用 CREATE LOGIN 语句*/
CREATE LOGIN mylogin WITH PASSWORD='test1234';
GO
```

2. 数据库用户管理

创建登录账号后，该登录账号可以连接到 SQL Server，但是只具有授予 Public 角色的权限。要想连接到数据库，应创建登录账号对应的数据库用户。

将登录账号添加为数据库用户后，使用该登录账号登录的 SQL Server 用户就可以实现对数据库的访问。

(1) 可以使用系统存储过程添加和删除数据库用户。

① 添加数据库用户语句的基本格式为

```
SP_GRANTDBACCESS '<登录账号名>' [，'<该账号在数据库下的用户名>']
```

② 删除数据库用户语句的基本格式为

```
SP_REVOKEDBACCESS '<该账号在数据库下的用户名>'
```

(2) 可以使用 CREATE USER 语句向当前数据库添加用户。如果省略“登录名”，则新的数据库用户将映射到具有相同名称的 SQL Server 登录名。

```
CREATE USER <用户名> FOR LOGIN <登录账号名>;
```

例 4.15　将例 4.12 中创建的登录账号 mylogin 添加为 EmpManager 数据库的用户。

```
--当前数据库为 EmpManager
USE EmpManager
GO
--将 mylogin 账号添加为 EmpManager 数据库的用户 myuser
SP_GRANTDBACCESS 'mylogin', 'myuser'
GO
--或者：使用 CREATE USER 语句
CREATE   USER myuser FOR LOGIN 'mylogin'
GO
```

3. 角色的管理

在数据库中，为便于对用户及权限进行管理，可以将一组具有相同权限的用户组织在一起，这一组具有相同权限的用户就被称为角色(Role)。角色类似于 Windows 操作系统安全体系中的组的概念。在实际工作中，有大量的用户其权限是一样的，如果让数据库管理员在每次创建完用户后都对每个用户分别授权，则是一件非常麻烦的事情。但如果把具有相同权限的用户集中在角色中进行管理，则会方便很多。

数据库服务器支持服务器级角色和数据库角色。

(1) 服务器级角色。

如表 4-2 所示，SQL Server 提供九个服务器级固定角色，无法更改授予固定服务器角色(public 角色除外)的权限。可以将服务器级主体添加到(SQL Server、Windows 账户 Windows 组)服务器级角色。服务器级固定角色的每个成员都可以将其他登录名添加到该同一角色。

表 4-2　服务器级固定角色

服务器级固定角色	权 限 说 明
sysadmin	可以在服务器上执行任何活动
serveradmin	可以更改服务器范围的配置选项和关闭服务器
securityadmin	可以管理登录名及其属性；可以 GRANT、DENY 和 REVOKE 服务器级权限和数据库级权限(如果具有数据库的访问权限)；还可以重置登录 SQL Server 密码
processadmin	可以结束在实例中运行的进程 SQL Server
setupadmin	可以使用 Transact-SQL 服务器
bulkadmin	可以运行语句
diskadmin	用于管理磁盘文件
dbcreator	可以创建、更改、删除和还原任何数据库
public	登录 SQL Server 属于 public 角色，可通过 public 固定服务器角色授予、拒绝或撤销权限

(2) 数据库级角色。

数据库管理系统存在两种类型的数据库级角色：数据库中预定义的“固定数据库角色”和可以创建的“用户定义的数据库角色”。

固定数据库角色是在数据库级别定义的，并且存在于每个数据库中，如表 4-3 所示。SQL Server 在每个数据库中都提供了 10 个固定的数据库角色，与服务器角色不同的是，数据库角色权限的作用域仅限在特定的数据库内。db_owner 数据库角色的成员可以管理固定数据库角色成员身份，可以将任何数据库账户和其他 SQL Server 角色添加到数据库级角色。

表 4-3 固定数据库角色

固定数据库角色	权 限 说 明
db_owner	可以在数据库上执行所有配置和维护活动
db_securityadmin	可以修改自定义角色的角色成员资格和管理权限。此角色的成员可能会提升其权限，应监视其操作
db_accessadmin	可以添加或删除对数据库的访问权限，Windows 登录名、Windows 组 SQL Server 登录名
db_backupoperator	可以备份数据库
db_ddladmin	可以在数据库中运行任何数据定义语言 (DDL)命令
db_datawriter	可以在所有用户表中添加、删除或更改数据
db_datareader	可以从所有用户表和视图中读取所有数据。用户对象可能存在于除 sys 和 INFORMATION_SCHEMA 以外的任何架构中
db_denydatawriter	不能添加、修改或删除数据库内用户表中的任何数据
db_denydatareader	不能读取数据库内用户表和视图中的任何数据

(3) 用户定义角色。

① 用户定义的服务器角色。

可以创建用户定义的服务器角色，并添加用户定义的服务器角色的服务器级别权限。使用 CREATE SERVER ROLE 创建用户定义的服务器角色。使用 ALTER SERVER ROLE … ADD MEMBER 将新登录名添加到用户定义的服务器角色。

可以使用 sp_addsrvrolemember 将登录名添加到固定服务器角色，使用 GRANT 语句将服务器级别权限授予新的登录名或包含该登录名的角色。

② 用户定义的数据库角色。

在当前数据库中创建新的数据库角色，语法格式为

```
CREATE ROLE <角色名> [ AUTHORIZATION <用户名/角色名> ]
```

其中，AUTHORIZATION <用户名/角色名>将创建的新角色赋予指定的数据库用户或角色。如果未指定用户，则执行 CREATE ROLE 的用户将拥有该角色。角色的所有者或拥有角色的任何成员都可以添加或删除角色的成员。

角色是数据库级别的安全对象。在创建角色后，可以使用 GRANT、DENY 和 REVOKE 来配置角色的数据库级权限。若要向数据库角色添加成员，可使用 ALTER ROLE 语句。

例 4.16 创建拥有固定数据库角色 db_securityadmin 的数据库角色 myrole。

```
CREATE ROLE myrole AUTHORIZATION db_securityadmin;
GO
```

4.3.4 访问控制

鉴别解决了用户是否合法的问题。但是，合法用户的权限是不应该相同的，即任何合法用户只能执行他有权执行的操作，只能访问他有权访问的数据库数据。访问控制的目的就是解决此问题。访问控制，控制的是权利(创建、撤销、查询、增、删和改)。因此，访问控制主要包括授权和检查权限两部分内容。

1. 一般授权——GRANT

一般授权是指授予某用户对某数据对象进行某种操作的权利。在 SQL 语言中，DBA 及拥有权限的用户可用 GRANT 语句向用户授权。

GRANT 语句的基本格式为

```
GRANT <权限清单>
        [ ON <对象类型><对象名>]
         TO <用户标识符清单>[WITH GRANT OPTION];
```

说明：

(1) <对象类型><对象名>规定了数据对象，如：TABLE Student(基本表 Student)；<权限清单>规定了可以对[<对象类型><对象名>]所执行的操作，如：SELECT、UPDATE；<用户标识符清单>规定了得到权限的用户的用户标识符。

(2) 不同类型的操作对象，可以执行的操作是有区别的。表 4-4 给出了对不同操作对象的一些操作权限。

表 4-4　不同操作对象允许执行的操作权限

类　型	对象类型	操 作 权 限
数据库	DATABASE	BACKUP DATABASE、BACKUP LOG、CREATE DATABASE、CREATE DEFAULT、CREATE FUNCTION、CREATE PROCEDURE、CREATE RULE、CREATE TABLE、CREATE VIEW、ALL PRIVILEGES
基本表	TABLE	SELECT、INSERT、UPDATE、DELETE、ALTER INDEX、ALL PRIVILEGES
视图	TABLE	SELECT、INSERT、UPDATE、DELETE、ALL PRIVILEGES
存储过程	PROCEDURE	EXECUTE

① 对数据库，可以授予用户建立基本表的权限，该权限最初是属于 DBA 的，得到此授权的普通用户有权建立基本表。

② 对基本表，在 MS SQL Server 数据库中可以授予用户五种权限：查询(SELECT)、插入(INSERT)、修改(UPDATE)、删除(DELETE)和参照(REFERENCES)。在 Oracle 数据库中还存在另外两种权限：修改表结构(ALTER)和索引(INDEX)。若一次把以上全部权限同时授权，则用 ALL PRIVILEGES 即可。建立某基本表的用户(称为该表的属主：OWNER)当然拥有对该表进行一切操作的权限。

③ 对视图，可以授予用户五种权限：查询(SELECT)、插入(INSERT)、修改(UPDATE)、删除(DELETE)和参照(REFERENCES)，也可是这五种权限的总和(ALL PRIVILEGES)。

④ 对存储过程，可以授予的所有权限(ALL PRIVILEGES)就是执行(EXCUTE)。

(3) 被授予权限的可以是一个用户的<用户标识符>，也可以是多个用户的<用户标识符清单>。如果授予全体用户，则可用 PUBLIC 代表所有用户的<用户标识符清单>。

如果在 GRANT 语句中选择了 WITH GRANT OPTION 的子句，则获得规定权限的用户不仅自己可以执行这些操作，还获得了用 GRANT 语句把这些权限授予其他用户的权限；如果在 GRANT 语句中未选择此子句，则获得规定权限的用户只能自己执行这些操作，不能将这些权限授予其他用户。

例 4.17 基本表 Employee 的属主将查询的权限授予用户 myuser1，同时授予用户 myuser1 将此权限授予其他用户的权限。

```
GRANT SELECT ON Employee TO myuser1
WITH GRANT OPTION;
```

例 4.18 从例 4.15 中可知用户 myuser1 可以使用 GRANT 命令给其他用户授予 SELECT 权限。本例中，用户 myuser1 将此权限授权给用户 myuser2。

```
GRANT SELECT ON Employee TO myuser2;
```

例 4.19 基本表 Employee 的属主把修改属性 Eno 的权限和查询表 Employee 的权限授予用户 myuser3 和 myuser4，但不得扩散。

```
GRANT UPDATE (Eno), SELECT ON Employee TO myuser3,myuser4;
```

例 4.20 把对基本表 Item 和基本表 Department 的全部操作权限授予用户 myuser1 和 myuser2，但不得扩散。

```
GRANT ALL PRIVILEGES ON Item TO myuser1,myuser2;
GRANT ALL PRIVILEGES ON Department TO myuser1,myuser2;
```

可见，在 Microsoft SQL Server 环境中，GRANT 语句既可以一次向一个用户授权，也可以一次向多个用户授权；可以一次授出一个数据对象的多种操作权限，但不可以一次授出多个数据对象的多种操作权限；授予对属性列操作的权限时，不必明确指出属性名。

在数据库中创建表的权限(CREATE TABLE)必须与对 TABLE 对象的权限分开授出。因为一条 GRANT 语句中要么是针对 DATABASE 数据对象的权限，要么是针对 TABLE 的权限，二者不能混在同一语句中。

在执行一条 GRANT 语句时，系统将把授权的结果存入数据字典。用户提出操作请求时，系统首先检查用户的权限，仅当用户确有该操作权限时，系统才执行此操作。否则，系统将拒绝用户该操作的请求。

2. 收回一般授权给出的权限——REVOKE

用一般授权格式 GRANT 语句授出权限的授权者(及 DBA)可用对应格式 REVOKE 语句收回之前授出的权限。REVOKE 语句的格式为

```
REVOKE <权限清单>
  [ON <对象类型><对象名>]
```

```
FROM <用户标识符清单>
[CASCADE];
```

上述语句将把 FROM 子句指定的所有用户具有的 ON 子句指定的数据对象的<权限清单>全部收回。

说明：

(1) 只有使用 GRANT 授出了权限的用户(及 DBA)才能使用上述语句收回自己授出去的权限。

(2) 若<用户标识符清单>中有些用户还把所授出的权限授予其他用户(授权时，带有 WITH GRANT OPTION 子句)，则使用 CASCADE 语句使得间接收到此权限的用户也自动被收回了这些权限。

(3) 仅收回请示执行此语句用户的权限。若<用户标识符清单>中，有些用户还从其他未剥夺此权限的用户处得到了同样的权限，则他们从其他用户处得到的同样权限并不能由本语句收回，即他们还具有这些权限。但是，从本语句发布者处所得到的这些权限的确已被收回了。

例 4.21　把用户 myuser4 对基本表 Employee 的属性 Eno 的修改权限收回。

```
REVOKE UPDATE(Eno) ON Employee FROM myuser4;
```

例 4.22　把用户 myuser1 对基本表 Employee 的查询权限收回。

```
REVOKE SELECT ON Employee FROM myuser1 CASCADE;
```

本 章 小 结

数据库保护是一个十分重要的课题，它是数据库系统的生命线。数据库保护就是保护数据库中数据的安全可靠和正确有效，包括数据的安全性、完整性以及事务的并发控制和故障恢复等内容。本章介绍了完整性和安全性两大主题。

数据库系统必须保证数据库中的数据是完整的。完整性约束保证了合法用户对数据库的更新不会导致数据一致性的破坏。要实现数据库完整性的检查，系统除了要提供定义完整性约束条件的机制，还必须提供检查是否违背完整性约束条件的方法。当 DBMS 发现用户的操作违背了完整性约束条件时，就采取一定的控制，不同的系统有不同的控制方法。

本章讲解了 DBMS 完整性实现的机制，包括完整性约束定义机制、完整性检查机制和违背完整性约束条件时 DBMS 应采取的动作等。

SQL 中使用主码实现实体完整性。参照完整性约束保证一个关系的某个属性(属性组)的值必须出现在另一个关系(可以是该关系本身)某个元组的主码属性值中。基于属性或元组的约束可用来保证用户自定义完整性的实现。当更新数据库中的数据时，系统将自动检测以上各种约束。这些完整性的定义一般由 SQL 的 DDL 语句来实现，由 DBMS 自动维护。

实现数据库完整性的一个重要方法是触发器。触发器定义了当某个时间发生而且满足相应条件时自动执行的特殊过程。它的功能非常强大，不仅可用来实现较复杂的完整性约束规则，也可以用来实现数据库系统的其他功能，包括数据库安全性，以及实现应用系统的特定商业规则、审计日志等。

数据库安全问题和计算机系统的安全性是紧密联系的，计算机系统的安全性问题可分为技术安全类、管理安全类和政策法律类三大类安全性问题。本章只介绍DBMS中的安全措施，用来防止非法使用、窜改及破坏数据库。

只有在DBMS成功注册者才有可能成为某DB的合法用户。注册时，DBMS给合法用户一个标识符，进入系统之前，用户必须向DBMS证明自己是合法用户。不同合法用户的权限是不同的，分为一般用户、有创建表权利的用户及具有DBA特权的用户等。在注册时，DBA必须指明此用户的类别。另外，DBA及数据对象的拥有者，还可向其他用户授权。

强制存取控制的方法用于高安全性要求的部门，视图和查询修改也是一种安全手段，跟踪审计可检查出发生问题的地点，数据加密则是对敏感数据采用的有效安全手段。

数据的安全性和完整性是两个不同的概念。数据的安全性是防止数据库被恶意破坏和非法存取，而数据完整性是为了防止错误信息的输入，保证数据库中的数据符合应用环境的语义要求。安全性措施的防范对象是非法用户和非法操作，而完整性措施的防范对象是不合语义的数据。

习 题 4

1. 什么是实体完整性？SQL中采取什么措施实现实体完整性？

2. 什么是参照完整性？SQL中采取什么措施实现参照完整性？

3. 为实现用户自定义完整性，SQL提供了哪些手段？

4. 什么叫触发器？触发器的作用是什么？

5. 简述数据库实现完整性检查的方法。

6. 在关系数据库系统中，当操作违反了实体完整性、参照完整性和用户自定义完整性约束条件时，系统是如何分别进行处理的？

7. 什么是数据库的安全性？叙述DBMS中保证数据库安全性的一般措施。

8. DBA有哪些手段保障数据库的安全性？

9. SQL语言中提供了哪些数据控制语句？请举例说明它们的使用方法。

10. 数据的安全性和完整性有何区别？

11. 参照习题3中的成绩管理数据库，在该数据库的表结构说明中加入了完整性约束说明，如表4-5的表(一)～表(四)所示，请用SQL语句完成图中约束的说明。

表4-5 加了约束说明后的表结构

表(一) Student

属性名	数据类型	可否为空	含义	完整性约束
Sno	CHAR(7)	否	学号	主码
Sname	VARCHAR(20)	否	学生姓名	
Ssex	CHAR(2)	否	性别	男或女，默认为男
Sbirth	DATE	可	出生日期	小于系统日期
Clno	CHAR(5)	否	学生所在班级号	外部码，级联更新

表(二)　Course

属性名	数据类型	可否为空	含义	完整性约束
Cno	CHAR(3)	否	课程号	主码
Cname	VARCHAR(20)	否	课程名称	
Credit	SMALLINT	可	学分	1、2、3、4、5、6
Cpno	CHAR(3)	可	先修课	外部码

表(三)　Class

属性名	数据类型	可否为空	含义	完整性约束
Clno	CHAR(5)	否	班级号	主码
Speciality	VARCHAR(20)	否	班级所在专业	
Inyear	CHAR(4)	否	入校年份	
Number	INTEGER	可	班级人数	大于 25，小于 50
Monitor	CHAR(7)	可	班长学号	外部码

表(四)　Grade

属性名	数据类型	可否为空	含义	完整性约束
Sno	CHAR(7)	否	学号	主属性，外部码，级联
Cno	CHAR(1)	否	课程号	主属性，外部码，级联
Gmark	NUMERIC(4,1)	可	成绩	大于 0，小于 100

12. 对于成绩管理数据库，为成绩管理数据库中的 Student 表创建一个触发器：当向 Student 表中插入或删除记录时，修改 Class 表中相应班级的人数。

13. 为 Class 表建一个更新触发器：当更新班长学号时，检查新输入的学号是否为同一班级的学生学号，若不是，更新操作取消。

14. 创建一个反映学生选修课程总学分的视图，使用触发器实现：当选课成绩大于等于 60 分，才能获得该课程的学分。

15. 为 Student 表创建一插入和更新触发器：当插入新的学生或者更新学生所在班级时，检查该班级的学生人数有没有超过 40 人，如果没有超过则插入或者更新成功，如果超过 40 人，则操作回滚。

16. 创建一个商品表、一个仓库表、一个库存商品表，具体内容分别如下：

Product(Pno，Pname，Price)，其属性分别为：商品号、商品名称、价格；

Warehouse(Whno，Whname，Whaddress)，其属性分别为：仓库号、仓库名称、地址；

WhProduct(Whno，Pno，Number)，其属性分别为：仓库号、商品号、库存数量。

设计触发器，当新增商品时，自动生成所有商品的库存，库存数量为 0；当新增仓库时，自动生成该仓库关于所有商品的库存，库存数量为 0。

17. 针对成绩管理数据库中的表，(假设 DBMS 中已经存在张勇、李勇、李勇敏三个用户)完成以下操作：

(1) 用户张勇对 Student 表和 Course 表有 SELECT 权限。

(2) 将对表 Student 的 INSERT 和 DELETE 权限授予用户张勇，并允许他再把此权限授予其他用户。

(3) 将查询 Course 表和修改属性 Credit 的权限授予用户李勇。

(4) 授予用户李勇敏对 Student 表的所有权限(读、插、删、改)，并具有给其他用户授权的权限。

(5) 撤销(1)中对用户张勇所授予的所有权限。

(6) 撤销(2)中对用户张勇所授予的所有权限。

(7) 将创建表、创建存储过程的权限授予用户张勇和用户李勇。

18. 角色和用户的联系与区别是什么？试用角色和用户管理实现以下两个案例的权限管理：

(1) 计算机科学与技术专业负责人角色拥有对计算机科学与技术专业学生每门课程选课人数、平均成绩、最高成绩、最低成绩的查询权限，却不能查看其他专业的课程成绩情况。

(2) 分别授予用户张老师、李老师计算机科学与技术专业负责人的权限。

19. 假设你是 DBA，针对成绩管理系统，试给出一套具体设计方案，来实现数据的安全性管理。

第 5 章

数据库编程

第 5 章讲什么?

第 3 章介绍了关系数据库的标准语言 SQL 的基本内容，包括定义数据表和索引，进行数据更新和查询以及定义视图的 SQL 语句。在第 4 章中描述了如何实现主码、参照码等数据完整性约束。接下来，本章将讨论应用程序如何访问数据库的各种技术以及数据库编程技术具体实现。

值得注意的是，数据库编程是一个非常广泛的课题。本书中，仅介绍一些主流的数据库编程技术，并不涉及详细学习某一种特定的方法和系统实现。因此，当实现一个特定的系统时，建议读者还应阅读更多的专门介绍各种数据库编程技术的书籍。

5.1 数据库编程方法

大多数数据库管理系统都有一个交互式界面，通过这个界面，用户可直接输入 SQL 命令，数据库管理系统运行该命令并将结果输出至该交互界面上。

但是，大多数的应用是通过应用程序访问数据库的，这些应用程序通常都是用一种通用程序设计语言开发的，比如 C/C++或 Java。下面介绍一些主要的数据库编程方法。

1. 嵌入式 SQL

在嵌入式 SQL 编程方法中，将 SQL 语句嵌入到通用程序设计语言中实现数据库的交互，通常把这种 SQL 语句称为嵌入式 SQL。如果程序中包含 SQL 语句，则这个通用程序设计语言称为宿主语言，而称 SQL 语句为数据子语言。嵌入到宿主程序设计语言中的 SQL 语句要用一个特殊前缀加以标识。例如，嵌入式 SQL 的前缀是字符串 EXEC SQL，宿主程序设计语言中所有 SQL 命令前面都有此字符串。预编译器(Precompiler)先扫描源程序代码，找出 SQL 语句，然后将这些 SQL 语句抽取出来提交给数据库管理系统来执行。

2. 使用数据库函数库

通用程序设计语言通过使用数据库函数库来实现数据库的调用，即该语言为应用程序访问数据库提供了一种接口，通常称为应用编程接口(Application Programming Interface，API)。这类函数库包括有连接数据库的函数和执行 SQL 语句的函数等。在这类函数中，实际被执行的数据库查询或者更新等 SQL 命令都是以函数的参数形式包含在函数调用中。本章主要探讨开放数据库互连(Open DataBase Connectivity，ODBC)和 Java 数据库连接(Java

DataBase Connectivity，JDBC)这两种接口技术。

3. 各商业 RDBMS 自带的高级数据库编程

各商业RDBMS自带的高级数据库编程技术允许在现有的SQL语言中支持一些复杂的程序设计结构，比如循环、条件等流控制语句，从而构成一些程序模块，比如存储过程和函数等，并将这些模块存储在数据库管理系统中在需要时进行调用执行。

5.2 嵌入式 SQL 的使用

前面介绍SQL语句时，都将其作为独立的数据语言，且是以交互的方式使用的。而实际开发应用系统时，为了缩短开发周期、美化用户界面，应用系统的开发常常借助于面向对象的前端开发工具，它们使用的是某种高级语言(C#、C/C++、Java等)。但是，当需要在程序中完成对后台数据库的处理时，又使用了能高效处理数据的SQL语言(包括后台DBMS的某些函数)。这种方式下使用的SQL语言称为嵌入式SQL(Embedded SQL)，其中传统的高级语言被称为宿主语言(或主语言)。

SQL是非过程的、面向集合的数据操纵语言，大部分语句的使用都是独立的，与上下文条件无关的，而在事务处理中，常常需要有流程控制，即需要程序根据不同的条件执行不同的任务，如果仅使用SQL语言，是很难实现这类应用的。而高级语言在涉及数据库操作时，不能高效地进行数据的存取。所以，嵌入式SQL的使用结合了高级语言的过程性和SQL语言的数据操纵能力，可提高数据库应用程序的执行效率。

DBMS有两种方法处理嵌入式SQL语言：预编译和扩充编译程序法。预编译是由DBMS的预编译器对源程序进行扫描，识别出其中的SQL语句，把它们转换为宿主语言调用语句，使宿主语言编译器能够识别，最后由编译器将整个源程序编译为目标代码。而扩充编译程序法是修改和扩充宿主语言的编译程序，使其能够直接处理SQL语句。目前使用较多的是预编译方法，其处理过程如图5-1所示。

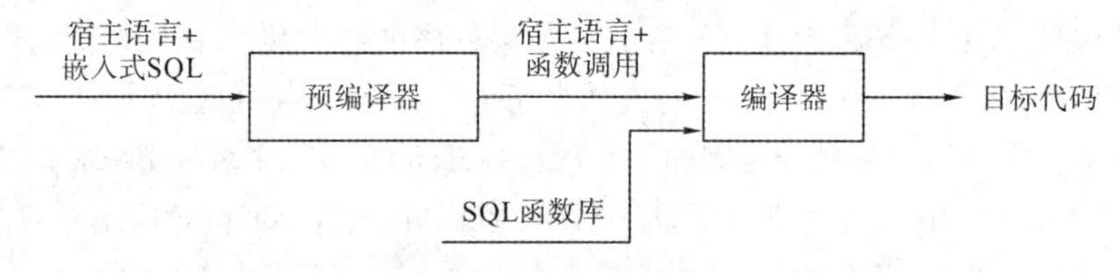

图 5-1 预编译处理过程

图5-1中关键的一步，是将嵌有SQL的宿主语言源代码通过预编译器(Precompiler)变成纯宿主语言源代码。RDBMS除了提供SQL语言接口外，一般都提供一批用宿主语言编写的SQL函数，供应用程序调用DBMS的各种功能。如建立与DBMS的连接及连接的环境、传送SQL语句、执行SQL语句、返回执行结果和状态等，这些函数组成了SQL函数库。预编译器将SQL语句编译成宿主语言对SQL函数的调用，从而把嵌有SQL的宿主语言源代码变成纯宿主语言源代码，在编译连接后执行。

使用嵌入式 SQL 必须解决以下几个问题：

(1) 由于预编译器不能识别和接收 SQL 语句，因此嵌入式程序中应有区分 SQL 语句与宿主语言语句的标记；

(2) DBMS 和宿主语言程序(程序工作单元)如何进行信息传递；

(3) 一条 SQL 语句原则上可产生或处理一组记录，而宿主语言一次只能处理一个记录，必须协调这两种处理方式。

5.2.1 嵌入式 SQL 的一般形式

在交互式和嵌入式两种不同的使用方式下，SQL 语言的语法结构基本相同。各个商业 RDBMS 在实现嵌入式 SQL 时，对不同的宿主语言所用的方法基本上是相同的。但由于宿主语言的差异，在实现时其各有特点。

在图 5-1 中，预编译器不能够检查宿主语言的语法合法性，它所能做的是查找表示“嵌入式 SQL 从这里开始”或“嵌入式 SQL 在这里结束”的信号。所以嵌入式 SQL 语句一般都具有一个前缀和一个结束符。

当主语言是 C 语言时，嵌入的 SQL 语句以 EXEC SQL 开始，以分号“；”结尾，语法格式为

```
EXEC SQL <SQL 语句>;
```

当主语言是 Java 时，则嵌入式 SQL 称为 SQLJ，语法格式为

```
#SQL {<SQL 语句>};
```

本章节中将以 SQL 嵌入 C 语言为例，说明实现嵌入式 SQL 的一般方法。

EXEC SQL 的大小写没有关系。在 EXEC SQL 和分号之间只能包含有效的 SQL 语句，不能有任何宿主语言语句。

嵌入式 SQL 语句按照功能的不同，可分为可执行语句和说明性语句。在宿主语言程序中，任何允许说明性编程语句出现的地方，都可以出现说明性 SQL 语句；任何可出现可执行编程语句的地方，都允许出现可执行 SQL 语句。其中，可执行 SQL 语句又可以分为数据定义、数据控制和数据操纵三种。

5.2.2 嵌入式 SQL 与宿主语言之间的信息传递

在 DBMS 和宿主语言程序之间的数据传递，是通过宿主语言程序变量，简称主变量(Host Variable)来实现的。

1. 主变量

当 SQL 语句引用主变量时，变量前应加冒号“:”，以区别于数据库对象名(列名、表名、视图名等)，因此主变量可与数据库变量同名。在宿主语言中引用主变量时，不须加冒号。

一方面，通过主变量，宿主语言可向 SQL 语句提供参数，如指定向数据库中插入(或修改)的数据；另一方面，SQL 语句应能对主变量赋值或设置状态信息返回给应用程序，使

应用程序得到SQL语句的结果和状态。

在嵌入式程序中，所有的主变量，除系统定义之外，都必须预先加以说明，说明放在两个嵌入式SQL语句之间，其语法格式为

```
EXEC SQL BEGIN DECLARE SECTION;

EXEC SQL END DECLARE SECTION;
```

中间的内容称为说明段。说明段中变量说明的格式必须符合宿主语言的要求，而且，变量的数据类型应该是宿主语言和SQL都能处理的类型，如整数、实数、字符串等，C语言中不允许主变量为数组或结构。

2. SQL通信区

在主变量中，有一个系统定义的主变量，叫SQL通信区(SQL Communication Area，SQLCA)。SQLCA是一个全局变量，供应用程序和DBMS通信时用。SQLCA变量不需加以说明，只需在嵌入的可执行SQL语句前加INCLUDE语句就能使用，其语法格式为

```
EXEC SQL INCLUDE SQLCA;
```

SQLCA.SQLCODE是SQLCA的一个分量，属于整数类型，它用于DBMS向应用程序报告SQL语句的执行情况。每执行一条SQL语句，就会返回一个SQLCODE代码，因此在应用程序中，每执行一条SQL语句后，都应测试SQLCODE的值，这样就可以了解该SQL语句的执行情况，并据此执行相应的操作。

不同的系统，SQLCODE代码值的含义可能有所不同。一般约定如下：

(1) SQLCODE为零，表示语句执行成功，无异常情况；

(2) SQLCODE为负整数，表示SQL语句执行失败，具体负整数的值表示错误的类别；

(3) SQLCODE为正整数，表示SQL语句已执行，但出现了例外情况。如SQLCODE=100，表示语句已执行，但无数据可取(如DB中无满足条件的数据)。

例5.1 以下是一段嵌入SQL的C语言程序，根据用户输入的职工号和项目编号，向Item_emp表中输入记录。

```
...
EXEC SQL INCLUDE SQLCA;  ……………………        ① 定义SQL通信区
EXEC SQL BEGIN DECLARE SECTION; ……………     ② 主变量说明开始
    CHAR eno(4);
    CHAR ino(6);
    INT emp_num;
    INT item_num;
EXEC SQL END DECLARE SECTION; …………………   ③ 主变量说明结束
/*  提示用户输入职工号  */
printf("Enter employee number:");
scanf("%s", eno);
```

```
/*  判断输入的职工号是否存在  */
EXEC SQL SELECT COUNT(*) INTO :emp_num …              ④ 将表中该职工号的记录
        FROM Employee WHERE Eno = :eno;                个数放入 emp_num 主变量中
if(emp_num<1)
{
   printf("The employye number is not exist!")
   break;
};
/*  提示用户输入参加的项目编号  */
printf("Enter item number:");
scanf("%s", ino);
/*  判断输入的项目号是否存在  */
EXEC SQL SELECT COUNT(*) INTO :item_num …              ⑤ 将表中该项目号的记录
        FROM Item WHERE Ino = :ino;                    个数放入 item_num 主变量中
if(item_num<1)
{
    printf("The item number is not exist!")
    break;
};
EXEC SQL INSERT INTO Item_emp(eno, ino)...             ⑥ 将记录插入 item_emp 表中
                VALUES(:eno, :ino);
if(sql.sqlcode<>0) ………………………………                 ⑦ 利用 SQLCA 中状态信息判
  break;                                               断插入语句执行是否成功
printf("Inserted successful!!");
…
```

说明：在程序中，判断职工号(或项目号)是否存在的方法是：用 SQL 函数 COUNT()统计 Employee(Item)表中该职工号(或项目号)的元组数，并用 INTO 子句将统计值放入主变量 emp_num(item_num)中，如果统计值小于 1，说明该职工号(项目号)不存在。带 INTO 子句的 SELECT 语法是嵌入式 SQL 特有的。

3. 指示变量

一个主变量可以附带一个指示变量(Indicator Variable)。指示变量也是一种主变量，它跟在某个主变量之后，用来“指示”该主变量的取值情况。由于主变量不能直接接收空值(NULL)，因此指示变量常常用来描述它所指的主变量的空值情况。

指示变量是一个短整数。若指示变量为 0，说明有关字段值非空，并且将此值置入相应的主变量中；若指示变量为负，说明有关字段值为空(NULL)，此时，若主变量为输出主变量，即由 SQL 语句对其赋值(或设置状态信息)，返回给应用程序，空值将不置入主变量中(因为有些宿主语言并不能处理空值)，由应用程序确定下面的操作；若主变量为输入主变量，则由应用程序对其赋值，且可被 SQL 语句引用。例如：

```
EXEC SQL SELECT Dept INTO :department :dd
         FROM Employee
         WHERE Ename = :name :nn;
```

上例中 dd 和 nn 分别是主变量 department 和 name 的指示变量，而 department 为输出主变量，name 为输入主变量。该 SQL 语句执行后的情况如下：

(1) dd、nn 的值均为 0。说明根据确定的职工姓名得到了该职工确定的部门名。

(2) dd 的值为负，nn 的值为 0。说明该职工还没有被分配到具体部门(或不知道在何部门)，不能将空值置入 department 中，department 还保持原值不变。

(3) nn 的值为 0，该查询等价于下面的 SQL 语句：

```
EXEC SQL SELECT Dept INTO :department :dd
         FROM Employee
         WHERE Ename IS NULL;
```

显然，该查询语句实际使用意义不大(因为一般职工姓名不能为空)。

指示变量的其他用法同主变量，应在嵌入的 SQL 语句 BEGIN DECLARE SECTION 与 END DECLARE SECTION 之间进行说明。

5.2.3 动态 SQL 介绍

嵌入式 SQL 语句为编程提供了一定的灵活性，使用户可以在程序运行过程中根据实际需要输入查询中的某些变量的值。这些 SQL 语句的共同特点是，语句中主变量的个数与数据类型在预编译时都是确定的，只有主变量的值是在程序运行过程中动态输入的，这类嵌入式 SQL 语句称为静态 SQL 语句。静态 SQL 语句必须在编译前全部确定，并交由嵌入式 SQL 预处理器编译。

静态 SQL 语句提供的编程灵活性仍有限制。有时需要编写更为通用的程序，这就需要使用动态 SQL 技术。动态 SQL 语句允许用户在程序运行时动态构造、提交 SQL 语句。下面是 C 程序中使用动态查询语句的例子：

```
...
EXEC SQL BEGIN DECLARE SECTION;
    CHAR sqlstring[100];
    CHAR emp_no[4];
    CHAR sqlstring = " UPDATE salary SET price = price*1.5 WHERE eno = ? "
    EXEC SQL PREPARE dynprog FROM :sqlstring;
    CHAR emp_no[4] = "1004"
    EXEC SQL EXECUTE dynprog USING :emp_no;
...
```

该动态 SQL 程序包含一个“？”，这是占位变量，其所在位置的值在 SQL 程序执行时由主变量 emp_no 提供。在动态 SQL 语句中，也可包含多个占位变量，在执行时，将按其在语句中出现的先后，依次用 USING 后的宿主变量取代。

一般在预编译时下列信息不能确定，需要使用动态 SQL 技术：

(1) SQL 语句正文；
(2) 主变量个数；
(3) 主变量的数据类型；
(4) SQL 中引用的数据库对象(列、基本表、视图等)。

T-SQL 语言基础

5.3　T-SQL 语言基础

在前面章节学习中，所学的 SQL 语言是 DBMS 的标准语言，符合 ANSI 标准的 SQL 语言几乎通用于所有 DBMS 厂商。

与应用程序设计语言相比，非过程化的标准 SQL 语言缺少流控制能力，难以实现应用业务中的逻辑控制。因此，许多 DBMS 厂商为了提供执行特定操作的额外功能或简化方法，通过增加语句或执行命令对 SQL 进行了扩展，从而产生 SQL 方言，如 Oracle 的 Procedural Language/SQL(PL/SQL)、Microsoft SQL Server 的 Transact-SQL(T-SQL)、华为数据库 openGauss 的 Procedural Language/Postgre SQL (PL/PGSQL)等。

T-SQL 不是一种标准的编程语言，无法在其他 DBMS 环境下支持运行，只能通过 Microsoft SQL Server 的数据引擎来分析和运行。通过 T-SQL 可以定义变量、使用流控制语句，设计服务器端的能够在后台执行的程序块，如自定义存储过程、自定义函数等。如果需要在其他 DBMS 厂商使用扩展 SQL 编程，具体使用时还需要参阅实际系统的有关手册。

5.3.1　变量

变量可以分为全局变量和局部变量。全局变量是由系统预先定义声明并维护的，用来保存数据库系统运行状态的数据值。局部变量则由用户定义并赋值，用来存储单个特定类型数据值的对象。

1. 全局变量

全局变量是由系统定义和维护的，用户无法修改全局变量。所以，全局变量对用户程序而言是只读的，它存储了数据库服务器配置和性能统计数据，可以用来反映服务器执行命令后的状态值，也可以由任何程序随时调用。

全局变量必须用“@@”开头，需要注意的是，在声明局部变量时，不能用与全局变量一样的名称，否则程序将出错。

例 5.2　查询当前服务器版本和当前使用的语言名称。

```
SELECT @@version,@@language;
```

例 5.3　查询上一条 T-SQL 语句执行后的错误号和影响行数。

```
SELECT @@error,@@rowcount;
```

2. 局部变量

局部变量由用户自定义并赋值，其名称命名规则必须遵守标识符的命名规则，不区分大小写，且必须由“@”开头。局部变量需要先用 DECLARE 语句声明后才可使用。

局部变量仅在其声明的批处理和脚本中有效，常被用于计数器计算循环执行的次数或控制循环执行的次数，保存数据值以供控制流语句测试，以及保存存储过程返回代码要返回的数据值或函数返回值。

声明局部变量语句的基本格式为

```
DECLARE    <变量名> [AS] <数据类型> [ = <初始值>] ；
```

说明：

(1) <变量名>：必须以“@”开头。

(2) <数据类型>：可以是系统提供或者用户定义的数据类型，但变量的数据类型不能为 text、ntext 或 image。

(3) = <初始值>：以内联方式为变量赋值。值可以是常量或表达式，但它必须与变量声明类型匹配，或者可隐式转换为该类型。此参数缺省则变量初始化为 NULL。

例 5.4 声明局部变量@myvar，且数据类型为 int。

```
DECLARE @myvar INT;
```

若要声明多个局部变量，则需要在定义的第一个局部变量后使用一个逗号，然后指定下一个局部变量名称和数据类型。

例 5.5 使用 DECLARE 语句声明三个局部变量：@myvar1、@myvar2 和@myvar3。

```
DECLARE @myvar1 INT, @myvar2 VARCHAR(20), @myvar3 CHAR(2);
```

上述局部变量的作用域就是可以引用该变量的 T-SQL 语句的范围，从声明变量开始到声明变量的批处理或存储过程结束。

局部变量被声明时，系统会为其设置一个初始值 NULL，然后可以用 SET 或 SELECT 语句对局部变量赋值。

变量赋值语句的基本格式为

```
SET    <变量名> =   <表达式> [,…n ];
SELECT    <变量名> = <表达式>[,…n ];
```

说明：

(1) <变量名>：除 CURSOR、TEXT、NTEXT、IMAGE 或 table 之外的任何类型的变量的名称。

(2) <表达式>：任何有效的表达式。

例 5.6 创建 @myvar 变量，给变量赋予字符串值，然后输出 @myvar 变量的值。

```
DECLARE @myvar CHAR(50);                --创建 @myvar 变量
SET @myvar = 'This is a my var.';       --给变量赋值
SELECT @myvar;                          --输出 @myvar 变量的值
GO
```

例 5.7 将查找到的职工表的人数赋值给变量。

```
DECLARE @row INT;
SET @row= (SELECT COUNT(*) FROM Employee);
SELECT @row;
GO
```

5.3.2　运算符

1. 算术运算符

算术运算符对使用一个或多个数据类型的两个表达式进行数学运算，包括：加(＋)、减(－)、乘(＊)、除(／)、取模(%)运算。参与运算的表达式必须是数值型数据类型或者能够进行算术运算的其他数据类型。加(＋)和减(－)运算符也可用于对 DATETIME 数据类型和 SMALLDATETIME 数据类型值进行算术运算。

2. 赋值运算符

等号(＝)是唯一的 Transact-SQL 赋值运算符。

3. 位运算符

位运算符在两个表达式之间执行位操作，这两个表达式可以为整数型数据类型。如表 5-1 所示，位运算符将两个整数值转换为二进制位，对每个位执行 AND、OR 或 NOT 操作并得出结果，然后将结果转换为整数。

表 5-1　位 运 算 符

运算符	含　义	位 运 算
AND	如果两个位置上的位均为 1，则结果为 1	1010 1111 = 175 0100 1011 = 75 ----------------- 0000 1011 = 11
OR	如果两个位置上任意一个位置的位为 1，则结果为 1	1010 1111 = 175 0100 1011 = 75 ----------------- 1110 1111 = 239
NOT	对每个位置上的位值取反	1010 1111 = 175 ----------------- 0101 0000 = 80

4. 比较运算符

比较运算符用来比较两个表达式的值是否相同，包括：=、>、<、>=、<=、<>(不等于)及非 ISO 标准的 != (不等于)、!< (不小于)、!> (不大于)。除 TEXT、NTEXT 或 IMAGE 数据类型的表达式外，比较运算符可以用于所有其他表达式。

5. 逻辑运算符

逻辑运算符对某些条件进行测试，逻辑运算符和比较运算符一样，返回带有 TRUE、FALSE 或 UNKNOWN 值的布尔数据类型，如表 5-2 所示。

表 5-2　逻辑运算符

运算符	含　义
AND	若两个布尔表达式都为 TRUE，则结果为 TRUE
OR	若两个布尔表达式中的一个为 TRUE，则结果为 TRUE
NOT	对任何其他布尔运算符的值取反
IN	若操作数等于表达式列表中的一个，则结果为 TRUE
ALL	若一组的比较都为 TRUE，则结果为 TRUE
ANY	若一组的比较中任何一个为 TRUE，则结果为 TRUE
SOME	若在一组比较中，有些为 TRUE，则结果为 TRUE
BETWEEN…AND	若操作数在某个范围之内，则结果为 TRUE
EXISTS	若子查询包含一些行，则结果为 TRUE
LIKE	若操作数与字符串表达式相匹配，则结果为 TRUE

6. 一元运算符

一元运算符只对一个表达式执行操作，+(正)和 –（负)运算符可以用于 numeric 数据类型类别中任一数据类型的任意表达式。位非(~)运算符，即返回数字的非，只能用于整数型数据类型的表达式。

如果一个复杂表达式有多个运算符，则运算符优先级将确定其执行顺序，执行顺序可能对结果值有明显的影响。

运算符的优先级别如表 5-3 所示，其中，1 代表最高级别，8 代表最低级别。在较低级别的运算符之前先对较高级别的运算符进行求值。

表 5-3　运算符优先级

级别	运　算　符
1	~(位非)
2	* (乘)、/ (除)、%(取模)
3	+ (正)、– (负)、+ (加)、+ (串联)、– (减)、& (位与)、^ (位异或)、| (位或)
4	比较运算符：=、>、<, >=、<=、<>、!=、!>、!<
5	NOT
6	AND
7	ALL、ANY、BETWEEN、IN、LIKE、OR、SOME
8	= (赋值)

5.3.3　控制流语句

控制流语句采用与程序设计语言非常相似的机制，用来控制程序执行和程序分支的语句。T-SQL 语言扩展的重要部分在于控制流语句，如表 5-4 所示。通过控制流语句的使用，使程序具备更好的逻辑性和结构性，用户可以完成功能较为复杂的数据操作。

表 5-4　T-SQL 控制流语句

控制流语句	功　　能
BEGIN…END	定义语句块
IF…ELSE	条件处理语句，如果条件成立，执行 IF 语句；否则执行 ELSE 语句
CASE	分支语句
WHILE	循环语句
BREAK	跳出循环语句
CONTINUE	重新开始循环语句
GOTO	无条件跳转语句
RETURN	无条件退出语句

1. BEGIN…END 语句

包括一系列的 T-SQL 语句，从而可以执行一组 T-SQL 语句。BEGIN 和 END 是控制流语言的关键字，BEGIN…END 语句块允许嵌套。该语句的基本格式为

```
BEGIN
    <sql 语句(块)>
END
```

其中,<sql 语句(块)> 表示可以使用 SQL 语句块定义的任何有效的 T-SQL 语句或多语句组。

2. IF…ELSE 语句

IF…ELSE 语句用来判断 T-SQL 语句的执行条件，如果 IF 条件成立，结果为 TRUE，则执行跟随在 IF 条件后的 T-SQL 语句，否则执行 ELSE 子句部分。ELSE 子句是可选语句项，且 IF…ELSE 语句可相互嵌套。其语句的基本格式为

```
IF  <布尔表达式>
    <sql 语句(块)>
[ ELSE
    <sql 语句(块)> ]
```

说明：

(1) <布尔表达式>：返回 TRUE 或 FALSE 的表达式。如果布尔表达式中含有 SELECT 语句，则必须用括号将 SELECT 语句括起来。

(2) <sql 语句(块)>：使用语句块定义的任何有效的 T-SQL 语句或多语句组。若含多语句组，则需使用控制流关键字 BEGIN 和 END。

例 5.8　将 @Number 变量设置为 5、50 和 500 以测试每个语句。

```
DECLARE @Number INT;
SET @Number = 50;
--也可以用 DECLARE @Number INT=50;同时完成声明变量和变量的赋值
IF @Number > 100
```

```
    PRINT 'The number is large.';
ELSE
    BEGIN
        IF @Number < 10
            PRINT 'The number is small.';
        ELSE
            PRINT 'The number is medium.';
    END ;
GO
```

3. WHILE、BREAK、CONTINUE 语句

WHILE 关键字设置循环重复执行 SQL 语句或语句块的条件。只要指定的条件为真，就重复执行语句。可以使用 BREAK 和 CONTINUE 关键字在循环内部控制循环语句的执行。语句的基本格式为

```
WHILE <布尔表达式>
      <sql 语句(块) | BREAK | CONTINUE >
```

说明：

(1) BREAK：导致从最内层的 WHILE 循环中退出，执行出现在 END 关键字后面的任何语句，END 关键字为循环结束标记。

(2) CONTINUE：使 WHILE 循环重新开始执行，忽略 CONTINUE 关键字后面的任何语句。

如果嵌套了两个或多个 WHILE 循环，则内层的 BREAK 将退出到下一个外层循环，接着运行内层循环结束之后的所有语句，之后重新开始下一个外层循环。

例 5.9 WHILE…CONTINUE 语句简单示例。

```
DECLARE @x INT
SET @x=0
WHILE @x<3
    BEGIN
        SET @x=@x+1
        PRINT 'x=' + CONVERT(CHAR(1),@x)
        IF (@x=2)   CONTINUE
        PRINT 'x is not 2'
    END;
GO
```

4. CASE 语句

计算条件列表，并返回多个可能的结果表达式之一。按照使用形式的不同，CASE 表达式有两种格式：CASE 简单表达式和 CASE 搜索表达式。

(1) CASE 简单表达式，它通过将表达式与一组简单的表达式进行比较来确定结果。语

句的基本格式为

```
CASE <条件表达式>
    WHEN <取值表达式 1> THEN <结果表达式 1>
    WHEN <取值表达式 2> THEN <结果表达式 2>

    [ ELSE <else 结果表达式> ]
END
```

(2) CASE 搜索表达式，它通过计算一组布尔表达式来确定结果。语句的基本格式为

```
CASE
    WHEN <布尔表达式 1>   THEN <结果表达式 1>
    WHEN <布尔表达式 2>   THEN <结果表达式 2>

    [ ELSE <else 结果表达式> ]
END
```

当<条件表达式> = <取值表达式 1>或<布尔表达式 1>，则执行 <结果表达式 1>；当<条件表达式> = <取值表达式 2>或<布尔表达式 2>，则执行 <结果表达式 2>；以此类推；否则，执行 ELSE 中的 else 结果表达式。

这两种格式都支持可选的 ELSE 参数。CASE 可用于允许使用有效表达式的任意语句或子句。例如，可以在 SELECT、UPDATE、DELETE 和 SET 等语句以及 select_list(查询列清单)、IN、WHERE、ORDER BY 和 HAVING 等子句中使用 CASE。

例 5.10　查看职工表内职工的婚姻状况。

```
--CASE 简单表达式
SELECT Ename 职工姓名,婚姻状况= CASE Is_marry
                                        WHEN '1' THEN '已婚'
                                        WHEN '0' THEN '未婚'
                                        ELSE '未知'
                                    END
FROM Employee;
--CASE 搜索表达式
SELECT Ename 职工姓名,婚姻状况= CASE
                                        WHEN Is_marry='1' THEN '已婚'
                                        WHEN Is_marry='0' THEN '未婚'
                                      ELSE '未知'
                                    END
FROM Employee;
```

5. GOTO 语句

将执行流更改到标签处。跳过 GOTO 后面的 T-SQL 语句，并从标签位置继续执行。GOTO 语句和标签可在过程、批处理或语句块中的任何位置使用，GOTO 语句可嵌套使用。

语句的基本格式为

```
定义：label:
使用：GOTO label
```

如果 GOTO 语句指向该标签，则其为处理的起点。标签名必须符合标识符的命名规则。无论是否使用 GOTO 语句，标签均可作为注释方法使用。GOTO 可出现在条件控制流语句、语句块或过程中，但它不能跳转到该批以外的标签。GOTO 分支可跳转到定义在 GOTO 之前或之后的标签。

6. RETURN 语句

可在任何时候用于从查询、过程、批处理或语句块中退出，RETURN 之后的语句是不执行的。语句的基本格式为

```
RETURN <整数表达式>
```

其中，<整数表达式> 表示返回的整数值。

7. WAITFOR 语句

阻止执行批处理、存储过程或事务，直到已过指定时间或时间间隔。语句的基本格式为

```
WAITFOR   DELAY<时间间隔>   | TIME   <指定时间>
```

说明：

(1) DELAY：必须等待延迟指定的时段才能继续执行批处理、存储过程或事务，最长可延迟 24 h。

(2) <时间间隔>：等待的时段。它可以以“datetime”数据格式指定，也可以指定为局部变量。

(3) TIME：指定的运行批处理、存储过程或事务的时间。

(4) <指定时间> ：WAITFOR 语句完成的时间。

例 5.11 等待 2 s 后执行。

```
WAITFOR DELAY '00:00:02'
SELECT * FROM Employee
```

例 5.12 等待到当天 20:30 执行。

```
WAITFOR TIME '20:30'
SELECT * FROM Employee
```

5.3.4 系统内置函数

与大多数其他程序设计语言一样，SQL 也支持使用函数来处理数据，数据库中可以使用系统内置函数或创建自己的用户自定义函数。函数为数据的转换和处理提供了方便。

与几乎所有 DBMS 都必须遵循 SQL 标准语言不同，不同厂商都有特定的系统内置函数。虽然所有类型的函数一般都可以在每个厂商的 DBMS 中使用，但各个函数的名称和语法可能大不相同。如表 5-5 所示，列出了三个常用的函数在不同 DBMS 中的语法。

表 5-5　不同厂商 DBMS 的内置函数差异

常用内置函数	语 法 差 异
截取字符串的子串	DB2、Oracle、PostgreSQL 使用 SUBSTR() MySQL、SQL Server、华为 openGauss 使用 SUBSTRING()
数据类型转换	Oracle 使用多个函数，每种类型的转换有一个函数 DB2、PostgreSQL、华为 openGauss 使用 CAST() MySQL、SQL Server 使用 CONVERT()
获取当前日期	DB2、PostgreSQL、华为 openGauss 使用 CURRENT_DATE MySQL 使用 CURDATE() ORACLE 使用 SYSDATE SQL Server 使用 GETDATE()

大多数厂商的 DBMS 都支持以下类型的函数：

(1) 用于处理文本字符串的函数，如删除或填充值，字符串大小写转换等；

(2) 用于在数值数据上进行算数操作的数值函数，如绝对值运算等；

(3) 用于处理日期和时间值并从这些值中提取特定成分的日期和时间函数，如返回两个日期的差等；

(4) 用于生成美观易懂的输出内容的格式化函数，如用货币符号和千分位表示金额等；

(5) 返回 DBMS 信息的函数，如返回当前用户信息等。

1. 字符串函数

如表 5-6 所示，常用字符串函数可以对二进制数据、字符串和表达式执行不同的运算。

表 5-6　常用字符串函数

函　数	功　　能
LEN()	返回字符串的字符数，不包含字符串结尾空格
LOWER()	将字符串转换为小写字符
UPPER()	将字符串转换为大写字符
LEFT()	返回字符串中从左边开始指定个数的字符
RIGHT()	返回字符串中从右边开始指定个数的字符
SUBSTRING()	返回字符串的一部分
TRIM()	删除字符串开头和结尾的空格字符
LTRIM()	删除字符串开头的空格字符
RTRIM()	删除字符串结尾的空格字符
SOUNDEX()	用于评估两个字符串的相似性

2. 日期和时间处理函数

常用日期和时间函数如表 5-7 所示，用于对日期和时间数据进行各种不同的处理和运算，并返回一个相应值，可以是数字、字符串或者日期时间值。其中，参数 datepart 用来指定构成日期类型数据的各组成，如年 year、季 quarter、月 month、日 day、星期 week 等，其取值如表 5-8 所示。

表 5-7 常用的日期和时间函数

函　数	功　能
DATEADD(datepart,number,date)	以 datepart 指定的方式，将 number 添加到输入日期的日期部分 date，并返回修改后的日期/时间值
DATEDIFF(datepart,startdate,enddate)	返回指定的 startdate 和 enddate 之间所跨越的指定 datepart 部分的差值
DATENAME(datepart,date)	返回表示指定 date 的指定 datepart 的字符串
DATEPART(datepart,date)	此函数返回表示指定 date 的指定 datepart 的整数
GETDATE( )	返回当前数据库系统时间戳，返回值的类型为 datetime
DAY(date)	返回指定 date 的日期的“日”部分的整数
MONTH(date)	返回指定 date 的日期的“月”部分的整数
YEAR(date)	返回指定 date 的日期的“年”部分的整数

表 5-8 日期函数中 datepart 参数的取值

datepart 名称	datepart 缩写	取　值
year	yy, yyyy	1753～9999
quarter	qq, q	1～4
month	mm, m	1～12
day of year	dy, y	1～366
day	dd, d	1～31
week	wk, ww	1～54
weekday	dw	1～7
hour	hh	0～23
minute	mi, n	0～59
second	ss, s	0～999

日期和时间采用相应的数据类型存储在表中，以便能快速有效地排序或过滤，并且节省物理存储空间。大多数 DBMS 都具有比较日期、对日期作运算、选择日期格式等的函数，但不同的 DBMS 支持的语法不尽相同。

例 5.13 查询项目完成需要的天数。

```
SELECT Ino 项目号, Iname 项目名, DATEDIFF(DAY,Start_date,End_date) 耗时天数
FROM Item;
```

3. 数值型函数

常用数值型函数如表 5-9 所示，仅处理数值数据，一般主要用于代数、三角或几何运算。在主要的 DBMS 的函数中，数值函数是最一致、最统一的函数。

表 5-9　常用数值型函数

函　　数	功　　能
ABS(numeric_expression)	返回指定数值表达式的绝对值
SIN/COS,TAN,COT(float_expression)	返回正弦、余弦、正切、余切
EXP(float_expression)	返回指定的 float 表达式的指数值
PI()	返回 PI 的常量值
SQRT(float_expression)	返回指定浮点值的平方根
SQUARE(float_expression)	返回指定浮点值的平方
CEILING()	返回大于或等于指定数值表达式的最小整数
FLOOR()	返回小于或等于指定数值表达式的最大整数
ROUND()	返回一个数值，舍入到指定的长度或精度

5.4　存储过程与用户自定义函数

前面章节学习的大多数 SQL 语句都是针对一个或多个表的单条语句。但由于在实际应用中的数据处理并非所有操作都这么简单，仅用单条 SQL 语句就可以实现相应的功能，因此常常会有一些复杂的业务逻辑需要用多条语句才能完成。例如：为处理订单，必须先核对商品表中是否存有充足库存量的订单涉及的商品；学生在得到毕业证书前，必须先核对该学生是否修满所学专业必需的各类课程相应的学分等。

目前，大多数 DBMS 都提供了存储过程和用户自定义函数，用来解决应用中的一些较复杂的业务逻辑。由于在 SQL-92 中，没有存储过程和用户自定义函数的标准，所以不同 DBMS 厂商对 SQL 进行了扩展，不同 DBMS 的此类 SQL 语句在语法和功能上是有差别的。

存储过程

5.4.1　存储过程

在 C/S 和 B/S 结构的软件开发中，SQL 语言是前端应用程序和后台数据库服务器之间的主要编程接口。使用 SQL 编写访问数据库的程序时，可用两种方法存储和执行程序。一种方法是在前端存储程序，并创建向后台数据库服务器发送要执行的程序；另一种方法是将程序存储在后台数据库服务器中，并保存为存储过程，再由前端应用程序对其进行调用并执行。

数据库中存储过程的执行步骤如下：

(1) 接收输入参数并以输出参数的形式将多个值返回至调用过程或批处理；

(2) 包含执行数据库操作(包括调用其他过程)的编程语句；

(3) 向调用过程或批处理返回状态值，以表明执行成功或失败(以及失败原因)。

存储过程是由一组 SQL 语句组成，预先编译后存储在数据库中，可供前端应用程序多次调用。使用存储过程既能方便软件开发，又减少了解释执行 SQL 语句时的句法分析和查询优化的时间，提高了效率。在 C/S 结构下，应用程序(客户端)只需向服务器发出一个调用存储过程的请求，服务器上就可执行一批 SQL 命令，中间结果不用返回客户端，大大降低了网络流量和服务器的开销。

存储过程相对于其他的数据库访问方法有以下几个优点：

(1) 可以重复使用。存储过程可以重复使用，从而可以减少数据库开发人员的工作量。

(2) 提高性能。存储过程在创建的时候就进行了编译，将来使用的时候不用再重新编译。一般的 SQL 语句每执行一次就需要编译一次，所以使用存储过程提高了效率。

(3) 减少网络流量。存储过程位于服务器上，调用的时候只需要传递存储过程的名称以及参数就可以了，因此降低了网络传输的数据量。

(4) 增加安全性。参数化的存储过程可以防止 SQL 注入式的攻击，而且可以将 GRANT、DENY 以及 REVOKE 权限应用于存储过程。

1. 存储过程的定义

存储过程的定义主要包括两部分：一部分是过程名及参数的说明，另一部分是过程体的说明。创建存储过程的语句格式为

```
CREATE PROCEDURE <存储过程名>[<参数列表>=
AS
      <过程体>;
```

其中，<参数列表>由一个或多个参数说明组成，每个参数说明包括参数名和参数的数据类型。存储过程的参数可以定义为输入参数、输出参数，默认为输入参数。当然，存储过程也可以没有任何参数。<过程体>是实现存储过程功能的一组 SQL 语句。

1) 无参数的存储过程

例 5.14 设计一个存储过程，能查询所有职工参与项目的情况。

```
CREATE PROCEDURE proc_EmpJoinItems_1
--声明存储过程名，无参数说明
AS
    SELECT e.Eno, Ename, Iname
    FROM Employee e JOIN Item_Emp ie ON e.Eno=ie.Eno
            JOIN Item i ON i.Ino=ie.Ino
```

2) 带输入参数的存储过程

例 5.15 设计一个存储过程，要求该存储过程能根据职工姓名查询出该职工所参加的全部项目名称。

```
CREATE PROCEDURE proc_EmpJoinItems_2 @emp_name VARCHAR(20)
--声明存储过程名及输入参数，默认为输入参数
--@emp_name 为此存储过程的输入参数，可在调用过程时传递职工姓名
AS
     SELECT Iname
     FROM Item i JOIN Item_Emp ie ON i.Ino=ie.Ino
```

```
        JOIN Employee e ON ie.Eno=e.Eno
    WHERE Ename=@emp_name;
```

为了使存储过程的设计更方便、功能更强大，SQL 中增加了一些控制流语句，主要有以下几种：

(1) 赋值语句，可将 SQL 表达式的值赋给局部变量。

(2) 分支语句，用于设计分支程序。如：IF…THEN…ELSE…语句、CASE 语句等。

(3) 循环语句，如：FOR、WHILE、REPEAT 等语句。

(4) 调用存储过程语句 CALL 或 EXECUTE 和从存储过程返回语句 RETURN。

不同厂商的 DBMS 在具体的语句语法上稍有不同。

3) *带输出参数的存储过程*

例 5.16　设计一个存储过程，要求该存储过程能根据职工姓名查询出该职工所参加的全部项目的总经费。

```
CREATE PROCEDURE proc_EmpJoinItems_3
     @emp_name VARCHAR(20), @sum_outlay DECIMAL(6,2) OUTPUT
--声明存储过程名及输入参数、输出参数，输出参数用 OUTPUT 关键字标识
--@emp_name 为输入参数，可在调用过程时传入职工姓名
--@sum_outlay 为输出参数，可在调用过程时将职工参与项目的总经费返回给调用程序
AS
    SELECT @sum_outlay=SUM(Outlay)
    FROM Item i JOIN Item_Emp ie ON i.Ino=ie.Ino
        JOIN Employee e ON ie.Eno=e.Eno
    WHERE Ename=@emp_name;
```

4) *带返回值的存储过程*

例 5.17　设计一个存储过程，要求实现：首先判断该职工是否存在，若存在再判断该职工参加了几个项目。

```
CREATE PROCEDURE proc_EmpJoinItems_4 @emp_name VARCHAR(20)
--声明存储过程名及输入参数
AS
    --定义变量
    DECLARE @count INT, @msg VARCHAR(50)
    --判断该职工是否存在
    SELECT @count = COUNT(*)
    FROM Employee
    WHERE Ename = @emp_name
    --如果该职工不存在，返回 0
    IF @count=0
        RETURN 0
    --求出该职工参加的项目数
    ELSE
```

```
BEGIN
    --返回该职工参加的项目数
    SELECT @count = COUNT(*)
    FORM Employee e，Item_emp ie
    WHERE ie.Eno = e.Eno AND e.Ename = @emp_name
    RETURN @count
END;
```

注意：此例中参数说明句法和流程控制语句都遵循 Microsoft SQL Server 的语法。

2. 存储过程的执行

存储过程一旦被创建，就作为数据库的一个对象保存在数据库中。用户可以在 DBMS 中执行存储过程，但更多的时候是在前端应用程序中进行调用。有些开发工具提供专门的控件，调用服务器端的存储过程，这时可通过设置控件的属性指明调用的存储过程名、传入的参数值等。也有些开发工具，提供了专门的语句执行存储过程，如 openGauss 数据库中使用 CALL 语句、SQL Server 数据库中使用 EXECUTE 语句等，使用的方法与在 DBMS 中直接执行的方法相似。

执行存储过程的 SQL 语句很简单，即 EXECUTE(或简写 EXEC)。执行存储过程时，需要指定存储过程名和需要传递的参数。下面使用 SQL Server 的语句格式，说明不同类型存储过程的执行方法。

例 5.18 执行例 5.15 的存储过程，查询出职工“张小华”所参加的全部项目名称。

```
--指定参数名，按“参数=值”传递参数值
EXECUTE  proc_EmpJoinItems_2 @emp_name ='张小华'
--按参数出现顺序传递参数值
EXECUTE  proc_EmpJoinItems_2  '张小华'
```

例 5.19 运行例 5.16 的存储过程，查询出职工“张小华”所参加项目的总经费。

```
DECLARE @outlaysum DECIMAL(6,2)
EXECUTE proc_EmpJoinItems_3  '张小华', @outlaysum OUTPUT
--使用变量@outlaysum 返回存储过程调用中的输出变量
SELECT @outlaysum
```

例 5.20 执行例 5.17 的存储过程，判断职工“张小华”是否存在，并给出相应的提示信息。

```
DECLARE @retvalue INT
EXECUTE @retvalue = proc_EmpJoinItems_4  '张小华'
--使用变量@retvalue 传递存储过程的返回值
IF @retvalue = 0
    PRINT 'The employee you put in is not exist!'
ELSE
    PRINT 'The items he joined in is' + CONVERT(VARCHAR(3), @retvalue)
--在此，需要先将返回值为整型的@retvalue 转换成字符串，然后才能做字符串连接运算
```

5.4.2　用户自定义函数

为了使用户更加方便地对数据库进行查询和修改，各厂商的 DBMS 都在 SQL 语言中提供了许多系统内置函数以供调用，同时，也支持用户根据自己的需要来创建函数。

函数可以由系统提供，也可以由用户创建。系统提供的函数称为内置函数，它为用户方便快捷地执行某些操作提供帮助，这部分内容已在 5.3.4 节中做过介绍；用户创建的函数称为用户自定义函数，它是用户根据自己的特殊需求而创建的，用来补充和扩展内置函数。

使用用户自定义函数有以下几个优点：

(1) 允许模块化程序设计。只需创建一次函数并将其存储在数据库中，以后便可以在程序中调用任意次。用户自定义函数可以独立于程序源代码进行修改。

(2) 执行速度更快。与存储过程相似，用户自定义函数通过缓存计划在重复执行时可降低代码的编译开销。这意味着每次使用用户自定义函数时均无须重新解析和重新优化，从而缩短了执行时间。

(3) 减少网络流量。对某种无法用单一标量的表达式表示的复杂约束进行过滤数据的操作，可以表示为函数，必要时，此函数便可以在 WHERE 子句中被调用，以减少发送至客户端的数字或行数。

本节所讨论的各类函数定义语句的基本格式和各实例的语法都遵循 Microsoft SQL Server 的语法。

1. 用户自定义函数的定义

DBMS 允许用户创建自定义函数，自定义函数可以有返回值。根据函数返回值的类型，可以把用户自定义函数分为标量函数和表值函数：如果函数定义中的 RETURNS 子句指定返回的是一种标量数据类型的值，则函数为标量函数；如果 RETURNS 子句指定的是 TABLE 数据类型的返回值，则函数为表值函数。

表值函数又可分为内联表值函数和多语句表值函数：如果 RETURNS 子句指定的 TABLE 不附带列的列表定义，则该函数为内联表值函数；如果 RETURNS 子句指定的 TABLE 类型带有列表及其数据类型，则该函数是多语句表值函数。

函数的定义可以分成以下三个部分：

(1) 函数名及参数的说明；

(2) RETURNS 返回值的说明；

(3) 函数体的说明。

创建用户自定义函数的语句格式为

```
CREATE FUNCTION <函数名>
        [<参数列表>]
RETURNS <返回值>
AS
        <函数体>;
```

其中，<函数名>有时需指定该函数的拥有者，尤其在标量函数中；<参数列表>由一个或多个参数说明组成，每个参数说明包括参数名和参数的数据类型，当然也支持无参数函数。

<返回值>说明可以是标量型数据类型也可以是表结构型数据类型；<函数体>是实现函数功能的一组 SQL 语句，其中必定包含 RETURN 语句。

1) 标量函数

标量函数语句的基本格式为

```
CREATE FUNCTION <函数名>[<参数列表>]
        RETURNS <标量型数据类型>
[AS]
BEGIN
        <函数体>
        RETURN <标量型表达式>
END
```

说明：

(1) <参数列表>：定义一个或多个参数的名称，每个参数前用"@"符号。参数的作用范围是整个函数。参数只能替代常量，不能替代表名、列名或其他数据库对象的名称。用户自定义函数不支持输出参数。

(2) <标量型数据类型>：指定标量型返回值的数据类型，可以为除 TEXT、NTEXT、IMAGE、CURSOR、TIMESTAMP 和 TABLE 类型外的其他数据类型。

(3) <标量型表达式>：指定标量型用户自定义函数返回的标量值表达式。

例 5.21 根据职工姓名的输入查询该职工的年龄。

```
CREATE FUNCTION dbo.func_Emp_Age(@ename CHAR(8))
--返回一个单个数据值，即该职工@ename 的年龄@eage
RETURNS INT
AS
BEGIN
      DECLARE @eage INT
      SELECT @eage=age FROM Employee WHERE Ename=@ename
      RETURN @eage
END;
```

2) 内联表值函数

内联表值函数的语句基本格式为

```
CREATE FUNCTION <函数名>[<参数列表>]
RETURNS TABLE
[AS]
RETURN <查询语句>;
```

说明：

(1) TABLE：指定返回值为一个表。

(2) <查询语句>：单个 SELECT 语句，确定返回的表的数据。

例 5.22 根据输入的职工姓名查询该职工参与项目研究情况。

```
CREATE FUNCTION dbo.func_Emp_Item(@ename CHAR(8))
--返回表由查询语句所得列名和数据值构成
RETURNS TABLE
AS
    RETURN (SELECT Ename, Iname, Start_date, End_date
              FROM Employee, Item_Emp, Item
              WHERE Employee.Eno=Item_Emp.Eno AND Item_Emp.Ino=Item.Ino
                    AND Ename=@ename)
```

3) *多语句表值函数*

多语句表值函数语句的基本格式为

```
CREATE FUNCTION <函数名>[<参数列表>]
RETURNS <返回表变量> TABLE <表定义>
[AS]
BEGIN
    <函数体>
    RETURN
END;
```

说明：

(1) <返回表变量>：一个 TABLE 类型的变量，用于存储和累积返回的表中的数据行。其余参数与标量型用户自定义函数相同。

(2) 在多语句表值函数的函数体中允许使用下列 Transact-SQL 语句：赋值语句，流程控制语句，定义作用范围在函数内的变量和游标的 DECLARE 语句，SELECT 语句，编辑函数中定义的表变量的 INSERT、UPDATE 和 DELETE 语句，以及在函数中允许涉及如声明游标、打开游标、关闭游标、释放游标这样的游标操作。对于读取游标而言，除非在 FETCH 语句中使用 INTO 从句来对某一变量赋值，否则不允许在函数中使用 FETCH 语句来向客户端返回数据。

例 5.23　根据输入的部门号查询该部门里每个职工参与项目的总经费。

```
CREATE FUNCTION dbo.func_Emp_Outlay(@dno CHAR(8))
--重新定义返回表的构成列和数据类型
RETURNS @emp_outlay_tab TABLE(ename CHAR(8), sumoutlay DECIMAL(5, 2))
AS
BEGIN
    INSERT INTO @emp_outlay_tab
        SELECT Ename, SUM(Outlay)
        FROM Employee, Item_Emp,Item
        WHERE Employee.Eno=Item_Emp.Eno AND Item_Emp.Ino=Item.Ino
              AND Dno=@dno
        GROUP BY Ename
    RETURN
END;
```

2. 用户自定义函数的调用和执行

根据用户自定义函数的类型的不同，用户自定义函数的调用和执行也有很大不同。

1) *标量函数*

和内置系统函数一样，可以调用返回标量类型数据值的用户自定义函数。标量函数可以出现在查询语句的SELECT列表、WHERE或者HAVING子句的条件表达式、GROUP BY子句、ORDER BY子句中；也可以出现在更新数据UPDATE语句的SET子句中；还可以出现在增加数据的INSERT语句的VALUES中。

也可在赋值运算表达式中调用用户自定义函数，以便在有操作数的表达式中返回标量值，还可在流控制语句的布尔表达式中调用返回标量值的用户自定义函数。

可采用与存储过程相同的方式执行返回标量值的用户自定义函数，在执行过程中需要注意参数的传递。参数的传递可以指定参数的名称，使得参数所传递的具体值所出现的顺序不必和函数定义时参数出现的顺序一致；也可以不指定参数的名称，此时要求参数值的顺序必须与参数定义时顺序一致。

例 5.24 执行例5.21中定义的函数dbo.func_Emp_Age。

```
SELECT 年龄 = dbo.func_Emp_Age('胡一民');
```

2) *表值函数*

调用表值函数，可以在SELECT、INSERT、UPDATE或DELETE语句的FROM子句中允许使用表名的位置调用返回TABLE表值的用户自定义函数。可以在调用返回表的用户自定义函数后加上可选的表别名。

例 5.25 在SELECT语句的FROM子句中调用例5.22所定义的表值函数dbo.func_Emp_Item。

```
SELECT Ename, Iname, Start_date, End_date
FROM dbo.func_Emp_Item('胡一民');
```

5.4.3 用户自定义函数与存储过程

在DBMS自带的高级数据库编程中，用户自定义函数和存储过程有类似的功能，都可以创建捆绑SQL语句，存储在数据库服务器中供以后使用。这样能够极大地提高工作效率。函数与存储过程都具有以下几个优点：

(1) 重复使用编程代码，减少编程开发时间。

(2) 隐藏SQL细节，把SQL烦琐的工作留给数据库设计人员，而程序开发员则可以集中精力处理高级编程语言。

(3) 模块化设计使得修改集中化。可以在一个地方做业务上的逻辑修改，然后让这些修改自动应用到所有相关程序中。

看起来，用户自定义函数和存储过程的功能似乎一模一样。但是，其实这二者之间还存在以下差异：

(1) 存储过程的权限是允许用户和程序去执行存储过程(Execute)，而不允许其存取表格，这样能够增强程序安全性。例如，在商品订购系统中，每次成功交易一笔订单，收银员都要对商品表库存进行一次更新(把该商品的库存量减去相应的销售量)。这一过程也可以通过给收银员设置权限，允许其执行相应的存储过程，在订单交易的同时修改商品的库存来实现。这样原商品表的修改权限就无须授权给收银员，因此可以很好地保证商品表数据的安全性。

(2) 函数必须始终返回一个值(一个标量值或一个表格)；而存储过程可以返回一个标量值、一个表值或无须返回值。

(3) 存储过程的返回值不能被直接引用，而用户自定义函数的返回值可以被直接引用。

(4) 存储过程是使用 EXEC 命令独立调用的，而用户自定义函数是在另一个 SQL 语句中调用的。

5.4.4　openGauss 数据库的存储过程与函数

函数

与 SQL Server 相比较，openGauss 数据库中创建存储过程或函数的用法主要有以下几个不同点：

(1) 使用关键字 IN 或 OUT 来标识输入参数或输出参数；

(2) 变量名无须使用“@”开头；

(3) 存储过程的执行使用 CALL 语句；

(4) 存储过程执行时，输出参数的传递，在变量前需要加“:”；

(5) 表值函数定义时，函数体 RETURN 语句需要用到关键字 QUERY。

下面通过几个例题简单说明 openGauss 数据库下的存储过程及函数的创建、执行和调用。

例 5.26　创建存储过程 proc_d，实现查询指定部门的职工人数。

```
--带输入参数、输出参数的存储过程
CREATE OR REPLACE PROCEDURE proc_d(IN vdno CHAR(3),OUT dcnt INT)
--声明存储过程名 proc_d、输入参数部门号 vdno 和输出参数部门人数 dcnt
AS DECLARE
BEGIN
    --根据指定的部门号查询该部门的职工人数
    SELECT dcnt=COUNT(Eno)
    --SELECT COUNT(Eno) INTO dcnt
    --也可以使用 select...into...的用法
    FROM Employee
    WHERE Dno=vdno;
END;
--调用存储过程，查询“01”号部门的职工人数
CALL proc_d('01',:dcnt);
```

例 5.27　创建函数 fun_d，根据指定部门查询该部门的职工人数，注意此处返回的是个标量值。

```
--带输入参数，返回单值的函数
CREATE OR REPLACE FUNCTION fun_d(IN vdno CHAR(3))
--声明函数名 fun_d、输入参数部门号 vdno
RETURN INT
--返回的是一个整型数值
```

```
AS
BEGIN
    --根据部门号查询该部门的职工人数
    RETURN ( SELECT COUNT(Eno)
             FROM Employee
             WHERE Dno=vdno );
END;
--调用函数，查询“01”号部门的职工人数
SELECT fun_d('01')   AS  部门人数
```

例 5.28 创建返回表的函数 fun_dlist，实现查询指定部门的职工数据信息。

```
--返回表的函数
CREATE OR REPLACE FUNCTION fun_dlist(IN vdno CHAR(3))
RETURNS TABLE(Empno CHAR(4), Empname CHAR(30))
AS $$
BEGIN
    --查询指定部门号的职工信息
    RETURN QUERY SELECT Eno,Ename
                 FROM Employee
                 WHERE Dno=vdno;
END;
--表示该语句使用的是 openGauss 的扩展 SQL(plpgsql)语言
$$ LANGUAGE plpgsql;
--调用函数，查询“01”号部门的职工信息
SELECT * FROM fun_dlist('01');
```

游标

5.5 游　标

5.5.1 游标的基本概念

使用 SQL 的 SELECT 查询操作返回一组称为结果集的行，但在实际应用中，常常需要逐条取出查询结果行进行数据处理，这需要借助于游标(CURSOR)这一机制对单行数据进行处理。

游标是系统为用户开设的一个数据缓冲区，它不是一条 SELECT 查询语句，而是被该语句查询出来的结果集。使用游标，应用程序可以根据需要逐一获取数据做进一步处理。

(1) 在使用游标前，必须声明(定义)它。这个过程实际上没有查询数据，只是定义游标要使用的 SELECT 语句。

(2) 游标一旦声明，必须打开游标以供使用，即用游标定义的 SELECT 语句把数据实际查询出来。

(3) 对于游标定义的 SELECT 语句的查询结果集，根据需要取出各行。

(4) 在结束游标使用时，必须关闭游标，可能的话，释放游标。

5.5.2　游标的操作

游标的操作包括以下步骤：声明游标、打开游标、读取游标数据(从游标中查询记录)、关闭游标和释放游标。

1. 声明游标

用 DECLARE 语句为一条 SELECT 语句定义游标，声明游标的一般格式为

```
DECLARE <游标名> CURSOR FOR <SELECT 语句>;
```

其中的 SELECT 语句，既可以是简单查询，也可以是连接查询或嵌套查询，它的结果集是一个新的关系。当游标向前“推进”(FETCH)时，可以依次指向该新关系的每条记录。

声明游标仅仅是一条说明性语句，此时 DBMS 并不执行 SELECT 指定的查询操作。

2. 打开游标

使用 OPEN 语句打开游标，打开游标的一般格式为

```
OPEN <游标名>;
```

打开游标，将执行相应的 SELECT 语句，把满足查询条件的所有记录，从表中读取到缓冲区中。此时游标被激活，指针指向结果集中的第一条记录。

可以通过全局变量@@Error 的返回值判断打开游标是否成功。如果@@Error 的值等于 0，表示打开游标成功，否则表示失败。可通过全局变量@@Cursor_Rows 的返回值获取游标中的记录数。

3. 读取游标数据

当打开游标成功后，可以使用 FETCH 语句读取游标中的数据并进行进一步处理，同时把游标指针向前推进一条记录。获取游标数据的一般格式为

```
FETCH <游标名> INTO <变量名列表>;
```

其中，变量名列表由逗号分开，且必须与 SELECT 语句中的目标列表达式一一对应。

推进游标的目的是取出缓冲区中的下一条记录。因此 FETCH 语句通常用在一个循环结构语句中，逐条取出结果集中的所有记录进行处理。不同 DBMS 的 FETCH 语句的用法可能会有些不同，目前大部分的 DBMS 都对 FETCH 语句进行了扩充，允许向不同方向以指定的步长移动游标指针。

SQL Server 支持 FETCH 语句对 T-SQL 服务器游标查询特定行。FETCH 语句的基本格式为

```
FETCH
[ [ NEXT | PRIOR | FIRST | LAST
| ABSOLUTE { n | @nvar }    | RELATIVE { n | @nvar } ]
FROM     ]
{ { [ GLOBAL ] cursor_name } | @cursor_variable_name }
[ INTO @variable_name [,…n ] ]
```

说明：

(1) NEXT：紧跟当前行返回结果行，并且当前行递增为返回行。如果 FETCH NEXT 为对游标的第一次提取操作，则返回结果集中的第一行。NEXT 为默认的游标提取选项。

(2) PRIOR：返回紧邻当前行前面的结果行，并且当前行递减为返回行。如果 FETCH PRIOR 为对游标的第一次提取操作，则没有行返回并且游标置于第一行之前。

(3) FIRST：返回游标中的第一行并将其作为当前行。

(4) LAST：返回游标中的最后一行并将其作为当前行。

(5) ABSOLUTE {*n* | @nvar}：如果 *n* 或@nvar 为正，则返回从游标起始处开始向后的第 *n* 行，并将返回行变成新的当前行；如果 *n* 或@nvar 为负，则返回从游标末尾处开始向前的第 *n* 行，并将返回行变成新的当前行；如果 *n* 或@nvar 为 0，则不返回行。*n* 必须是整数常量，并且@nvar 必须是 SMALLINT、TINYINT 或 INT。

(6) RELATIVE {*n* | @nvar}：如果 *n* 或@nvar 为正，则返回从当前行开始向后的第 *n* 行，并将返回行变成新的当前行；如果 *n* 或@nvar 为负，则返回从当前行开始向前的第 *n* 行，并将返回行变成新的当前行；如果 *n* 或@nvar 为 0，则返回当前行。

(7) GLOBAL：指定 cursor_name 为全局游标。

(8) cursor_name：指要从中进行提取的开放游标的名称。当同时存在以 cursor_name 作为名称的全局游标和局部游标时，如果指定 GLOBAL，则 cursor_name 是全局游标，如果未指定 GLOBAL，则是局部游标。

(9) @cursor_variable_name：游标变量名，引用要从中进行提取操作的打开的游标。

(10) INTO @variable_name[,…*n*]：允许将提取操作的列数据放到局部变量中。列表中的各个变量从左到右与游标结果集中的相应列相对应。各变量的数据类型必须与相应的结果集列的数据类型匹配，或是结果集列数据类型所支持的隐式转换。变量的数目必须与游标选择列表中的列数一致。

如表 5-10 所示，可以通过全局变量@@Fetch_Status 的返回值来判断游标数据提取是否成功。每次执行 FETCH 语句从游标中提取数据后，都应检查@@Fetch_Status 的返回值，来决定如何进行下一步处理。

表 5-10 @@Fetch_Status 返回值含义

@@Fetch_Status 返回值	含 义
0	FETCH 语句成功
−1	FETCH 语句失败
−2	表示被提取的行不存在

4. 关闭游标

用 CLOSE 语句关闭游标，释放结果集占用的缓冲区及其他资源。但是，被关闭的游标可以用 OPEN 语句重新初始化，与新的查询结果相联系。关闭游标的一般格式为

```
CLOSE <游标名>;
```

5. 释放游标

当游标被关闭后，并没有释放其在内存中所占用的系统资源，可以使用 DEALLOCATE

语句释放游标引用。释放游标后，不能再使用 OPEN 语句重新打开，必须使用 DECLARE 语句重新声明游标。释放游标的一般格式为

```
DEALLOCATE <游标名>;
```

5.5.3 游标使用示例

例 5.29 在存储过程中使用游标，实现为不同职称的职工加薪也有所不同的操作：给“高工”职称的职工加薪 30%；给“工程师”职称的职工加薪 20%；给“助工”职称职工加薪 10%。

```
CREATE PROCEDURE proc_Raise
AS
        --声明游标变量
        DECLARE emp_cursor CURSOR FOR SELECT Eno,Title FROM Employee
        --声明存放临时变量薪水增长幅度 increment
        DECLARE @increment DECIMAL(2,1)
        --声明存放临时变量 eno
        DECLARE @eno CHAR(4)
        --声明存放临时变量 title
        DECLARE @title CHAR(6)
        --打开游标
    OPEN emp_cursor
    --获取游标，将实际值赋给变量
    FETCH NEXT FROM emp_cursor INTO @eno,@title
    --循环开始
    WHILE(@@fetch_status=0)
    BEGIN
        --根据查询所得职称，设置变量增长幅度@increment 的值
        IF @title='高工' SET @increment=0.3
        ELSE IF @title='工程师' SET @increment=0.2
        ELSE IF @title='助工' SET @increment=0.1
        --为该职工加薪
        UPDATE Salary
        SET Basepay=Basepay*(1+@increment)
        WHERE Eno=@eno
        FETCH NEXT FROM emp_cursor INTO @eno,@title
    END
    --关闭游标
    CLOSE emp_cursor
    --释放游标
    DEALLOCATE emp_cursor
GO
```

5.6 数据库系统的体系结构

随着数据库的大型化，同时为了使数据和资源实现共享，数据库系统的体系结构经历了几个重要的发展阶段。

1. 集中式系统

20 世纪 60 年代早期，出现了采用宿主机与多个终端联网的形式，由分时系统支配共享主机的集成数据处理，用户通过终端访问、共享主机上的数据。起初，终端只具有简单的输入、输出功能，所有的处理都由主机完成，所以也称为“哑终端”。这就是集中式系统(Mainframe-Terminal)，也称为主机/终端(Master/Terminal)模式，其网络结构如图 5-2 所示。

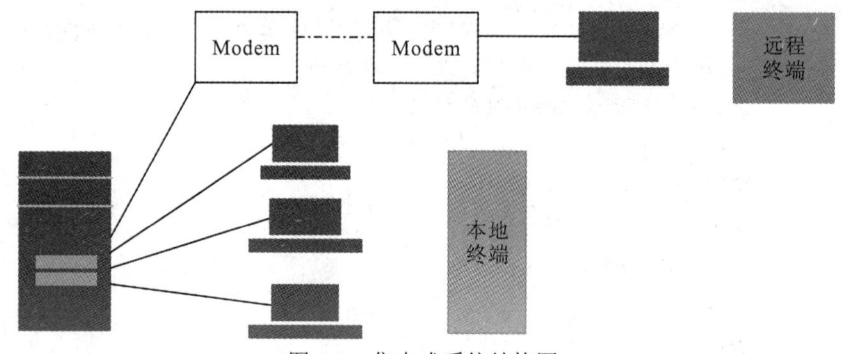

图 5-2 集中式系统结构图

2. 文件服务器系统

20 世纪 80 年代中期，局域网技术发展很快，出现了文件服务器和网络工作站(PC)构成的分散式网络应用系统，即文件服务器系统(File Server)。文件服务器中存放可共享的数据库，各个用户通过自己的 PC 访问服务器。每当工作站有数据请求时，就会打开服务器上的数据库，通过网络将整个数据库(文件)传到工作站；工作站处理完以后，再将整个数据库(文件)传送回服务器。这样，联机事务处理的响应时间和网络上的无效传输大大增加，从而增加了网络的负担，降低了响应速度，影响了整个服务器的性能，人们称这种模式为文件服务器模式，其工作原理如图 5-3 所示。其中，工作站安装 DBMS 和 DBAP(DataBase Application Program)等应用软件，共享的数据文件安装在服务器上。

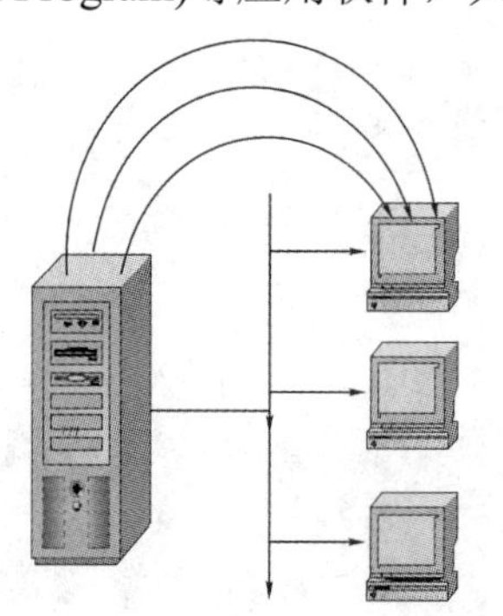

注：工作站安装DBMS和DBAP等应用软件，共享的数据文件安装在服务器上。
1. 工作站向服务器发出修改数据的请求；
2. 服务器将与数据有关的整个文件通过网络传给工作站；
3. 工作站将修改后的文件发回服务器保存。

图 5-3 文件服务器模式的工作原理

3. 客户机/服务器模式

20 世纪 90 年代初，随着计算机工业的不断进步，客户机/服务器(Client/Server，C/S)结构逐渐支配了所有形式的网络运算。并且，由于其在商业领域和局域网中的广泛应用而成为客观上的标准。其中，客户端常被称为前端，服务器被称为后台。

所谓的 C/S 结构，就是由一台(或多台)数据库服务器和众多用户的计算机形成的客户机组成的系统结构。服务器负责存储信息，并对信息的管理、安全性和完整性进行控制，客户机则负责运行应用程序，实现与用户的交互，二者由网络连接。当用户想使用后台信息时，通过客户端(应用程序)将请求发给服务器，服务器在处理完请求之后，把客户需要的数据返回给客户端(而不是整个数据文件)，最后将用户在客户端处理完的信息再存储到服务器上，并可供其他客户使用。可见，实际在网络上传输的只有 SQL 语句和结果数据。

在 C/S 模式中，客户机与服务器的交互过程如下：

(1) DBMS 和 DB 都安装在服务器上，客户端只安装 DBAP；

(2) 客户机向服务器发出修改数据的请求；

(3) 服务器将需要修改的数据(记录或记录集)通过网络传给客户机；

(4) 客户机把修改后的数据发回服务器。

客户机的主要工作包括以下几点：

(1) 管理用户界面，实现与用户的交互；

(2) 处理应用程序；

(3) 产生对后台数据库的请求，并向服务器发出请求；

(4) 接收服务器返回的结果，并以应用程序的格式输出结果；

(5) 数据回送服务器。

服务器的主要工作包括以下几点：

(1) 接收客户机提出的数据请求，并根据请求处理数据库中的数据；

(2) 将处理后的结果传回请求的客户机；

(3) 接收并保存客户机处理后回送的数据；

(4) 保证数据库的安全性和完整性；

(5) 维护数据字典、索引等资源；

(6) 实现查询优化处理。

C/S 模式的目的是在客户机和服务器之间适当地分配工作任务，并减少传递信息所需的网络带宽。

C/S 模式的数据库系统大大提高了系统的联机事务处理能力，增强了系统的开放性和可扩充性。由于数据的各种操作和维护都在服务器端进行，而用户在客户端根据授权来使用服务器中的数据，这样为数据提供了强有力的安全保证。同时，给数据的可靠性管理以及维护也带来了方便。因此，C/S 模式在管理信息系统(MIS)中得到了广泛的应用。

但传统的客户机/服务器模式存在一定的局限性。首先是安装维护比较麻烦，除了要安装服务器软件，对每台客户机都要安装客户软件的一份拷贝，而且当系统升级时，还需要重新安装所有的客户端软件，所以它的管理维护费用都比较高。

其次，满足不了客户端跨平台的要求。一般来说，客户端的操作系统是不同的，与此对应的客户端程序也是不同的。但是，为每一种操作系统设计一个客户端程序是不现实的。

而要求客户放弃已有的操作系统来购买一个新的操作系统会使客户付出很大的代价。

另外，由于大部分的业务逻辑要在客户端应用程序中实现，客户机的性能成为系统性能的一个制约因素。

4. 浏览器/服务器模式

为了克服传统 C/S 结构的上述缺点，人们在传统的 C/S 结构的中间加上一层，把原来客户机所负责的功能交给中间层来实现，这个中间层即为 Web 应用服务器层。这样，客户端就不负责原来的数据存取，用户只需在客户端安装浏览器就可以了，而把原来的服务器作为数据库服务器，在数据库服务器上安装数据库管理系统和创建数据库。Web 服务器的作用就是对数据库进行访问，并通过 Internet/Intranet 将数据传递给浏览器。这样，Web 服务器既是用户浏览器的服务器，又是数据库服务器的客户端。这就是目前广泛流行的浏览器/服务器(Browser/Server，B/S)结构。其结构如图 5-4 所示。

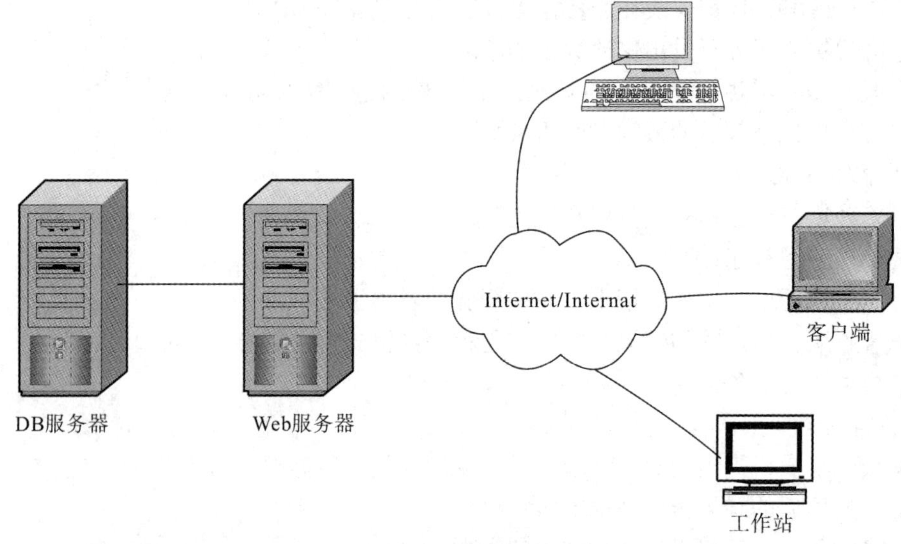

图 5-4　浏览器/服务器结构示意图

一般采用的 B/S 结构，实际上是三层的 C/S 结构。

B/S 结构同 C/S 结构相比较，具有以下优点：

(1) 可以非常容易地实现多用户监控；

(2) 开发环境与应用环境分离，便于系统的管理与升级；

(3) 应用环境为标准的浏览器，简化了传统系统中较为复杂的 GUI 的开发；降低了对用户的培训、安装、维护等费用；

(4) 易于实现跨平台的应用。

5.7 数据库接口技术

在网络数据库应用系统中，应用程序要访问的数据，可能由多种 RDBMS 所管理。这就提出了一个问题：在同一个应用系统中，该如何访问多个不同的 RDBMS 中的数据？或者，在不同的应用系统中怎样访问同一个 RDBMS 中的数据？因为，不同的应用系统可能由不同的开发工具所开发，每一种开发工具提供的访问数据库的方法是不同的，而每一种 RDBMS 所支持的 SQL 语言也不完全相同。

本节将介绍如何使用 ODBC 和 JDBC 实现数据库应用程序对数据库的访问，这类应用程序可移植性好，能同时访问不同的数据库，共享多个数据资源。

5.7.1　开放数据库互连——ODBC

开放数据库互连(Open Database Connectivity，ODBC)是微软公司开发的一套开放数据库系统应用程序的公共接口。它建立了一组规范，并提供了一组对数据库访问的标准应用程序编程接口 API。

ODBC 提供一个与产品无关的在前端应用和后台数据库服务器之间的接口，利用 ODBC 开发的应用系统可以方便地在不同厂商的数据库服务器上进行移植，从而提高了数据的共享性，使应用程序具有良好的可移植性。

一个完整的 ODBC 由下列几个部件组成：

(1) 应用程序(Application)；

(2) ODBC 驱动程序管理器(ODBC Driver Administrator)；

(3) ODBC 驱动程序(ODBC Driver)；

(4) 数据源(Data Source)。

ODBC 系统结构各部件之间的关系如图 5-5 所示。

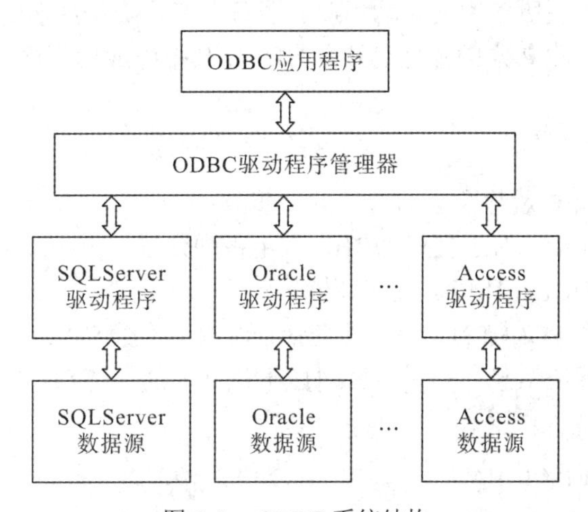

图 5-5　ODBC 系统结构

(1) ODBC 应用程序。

应用程序要访问一个数据库，首先必须用 ODBC 数据源管理器注册一个数据源，管理器根据数据源提供的数据库位置、数据库类型及 ODBC 驱动程序等信息，建立起 ODBC 与具体数据库的联系。这样，只要应用程序将数据源名提供给 ODBC，ODBC 就能建立起与相应数据库的连接。

(2) ODBC 驱动程序管理器。

ODBC 驱动程序管理器由 Microsoft 提供，它位于 Windows 操作系统下的控制面板中。ODBC 驱动程序可从 Microsoft 提供的操作系统中或数据库供应商那里获得。只要安装了新的 ODBC 驱动程序，应用系统就可访问新的后台数据库。

驱动程序管理器是一个动态链接库，用来加载 ODBC 驱动程序，调度驱动程序的工作。在 ODBC 中，ODBC API 不能直接访问数据库，必须通过驱动程序管理器与数据库交换信息。驱动程序管理器负责将应用程序对 ODBC API 的调用传递给正确的驱动程序，而驱动程序在执行完相应的操作后，将结果通过驱动程序管理器返回给应用程序。

(3) ODBC 驱动程序。

在访问 ODBC 数据源时需要具体的 ODBC 驱动程序的支持。如果应用程序访问的是 SQL Server 服务器，则 ODBC 驱动程序管理器调用 SQL Server 的驱动程序建立应用系统与数据源的连接，并向数据源提交用户请求的 SQL 语句，进行数据格式的转换，向应用程序返回处理结果等。

(4) ODBC 数据源。

每一个数据源(Data Source Name，DSN)都有一个数据源名。数据源包含了数据库的物理位置、数据库名、数据库类型、用户名等信息，实际上是一种数据连接的抽象。

假如学校要开发一个管理信息系统，其中包括了两个数据库，一个是以前一直使用的 Foxpro 数据库，该数据库中具有教职工信息、财务信息和科研信息等；另一个是 SQL Server 数据库，其中有学生信息等。为了方便应用系统与这两个数据库的通信，可以创建两个 ODBC 数据源，一个命名为 Teacher，指向 FoxPro 管理的数据库，另一个数据源命名为 Student，指向 SQL Server 管理的数据库。当应用程序要访问数据库中的数据时，只需指明数据源名称，而不必指明所使用的驱动程序、服务器名、数据库名等。

由以上内容可知，建立数据源是在开发 ODBC 数据库应用程序时首先要完成的工作。

5.7.2 ODBC 实例分析

一般地，编写 ODBC 程序主要有以下几个步骤：

(1) 分配 ODBC 环境。对于任何 ODBC 应用程序来说，第一步的工作是装载驱动程序管理器，然后初始化 ODBC 环境，分配环境句柄。

程序中先声明一个 SQLHENV 类型的变量，再调用函数 SQLAllocHandle，驱动程序分配一个结构用来存放环境信息，然后返回对应于该环境的环境句柄。实现代码如下：

```
SQLHENV henv;
SQLAllocHandle(SQL_HANDLE_ENV,SQL_NULL_HANDLE,&henv);
```

(2) 分配连接句柄。分配环境句柄后，在建立与数据源的连接之前，必须分配一个连接句柄。每一个到数据源的连接对应于一个连接句柄。

程序先定义了一个 SQLHDBC 类型的变量，用于存放连接句柄，然后调用 SQLAllocHandle 函数分配句柄。实现代码如下：

```
SQLHDBC hdbc;
SQLAllocHandle(SQL_HANDLE_DBC,henv,&hdbc);
```

(3) 连接数据源。当连接句柄分配完成后，可以设置连接属性，所有的连接属性都有缺省值，也可以通过调用函数 SQLSetConnectAttr()来设置连接属性，并用函数 SQLGetConnectAttr()获取这些连接属性。

完成对连接属性的设置之后，就可以建立与数据源的连接了。对于不同的程序和用户接口，可以用不同的函数建立连接：SQLConnect、SQLDriverConnect、SQLBrowseConnect。

SQLConnect 函数提供了最为直接的程序控制方式，只要提供数据源名称、用户名和口令，就可以进行连接。函数格式为

```
sqlreturn sqlconnect(sqlhdbc connectionhandle,sqlchar servername,
                    sqlsmallint namelength1,sqlchar username,sqlsmallint namelength2,
                    sqlchar *authentication,sqlsmallint namelength3);
```

其中，connectionhandle 为连接句柄，servername 为数据源名称，namelength1 为数据源名称长度，username 为用户 id，namelength2 为用户 id 长度，authentication 为用户口令，namelength3 为用户口令长度。返回值有 sql_success、sql_success_with_info、sql_error 或 sql_invalid_handle，其中若成功连接数据源则返回 sql_success。

(4) 构造和执行 SQL 语句，并取得执行结果。应用程序的绝大部分数据库访问工作都是通过执行 SQL 语句完成的，在执行 SQL 语句之前，必须要先分配一个语句句柄，然后设置相应语句的语句属性，再执行 SQL 语句。当一个语句句柄使用完成后，调用函数 SQLFreeHandle()释放该句柄。实现代码如下：

```
SQLHSTMT hstmt = SQL_NULL_HSTMT;
SQLAllocHandle(SQL_HANDLE_STMT, hdbc, &hstmt);
```

从数据源取回的数据存放在应用程序定义的变量中，因此，必须首先分配与记录集中字段相对应的变量，然后通过函数 SQLBindCol 将记录字段同程序变量绑定在一起。

(5) 断开同数据源的连接。当完成对数据库操作后，就可以调用 SQLDisconnect 函数关闭同数据源的连接。

(6) 释放 ODBC 环境。最后一步就是释放 ODBC 环境参数了。

例 5.30　通过采用直接执行和参数预编译两种方式实现数据库操作中的添加、修改和删除。该数据源名称为 test，分别用以下两条 SQL 语句来实现：

(1) 向表中插入已知数据值：INSERT INTO Item_Emp VALUES('202101','1004');

(2) 查询 Employee 表中的全部职工号 Eno：SELECT Eno FROM Employee;

具体实现程序如下：

```
#include <stdio.h>
#include <string.h>
#include <windows.h>
#include <sql.h>                              //包含基本的 ODBC API 的定义
#include <sqlext.h>                           //包含扩展的 ODBC 的定义
#include <sqltypes.h>
#include <odbcss.h>
SQLHENV henv = SQL_NULL_HENV;                 // 分配 ODBC 环境句柄
SQLHDBC hdbc = SQL_NULL_HDBC;                 // 分配连接句柄
SQLHSTMT hstmt = SQL_NULL_HSTMT;              // 分配 SQL 语句句柄，每次执行完成后释放
int main(){
```

```
RETCODE retcode;
UCHAR szDSN[SQL_MAX_DSN_LENGTH+1] ="test";  //ODBC 数据源
UCHAR szUID[MAXNAME] = "sa";                //SQL 登录用户名
UCHAR szAuthStr[MAXNAME] = "";              //密码
// SQL 语句(1)：向表中插入已知数据值
UCHAR sql1[50]="INSERT INTO Item_Emp VALUES('202101', '1004')";
// SQL 语句(2)：查询全部记录
UCHAR sql2[50]="SELECT Eno FROM Employee";
/*-----连接数据源-----*/
//分配环境句柄
retcode = SQLAllocHandle(SQL_HANDLE_ENV,NULL,&henv);
retcode=SQLSetEnvAttr(henv, SQL_ATTR_ODBC_VERSION, (SQLPOINTER) SQL_OV_ODBC3,
  SQL_IS_INTEGER);
//分配连接句柄，每一个到数据源的连接对应于一个连接句柄
//首先定义了一个 SQLHDBC 类型的变量 hdbc，用于存放连接句柄，然后调用 SQLAllocHandle
函数分配句柄
retcode = SQLAllocHandle(SQL_HANDLE_DBC, henv, &hdbc);
//建立到数据源的连接
retcode = SQLConnect(hdbc,szDSN,4,szUID,2,szAuthStr,0);
//判断连接是否成功
if((retcode!= SQL_SUCCESS)&&(retcode!=SQL_SUCCESS_WITH_INFO)){
    printf("连接失败!\n");}
else{
/*-----创建并执行一条或多条 SQL 语句，由分配一个语句句柄(statement handle)、创建 SQL
  语句、执行语句、销毁语句等几部分构成-----*/
    retcode = SQLAllocHandle(SQL_HANDLE_STMT, hdbc, &hstmt);
    //直接执行添加操作 Insert into Item_Emp values('202101', '1004')
    SQLExecDirect (hstmt,sql,44);
    //执行查询语句 SELECT Eno FROM Employee，并全部输出查询结果
    //确认一个结果集是否可用
    SQLExecDirect(hstmt,sql2,24);
    //将结果集的列绑定在适当的变量上
    CHAR list[4];
    SQLBindCol(hstmt1,1,SQL_C_CHAR,list,4,0);
    do{
      retcode = SQLFetch(hstmt1);
      if(retcode == SQL_NO_DATA){
        break;
      }
        printf("%s\n",list);
```

```
        }while(1);
        printf("操作成功!");
        //释放语句句柄
        SQLCloseCursor (hstmt);
        SQLFreeHandle (SQL_HANDLE_STMT, hstmt);
       }
       /*-----断开数据源-----*/
    //断开与数据源的连接
    SQLDisconnect(hdbc);
    //释放连接句柄
    SQLFreeHandle(SQL_HANDLE_DBC, hdbc);
    //释放环境句柄 (当不再需要在该环境中进行更多连接时使用该语句)
    SQLFreeHandle(SQL_HANDLE_ENV, henv);
    return(0);
}
```

5.7.3 Java 数据库连接——JDBC

JDBC 表示“Java Database Connectivity”，允许 Java 程序访问数据库。Java 程序能够在安装了 Java 解释器的任意操作系统上运行，正是鉴于 Java 的这种可移植性，大多数 RDBMS 开发商都提供了 JDBC 驱动程序，以实现通过 Java 程序来访问数据库的功能。其中，JDBC 驱动程序通过 JDBC 应用程序编程接口(API)中所提供的方法来实现 Java 应用程序与各种数据库服务器之间的连接服务。

使用 JDBC 函数调用实现数据库访问，应完成以下步骤：

(1) 必须将 JDBC 类库导入到 Java 程序中，这些类库称为 java.sql.*，实现语句如下：

```
import java.sql.*;
```

(2) 加载将要使用的 RDBMS 的相关驱动程序。这一步可能需要依赖于安装实现，结果产生了一个叫作 Drivermanager 的对象。

以 Microsoft SQL Server 为例，首先可以在 Microsoft 的网站 http://www.microsoft.com/sql 中下载 SQL Server 2014 Driver for JDBC 并安装。安装完成后，在安装目录 C:\Program Files\Microsoft SQL Sever 2014 Driver for JDBC 的 lib 目录下有三个 jar 文件：msbase.jar、mssqlserver.jar 和 msutil.jar，所有需要的类都在这三个文件中。因此，需要将这三个文件的路径加入到 classpath 中。

(3) 建立与数据库的连接。使用 DriverManager 类的方法 getConnection()创建一个连接对象，这就创建了一个 Connection 类型的变量。

创建连接的 Java 语句如下：

```
Connection myConn = DriverManager.getConnection(<URL>,<name>,<password>);
```

其中，方法 getConnection()将希望连接的数据库的 URL、用户名和密码作为参数。它返回 Connection 类型的对象，对象名称是 myConn。需要注意的是 Java 的编程风格，在一条语句中指定 myConn 的类型和值。

通过将合适的方法应用到如 myConn 的连接中，可以创建语句对象。将 SQL 语句“置入”这些对象，然后将值与 SQL 语句参数绑定，执行 SQL 语句并且逐个检查元组。

JDBC 中的创建语句 Statement 能够将 SQL 命令传送至数据库加以执行，并接收返回的结果。由于与数据库沟通的方式有好几种，于是 JDBC API 也提供了不同的 Statement，其中 PreparedStatement 主要用来提供条件式的 SQL 命令，CallableStatement 则多半用于执行存储过程。

Statement 最主要的用途为传送静态的 SQL 命令给数据库来执行，并返回一个 ResultSet 类型的对象存储数据库执行 SQL 命令的数据结果。具体流程如下：

(1) 将利用 Connection 对象的 createStatement()方法，建立一个 Statement 对象。该方法有两种调用形式，它们的名字相同，但是参数数量不同。

① createStatement()返回 Statement 类型的对象。该对象没有相关的 SQL 语句，该调用接收一个连接句柄，返回一个语句句柄。

② createStatement(string sql)返回 PreparedStatement 类型的对象，其中 sql 是一个以字符串的形式被传递的 SQL 查询语句。实现语句如下：

```
Public Statement createStatement() throws SQLException;
```

(2) 利用 Statement 对象的 executeUpdate()方法或 executeQuery()方法来执行 SQL 命令。JDBC 中有一个通用方法 excute()，还有两个特化方法分别是 executeUpdate()和 executeQuery()。

① executeUpdate()方法用于执行插入、修改或删除的 SQL 命令，并返回一个整型值来表示执行 SQL 命令所影响的记录条数，如更新的记录数或者是删除的记录数。实现语句如下：

```
Public int executeUpdate(string sql)throws SQLException;
```

② executeQuery()方法用于执行查询 SQL 命令，并返回一个 SQL 命令所产生的 ResultSet 类型的对象。实现语句如下：

```
Public ResultSet executeQuery(string sql) throws SQLException;
```

另外，executeUpdate()和 executeQuery()均无参数，都被用于 PreparedStatement 对象。

例 5.31 假设有一个连接对象 myConn，希望执行以下查询：

```
SELECT Ename, Title FROM Employee;
```

一种方法是创建 execStat 语句对象，接着用它直接执行查询，结果集被置于 ResultSet 类型的对象 Worths 中。实现代码如下：

```
Statement execStat = myConn.createStatement();
ResultSet Worths = execStat.executeQuery("SELECT Ename, Title FROM Employee");
```

另一种方法是立即准备查询然后再执行查询。如果要重复地执行相同的查询，则这个方法更好些，因为 RDBMS 不需要重复准备相同的查询而可以多次执行。实现代码如下：

```
PreparedStatement execStat = myConn.createStatement("SELECT Ename, Title FROM Employee");
ResultSet Worths = execStat.executeQuery();
```

本章小结

本章是数据库编程的高级篇，首先概要介绍了数据库编程中的一些主要技术方法，并在接下来的各节中较为深入详细地讨论了各种数据库编程技术的具体实现。

嵌入式 SQL 语言使用编程语言的过程性结构，弥补 SQL 语言实现复杂应用方面的不足。在 5.2 节中，使用了以 C 语言作为宿主语言的具体案例来讨论嵌入式 SQL 的通用技术。在嵌入式 SQL 中，RDBMS 的预编译器从程序中提取并处理 SQL 语句。同时，也简单介绍了动态 SQL 技术。

各大厂商的 DBMS 均对 SQL 标准语言进行了扩充(又称 SQL 方言)，其中包括局部变量、全局变量、控制流语言、一些常用的命令和常用的函数等，这样可以帮助应用程序完成更为强大的数据库操作功能，尤其是在存储过程、函数、游标的设计和使用方面。

在许多应用中，如果能够创建数据库的程序模块，即存储过程或者函数，并将这些程序模块存储在数据库服务器上的 DBMS 中，需要时执行，这样会使得整个应用系统更加有效。存储过程或函数是由一组 SQL 语句组成，经编译后存储在数据库中，供应用程序多次调用。使用存储过程或函数可提高数据库应用程序效率，减少网络流量。在 5.3 节～5.5 节中概要介绍了大多数 DBMS 自带的高级数据库编程，这类编程技术允许在现有的 SQL 语言中支持一些复杂的程序设计结构。

5.6 节介绍了目前的数据库应用软件的体系结构：客户机/服务器结构，它的实质是在客户机和服务器之间适当地分配工作任务、各尽所能，并减少传递信息所需要的网络带宽；浏览器/服务器结构是对客户机/服务器结构的改进，在客户端和数据库服务器之间增加了一个(或多个)中间层，在中间层上完成用户界面和业务逻辑，用户只需在客户端使用浏览器通过中间层上的应用程序即可访问数据库服务器上的数据。这样，既保证了数据库的安全性，同时又减轻了客户机的负担，方便系统的管理和维护。

ODBC 是微软公司开发的、连接前端应用程序和后台数据库服务器之间的一种接口，利用 ODBC 开发的应用系统可以方便地在不同厂商的数据库服务器上进行移植，从而提高了数据的共享性，使应用程序具有良好的可移植性。接下来讨论了如何通过函数调用库来访问数据库，此项技术比嵌入式 SQL 具有更强的灵活性。主要以 C 语言为宿主语言为例，讨论如何通过 ODBC 接口技术实现对数据库的访问，包括：查询字符串参数是如何被传递的；查询参数在运行时是如何被赋值的；结果是如何返回给程序变量的。接着又概要介绍了 Java 程序使用 JDBC 接口库来访问数据库的方法。

习 题 5

1. 在嵌入式 SQL 中如何区分 SQL 语句和宿主语句？
2. 在嵌入式 SQL 中如何解决数据库工作单元与源程序工作单元之间的通信？
3. 在嵌入式 SQL 中如何协调 SQL 语言的集合处理方式和宿主语言的单记录处理方式？

4. T-SQL 和 ANSI SQL 的关系是什么？

5. 什么是存储过程？使用存储过程的优点是什么？

6. 存储过程和触发器的区别是什么？

7. 怎样执行带参数的存储过程？

8. 什么是游标？游标的使用有哪几个步骤？

9. 什么是用户自定义函数？分为哪几类？

10. 用户自定义函数和存储过程有什么相同点和不同点？

11. 简要说明客户机/服务器系统的体系结构。

12. 客户机/服务器结构中客户机和服务器的主要任务是什么？

13. 简述 ODBC 的体系结构。

14. 使用 C 语言和嵌入式 SQL 语言编写程序：查询某个班级全体学生的信息。要查询的班级号由用户在程序运行过程中指定(班级号由主变量 classno 指定)。

15. 使用 C 语言和嵌入式 SQL 语言编写程序：查询某个班学生的信息(班级号由主变量 classno 指定)，然后按用户的要求修改其中某些记录的年龄属性。

16. 针对第 3 章习题 10 的四个表，用 SQL 语言完成以下各项查询：

(1) 每门课程的及格人数和不及格人数。

(2) 使用分数段(90～100 为优秀，80～89 为良好，70～79 为中等，60～69 为及格，0～59 为不及格)来统计各课程各分数段成绩的人数，结果显示课程号、课程名和各分段人数。

17. 对于第 3 章习题 10 中的成绩管理数据库，创建一个存储过程：根据学生学号查询该学生所有选修课的成绩，学号作为参数输入。

18. 对于成绩管理数据库，创建一个存储过程，输入的参数是班级名，判断该班级中是否已有学生存在。若有，存储过程返回 1；若没有，存储过程返回 0。

19. 对于成绩管理数据库，创建一个带输出参数的存储过程：根据学生学号查询该学生的姓名和所学专业。

20. 将习题 17～习题 19 的存储过程，分别改为用户自定义函数来实现。

21. 使用游标实现将学生的成绩由百分制改为等级制(90～100 为优秀，80～89 为良好，70～79 为中等，60～69 为及格，0～59 为不及格)。

22. 对于成绩管理数据库，设计一个存储过程，实现计算每个学生已获得的总学分(成绩大于等于 60 分，视作该学生获得该门课程的学分)。

23. 设计一个存储过程，可以根据课程名来统计该课程的成绩分布情况，即按照各分数段统计人数。

第 6 章

关系数据模型及其运算基础

第 6 章讲什么?

在商业数据处理应用中，关系模型仍是当今主要的数据模型。关系模型与早期的数据模型相比，以其简易性简化了编程者的工作而占据了主导地位。第 2 章已经详细介绍了关系模型的相关重要概念，关系模型是由关系数据模型结构——关系、关系操作集合和关系的三类完整性约束组成的。本章将详细介绍关系数据模型中关系操作的集合，即关系代数，这也是关系数据库所具有的与数据查询处理相关的理论基础部分。

任何实际关系语言都向用户提供了一整套的关系操作语句，第 3 章介绍的 SQL 就是如此。评价实际语言的理论是关系代数和关系演算。实际的关系语言有的是基于关系代数的，有的是基于关系演算的，有的是介于二者之间的，SQL 就属于后一类。关系演算又分为元组关系演算和域关系演算两种。理论上已证明关系代数、元组关系演算和域关系演算三者是等价的。

本章将重点介绍关系代数，对元组关系演算和域关系演算只作一般性介绍。

6.1 关系模型的基本概念

关系操作是集合操作，操作的对象是集合，操作的结果也是集合。因此，关系操作的基础是集合代数。

关系模型的基本概念

1. 笛卡尔积

设 D_1，D_2，…，D_n 都是有限集合，则 D_1，D_2，…，D_n 上的笛卡尔积(Cartesian Product)为

$$D_1 \times D_2 \times \cdots \times D_n = \{(d_1, d_2, \cdots, d_n) \mid d_i \in D_i,\ i = 1, 2, \cdots, n\}$$

其中，每一个元素(d_1, d_2, …, d_n)叫作一个 n 元组(n-Tuple)，简称元组(Tuple)。一个元组在集合 D_i 上的值 d_i 称为该元组在 D_i 上的分量(Component)。

一个元组是组成该元组的各分量的有序集合(而不只是各分量的集合)。

若 D_i 的基数(Cardinal Number)为 m_i，则 $D_1 \times D_2 \times \cdots \times D_n$ 的基数为

$$M = \prod_{i=1}^{n} m_i$$

例 6.1 设有两个集合：职工 = {张三，李四，王五}，项目 = {管理，程控，数控}，则职工、项目上的笛卡尔积为

职工 × 项目 = { (张三，管理)，(张三，程控)，(张三，数控)，
(李四，管理)，(李四，程控)，(李四，数控)，
(王五，管理)，(王五，程控)，(王五，数控)}

笛卡尔积实际上就是一张二维表。例 6.1 的笛卡尔积“职工 × 项目”对应的二维表如表 6-1 所示。

表 6-1 “职工 × 项目”二维表

职工	项目
张三	管理
张三	程控
张三	数控
李四	管理
李四	程控
李四	数控
王五	管理
王五	程控
王五	数控

例 6.1 中，职工的基数为 3，项目的基数为 3，则笛卡尔积“职工×项目”的基数为 3×3=9，对应二维表也有九个元组。

2. 关系

笛卡尔积 $D_1 \times D_2 \times \cdots \times D_n$ 的任意一个子集称为 D_1，D_2，…，D_n 上的一个 n 元关系，简称关系(Relation)，又称为表(必须指出的是，笛卡尔积中元组的分量是有序的，因此，其子集也是有序的。但在这里去掉了有序这一特性)。每个关系都有一个关系名。

关系是笛卡尔积的子集，所以关系也是一个二维表。二维表的表名就是关系名，二维表的每一列就是一个属性(Attribute)，因此，n 元关系就有 n 个属性。一个关系中的每一个属性都有一个属性名，且各个属性的属性名都不相同。一个属性的取值范围 $D_i(i = 1, 2, \cdots, n)$ 称为该属性的域(Domain)，不同属性可以有相同的域。二维表的每一行值对应于一个元组。在关系中，列与列次序的交换、元组与元组次序的交换是不重要的。

由前述内容可知，实际的关系有三种类型：基本表(Table)、查询表(Query)和视图表(View)。基本表是实际存在的表；查询表是查询结果对应的表；视图表是由基本表和/或已定义视图导出的表，它是虚表，只有定义，实际上是不存在的。

在 2.5.1 节中已介绍了有关关系的其他术语，如主码、主属性等，这里不再重复。

6.2 关系模式

在 2.5.1 节中已介绍过一个关系的关系模式是该关系的关系名及其全部属性名的集合，一般表示为关系名(属性名 1，属性名 2，…，属性名 n)。可见，关系是值；而关系模式是型，是对关系的描述。关系模式是稳定的，关系是变化的；关系是某一时刻关系模式的内容，关系模式常简称为关系。

但上述关系模式的定义还不够全面(虽然一般情况下都是这样做的)，完整的关系模式定义为

$$R(U, D, \mathrm{dom}, F)$$

其中，R 为关系名，U 为该关系所有属性名的集合，D 为属性组 U 中各属性所来自的域的集合，dom 为属性向域映像的集合，F 为属性间数据依赖关系的集合。将在第 7 章对其进行详细介绍。

关系模式常简记为

$$R(U) \text{ 或 } R(A_1, A_2, \cdots, A_n)$$

其中，R 为关系名，$A_i(i=1, 2, \cdots, n)$为属性名。域名及属性向域的映像一般即为定义中属性的类型和长度。

一个应用范围内，所有关系的集合就形成了一个关系数据库。对关系数据库的描述称为关系数据库模式，也称为关系数据库的型。

一个关系数据库模式包括全部域的定义及在这些域上定义的全部关系模式。全部关系模式在某一时刻的值的集合(全部关系的集合)为关系数据库的值，简称为关系数据库。

6.3 关系代数

关系代数(Relational Algebra)与 DBMS 所提供的实际语言并不完全相同。关系代数是一种抽象的查询语言，但它是评估实际语言中查询能力的标准。关系代数中给出的功能在实际语言中应该都能直接或间接实现。

关系代数是通过对关系的运算来表达查询的。它的运算对象是关系，运算结果也是关系。

关系代数的运算可分为以下两类：

(1) 基于传统集合运算的关系运算：并、差、交和广义笛卡尔积，其运算符号分别为∪、－、∩和×。

(2) 特殊的关系运算：投影、选择、连接和除。其运算符分别为∏、σ、⋈和÷。其中，投影和选择是一元操作，其他关系运算是二元操作。

关系代数的两类集合运算所使用的辅助操作符如下：

(1) 比较运算符：>、≥、<、≤、=、≠。

(2) 逻辑运算符：∨(或)、∧(与)、¬(非)。

6.3.1 传统的集合运算

传统的集合运算

与传统的集合运算相同，基于传统集合运算的关系运算都是二目运算。但对参加并、差和交运算的关系是有一些规定的。设关系 R 和 S 的目都是 n(都有 n 个属性)，且相应属性取自同一域，则

(1) 关系 R 和 S 的并(Union)为

$$R \cup S = \{t \mid t \in R \vee t \in S\}$$

其含义为：任取元组 t，当且仅当 t 属于 R 或 t 属于 S 时，t 属于 $R \cup S$。$R \cup S$ 仅是一个 n 目关系。

(2) R 和 S 的差(Difference)为

$$R - S = \{t \mid t \in R(t) \wedge t \notin S(t)\}$$

其含义为：当且仅当 t 属于 R 并且不属于 S 时，t 属于 $R-S$。$R-S$ 也是一个 n 目关系。

(3) R 和 S 的交(Intersection)为

$$R \cap S = \{t \mid t \in R \wedge t \in S\}$$

其含义为：当且仅当 t 既属于 R 又属于 S 时，$t \in R \cap S$。

(4) 广义笛卡尔积(Extended Cartesian Product)。广义笛卡尔积不要求参加运算的两个关系具有相同的目(自然也就不要求来自同样的域)。设 R 为 n 目关系，S 为 m 目关系，则 R 和 S 的广义笛卡尔积为

$$R \times S = \{\widehat{t_r, t_s} \mid t_r \in R \wedge t_s \in S\}$$

其中，$\widehat{t_r, t_s}$ 表示由两个元组 t_r 和 t_s 前后有序连接而成的一个元组。

任取元组 t_r 和 t_s，当且仅当 t_r 属于 R 且 t_s 属于 S 时，t_r 和 t_s 的有序连接即为 $R \times S$ 的一个元组。

这里有两点需要加以说明：

(1) 虽然在表示上(以及为了方便起见，在说法上)，把 R 的属性放在前面，把 S 的属性放在后面，连接成一个元组，但在结果关系中，属性间前后交换次序是无关的。

(2) 若 R 和 S 有同名属性，在理论上必须先进行属性更名。一般地，在同名属性前加上“<表名>.”来区分。

R 和 S 的广义笛卡尔积是一个(n+m)目的关系。其中任何一个元组的前 n 列是关系 R 的一个元组，后 m 列是关系 S 的一个元组。若 R 有 K_1 个元组，S 有 K_2 个元组，则 $R \times S$ 有 $K_1 \times K_2$ 个元组。

实际操作时，可从 R 的第一个元组开始，依次与 S 的每一个元组组合，然后，对 R 的下一个元组进行同样的操作，直至 R 的最后一个元组也进行完同样的操作为止，即可得到 $R \times S$ 的全部元组。

例 6.2 表 6-2 给出了两个关系 R 和 S，以及它们进行并、差、交和笛卡尔积后的结果关系。

表 6-2　关系 *R*、*S* 及它们的传统集合结果

(a) *R*

A	*B*	*C*
a_1	b_1	c_1
a_1	b_2	c_2
a_2	b_2	c_1

(b) *S*

A	*B*	*C*
a_1	b_2	c_2
a_1	b_3	c_2
a_2	b_2	c_1

(c) $R \cup S$

A	*B*	*C*
a_1	b_1	c_1
a_1	b_2	c_2
a_2	b_2	c_1
a_1	b_3	c_2

(d) $R \cap S$

A	*B*	*C*
a_1	b_2	c_2
a_2	b_2	c_1

(e) $R - S$

A	*B*	*C*
a_1	b_1	c_1

(f) $R \times S$

A	*B*	*C*	*A*	*B*	*C*
a_1	b_1	c_1	a_1	b_2	c_2
a_1	b_1	c_1	a_1	b_3	c_2
a_1	b_1	c_1	a_2	b_2	c_1
a_1	b_2	c_2	a_1	b_2	c_2
a_1	b_2	c_2	a_1	b_3	c_2
a_1	b_2	c_2	a_2	b_2	c_1
a_2	b_2	c_1	a_1	b_2	c_2
a_2	b_2	c_1	a_1	b_3	c_2
a_2	b_2	c_1	a_2	b_2	c_1

选择和投影运算

6.3.2　投影

设<属性名表>中的所有属性都是关系 *R* 的属性，则 *R* 在<属性名表>上的投影(Projection)为 *R* 中各元组只保留在<属性名表>上的诸分量后形成的新关系(但重复元组只能保留一个)，记为

$$\prod_{<\text{属性名表}>}(R)$$

投影的实际操作方法为从 *R* 中逐次取出一个元组，先去掉不在<属性名表>上的各属性值，接着，按<属性名表>的次序重新排列剩下的各分量后，作为一个新元组送入投影结果(若投影结果关系中已有此元组，则必须将它舍弃)。这是从列的角度进行的运算。

例 6.3　查询职工的姓名和职称。

$$\prod_{\text{Ename,Title}}(\text{Employee}) \text{ 或者 } \prod_{2,6}(\text{Employee})$$

即表 3-1 中的职工表在姓名和职称两个属性列上的投影，结果如表 6-3 所示。

表 6-3　职工表在姓名和职称上的投影

Ename	Title
胡一民	工程师
王爱民	高工
张小华	工程师
宋文彬	工程师
胡民	工程师
黄晓英	助工
李红卫	助工
丁为国	助工

为了方便起见，投影表达式的<属性名表>中，可用属性在原表中的序号代替属性名。这种方法是常用的，但却是不正规的。因为关系中属性之间是无次序的。如例 6.3 中下角标“2”和“6”分别代表 Employee 表中的 Ename 和 Title 的属性序列。

投影不仅仅取消了原关系中的某些列，还可能会去掉某些元组(有重复时)。

例 6.4 查询职工表中在部门号上的投影，结果如表 6-4 所示。

$$\prod_{\text{Dno}}(\text{Employee})$$

表 6-4 职工表在部门号上的投影

Dno
01
03
02

6.3.3 选择

选择(Selection)运算是在一个关系中，选取符合某给定条件的全体元组，生成的新关系，记为

$$\sigma_{<条件>}(关系名)$$

其中，<条件>是布尔表达式。实际上，选择运算是从关系 R 中选取能使<条件>为真的元组，这是从行的角度进行的运算。

<条件>的基本形式为

$$X_i \ \theta \ Y_i$$

其中，X_i 和 Y_i 可以是属性名、常量或简单函数；属性名也可以用序号来代替；θ 表示比较运算符，可以是 >、≥、<、≤、= 或 <>。<条件>也可以是由多个布尔表达式进行的逻辑运算，即逻辑与、逻辑或或者逻辑非运算。

例 6.5 查询“01”号部门的全体职工信息。

$$\sigma_{\text{Dno} = '01'}(\text{Employee})$$

例 6.6 查询“01”号部门中已结婚(婚否='1')的职工信息。

$$\sigma_{\text{Dno} = '01' \wedge 5 = '1'}(\text{Employee})$$

规范书写形式为

$$\sigma_{\text{Dno} = '01' \wedge \text{Is\_Marry} = '1'}(\text{Employee})$$

其中，Employee 表中的第 5 列 Is_Marry 字段表示是否已婚，若取值为 1，表示已婚；若取值为 0，则表示未婚。

结果关系中的所有属性名都是原关系的属性名，结果关系中各元组都是原关系中的

元组。

不难证明，下面等式是成立的：

$$\sigma_{<条件1>}(\sigma_{<条件2>}(R)) = \sigma_{<条件2>}(\sigma_{<条件1>}(R)) = \sigma_{<条件1>\wedge<条件2>}(R)$$

笛卡尔积更名和连接

6.3.4　连接

连接(Join)也称 θ 连接，是从两个关系的广义笛卡尔积中选取满足某规定条件的全体元组形成一个新的关系，记为

$$R \underset{A\theta B}{\bowtie} S = \sigma_{A\theta B}(R \times S)$$

其中，A 是 R 的属性组(A_1，A_2，…，A_k)，B 是 S 的属性组(B_1，B_2，…，B_K)。$A\theta B$ 的实际形式为

$$A_1\theta_1 B_1 \wedge A_2\theta_2 B_2 \wedge \cdots \wedge A_K\theta_K B_K$$

A_i 和 $B_i(i = 1, 2, \cdots, k)$不一定同名，但必须可比(即它们的域必须相同)。$\theta_i(i = 1, 2, \cdots, k) \in$ {>，<，⩽，⩾，=，<>}。

1. 等值连接

等值连接(Equivalence Join)属于连接，当一个连接表达式中所有的 θ_i 都是“=”符号时，则称此连接为等值连接。等值连接是较常用的连接。

2. 自然连接

1) 自然连接的由来

设关系 R 和 S 共有 m 个相同的属性名，把这 m 个相同属性名的集合记为 A，则 R 和 S 在属性组 A 上的等值连接为

$$R \underset{R.A=S.A}{\bowtie} S$$

这个等值连接的缺点是：R_A 和 S_A 是完全相同的，即有 m 个冗余列。

2) 自然连接

设关系 R 和 S 共有 m 个相同的属性名，则 R 和 S 在这 m 个属性上进行等值连接后，又删除 m 个冗余列，所得结果称为 R 和 S 的自然连接(Natural Join)，记为

$$R \bowtie S$$

自然连接与等值连接的差别在于：

(1) 自然连接要求相等的分量必须有共同属性，等值连接则不要求。

(2) 自然连接要求把结果中的所有重复属性名都去掉一个，等值连接却不这样做。

可以证明，关系代数操作集{U，－，∏，σ，×}是完备的操作集，任何其他关系代数操作都可以用这五种操作的组合来表示。任何一个 DBMS，只要它能完成这五种操作，则称它是关系完备的(Relationally Complete)。当然，完备操作集并不只有这一个。

例 6.7　设表 6-5 中(a)和(b)分别给出了关系 R 和 S，求 R 和 S 的一般连接、等值连接和自然连接。表 6-5(c)为一般连接 $R \underset{C<E}{\bowtie} S$ 的结果，表 6-5(d)为等值连接 $R \underset{R.B=S.B}{\bowtie} S$ 的结果，表 6-5(e)为自然连接 $R \bowtie S$ 的结果。

表 6-5 两个关系的连接运算

(a) R

A	B	C
α	a	7
α	b	9
β	d	6
γ	c	10

(b) S

B	E
a	8
b	9
a	4
c	6
b	7
e	3

(c) $R \underset{C<E}{\bowtie} S$

A	$R.B$	C	$S.B$	E
α	a	7	a	8
α	a	7	b	9
β	d	6	a	8
β	d	6	b	9
β	d	6	b	7

(d) $R \underset{R.B=S.B}{\bowtie} S$

A	$R.B$	C	$S.B$	E
α	a	7	a	8
α	a	7	a	4
α	b	9	b	9
α	b	9	b	7
γ	c	10	c	6

(e) $R \bowtie S$

A	B	C	E
α	a	7	8
α	a	7	4
α	b	9	9
α	b	9	7
γ	c	10	6

例 6.8 表 6-6 中(a)和(b)分别给出了两个关系 R 和 S，求 R 和 S 的自然连接。表 6-6(c)为自然连接 $R \bowtie S$ 的结果(关系 R 和 S 中有多个属性列名相同)。

表 6-6 多个属性名相同的两个关系自然运算

(a) R

A	B	C	D
α	1	α	a
β	2	γ	a
γ	4	β	b
α	1	γ	a
δ	2	β	b

(b) S

B	D	E
1	a	α
3	a	β
1	a	γ
2	b	δ
3	b	ε

(c) $R \bowtie S$

A	B	C	D	E
α	1	α	a	α
α	1	α	a	γ
α	1	γ	a	α
α	1	γ	a	γ
δ	2	β	b	δ

两个关系 R 和 S 在作自然连接时，选择两个关系在公共属性上值相等的元组构成新的关系。此时，关系 R 中某些元组有可能在 S 中不存在公共属性上值相等的元组，从而造成 R 中这些元组在操作时被舍弃，如例 6.7 中，表 6-5(e)所示的 R 与 S 自然连接的表格中，R 的第三行元组被舍弃。同理，S 中某些元组也可能被舍弃，如表 6-5(e)中显示原 S 关系的第六行元组被舍弃。

3. 外连接

如果把舍弃的元组也保存在结果关系中，而在其他属性上填空值(NULL)，那么这种连接叫作外连接(Outer Join)。

外连接运算是连接运算的扩展，可以用来处理缺失的信息，避免信息的丢失。外连接运算有三种形式：左外连接(Left Outer Join 或 Left Join)，用 $R ⟕ S$ 表示；右外连接(Right

Outer Join 或 Right Join)，用 R ⟖ S 表示；全外连接(Full Outer Join)，用 R ⟗ S 表示。

左外连接取出左侧关系中所有与右侧关系的任一元组都不匹配的元组，用空值填充所有来自右侧关系的属性，再把产生的元组加到自然连接的结果上，如例 6.9 中的表 6-7(a)所示的第 6 行元组，即所有来自左侧关系(如表 6-7(a)中的 R 关系)的元组在左外连接结果中都得到保留。

例 6.9　对表 6-5(a)和(b)中所给出的两个关系 R 和 S，作出左外连接、右外连接和全外连接。左外连接 R ⟕ S 结果见表 6-7(a)，右外连接 R ⟖ S 结果见表 6-7(b)，全外连接 R ⟗ S 结果见表 6-7(c)。

表 6-7　对表 6-5 中关系 R 和 S 的外连接运算结果

(a) R ⟕ S

A	B	C	E
α	a	7	8
α	a	7	4
α	b	9	9
α	b	9	7
γ	c	10	6
β	d	6	NULL

(b) R ⟖ S

A	B	C	E
α	a	7	8
α	a	7	4
α	b	9	9
α	b	9	7
γ	c	10	6
null	e	NULL	3

(c) R ⟗ S

A	B	C	E
α	a	7	8
α	a	7	4
α	b	9	9
α	b	9	7
γ	c	10	6
β	d	6	NULL
NULL	e	NULL	3

右外连接与左外连接相对称，即用空值填充来自右侧关系的所有与左侧关系的任一元组都不匹配的元组，将结果加到自然连接的结果上，如表 6-7(b)中显示的第六行元组。因此右侧关系(如表 6-7(b)中的关系 S)的所有元组在右外连接结果中都得到保留。

全外连接完成左外连接和右外连接的操作，既填充左侧关系中与右侧关系的任一元组都不匹配的元组，又填充右侧关系中与左侧关系的任一元组都不匹配的元组，并把结果都加到自然连接的结果上，如表6-7(c)所示即为 R 与 S 关系的全外连接的结果。

6.3.5 更名

在自身连接查询中，即需要对同一关系进行连接查询，对关系进行更名(Rename)运算可得到具有新名字的一个相同的关系，把先后查询的同一关系区分开来。对给定关系 R 作更名为 S 的运算，记为

$$\rho_s(R)$$

例 6.10 查询年龄大于职工“胡一民”年龄的职工号和职工姓名，结果如表6-8所示。

$$\prod_{S.\text{Eno},\ S.\text{Ename}}(\sigma_{R.\text{Ename}='\text{胡一民}' \wedge S.\text{Age} > \text{E.Age}}(R \times \rho_s(R)))$$

表 6-8 年龄比胡一民大的职工的职工号和姓名

Eno	Ename
1004	王爱民
1005	张小华

6.3.6 除

除运算

本质上，除法(Division)是乘法(广义笛卡尔积)的逆运算。

1. 除法的简单形式

任给关系 $R(X, Y)$，X、Y 为属性组，若 $R(X, Y) = \prod_X(R) \times S(Y)$，则

$$R(X, Y) \div S(Y) = \prod_X(R)$$

此时必有 $S(Y) = \prod_Y(R)$。

上述定义中的条件，可以理解为 $S(Y)$能“整除” $R(X, Y)$。但现实世界中此情况极少出现，故有必要参照数学上整数域中除法的定义(不能“整除”时)给予扩充。

2. 除法的常用定义

给定两个关系 $R(X, Y)$和 $S(Y)$，其中 X、Y 是属性组，则

$$R \div S = T(X) = \{t \mid t \in \prod_X(R) \wedge \{t\} \times S(Y) \subseteq \text{R}\}$$

例 6.11 表6-9给出了两个关系：学生选课和课程，以及学生选课÷课程的结果。

表 6-9 两个关系的除法运算

学 生 选 课

姓名	课程
张航	数学
王昆	数学
李跃山	数学
张航	物理
李跃山	物理
曲军	物理

课 程

课程
数学
物理

学生选课÷课程

姓名
张航
李跃山

在学生选课关系中，学生有张航、王昆、李跃山和曲军四人。

由例 6.11 可见，除运算是为方便处理涉及带“全部条件”的查询而定义的。但实际上，大多数 DBMS 的 SQL 语言实现中并不直接实现除运算。因此，也可以用基本运算的组合运算来定义除运算。

$$R \div S = \prod_X(R) - \prod_X(\prod_X(R) \times \prod_Y(S) - R)$$

对于例 6.11，还可以将完成“查询选修所有课程的学生”所需的查找过程分解成以下步骤来完成。

(1) 求关系：全选课。

$$全选课 = \prod_{姓名}(学生选课) \times \prod_{课程}(课程)$$

该笛卡尔积的运算结果是全选课关系中存放了所有学生都选修了全部课程的理想状态数据。

(2) 求关系：学生未全选课。

$$学生未全选课 = 全选课 - 学生选课 = \prod_{姓名}(学生选课) \times \prod_{课程}(课程) - 学生选课$$

运算所得：学生未全选课关系中存放了实际不存在的学生选课信息。

(3) 求解 $\prod_{姓名}(学生未全选课)$，表示查询未选修全部课程的学生姓名。

(4) 求解 $\prod_{姓名}(学生选课) - \prod_{姓名}(学生未全选课)$，所得查询结果即表示选修了全部课程的学生的姓名。

$$学生选课 \div 课程 = \prod_{姓名}(学生选课) - \prod_{姓名}(\prod_{姓名}(学生选课) \times \prod_{课程}(课程) - 学生选课)$$

3. 除法的完整形式

给定两个关系 $R(X, Y)$和 $S(Y, Z)$，其中 X、Y 和 Z 是属性组。两个关系中的 Y 可以有不同的属性名，但必须出自相同的域集，则

$$R \div S = R(X, Y) \div \prod_Y(S) = T(X) = \{t \mid t \in \prod_X(R) \wedge \{t\} \times \prod_Y(S) \subseteq R\}$$

6.3.7 综合

例 6.12　表 6-10 给出了两个关系，求它们之间专门的关系运算。

表 6-10　关系及其关系运算

职　工

姓名	部门	级别
胡一民	技术科	6
王爱民	车间	7
张小华	设计所	7
宋文彬	技术科	7
黄小英	车间	8
李红卫	设计所	9
范笑笑	技术科	7

工　资

级别	工资/元
6	166
7	228
8	269
9	300
10	350

$\prod_{级别}$(职工)

级别
6
7
8
9

$\sigma_{工资级别=7}$(职工)

姓名	部门	级别
王爱民	车间	7
张小华	设计所	7
宋文彬	技术科	7
范笑笑	技术科	7

$职工 \underset{职工.级别=工资.级别}{\bowtie} 工资$

姓名	部门	职工.级别	工资.级别	工资/元
胡一民	技术科	6	6	166
王爱民	车间	7	7	228
张小华	设计所	7	7	228
宋文彬	技术科	7	7	228
黄小英	车间	8	8	269
李红卫	设计所	9	9	300
范笑笑	技术科	7	7	228

$职工 \bowtie 工资$

姓名	部门	级别	工资/元
胡一民	技术科	6	166
王爱民	车间	7	228
张小华	设计所	7	228
宋文彬	技术科	7	228
黄小英	车间	8	269
李红卫	设计所	9	300
范笑笑	技术科	7	228

下面以表 3-1 所示的数据库为例，讨论几个多种关系代数的综合应用查询。

例 6.13　查询基本工资在 600 元以上的职工号。

$$\prod_{Eno}(\sigma_{Basepay>600}(Salary))$$

例 6.14　查询“技术科”负责人的职工号、职工姓名和职称。

$$\prod_{Eno,Ename,Title}(Employee \underset{Eno=Manager}{\bowtie} \sigma_{Name='技术科'}(Department))$$

例 6.15　查询没有参加“201901”项目的职工号和职工姓名。

$$\prod_{Eno,Ename}(Employee)-\prod_{Eno,Ename}(\sigma_{Ino='201901'}(Item\_Emp) \bowtie \prod_{Eno,Ename}(Employee))$$

例 6.16　查询参加了全部项目的职工号和职工姓名。

$$\prod_{Eno,Ename}(Employee) \bowtie (Item\_Emp \div \prod_{Ino}(Item))$$

6.4 包

最初的关系数据库管理系统 RDBMS 所使用的查询语言大多以关系代数作为工具。基于集合的操作运算，就意味着无论是运算的操作对象还是操作结果都将是一个不能有重复元组出现的关系。但为了提高效率，这些系统在具体实现时将关系看作包(Bag)，而非集合(Set)。也就是说，除了用户明确说明查询中需要除去重复的元组，关系允许相同的元组重复出现多次。这一节中将讨论基于包的关系代数运算。

采用基于包的关系，将加速实现关系的查询。

当求两个关系的并时，如果采用包的概念，不要求消除重复元组，则只需直接把关系复制到输出；如果采用前面讲的集合来实现，就必须先对结果中的元组排序，或者使用其他相似操作，检查来自两个不同集合的重复元组，以保证得到的结果也是一个集合。这是通过允许结果是包来加快两个关系的并操作。

又如，执行投影操作时，允许结果关系是包，就可以简单地对每个元素作投影，然后把它加入结果当中，不用跟已经得到的其他元组作是否相同的比较。如果还是基于集合的投影操作，则必须将每一个元组与其余所有元组进行比较，以保证每个元组在关系中只出现一次，即需要去掉重复出现的元组。显然，这样查询的效率要比基于包的投影运算低很多。

例 6.17　查询职工的职称。

$$\prod_{Title}(Employee)$$

基于集合的投影运算，去掉重复元组，结果如表 6-11(a)所示；基于包的投影运算，允许重复元组出现，结果如表 6-11(b)所示。

表 6-11　职工表在职称上的投影

(a) 基于集合的投影

Title
工程师
高工
助工

(b) 基于包的投影

Title
工程师
高工
工程师
工程师
工程师
助工
助工
助工

6.5 扩展关系代数

除了传统的关系代数，以及采用基于包的关系操作，现代查询语言(如 SQL 语言)对关系代数操作主要在以下几个方面进行了扩展：

(1) 消除重复操作符 δ 用于把包中的重复元素都去掉，在关系当中只保留一个副本。

(2) 聚集运算(Aggregation Operator)，例如求和或者求平均值，常常和分组(Grouping)操作相联系。

(3) 分组运算，根据元组的值对它们在一个或多个属性上分组，然后对分好组的各个列进行聚集操作计算。分组运算符 γ 是组合了分组和聚集操作的一个运算符。

(4) 排序运算符 τ 用于把一个关系变成一个元组的列表，根据一个或者多个属性来排序。

(5) 广义投影(Generalized Projection)在普通投影操作上增加了一些功能，对原有的列进行一系列计算产生新的列。

(6) 外连接运算符(Outer Join)可防止悬挂元组(即在自然连接过程中无法找到相匹配的那部分元组)的出现，在外连接结果中，对于悬挂元组用 NULL 补齐。这在 6.3.4 节中已做过讲解。

6.5.1 消除重复

基于包的关系运算过程中，常需用一个运算符把包转化为集合，用 $\delta(R)$来返回一个没有重复元组的集合。消除重复在 SQL 语言中的实现，使用“DISTINCT”关键字。

例 6.18 在例 6.17 中的基于包的投影运算结果中，若不想出现重复元组，则可使用 $\delta(\prod_{Title}(Employee))$来消除重复元组，结果就等同于基于集合的投影运算。

6.5.2 聚集运算和分组运算

聚集运算用来汇总或者“聚集”关系中某一列的值，并返回单一的结果值。这些聚集运算有如下几种：

(1) SUM 用来计算一列值的总和。

(2) AVG 用来计算一列值的平均值。

(3) MIN 和 MAX 返回集合中的最小值和最大值。

(4) COUNT 返回集合中元素的个数，包括重复的元组。

例 6.19 根据 Item 表(如表 6-12 所示)，对项目经费作出各聚集运算的应用。

表 6-12 Item 项目表

Ino	Iname	Start_date	End_date	Outlay/元	Check_date
2018-01	硬盘伺服系统的改进	2018-03-01	2019-02-28	10.0	2019-02-10
2018-02	巨磁阻磁头研究	2018-06-01	2019-05-30	6.5	2019-05-20
2019-01	磁流体轴承改进	2019-04-01	2020-02-01	4.8	2020-01-18
2019-02	高密度记录磁性材料研究	2019-10-18	2020-09-30	25.0	2020-09-28
2020-01	MO 驱动器性能研究	2020-03-15	2021-03-14	12.00	NULL
2020-02	相变光盘性能研究	2020-06-01	2022-06-01	20.00	NULL

各项目经费总和为

$$SUM(Outlay) = 10.0 + 6.5 + 4.8 + 25.0 + 12.0 + 20.0 = 78.3$$

各项目的平均经费为

$$AVG(Outlay) = \frac{10+6.5+4.8+25+12+20}{6} = 13.05 \text{ 元}$$

项目中的最高经费为

$$MAX(Outlay) = 25.0 \text{ 元}$$

项目中的最低经费为

$$MIN(Outlay) = 4.8 \text{ 元}$$

有经费项目的个数为

$$COUNT(Outlay) = 6 \text{ 元}$$

例 6.19 中汇总的是 Item 表中所有项目的经费，但常常还希望能统计出每年的项目经费的汇总数据，如每年的经费总和、每年的平均经费值等。这就需要在作聚集运算之前将所有的数据按照项目起始的年份进行分组，然后再分别作聚集操作。

例 6.20　根据 Employee 表(如表 6-13 所示)，按照部门号进行分组，对职工的年龄作出各聚集运算的应用，得到的结果如表 6-14 所示。

表 6-13　Employee 表

Eno	Ename	Sex	Age	Is_Marry	Title	Dno
1002	胡一民	男	38	1	工程师	01
1004	王爱民	男	60	1	高工	03
1005	张小华	女	50	1	工程师	02
1010	宋文彬	男	36	1	工程师	01
1011	胡民	男	34	1	工程师	01
1015	黄晓英	女	26	1	助工	03
1022	李红卫	女	27	0	助工	02
1031	丁为国	男	24	0	助工	02

表 6-14　分组聚集计算的结果

Dno	Avg_Age	Max_Age	Min_Age
01	36	38	34
02	34	50	24
03	43	60	26

表 6-14 中，Avg_Age 表示按照部门号分组聚集计算职工的平均年龄；Max_Age 表示每个部门职工的最大年龄；Min_Age 表示每个部门职工的最小年龄。

6.5.3　排序运算

通常，当进行查询时，希望结果是排好序的。例如，查找职工信息时，希望能按照部门号对结果集进行排序，这样可以一目了然地发现每个部门职工的相关信息，从中得到更多有用信息。

排序运算符 τ 就是这样一个操作：可以把一个关系变成一个元组的列表，根据一个或者多个属性来排序。表达式 $\tau_A(R)$就是对关系 R 按照 R 中属性 A 排序，它所表示的仍然是

关系 R，只是以另一种排序出现的关系 R。如果 A 是多个属性组构成的，比如 A_1，A_2，…，A_n，那么 R 中元组先按照 A_1 排序，对于 A_1 值相等的，则按照 A_2 排序，依此类推。

例 6.21 对表 6-13 中的数据先按所在部门号排序，部门相同的按照职称进行排序，结果如表 6-15 所示。

$$\tau_{\text{Dno},\ \text{Title}}(\text{Employee})$$

表 6-15 对职工表进行排序

Eno	Ename	Sex	Age	Is_Marry	Title	Dno
1002	胡一民	男	38	1	工程师	01
1010	宋文彬	男	36	1	工程师	01
1011	胡民	男	34	1	工程师	01
1005	张小华	女	50	1	工程师	02
1031	丁为国	男	24	0	助工	02
1022	李红卫	女	27	0	助工	02
1004	王爱民	男	60	1	高工	03
1015	黄晓英	女	26	1	助工	03

6.5.4 广义投影

广义投影运算是对传统投影运算的扩展，允许对传统投影中查询所得的投影列表中使用算术表达式的形式，运算形式为

$$\prod_{F_1,\ F_2,\ \cdots,\ F_n}(E)$$

其中，F_1，F_2，…，F_n 是对关系中原有属性的算术表达式。当 F 表示为 $E \to Z$，其中 E 是一个涉及 R 的属性、常量、代数运算符或者字符串运算符的表达式。Z 是表达式 E 得到的结果属性的新名字。

例如，$a+b \to x$，作为生成一个新的属性列 x，表示属性 a 和属性 b 的和；$c \| d \to y$，表示属性 y 是由属性 c 和属性 d 字符串连接得来的新生成列。

例 6.22 查询 Employee 表中每个职工姓名和该职工的出生年份(假设出生年份计算为 2022－该职工的年龄)，结果如表 6-16 所示。

$$\prod_{\text{Ename},\ 2022-\text{Age}\to\text{YearofDate}}(\text{Employee})$$

表 6-16 对职工表的广义投影运算

Ename	Year of Date
胡一民	1984
王爱民	1962
张小华	1972
宋文彬	1986
胡民	1988
黄晓英	1996
李红卫	1995
丁为国	1998

6.6 关系演算

把数理逻辑中的谓词演算应用到关系运算中就得到关系演算(Relational Calculas)。关系演算分为元组关系演算(Tuple Calculas)和域关系演算(Domain Calculas)两种，前者以元组为变量，简称元组演算；后者以域为变量，简称域演算。

6.6.1 元组关系演算

元组关系演算是以元组为变量的，其表达式为

$$\{t \mid \varphi(t)\}$$

式中，t 为元组变量；$\varphi(t)$为元组关系演算公式，简称公式，表示所有使 φ 为真的元组的集合。$\varphi(t)$的最基本形式称为原子公式。$\varphi(t)$也可以是由原子公式和运算符组成的复合公式。

1. $\varphi(t)$的基本形式——原子公式

原子公式有三类：

(1) $R(t)$，其中，R 为关系名，意为 t 是 R 中的一个元组。

$\{t \mid R(t)\}$意为任取 t，只要 t 是 R 中的一个元组，t 就是结果中的一个元组。$\{t \mid R(t)\}$即表示关系 R。

(2) t[属性名 i] θ u[属性名 j]。其中，t 和 u 都是元组变量，θ 是算术比较符。当 t 的属性名 i 的值和 u 的属性名 j 的值满足比较关系 θ，即 t[属性名 i] θ u[属性名 j]为真时，t 为结果关系中的元组。

例如$\{t \mid R(t) \wedge t$[基本工资] > t[奖金]$\}$，意为对于 R 中的任一元组，当且仅当其基本工资属性值大于奖金属性值时，它就是结果关系中的一员。

(3) t[属性名 i] θ C 或 C θ t[属性名 i]，C 为常数。当 t 的属性名 i 的值与常数 C 之间满足比较符 θ，即 t[属性名 i] θ C 或 C θ t[属性名 i]为真时，t 为结果关系中的元组。

例如$\{t \mid R(t) \wedge t$[性别] = '男'$\}$，意为对 R 中的元组，当且仅当其性别属性值为“男”时，它就是结果关系中的一个元组。

2. $\varphi(t)$的完整定义

$\varphi(t)$ 的完整定义如下：

(1) 单个原子公式是公式。

(2) 若 φ_1 和 φ_2 为公式，则 $\varphi_1 \wedge \varphi_2$ 为公式。仅当 φ_1、φ_2 都为真时，才为真。

(3) 若 φ_1 和 φ_2 为公式，则 $\varphi_1 \vee \varphi_2$ 为公式。当 φ_1 和 φ_2 中有一个为真时即为真。

(4) 若 φ 为公式，则 $\neg\varphi$ 为公式。当 φ 为假时，$\neg\varphi$ 为真；否则，$\neg\varphi$ 为假。

(5) 若 φ 为公式，则 $\exists\, t(\varphi)$也为公式。只要有一个 t 使 φ 为真，则 $\exists\, t(\varphi)$也为真；否则，$\exists\, t(\varphi)$为假。其中，$\exists$ 是存在量词符号。

(6) 若 φ 为公式，则 $\forall\, t(\varphi)$也是公式。只有所有 t 都使 φ 为真时，$\forall t(\varphi)$才为真；否则，$\forall t(\varphi)$为假。其中，$\forall$ 是全称量词符号。

3. 公式中各种运算符的优先次序

加括号时，括号中的运算符优先。同一括号内的优先次序如下：

(1) 算术比较运算符的优先级最高；

(2) 量词次之，且$\exists$的优先级高于$\forall$的优先级；

(3) 逻辑运算符最低，$\neg$的优先级高于$\wedge$的优先级，$\wedge$的优先级高于$\vee$的优先级。

4. 元组关系演算与关系代数的等价性

关系代数的运算都可用元组关系演算表达式表示(反之亦然)。

下面给出关系代数的五种基本运算的关系演算表达式：

(1) 并：

$$R \cup S = \{t \mid t \in R(t) \vee t \in S(t)\}$$

(2) 差：

$$R - S = \{t \mid t \in R(\mathrm{t}) \wedge \neg\ S(t)\}$$

(3) 广义笛卡尔积：

$$R \times S = \{t^{(n+m)} \mid (\exists u^{(n)})(\exists v^{(m)})(R(u) \wedge S(v) \wedge (\forall\ u[\text{<属性名>}])\}$$
$$t[1] = u[1] \wedge \cdots \wedge t[n] = u[n] \wedge t[n+1] = v[1] \wedge \cdots \wedge t[n+m] = v[m]$$

其中，R为n目关系；S为m目关系；$t^{(n+m)}$表示t有$(m+n)$目。

(4) 投影：

$$\prod_{\text{<属性名表>}}(R) = \{t[\text{<属性名表>}] | (R(t)\}$$

(5) 选择：

$$\sigma_F(R) = \{t | R(t) \wedge F(t)\}$$

式中，$F(t)$是把t的有关分量代入逻辑表达式F后的具体式子。

5. 安全表达式

上面定义的元组关系演算可能会出现无限关系，如$\{t \mid \neg R(t)\}$(求出所有与R同目且不属于R的元组)，这是无意义的，做不到的。因此必须采取有效措施限制它。

不产生无限关系的表达式称为安全表达式，其中所有采取的措施称为安全措施。

最有效、最常见的安全措施是定义一个有限符号集$\mathrm{dom}(\varphi)$，规定在φ中以及中间结果和最后结果各关系中可能出现的各种符号都必须在$\mathrm{dom}(\varphi)$中(但$\mathrm{dom}(\varphi)$不一定是最小集)。

当下列条件全部满足时，元组演算表达式$\{t \mid \varphi(t)\}$是安全的：

(1) 若t使$\varphi(t)$为真，则t的所有分量都是$\mathrm{dom}(\varphi)$的元素；

(2) 对φ的每个形如$(\exists u)(w(u))$的子式，若u使$w(u)$为真，则u的所有分量必都属于$\mathrm{dom}(\varphi)$。可见，元组u只要有一个分量不属于$\mathrm{dom}(\varphi)$，则$w(u)$为假。

(3) 对φ的每个形如$(\forall\ u)(w(u))$的子式，若u使$w(u)$为假，则u的所有分量必都属于$\mathrm{dom}(\varphi)$。可见，若u有一个分量不属于$\mathrm{dom}(\varphi)$，则$w(u)$为真。

6.6.2 域关系演算

域关系演算与元组关系演算相似，但域关系演算中的变量是元组分量变量，简称域变量。关系的属性名可被视为域变量。

域关系演算表达式的形式为

$$\{t_1t_2\cdots t_k \mid \varphi(t_1, t_2, \cdots, t_k)\}$$

式中，t_1，t_2，…，t_k 为域变量；$\varphi(t_1, t_2, \cdots, t_k)$为域关系演算公式，表示所有使$\varphi$为真的 t_1，t_2，…，t_k所组成的元组的集合。

$\varphi(t_1, t_2, \cdots, t_k)$的最基本形式称为原子公式。$\varphi$也可以是由原子公式和运算符组成的复合公式。

1. φ 的基本形式——原子公式

原子公式有三类：

(1) $R(t_1, t_2, \cdots, t_k)$，R 为 k 元关系，$t_i(i = 1, 2, \cdots, k)$为域变量或常数。$R(t_1, t_2, \cdots, t_k)$表示由分量 $t_1, t_2, \cdots, t_k$ 组成的元组属于 R。

(2) $t_i\theta u_j$，t_i 为元组 t 的第 i 个分量，u_j 是元组 u 的第 j 个分量。$t_i\theta u_j$ 表示域变量 t_i 与 u_j 之间应满足 θ 关系。

(3) $t_i\theta C$ 或 $C\theta t_i$，表示域变量 t_i 与常数 C 之间应满足 θ 关系。

域关系演算和元组关系演算具有相同的运算符，也有“自由域变量”和“约束域变量”的概念。

2. 公式的完整定义

公式的完整定义如下：

(1) 单个原子公式是公式。

(2) 若 φ_1 和 φ_2 是公式，则 $\varphi_1 \wedge \varphi_2$、$\varphi_1 \vee \varphi_2$、$\neg\varphi_1$ 也是公式。

(3) 若 φ 是公式，则$(\exists\ t_i)\varphi$ 也是公式。其中，$i = 1$，2，…，k。

(4) 若 φ 是公式，则$(\forall\ t_i)\varphi$ 也是公式。其中，$i = 1$，2，…，k。

在域关系演算中，也有与元组关系演算中相类似的安全条件。

3. 关系代数、关系演算的等价性

(1) 每一个关系代数表达式都有一个等价的安全的元组演算表达式。

(2) 每一个安全的元组演算表达式都有一个等价的安全的域演算表达式。

(3) 每一个安全的域演算表达式都有一个等价的关系代数表达式。

所以，在安全的条件下，关系代数、元组关系演算、域关系演算是等价的，可相互转换。

6.7 关系系统

关系型数据库系统是目前应用最广泛的数据库系统，但各实际关系系统的功能都是有差异的。为此，本节对关系系统的分类加以介绍。

6.7.1 关系系统的定义

当一个系统满足以下两条要求时，它就是一个关系系统：

(1) 支持关系数据结构。在用户眼里，数据库是由表并且只由表构成的。

(2) 不仅应有在关系代数中选择、投影和(自然)连接运算，并且不能要求用户定义任何物理存取路径。

上述两点构成了最小关系系统的定义。

仅支持关系数据结构而不支持选择、投影和连接功能的系统，不是关系系统。

虽然支持上述三种运算，但要求用户定义物理存取路径的系统，仍然不是关系系统。

关系系统的最大优点在于方便用户，而不支持上述三种运算的系统是不方便用户的。因此，支持上述三种运算也必须是关系系统的基本要求。

如果一个目标为关系系统的系统，要求用户定义存取路径，才能进行上述三种操作，那么它与非关系系统在本质上差别不大。因此，关系系统必须能自动选择路径，进行查询优化，这是关系系统的关键技术。

上述三种操作并非关系代数的全部运算，但却是最重要、最有用的运算。有了这三种运算功能，就能解决绝大部分的实际问题。

6.7.2 关系系统的分类

有了关系系统的定义，自然就应该有关系系统的分类了。

根据 E.F.codd 的思想，关系系统可以分为图 6-1 所示的三类。

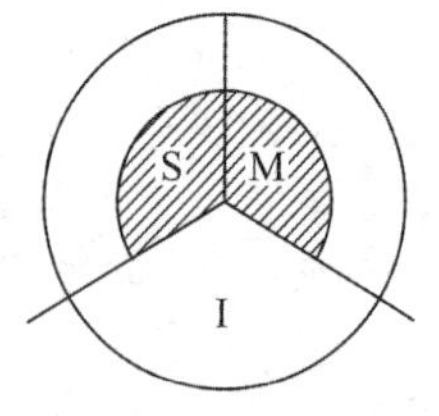

(a)（最小）关系系统

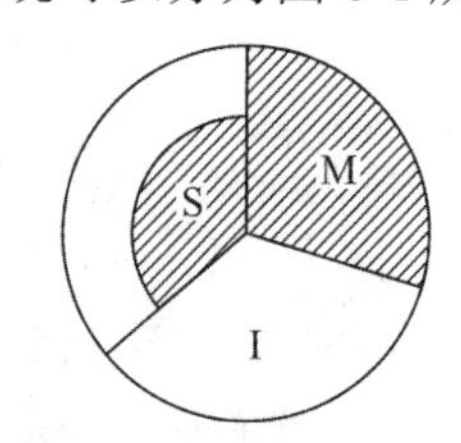

(b) 关系完备的关系系统

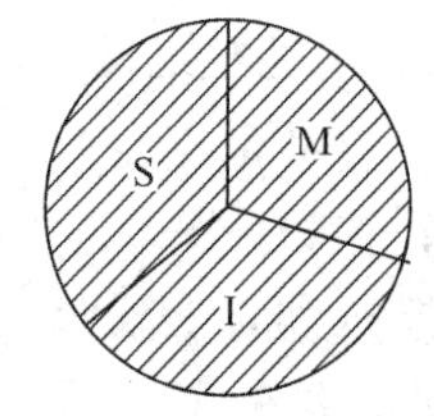

(c) 全关系的关系系统

图 6-1 关系系统的分类

其中，圆内部分表示一个关系数据模型。一个关系数据模型(圆)由三部分组成：结构 S(Structure)、完整性 I(Integrity)和数据操纵 M(Manipulation)。每一部分中阴影的大小，表示支持该内容的程度。

1. (最小)关系系统

仅支持关系数据结构和选择投影、连接运算功能并且不要求用户定义任何物理存取路径的系统为最小关系系统。很多微机型关系数据库系统都属于此类。

2. 关系完备系统

不仅支持关系数据结构，而且支持所有关系代数操作的系统为关系完备系统。

3. 全关系系统

支持关系模型所有特征的系统为全关系系统。全关系系统支持数据结构中域的概念，其关系是完备的，而且支持实体完整性和参照完整性，即支持 12 条准则。目前，很多关系系统已接近全关系系统。

6.7.3 全关系系统的 12 条基本准则简介

下面介绍 E.F.codd 提出的十二条基本准则，只有遵循这些准则的系统才是全关系系统。

准则 0　一个 RDBMS 必须能完全通过自身的关系能力来管理数据库。

这意味着，一个目标为关系型的 RDBMS 必须能在关系这个级别上支持数据库的插入、修改和删除(一次对多个记录的操作)。

准则 0 是下面 12 条准则的基础，不满足准则 0 的 DBMS 都不是 RDBMS。

准则 1　信息准则。RDBMS 的所有信息都应在逻辑一级用同一个方法(即表 Table 中的值)显示出来。而且，每个表的表名、标准的列名和域名等，都是用系统内的数据字典表中的值表示的。数据字典本身是一个描述元数据的数据库。

准则 2　保证访问准则。依靠表名、主码和列名的组合，应保证能以逻辑方法访问关系数据库中的每个数据项(分量值)。

保证访问准则规定，关系系统不能采用面向机器的寻址法，而必须采用关系系统独有的关联寻址的访问模式。

准则 3　空值的系统化处理。空值是“不知道”或“无意义”的值，它不是一个具体的值(如 0、空字符串等)。空值的概念很重要，在全关系 DBMS 中支持空值，就是要用一个系统化的方式处理空值。

准则 4　基于关系模型的动态的联机数据字典。数据库的描述在逻辑级上应和一般数据采用相同的表示方法，使得授权用户能使用查询一般数据所用的关系语言来查询数据库的描述信息。

本准则不仅使每个用户只需学习一种数据模型，而且授权用户还可方便地扩充字典，使之变成完备、主动的关系数据字典。

准则 5　统一的数据子语言准则。一个关系系统可以有几种语言和多种终端使用方法，但必须有一种语言，该语言的语句可以表示为具有严格语法规则的字符串，并能全面地支持以下定义：数据定义、视图定义、数据操作(交互式或程序式)、完整性约束、授权、事务处理功能(事务的开始、提交和退回)。

关系方法是高度动态的，很少有必要停止数据库的活动。因此，没有必要把说明的功能分为若干种语言来实现。关系数据库是一体化的数据子语言，它使程序员可首先交互地调试数据库语言，调试正确后再嵌入程序中，从而可大大提高了程序员的生产效率。

准则 6　视图更新准则。所有理论上可更新的视图也应该允许系统进行更新。

“一个视图在理论上是可更新的”指的是存在一个与时间无关的算法，该算法可无二义性地把对此视图的更新要求转换为对基本表的更新序列。

准则 7　高级的插入、修改和删除操作。把一个基本关系或导出关系作为单一的操作对象处理。这不仅适合于数据检索而且适合于数据的插入和删除。

以关系为操作对象不仅简化了用户查询，也为系统进行查询优化提供了很大的余地。该准则对于获得有效的分布式事务处理也是十分重要的，可避免从远程结点传送一条记录就要发出一次请求，实现一次请求传送一个关系，从而节省通信代价。

准则 8　数据的物理独立性。无论数据库的数据在存储表示或存取方法上作任何变化，应用程序和终端活动都保持逻辑上的不变性。

准则 9　数据的逻辑独立性。当对基本关系进行理论上信息不受损害的任何变化时，应用程序和终端活动都保持逻辑上的不变性。

准则 10　数据完整性的独立性。关系数据库的完整性约束条件必须是用数据子语言定义并存储在数据字典中，而不是在应用程序中定义的。

除了实体完整性和参照完整性外，具体的关系数据库还可能有反映业务政策和管理规章的完整性约束条件。这些完整性约束条件都应该能用高级的数据子语言定义，并能存入数据字典。从而，当约束条件变化时，只需改变数据字典中定义的完整性语句，而不会在逻辑上影响应用程序恶化终端活动。

准则 11 分布独立性。原来的 DBMS 只管理非分布式数据，现在要引入分布式数据库；或者原来的 DBMS 管理分布式数据，现在要改变原来的数据分布。在这两种情况下，由于 RDBMS 具有这样的数据子语言，都能使应用程序和终端活动保持逻辑不变性。

准则 12 无破坏准则。如果一个关系系统具有一个低级(一次一条记录)语言，该语言不能破坏或绕过完整性准则和用高级关系语言表达的约束条件。

以上 12 条准则都以准则 0 为基础，但仅有准则 0 是不够的。

目前，虽然还没有一个 DBMS 产品是全关系型的，但以后一定会出现越来越好的全关系型的 DBMS。

本 章 小 结

关系模型是由关系、关系操作集合和三类完整性约束组成的。

关系可用表来表示，但二者是有差别的。在一个关系中，元组之间是没有先后次序的，属性之间也没有先后次序，但在表中它们是有次序的。因此，当用表来表示关系时，切记上述两个无次序规定。

一个关系的完整模式为

$$R(U, D, \mathrm{dom}, F)$$

式中，R 为关系名；U 为该关系所有属性名的集合；D 为属性组 U 的属性所来自的域的集合；dom 为属性向域映像的集合；F 为属性间数据依赖关系的集合。但关系模式常简写为 $R(U)$。

在一个应用范围内，所有关系的集合就形成了一个关系数据库。

关系是笛卡尔积的子集(去掉了分量的有序性)。

关系代数、关系演算都是实际关系语言的基础。关系代数为关系模型定义了一组操作，关系演算为指定关系查询提供了一个更高级的描述性表示法；关系代数和关系演算是等价的。

关系代数是通过对关系的运算来表达查询的。它的运算对象是关系，运算结果也是关系。关系代数的运算操作包括：

(1) 基于传统集合运算的关系运算：并、差、交和广义笛卡尔积；

(2) 特殊的关系运算：投影、选择、连接和除。

并、差、投影、选择、广义笛卡尔积组成了一个完备的操作集，其他的关系代数操作运算可用这五种操作的组合来表示。能完成这五种操作的 DBMS 是关系完备的 DBMS。当然，完备操作集不止这一个。

在商业 RDBMS 中，为了提高效率，关系实际上被看作是包，也就是在关系中允许同一个元组重复出现。这就要求原先基于集合理论的关系代数操作扩展到基于包的关系代数操作，但基于集合理论的某些规则将不再适用。

商业 RDBMS 对关系操作的实现是有改进的，对于原先无法用基本关系代数操作表达的很多复杂的查询，如消除重复、聚集运算和分组查询、排序运算和广义投影等，引进了一些新的扩展关系代数运算。

关系演算分为元组关系演算和域关系演算两种。元组关系演算是以元组为变量的，域关系演算则以域为变量。在不出现无限关系的有效安全机制下，元组关系演算、域关系演算和关系代数三者是完全等价的。本章的重点是关系代数。

随着关系系统的广泛使用，有必要对关系系统本身给出一个定义，本章最后给出了全关系系统的 12 条基本准则，以及最小关系系统的要求。

习　题　6

1. 解释下列术语：笛卡儿积、关系、关系模式、关系数据库。
2. 试述关系数据语言的特点和分类。
3. 举例说明关系模式和关系的区别。
4. 关系代数的基本运算有哪些？如何用这些基本运算来表示其他运算？
5. 等值连接与自然连接的区别是什么？
6. 将关系代数中的五种基本运算用域关系演算表达式表示。
7. 将关系代数中的五种基本运算用元组关系演算表达式表示。
8. 谈谈你对全关系系统和最小关系系统的认识。
9. 根据表 6-17 的三个关系 S_1、S_2、S_3，求运算结果：

$$S_1 \cup S_2、S_2 - S_1、S_1 \cap S_2、\prod_{A,C}(S_2)、\sigma_{A='a_1'}(S_1)、S_2 \bowtie S_3$$

表 6-17　三个关系 S_1、S_2、S_3

S_1

A	B	C	D
a_1	b_1	c_1	d_1
a_1	b_2	c_2	d_2
a_2	b_2	c_1	d_3

S_2

A	B	C	D
a_1	b_2	c_2	d_1
a_1	b_3	c_2	d_2
a_2	b_2	c_1	d_3

S_3

B	E
b_1	e_1
b_2	e_2
b_3	e_2

10. 请描述使用 SQL 语句实现关系代数中并、选择、投影、自然连接运算的方法。
11. 针对第 3 章的习题 10 的成绩管理数据库，试用关系代数完成以下各项操作：

(1) 找出所有被学生选修了的课程号；
(2) 找出 21311 班女学生的个人信息；
(3) 找出 21311 班、21312 班的学生姓名、性别、出生日期；
(4) 找出同时选修了操作系统和数据库系统原理这两门课程的学生学号和姓名；
(5) 找出选修了操作系统或者数据库系统原理的学生学号和姓名；
(6) 找出选修了数据库系统原理且成绩在 90 分以上的学生学号、姓名和成绩；

(7) 找出所有未选修 1 号课程的学生学号和姓名；

(8) 找出选修了全部课程的学生姓名。

12. 有人说除法的扩展定义的实现是：从 R 中找到一个子关系

$$R_1 = \{t \mid r \in R \wedge \Pi_X \{r\} \times S \subseteq R\}$$

由于 $R1 \div S$ 满足除法基本定义，因此：

$$R \div S = R_1 \div S = \Pi_X(R_1)$$

你认为上述观点正确吗？

13. 有人说还可以根据除法的扩展定义再定义一个余关系：

$$R_2 = \{t \mid r \in R \wedge \Pi_X\{r\} \times S \nsubseteq R\}$$

使

$$R_2 \div S = \varnothing，并且\ R = \Pi_X (R_1) \times S + R_2$$

即被除关系等于商关系加上余关系。你认为上述观点正确吗？

14. 设 R 和 S 分别是二元和三元关系，试将表达式 $\prod_{1,\ 5}(\sigma_{2=4 \vee 1=5}(R \times S))$转换成等价的：

(1) SQL 查询表达式。

(2) 元组关系演算表达式。

(3) 域关系演算表达式。

第 7 章

第 7 章讲什么?

关系数据库规范化理论

一个关系数据库由一组关系模式组成，一个关系由一组属性名组成，关系数据库设计就是把已给定的相互关联的一组属性名分组，并把每一组属性名再组织成关系。然而，属性的分组不是唯一的，不同的分组对应着不同的数据库应用系统，其效率往往相差较大。为使数据库设计合理可靠、简单实用，长期以来形成了关系数据库设计理论——规范化理论。

需要注意的是，虽然规范化的主要思想是数据库设计人员在设计数据库时，最终的关系模式应该向“最终”范式——第五范式(5NF)靠拢，然而，不应以此作为定论。因为在实际工作中，有很多的利弊权衡，常常允许冗余数据的存在而降低规范化理论的级别，实际开发设计的关系模式往往只满足第三范式(3NF)的要求。设计数据库前应该先熟悉规范化理论，但这并不意味着最终的关系模式必须达到最高级别的规范化，而是应该结合实际应用案例的具体情况合理地选择规范化程度。

7.1 关系数据库规范化的作用

关系数据库规范化的作用

所谓关系规范化，就是用形式更为简洁、结构更加规范的关系模式取代原有关系的过程。

例 7.1 设工资表是具有三个属性(姓名、级别和工资)的关系模式，如表 7-1 所示。

表 7-1 工 资 表

姓名	级别	工资/元
A	10	650
B	10	650
C	7	680
D	8	665
E	11	630
F	11	630

表 7-1 存在的问题如下：

(1) 数据冗余度大。

表 7-1 中，工资是从级别推导出的，但却重复存放。数据在数据库中的重复存放称为

数据冗余。

(2) 修改异常。

冗余度大，不仅浪费存储空间，而且在对数据进行修改时，又易造成数据的不一致性。当 10 级的工资变化时，如果表中有 K 个职工的工资均为 10 级，就需要修改 K 次；一旦遗漏，就使数据不一致，即产生修改异常。

(3) 插入异常。

无法插入某部分信息或删除掉不应删除的信息称为插入或删除异常。例如，九级工资为 660 元的信息就无法插入至工资表中，这是因为该表的码是姓名，而目前该表中尚无某个职工工资级别为九级，因此表中不能插入码为空值的记录。即在插入一行时，此关系模式强迫同时增加关于两个实体的数据。

(4) 删除异常。

又如，要删除姓名为 C 的工资记录时，又将七级工资的信息一起删去了；即在删除一行时，同时删除了关于两个实体的数据。

上述现象的产生，是关系模式设计不合理造成的。如果一个关系中存储了两个或两个以上实体集的数据，一般应将它分解为多个关系，使每个关系只有一个实体集。可将表 7-1 分解为两个关系模式：职工级别(姓名，级别)和级别工资(级别，工资)，分别如表 7-2 和表 7-3 所示。

表 7-2　职工级别

姓名	级别
A	10
B	10
C	7
D	8
E	11
F	11

表 7-3　级别工资

级别	工资/元
7	680
8	665
9	660
10	650
11	630

改进后的关系模式有以下优点：

(1) 数据量减少了。设有 n 个职工，m 个工资级别，$n>>m$，则表 7-1 有 $3n$ 个数据，表 7-2 和表 7-3 共有 $2n+2m$ 个数据，显然后者的数据量要少得多。

(2) 表达能力增强。表 7-1 中无法插入的信息(如九级工资)，在改进后的两个模式中则可插入；当删除职工 C 时，也不会丢失七级工资信息。

(3) 修改方便。改进后，修改某一级别工资时只需修改一处。

当然，改进后的关系模式也存在另外一个问题，即当查询某个职工的工资时，需要将两个关系连接后进行查询，而关系的连接代价是很大的。

另外，并非任何分解都是有效的。若将表 7-1 分解成职工级别(姓名，级别)和职工工资(姓名，工资)，则并不能解决什么问题。

那么，什么样的关系模式需要分解？分解关系模式的理论依据又是什么？分解后能完全消除数据冗余、修改异常、插入异常和删除异常这些问题吗？这些问题均需要理论的指导，下面将加以详细讨论。

数据依赖

7.2 函数依赖

函数依赖

7.2.1 属性间的联系

第 2 章讲到客观世界的事物间有着错综复杂的联系。实体间的联系有两类，一类是实体与实体之间的联系；另一类是实体内部各属性间的联系。在数据库建模一章中主要讨论了前一类联系，现在讨论第二类联系。

属性间的联系可分为以下三类：

(1) 一对一联系(1∶1)。

以关系模式职工(职工号，姓名，职称，部门)为例，如果该企业(或单位)中职工无重名，则属性职工号与姓名之间是 1∶1 联系。一个职工号唯一地决定一个姓名，一个姓名也可决定唯一的职工号。

设 X、Y 是关系 R 的两个属性(组)。如果对于 X 中的任一具体值，Y 中至多有一个值与之对应，且反之亦然，则称 X、Y 两属性间是一对一联系。

(2) 一对多联系(1∶m)和多对一联系(m∶1)。

职工模式中，职工号和职称间是一对多联系。一个职工号只对应一种职称(如胡一民只能对应工程师)，但一种职称却可对应多个职工号(如工程师可对应多名职工)。

设 X、Y 是关系 R 的两个属性(组)。如果对于 X 中的任一具体值，Y 中至多有一个值与之对应，而 Y 中的一个值却可以和 X 中的 n 个值($n \geq 0$)相对应，则称 Y 对 X 是一对多联系。

(3) 多对多联系(m∶n)。

在职工模式中，职称和部门之间是多对多联系。一种职称可分布在多个部门中(如每一个部门中均可有工程师)，而一个部门中也可有多个职称。

设 X、Y 是关系 R 的两个属性(组)。如果对于 X 中的任一具体值，Y 中有 $m(m \geq 0)$个值与之对应，而 Y 中的一个值也可以和 X 中的 n 个值($n \geq 0$)相对应，则称 Y 对 X 是多对多联系。

上述属性间的三种联系实际上是属性值之间相互依赖又相互制约的反映，称为属性间的数据依赖。数据依赖是现实世界属性间相互联系的抽象，是世界内在的性质，是语义的体现。

数据依赖共有三种：函数依赖(Functional Dependency，FD)、多值依赖(Multi-valued Dependency，MVD)和连接依赖(Join Dependency，JD)，其中最重要的是函数依赖和多值依赖。

7.2.2 函数依赖的定义

函数依赖是属性之间的一种联系。假设给定一个属性的值，就可以唯一确定(查到)另一个属性的值。例如，知道职工号的值，可以得出其对应的职称的值。如果这种情况成立，就可以说职称函数依赖于职工号。

定义 7.1 函数依赖是指在关系 R 中，X、Y 为 R 的两个属性或属性组，如果对于 R 的所有关系 r 都存在：对于 X 的每一个具体值，Y 都只有一个具体值与之对应，则称属性 Y 函数依赖于属性 X。或者说，属性 X 函数决定属性 Y，记作 $X \to Y$。其中 X 称为决定因素，Y 称为被决定因素。

此定义可简单表述为：如果属性 X 的值决定属性 Y 的值，那么属性 Y 函数依赖于属性 X。换一种说法是，如果知道 X 的值，就可以获得 Y 的值。

(1) 若 Y 不函数依赖于 X，记作 $X \not\to Y$。

(2) 若 $X \to Y$，$Y \to X$，记作 $X \leftrightarrow Y$。

前面讨论的属性间的三种联系，并不是每一种联系中都存在函数依赖。

(1) 如果两属性组 X、Y 间是 1∶1 联系，则存在函数依赖 $X \leftrightarrow Y$。如在职工关系模式中，如果不允许同名职工存在，则有职工号 ↔ 姓名。

(2) 如果两属性组 X、Y 间是 m∶1 联系，则存在函数依赖 $X \to Y$。如：职工号→职称，职工号→部门。

(3) 如果两属性组 X、Y 间是 m∶n 联系，则不存在函数依赖，即 $X \not\to Y$。如职称与部门。

(4) 假设两属性组 X、Y 间，$X \to Y$ 成立，如果 $Y \subseteq X$，则称 $X \to Y$ 是平凡函数依赖，反之如果 $Y \not\subseteq X$，则称 $X \to Y$ 是非平凡函数依赖。由于非平凡函数依赖总是成立的，因此若不做特殊说明，本书后面提到的函数依赖，都不包含平凡函数依赖。

再以关系模式学生课程为例，来说明属性间的函数依赖。

例 7.2 设关系模式为学生课程(学生号，课程号，成绩，教师，教师办公室)，在该关系中，成绩要由学生号和课程号共同确定，假设每门课程只有一位教师授课，即教师和教师办公室由课程号即可决定，所以此关系中包含了以下四种函数依赖关系：

(学生号，课程号)→成绩
课程号→教师
课程号→教师办公室
教师→教师办公室

注意：属性间的函数依赖不是指 R 的某个或某些实例，而是指 R 的所有实例都要满足上述定义中的限定条件。只要有一个具体实例 r 不满足定义中的条件，就破坏了该函数依赖，使该函数依赖不成立。

例 7.3 根据表 7-1 中给出的关系实体集，给出该关系的函数依赖集。

关系工资表(姓名，级别，工资)的函数依赖有以下三个：

姓名→级别
姓名→工资
级别→工资

注意：函数依赖性是属性之间的一种约束关联。如果属性 B 函数依赖于属性 A，那么，若知道了 A 的值，则一定有一个确定的 B 值与之对应。这并不是说可以导算出 B 的值，而是逻辑上只能存在一个 B 的值。

例如，在人这个关系中，如果知道某人的唯一标识符，如身份证号，则可以得到此人的性别、身高、职业等信息，所有这些信息都依赖于确认此人的唯一标识符。例如，通过属性年龄，无法确定人的身高，从关系数据库的角度来看，身高不依赖于年龄。事实上，这也就意味着码是关系的唯一标识符。在下一节中，将重新对码给出形式化定义。

7.2.3　码的定义

在第 2 章中已对码进行了直观的定义，下面用函数依赖的概念对码作出较为精确的形式化定义。

定义 7.2　设 K 是关系模式 $R(U, F)$中的属性或属性组，K' 是 K 的任一真子集。若 $K \rightarrow U$，而不存在 $K' \rightarrow U$，则 K 为 R 的候选码(Candidate Key)。

可见，如果某个属性或属性组 K 满足以下两个条件，则认为 K 是关系 R 的候选码：

(1) K 决定关系的所有其他属性，也就是说，不可能存在两组不同的元组在属性组 K 上的取值相同；

(2) 没有一个 K 的真子集 K'，也能够决定关系的所有其他属性。

例 7.4　对于例 7.2 中的关系模式，判断该关系学生课程的候选码是(学生号，课程号)。

首先，要证明候选码(学生号，课程号)决定了关系中所有其他属性。由给出的前三个函数依赖，可知决定因素(学生号，课程号)除了能决定成绩外，也能决定教师和教师办公室。

其次，再证明(学生号，课程号)的任一真子集都不能决定关系中所有其他属性。其中，课程号是决定因素，它能决定教师和教师办公室，但不能决定成绩。

因此，(学生号，课程号)满足上述作为候选码需要满足的两个条件。

例 7.5　设关系 $R(A，B，C，D)$，函数依赖集 $F = \{A \rightarrow B，C \rightarrow D)$，求 R 的码。

首先分析有没有可能是单属性码。假设属性 A 是码，那么 A 必须能函数决定属性 B、C、D，即以下函数依赖都要存在：$A \rightarrow B$，$A \rightarrow C$，$A \rightarrow D$。显然，后两个函数依赖不存在，所以属性 A 不是 R 的码。同理，属性 B、C、D 都不是 R 的码，即 R 没有单属性码。

再分析是不是双属性码，即(A, B)、(A, C)、(A, D)、(B, C)、(B, D)、(C, D)中有没有码。

由题目已知的函数依赖集可知$(A, C) \rightarrow B$, $(A, C) \rightarrow D$，也即(A, C)可以函数决定 R 的所有的属性，并且它的真子集 A 或者 C 不具有此性质，所以(A, C)是 R 的码。

用同样的方法分析，得知其他的双属性都不是 R 的码，并且属性组(B, C, D)、(A, B, D)也不是 R 的码。

结论：关系 R 的码是(A, C)，有时候也简记为 AC。

若候选码多于一个，则选定其中的一个为主码(Primary Key)。

包含候选码的属性集合称为超码(Super Key)，每个候选码本身就是超码。

包含在任一候选码中的属性叫作主属性(Prime Attribute)。

不包含在任何码中的属性称为非主属性(Nonprime Attribute)或非码属性(Non-Key Attribute)。

关系模式中，最简单的情况为单个属性是码，称为单码(Single Key)；最极端的情况为整个属性组是码，称为全码(All Key)。

前面已经多次遇到单码的情况，下面举一全码的例子。

在 2.2.3 节中有关演员、制片公司、电影的关系模式如下：

签约(<u>演员编号，公司编号，电影编号</u>)

该关系模式反映了某个演员为某部电影与某制片公司的签约情况。由于一个制片公司可以为一部电影和多个演员签约，一个演员可以和多个制片公司签约饰演多部电影，一部电影可由不同的制片公司制作。所以此关系模式的码为(演员名，公司名，电影名)，即全码。

定义 7.3 设有两个关系模式 R 和 S，X 是 R 的属性或属性组，并且 X 不是 R 的码，但 X 是 S 的码(或与 S 的码意义相同)，则称 X 是 R 的外部码(Foreign Key)，简称外码。

设有如下两个关系模式：

职工(<u>职工号</u>，姓名，性别，职称，部门号)
部门(<u>部门号</u>，部门名，电话，负责人)

其中，部门号不是职工表的码，而是部门表的码，所以部门号在职工表中称为外码。

关系间的联系可通过同时存在于两个或多个关系中的主码和外码的取值来建立。例如，要查询某个职工所在部门的详细情况，只需查询部门表中的部门号与该职工部门号相等的记录。所以主码和外码提供了一个表示关系间联系的途径。

7.3 关系模式的规范化

7.3.1 非规范化的关系

当一个关系中的所有分量都是不可分的数据项时，该关系是规范化的。从之前讲的关系模式的特点来看，关系模式所涉及的关系都是规范化的。

例如，表 7-4 具有组合数据项，表 7-5 具有多值数据项，因此都不是规范化的表。

表 7-4 具有组合数据项的非规范化的表

职工号	姓名	工　资		
		基本工资/元	职务工资/元	工龄工资/元
001	张三	800	3000	500

表 7-5 具有多值数据项的非规范化表

职工号	姓名	职称	系名	系办公地址	学历	毕业年份
001	张三	教授	计算机	1-305	大学 研究生	1963 1982
002	李四	讲师	信电	2-204	大学	1989

实际上，“规范化”过程到此远没结束。“进一步规范化”过程(简称“规范化”过程)是建立在“范式”这一概念上的。

根据每个关系给定的一个函数依赖集，可以找出该关系的候选码。根据这些信息连同对范式的定义条件，就可以展开相应的规范化过程。

所谓规范化过程，是指通过对关系模式进行一系列的检验，以“验证”该关系模式是否满足某个特定的范式，即一个关系若满足某一特定范式所规定的一系列约束条件，它就属于该范式。这个过程以一种自顶向下的方式展开，按照各范式所规定的条件根据需要进行关系分解，从而满足该范式要求的过程。

因此，规范化过程也可以视作基于关系模式的函数依赖和候选码，对给定关系模式进行分析和分解，以达到相应范式要求。

最初，Codd 提出了三种范式，分别是第一范式(First Normal Form，1NF)、第二范式(Second Normal Form，2NF)、第三范式(Third Normal Form，3NF)。后来，Boyce 和 Codd 共同更新了 3NF 的定义，称为 Boyce-Codd 范式(Boyee-Codd Normal Form，BCNF)。所有这些范式都是基于关系中各属性之间的函数依赖展开讨论的。规范化程度还可有更高的范式：第四范式(Fourth Normal Form，4NF)和第五范式(Fifth Normal Form，5NF)，将在后面介绍。

关系按其规范化程度从低到高可分为五级范式，分别称为 1NF、2NF、3NF(BCNF)、4NF、5NF。规范化程度较高者必是较低者的子集，即 1NF⊃2NF⊃3NF⊃BCNF⊃4NF⊃5NF。

7.3.2　第一范式(1NF)

规范化过程-1NF 和 2NF

定义 7.4　如果关系模式 R 中不包含多值属性，则 R 满足 1NF，记作 $R \in$ 1NF。

1NF 是对关系的最低要求，不满足 1NF 的关系是非规范化关系，如表 7-4、表 7-5 所示。

非规范化关系转化为 1NF 的方法很简单，当然也不是唯一的，对表 7-4、表 7-5 分别进行横向和纵向展开，可分别转化为如表 7-6、表 7-7 所示的符合 1NF 的关系。

表 7-6　消除组合数据项后的表

职工号	姓名	基本工资/元	职务工资/元	工龄工资/元
001	张三	800	3000	500

表 7-7　消除多值数据项后的表

职工号	姓名	职称	系名	系办公地址	学历	毕业年份
001	张三	教授	计算机	1-305	大学	1963
001	张三	教授	计算机	1-305	研究生	1982
002	李四	讲师	信电	2-204	大学	1989

7.3.3　第二范式(2NF)

表 7-7 虽然已符合 1NF 的要求，但表中存在大量的数据冗余和潜在的数据更新异常。原因是该关系的码是(职工号，学历)，但姓名、职称、系名、系办公地址却与学历无关，即它们只与码的一部分有关。

定义 7.5　设 X、Y 是关系 R 的两个不同的属性或属性组，且 $X \rightarrow Y$。如果存在 X 的某

一个真子集 X'，使 $X' \to Y$ 成立，则称 Y 部分函数依赖于 X，记作 $X \xrightarrow{P} Y$。反之，称 Y 完全函数依赖于 X，记作 $X \xrightarrow{F} Y$。

定义 7.6 如果一个关系 R 属于 1NF，且它的所有非主属性都完全函数依赖于 R 的任一候选码，则 R 属于第二范式，记作 $R \in$ 2NF。

例 7.6 关系模式职工信息(职工号，姓名，职称，项目号，项目名称，项目排名)，存储了职工的信息和职工所参加的项目信息，码为(职工号，项目号)。函数依赖有以下几个：

(1) 因为职工号→姓名，所以(职工号，项目号) $\xrightarrow{P}$ 姓名；

(2) 同样有(职工号，项目号) $\xrightarrow{P}$ 职称，(职工号，项目号) $\xrightarrow{P}$ 项目名称；

(3) (职工号，项目号) $\xrightarrow{F}$ 项目排名。

因此非主属性姓名、职称、项目名称并不完全依赖于码，它不符合 2NF 的定义。

不符合 2NF 定义的关系模式会产生以下几个问题：

(1) 插入异常。假如要插入一个职工信息，但该职工还未参加任何项目，即项目号为空。根据实体完整性约束规则，关系中元组的主码属性不能为空，项目号是主属性，因此，该职工信息无法插入。

(2) 删除异常。假设有一个职工，只参加了一个项目，现在，又从这个项目中退出来了，该职工的此项目记录将被删除，由于项目号是主属性，该记录只能被全部删除，该职工的其他信息也会随着被删除。这样就删除了不该删除的信息，即出现了删除异常。

(3) 修改异常。当某个项目的项目名称发生变化时，必须修改多个元组，造成了修改的复杂化，一旦有修改遗漏，将破坏数据库中数据的一致性。

可把上述关系模式分解如下，使其符合 2NF：

- 职工(<u>职工号</u>，姓名，职称)
- 排名(<u>职工号，项目号</u>，项目排名)
- 项目(<u>项目号</u>，项目名称)

同样，对于表 7-7 所示的关系模式职工信息(<u>职工号</u>，姓名，职称，系名，系办公地址，学历，毕业年份)，由于它包含了部分函数依赖，不符合 2NF 的定义，可将其分解为下面两个关系模式：

- 职工信息(<u>职工号</u>，姓名，职称，系名，系办公地址)
- 学历(<u>职工号，学历</u>，毕业年份)

推论 1 如果关系模式 $R \in$ 1NF，且它的每一个候选码都是单码，则 $R \in$ 2NF。

例 7.7 设关系 $R(A, B, C, D)$上的函数依赖集 $F = \{(A, B) \to C, C \to D\}$，那么 R 能达到 2NF 的要求吗？

判断 R 的范式，首先要找出 R 的所有候选码。

由已知条件$(A, B) \to C$、$C \to D$，可以知道$(A, B) \to CD$，所以 R 的候选码为 AB。非主属性有 C、D，它们对候选码都是完全函数依赖的，所以 R 达到了 2NF 的要求。

7.3.4 第三范式(3NF)

规范化过程-3NF

符合第二范式的关系模式仍可能存在数据冗余、更新异常等问题。如前面从表 7-7 分解出的职工信息关系模式职工信息(<u>职工号</u>，姓名，职称，系名，系办公地址)。如果一个系有 100 个职工，那么系办公地址就要重复存储 100 次，存在着较高的数据冗余；原因是此关系模式的码是职工号，而系办公地址通过系名函数依赖于职工号，即职工号→系名，系名→系办公地址，是一个传递依赖的过程。

定义 7.7　在关系 R 中，如果 X、Y、Z 是 R 的三个不同的属性或属性组，如果 $X \rightarrow Y$，$Y \rightarrow Z$，但 $Y \nrightarrow X$ 且 Y 不是 X 的子集，则称 Z 传递依赖于 X。

再看表 7-1 的关系模式，它之所以存在着数据冗余、插入或删除异常，就是因为其中存在着传递函数依赖：姓名→级别，级别→工资。

定义 7.8　如果关系模式 R 属于 2NF，且它的每一个非主属性都不传递依赖于任何候选码，则称 R 是第三范式，记作 $R \in$ 3NF。

推论 2　如果关系模式 $R \in$ 1NF，且它的每一个非主属性既不部分依赖也不传递依赖于任何候选码，则 $R \in$ 3NF。

推论 3　不存在非主属性的关系模式一定为 3NF。

例 7.8　表 7-7 中的关系在规范化过程中分解生成如下新的关系模式：

职工信息(职工号，姓名，职称，系名，系办公地址)

由于存在传递函数依赖职工号→系名，系名→系办公地址，因此该关系模式不属于 3NF，可把它分解如下，使其符合 3NF：

职工(职工号，姓名，职称，系名)
系(系名，系办公地址)

规范化过程-BCNF

7.3.5　改进的 3NF——BCNF

第三范式的修正形式是 Boyee-Codd 范式 BCNF，是由 Boyee 与 Codd 提出的。

定义 7.9　设关系模式 $R(U, F) \in$ 1NF，若 F 的任一函数依赖 $X \rightarrow Y(Y \not\subseteq X)$ 中 X 都包含了 R 的一个码，则称 $R \in$ BCNF。

换言之，在关系模式 R 中，如果每一个决定因素都包含码，则 $R \in$ BCNF。

由 BCNF 的定义可以得到以下推论：如果 $R \in$ BCNF，则

(1) R 中所有非主属性对每一个码都是完全函数依赖的。

(2) R 中所有主属性对每一个不包含它的码，都是完全函数依赖的。

(3) R 中没有任何属性完全函数依赖于非码的任何一组属性。

定理　如果 $R \in$ BCNF，则 $R \in$ 3NF 一定成立。

证明　采用反证法。

如果 $R \in$ BCNF，但不是 3NF，则 R 中一定存在传递函数依赖，即 R 中必定存在候选码 X、非主属性 A、属性组 Y，其中 $A \notin X$，$A \notin Y$，$Y \rightarrow X$，使得 $X \rightarrow Y \rightarrow A$ 成立。Y 不是 R 的码，但 Y 是 R 的决定因素，根据 BCNF 的定义，R 不是 BCNF，这一结论与假设相矛盾，所以假设不成立。

例 7.9　例 7.8 在规范化过程中分解生成的新关系模式如下：

职工(职工号，姓名，职称，系名)

(1) 在该关系中，假定职工存在重名现象，那么候选码只能是职工号。显然，该关系属于 BCNF，因为没有其他不是候选码的决定因素存在。也可以得出，候选码只有一个且是单码的 3NF 必定属于 BCNF(读者可自行证明)。

(2) 假定在该关系中职工无重名，则候选码为职工号或姓名，除了职工号和姓名以外没有其他决定因素，即符合 BCNF 的定义，故该关系是符合 BCNF 的。当然，该关系中的非主属性(职称或系名)对这两个码不存在部分函数依赖和传递函数依赖，因此是 3NF 的。

但是如果 $R \in$3NF，R 未必属于 BCNF。3NF 比 BCNF 放宽了一个限制，即允许决定因素不包含码。

例 7.10 设有一个职工无重名的关系模式，具体为职工(职工号，姓名，项目号，参加天数)。

该关系的函数依赖如下：

(职工号，项目号) → 参加天数
(姓名，项目号) → 参加天数
职工号 ↔ 姓名

可见，该关系的候选码是(职工号，项目号)和(姓名，项目号)。

由于存在函数依赖(职工号 ↔ 姓名)，即职工号和姓名都是决定因素，却都不是候选码，因此，该关系不属于 BCNF。

但根据 3NF 的定义，职工关系中的非主属性只有参加天数，显然不存在非主属性对候选码的传递函数依赖，所以该关系仍然属于 3NF。只是这里存在主属性(姓名)不完全函数依赖于候选码(职工号，项目号)，因而造成该关系仍存在数据冗余和更新异常。

因此可把该关系进行如下分解，使其符合 BCNF：

职工(<u>职工号</u>，姓名)
职工项目(<u>职工号，项目号</u>，参加天数)

例 7.11 对于授课(学生，教师，课程)，假设该校规定一个教师只能教一门课，每门课可由多个教师讲授。学生一旦选定某门课，教师就相应地固定了。根据语义关系的函数依赖集为

F = { 教师→课程，(学生，课程)→教师，(学生，教师)→课程 }

该关系的候选码为(学生，课程)或(学生，教师)，因此三个属性都是主属性，由于不存在非主属性，该关系一定是 3NF 的。但由于决定因素教师没包含码，该关系不属于 BCNF。

不属于 BCNF 的关系模式仍然存在数据冗余问题。如例 7.11 中如果有 100 个学生选定了某一门课，则教师与该课程的关系就要重复存储 100 次。同样，该关系还会产生删除异常。以表 7-8 数据为例，如果要删除王昆选修的物理课，则会丢失相应的王老师教授物理课的信息。产生上述数据冗余和删除异常的原因，就是教师属性是决定因素，但不是候选码。该关系可分解为如下两个 BCNF 的关系模式，消除此种冗余和删除异常：

教师(<u>教师</u>，课程)
学生(<u>学生</u>，教师)

然而，上述分解虽然消除了数据冗余和删除异常，但是还会带来新的问题，即这两个分解产生的新关系并不相互独立。根据表 7-8 中的数据，不能在学生(学生，教师)中插入元组(王昆，

李老师)，这是因为王昆同学选修了王老师的物理课，而没有选修李老师的物理课。但事实上，系统处理的时候是无法体现这一点的，其原因在于，分解后的函数依赖(学生，课程)→教师并不能从以上分解生成的两个新关系模式中推导出来，即不满足保持函数依赖。

表 7-8　授　课　表

学生	教师	课程
张航	张老师	数学
王昆	张老师	数学
李跃山	李老师	物理
王昆	王老师	物理

由此可见，把一个关系无损分解成 BCNF 的集合和保持函数依赖这两个目的有时是相互冲突的，并不能全部满足。有关关系模式分解的“无损连接性”和“函数依赖保持性”将在 7.6.3 节中加以讨论。

例 7.12　对于考试(学生，课程，名次)，假设该关系变量满足：在同一门课程中，任何一个学生的排名都不相同。

根据语义关系，给出函数依赖集 F = {(学生，课程)→名次，(课程，名次)→学生}，即给定一个学生和他选修的一门课程，都有唯一的一个名次和他对应；给定一门课程和名次，也只有一个学生与之对应。

因此，该关系有两个候选码：(学生，课程)和(课程，名次)。虽然这两个候选码也有重叠部分，但这些候选码中的属性都是决定因素，所以该关系属于 BCNF。

一个关系模式如果达到了 BCNF，那么在函数依赖范围内，它已实现了彻底的分离，消除了数据冗余、插入和删除异常。

7.4　多值依赖和第四范式

7.4.1　多值依赖

在属性之间的数据依赖中，除了函数依赖，还有多值依赖。在讨论多值依赖之前，请先看一个例子，如表 7-9 所示。

表 7-9　教师开课一览表

<table>
<tr><th>课程</th><th>教师</th><th>班级</th></tr>
<tr><td>数据结构</td><td>王晓萍
陈保乐
刘彤彤</td><td>20 级本科
20 级辅修
21 级大专</td></tr>
<tr><td>数据库原理</td><td>李桂平
张力</td><td>23 级本科
23 级辅修</td></tr>
<tr><td>网络技术</td><td>王宝钢</td><td>22 级本科
23 级大专</td></tr>
</table>

从表 7-9 中可以得到如下信息：哪门课由哪些教师开设，给哪些班级开设了这门课。教师开课表 CTC 的码是全码(课程，教师，班级)，因此 CTC∈BCNF。

例如，当课程网络技术新增一名教师张丽萍时，表中应该有以下元组：

(网络技术，张丽萍，22 级本科)
(网络技术，张丽萍，23 级大专)

将表 7-9 转化为规范化的教师开课表，如表 7-10 所示。

表 7-10 教师开课表 CTC

课程	教师	班级
数据结构	王晓萍	20 级本科
数据结构	王晓萍	20 级辅修
数据结构	王晓萍	21 级大专
数据结构	陈保乐	20 级本科
数据结构	陈保乐	20 级辅修
数据结构	陈保乐	21 级大专
数据结构	刘彤彤	20 级本科
数据结构	刘彤彤	20 级辅修
数据结构	刘彤彤	21 级大专
数据库原理	李桂平	23 级本科
数据库原理	李桂平	23 级辅修
数据库原理	张力	23 级本科
数据库原理	张力	23 级辅修
网络技术	王宝钢	22 级本科
网络技术	王宝钢	23 级大专
网络技术	张丽萍	22 级本科
网络技术	张丽萍	23 级大专

这种依赖关系称为多值依赖。多值依赖与函数依赖不同，函数依赖是属性值之间的约束关系，而多值依赖是元组值之间的约束关系。

定义 7.10 设 $R(U)$是属性集 U 上的一个关系模式，X、Y、Z 是 U 的子集，且 $Z=U-X-Y$。如果对 $R(U)$的任一关系 r，给定一对(x，z)值，都有一组 Y 值与之对应，这组 Y 值仅决定于 x 值，而与 z 值无关。则称 Y 多值依赖于 X，或 X 多值决定 Y，记作 $X\rightarrow\rightarrow Y$。

在表 7-10 中，对于一对(x，z)值(数据结构，20 级本科)，有一组 Y 值{王晓萍，陈保乐，刘彤彤}与之对应，这组值仅决定于课程“数据结构”。对于另一个(x，z)值(数据结构，20 级辅修)，对应的仍是这组 Y 值{王晓萍，陈保乐，刘彤彤}。因此，课程→→教师。

多值依赖的另一个等价的形式化定义为设关系模式 $R(U)$，X、Y、Z 是 U 的子集，$Z=$

$U-X-Y$，r 是 R 的任意一个关系，t_1、t_2 是 r 的任意两个元组。如果 $t_1[X]=t_2[X]$，在 r 中存在元组 t_3，使得 $t_3[X]=t_1[X]$，$t_3[Y]=t_1[Y]$，$t_3[Z]=t_2[Z]$成立，则 $X\rightarrow\rightarrow Y$。

上述定义中，由于 t_1、t_2 的对称性实际隐含着关系 r 中还存在着另一个元组 t_4，t_4 满足：$t_4[X]=t_1[X]$，$t_4[Y]=t_1[Y]$，$t_4[Z]=t_2[Z]$。

例如，如果已知表中存在以下元组：

(网络技术，王宝钢，22 级本科)
(网络技术，张丽萍，23 级大专)

那么表中应该还有元组：

(网络技术，王宝钢，23 级大专)
(网络技术，张丽萍，22 级本科)

换句话说，如果 r 有两个元组在 X 属性上的值相等，则交换这两个元组在 Y 上的属性值，得到的两个新元组也必是 r 中的元组。

定义中如果 $Z=\varnothing$(空集)，则称 $X\rightarrow\rightarrow Y$ 为平凡的多值依赖，否则为非平凡多值依赖。

下面再举一个多值依赖的例子。

例 7.13　对于关系模式：供应(项目，供应商，零件)，假设一个项目可由不同的供应商供应该项目所需要的多种零件，一个供应商可为多个项目供应多种零件，如表 7-11 所示。

表 7-11　供　　应

项目	供应商	零件
I_1	S_1	P_1
I_1	S_1	P_3
I_1	S_1	P_4
I_1	S_2	P_1
I_1	S_2	P_3
I_1	S_2	P_4
I_2	S_1	P_1
I_2	S_3	P_1

对于项目中的每一个 I_i，都有一个完整的供应商集合与之对应，同时交换供应商和零件的值所得的新元组必在原关系中。因此，项目→→供应商，项目→→零件。

多值依赖具有以下性质：

(1) 多值依赖具有对称性。若 $X\rightarrow\rightarrow Y$，则 $X\rightarrow\rightarrow Z$，其中 $Z=U-X-Y$。

如例 7.13 中，对于项目中的每一个 Ii，都有一个完整的零件集合与之对应。因此，项目→→零件。

(2) 传递性。若 $X\rightarrow\rightarrow Y$，$Y\rightarrow\rightarrow Z$，则 $X\rightarrow\rightarrow Z-Y$。

(3) 若 $X\rightarrow\rightarrow Y$，$X\rightarrow\rightarrow Z$，则 $X\rightarrow\rightarrow YZ$。

(4) 若 $X\rightarrow\rightarrow Y$，$X\rightarrow\rightarrow Z$，则 $X\rightarrow\rightarrow Y\cap Z$。

(5) 若$X \to\to Y$，$X \to\to Z$，则$X \to\to Y-Z$，$X \to\to Z-Y$。

一般来讲，当关系至少有三个属性，其中的两个是多值，且它们的值只依赖于第三个属性时，才会有多值依赖。即对于关系$R(A, B, C)$，如果A决定B的多个值，A决定C的多个值，B和C相互独立，这时才存在多值依赖。

在具有多值依赖的关系中，如果随便删除一个元组而破坏了其对称性，那么，为了保持多值依赖关系中数据的“多值依赖”性，也必须删除另外的元组以维持其对称性。这个规则称为“多值依赖的约束规则”，这种规则只能由设计者在软件设计中加以体现，目前的RDBMS不具有维护此规则的能力。

函数依赖可看成是多值依赖的特例，即函数依赖的一定是多值依赖；多值依赖是函数依赖的概括，即存在多值依赖的关系，不一定存在函数依赖。

7.4.2　第四范式(4NF)

定义 7.11　如果关系模式$R \in 1NF$，对于R的每个非平凡的多值依赖$X \to\to Y(Y \nsubseteq X)$，$X$含有码，则称$R$是第四范式，即$R \in 4NF$。

一个关系模式如果属于4NF，则一定属于BCNF，但一个BCNF的关系模式不一定是4NF的，R中所有的非平凡多值依赖实际上是函数依赖。

在前面的供应关系中，项目→→供应商，项目→→零件，且都是非平凡的多值依赖。但该关系的码是全码(项目，供应商，零件)，而项目没有包含码(只是码的一部分)，所以该关系模式属于BCNF而不属于4NF。如将其分解为两个关系，即可达到4NF：

需求(项目，零件)
供应(项目，供应商)

这两个关系中，项目→→零件，项目→→供应商，它们均是平凡多值依赖。即关系中已不存在非平凡、非函数依赖的多值依赖，所以它们均是4NF。

一般地，如果关系模式$R(X, Y, Z)$满足$X \to\to Y$，$X \to\to Z$，那么可将它们分解为关系模式$R_1(X, Y)$和$R_2(X, Z)$。

在一般应用中，即使作数据存储操作，也只要达到BCNF就可以了。因为应用中具有多值依赖的关系较少，因此需要达到4NF的情况也就比较少。在理论上，还有与数据依赖中的连接依赖(JD)有关的第五范式(5NF)，这里就不再介绍了。

7.5　关系的规范化程度

各种规范化之间的关系为：$5NF \subset 4NF \subset BCNF \subset 3NF \subset 2NF \subset 1NF$。

关系规范化的目的是解决关系模式中存在的数据冗余、插入和删除异常，以及更新烦琐等问题。其基本思想是消除数据依赖中的不合适部分，使各关系模式达到某种程度的分离，使一个关系描述一个概念、一个实体或实体间的一种联系。因此，规范化的实质是概念的单一化。

关系规范化的递进过程如图7-1所示。

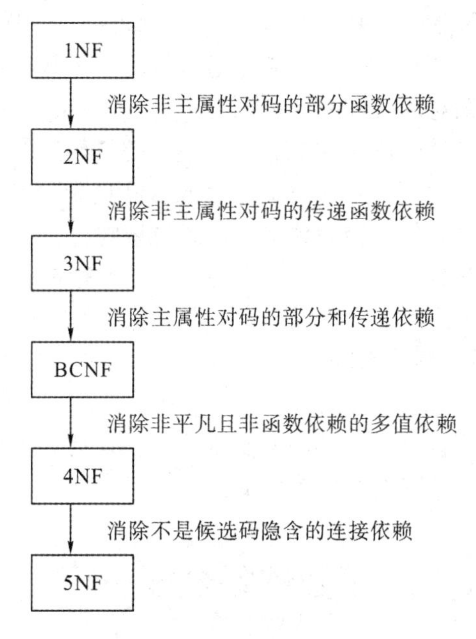

图 7-1　范式递进过程示意图

一般来说，规范化程度越高，分解就越细，所得数据库的数据冗余就越小，且更新错误也会相对减少。但是，如果某一关系经过数据大量加载后，主要用于检索，那么，即使它是一个低范式的关系，也不需要去追求高范式而将其不断进行分解。因为在检索时，又会通过多个关系的自然连接才能获得全部信息，从而降低了数据的检索效率，即数据库设计满足的范式越高，其数据处理的开销也越大。所以，规范化的基本原则是：由低到高、逐步规范、权衡利弊、适可而止。一般以满足第三范式为基本要求。

把一个非规范化的数据结构转换成第三范式，一般经过以下几步：

(1) 把该结构分解成若干个属于第一范式的关系；

(2) 对那些存在组合码，且有非主属性部分函数依赖的关系必须继续分解，使所得关系都属于第二范式；

(3) 若关系中有非主属性传递依赖于码，则继续分解，直至关系都属于第三范式为止。

关系模式的规范化过程是通过投影分解实现的，即用投影运算把一个模式分解成若干个高一级的关系模式，这种投影分解不是唯一的。在分解时应注意满足以下三个条件：

(1) 分解是无损连接分解，分解后既不丢失信息也不增加信息；

(2) 分解所得的所有关系都是高一级范式的；

(3) 分解所得关系的个数最少。

规范化过程的总体目的可以概括为以下几点：

(1) 消除某些冗余；

(2) 避免更新异常；

(3) 产生一种可以较好描述现实世界的设计，即应该是比较直观的并且方便将来扩充的数据库设计；

(4) 可以简单地满足某些完整性约束。

事实上，规范化理论是在与 SQL 编程语言结合时产生的。关系理论的基本原则指出，数据库被规范化后，其中的任何数据子集都可以用基本的 SQL 操作符获取，这就是规范化的重要性所在。数据库不进行规范化，就必须通过编写大量复杂代码来查询数据，因此规范化规则在关系建模和关系对象建模中同等重要。

规范化过程概念本质上属于语义的概念，即关注的是数据的意义。而关系代数或者具体的 SQL 操作，所关注的是实际数据的值，这些操作实现中只需要关系模式满足 1NF，所以，进一步规范化过程可以看作是辅助数据库设计的规则。

因为规范化思想虽然对数据库设计很有帮助，但是也存在以下弊端：

(1) 分解方法可能并不是唯一的。

(2) BCNF 范式和保持函数依赖的目标可能是有冲突的，如“例 7.11 中的授课问题”。

(3) 规范化过程通过投影消除了冗余，但并不是所有的冗余都可以用这种方式来消除的。

但是，一种好的数据库设计必定都趋向于规范化的设计，因此，往往可以将规范化理论作为验证一个数据库设计结果的好坏的标准。

7.6 函数依赖公理系统

在现实应用中，对于某个给定的语义环境，往往不可能指定所有可能的函数依赖。

设有关系模式：部门(部门号，部门负责人，负责人电话)，其中，每个部门只有一个负责人，并且每个负责人也都只有一个唯一的电话号码。

由此，可以得到该关系的函数依赖集 $F=$ {部门号→部门负责人，部门负责人→负责人电话}。但是，这里显然隐含了函数依赖(部门号→负责人电话)，而这个函数依赖是可以由前两个函数依赖推导出来的。

接下来将讨论函数依赖的一套推论规则，这套规则是于 1974 年由 Armstrong 提出来的，故常被称为 Armstrong 公理系统。通过这套公理系统讨论如何推导函数依赖，即从已知的函数依赖集中推导出其他隐含的函数依赖。

实际上，在规范化理论中，模式分解以及判断分解是否等价是有一定算法的，而函数依赖的公理系统就是模式分解算法的基础。

Armstrong 公理系统 设有关系模式 $R(U, F)$，X、Y、Z、$W \subseteq U$，则对 $R(U, F)$有

(1) A1(自反律)：若 $Y \subseteq X$，则 $X \to Y$；

(2) A2(增广律)：若 $X \to Y$，则 $XZ \to YZ$；

(3) A3(传递律)：若 $X \to Y$，$Y \to Z$，则 $X \to Z$。

这些规则是保真的，它们不会产生错误的函数依赖。

引理 7.1 Armstrong 公理是正确的。即如果函数依赖 F 成立，则由 F 根据 Armstrong 公理所推导的函数依赖总是成立的。

证明 设 t_1、t_2 是关系 R 中的任意两个元组。

(1) A_1：如果 $t_1[X] = t_2[X]$，则因为 $Y \subseteq X$，所以有 $t_1[Y] = t_2[Y]$，故 $X \to Y$ 成立。

(2) A_2：如果 $t_1[XZ] = t_2[XZ]$，则有 $t_1[X] = t_2[X]$、$t_1[Z] = t_2[Z]$。又已知 $X \to Y$，因此可得：$t_1[Y] = t_2[Y]$，由此可知 $t_1[YZ] = t_2[YZ]$，故 $XZ \to YZ$ 成立。

(3) A_3：如果 $t_1[X] = t_2[X]$，则 $t_1[Y] = t_2[Y]$；如果 $t_1[Y] = t_2[Y]$，则 $t_1[Z] = t_2[Z]$。因此可得：

如果 $t_1[X]=t_2[X]$，则 $t_1[Z]=t_2[Z]$，即 $X\rightarrow Z$ 成立。

定理 7.1　Armstrong 公理是正确的、完备的。

由 Armstrong 公理系统，可以得到以下三个推论：

(1) 合成规则：若 $X\rightarrow Y$，$X\rightarrow Z$，则 $X\rightarrow YZ$；

(2) 分解规则：若 $X\rightarrow YZ$，则 $X\rightarrow Y$，$X\rightarrow Z$；

(3) 伪传递规则：若 $X\rightarrow Y$，$WY\rightarrow Z$，则 $XW\rightarrow Z$。

引理 7.2　$X\rightarrow A_1A_2\cdots A_k$ 成立的充分必要条件是 $X\rightarrow A_i$ 成立($i=1$，2，…，k)。

例 7.14　设关系模式 $R(A, B, C, G, H, I)$，函数依赖集为 $F=\{A\rightarrow B$，$A\rightarrow C$，$CG\rightarrow H$，$CG\rightarrow I$，$B\rightarrow H\}$，利用规则，可以得到关系中存在以下几个函数依赖：

① $A\rightarrow H$。由于 $A\rightarrow B$，$B\rightarrow H$，使用传递律可得 $A\rightarrow H$。

② $CG\rightarrow HI$。由于 $CG\rightarrow H$，$CG\rightarrow I$，由合成律可得 $CG\rightarrow HI$。

③ $AG\rightarrow I$。由于 $A\rightarrow C$，$CG\rightarrow I$，由伪传递律可推出 $AG\rightarrow I$。

闭包算法求码

7.6.1　闭包及其计算

某个关系模式 $R(U，F)$中，除了指定语义所给出的函数依赖集 F 外，通常还可能存在其他的函数依赖集 F'。而这些函数依赖集正是需要从已有函数依赖集 F 中推导得出。因此，在这里，形式化地定义一个称为闭包的概念显得非常有用，它包含了可以从给定的依赖集合 F 中推导出所有可能存在的函数依赖。

定义 7.12　设关系模式 $R(U，F)$，U 为 R 的属性集合，F 为其函数依赖集，则称所有用 Armstrong 公理从 F 推出的函数依赖 $X\rightarrow A_i$ 中 A_i 的属性集合，为 X 的属性闭包，记作 X^+，读作 X 关于函数依赖集 F 的闭包。

由引理 7.2 可以推出下面的定理：

引理 7.3　设关系模式 $R(U，F)$，U 为 R 的属性集合，F 为其函数依赖集，X，$Y\subseteq U$，则从 F 推出 $X\rightarrow Y$ 的充要条件是 $Y\subseteq X^+$。

如果要判断 $X\rightarrow Y$ 是否能由 F 根据 Armstrong 公理导出，只需求出 X^+，判断 Y 是否为 X^+的子集。这可由算法 6.1 完成。

算法 7.1　求属性集 X 关于函数依赖 F 的属性闭包 X^+。

输入：关系模式 R 的全部属性集 U，U 的子集 X，U 上的函数依赖集 F。

输出：X 关于 F 的属性闭包 X^+。

设 $i=0$，1，2，…，步骤如下：

(1) 初始化：$i=0$，$X^{(i)}=X^{(0)}=X$。

(2) 求属性集 A。A 是这样的属性：在 F 中寻找尚未用过的左边是 $X^{(i)}$子集的函数依赖：$Y^{(i)}\subseteq X^{(i)}$，并且在 F 中有 $Y^{(i)}\rightarrow Z^{(i)}$，则 $A=Z^{(1)}\cup Z^{(2)}\cup\cdots\cup Z^{(i)}$。

(3) $X^{(i+1)}=X^{(i)}\cup A$。

(4) 判断以下条件之一是否成立，若有条件成立，则转向(5)；否则，$i=i+1$，转向(2)。

① $X^{(i+1)}=X^{(i)}$；

② $X^{(i)}$中已包含了 R 的全部属性；

③ 在 F 中的每个函数依赖的右边属性中已没有 $X^{(i)}$中未出现过的属性；

④ 在 F 中未用过的函数依赖的左边属性已没有 $X^{(i)}$ 的子集。

(5) 输出 $X^{(i+1)}$，即为 X^+。

算法 7.1 实际是系统化寻找满足条件 $A \in X^+$ 的属性的方法。

例 7.15 设关系模式 $R(U, F)$，其中，$U = \{A, B, C, D, E, I\}$，$F = \{A \to D, AB \to C, BI \to C, ED \to I, C \to E\}$，求 $(AC)^+$。

解 (1) 令 $X = \{AC\}$，则 $X^{(0)} = AC$；

(2) 在 F 中找出左边是 AC 子集的函数依赖：$A \to D$，$C \to E$；

(3) $X^{(1)} = X^{(0)} \cup D \cup E = ACDE$；

(4) 很明显 $X^{(1)} \neq X^{(0)}$，所以 $X^{(i)} = X^{(1)}$，并转向算法中的步骤(2)；

(5) 在 F 中找出左边是 $ACDE$ 子集的函数依赖：$ED \to I$；

(6) $X^{(2)} = X^{(1)} \cup I = ACDEI$；

(7) 虽然 $X^{(2)} \neq X^{(1)}$，但是 F 中未用过的函数依赖的左边属性已没有 $X^{(2)}$ 的子集，所以，可停止计算，输出 $(AC)^+ = X^{(2)} = ACDEI$。

算法 7.1 可用伪 Pascal 代码书写如下：(输出结果存储在变量 *result* 中)

```
result:=X;
WHILE (result 发生变化) DO
        FOR EACH  函数依赖 Y→Z IN F DO
            BEGIN
                IF Y⊆result THEN result:=result∪Z;
            END
```

读者可自行验证此算法描述的正确性。

利用闭包算法，能够正确判断一个新的函数依赖能否从给定的函数依赖 F 集合中推导出来。通过闭包算法，可以从关系 $R(U, F)$中给定的函数依赖集合 F 推导出所有的函数依赖。

由此，还可以得出结论：关系 $R(U, F)$中，其中某个给定属性集 $K \subseteq U$，当且仅当 K 关于给定函数依赖集 F 的闭包 K^+ 是 R 的所有属性集合 U 时，K 即为关系 R 的超码。当且仅当属性集 K 中不存在任一真子集 K' 的闭包$(K')^+$ 也是 R 的所有属性集合 U 时，即属性集 K 是最小属性集合构成的超码时，K 就是该关系 $R(U, F)$的候选码。

7.6.2 最小函数依赖集

假设有两个函数依赖集 F 和 G，如果所有被 F 所蕴含的函数依赖都被 G 所蕴含，则 F 的闭包是 G 的闭包的子集，即 $F^+ \subseteq G^+$，G 覆盖了 F。换言之，在数据库设计中，若实现了 G 中的函数依赖，就自动实现了 F 中的函数依赖。因此，在实现某个函数依赖集 F 时，系统只要实现它的一个最小函数依赖集就足够了。接下来，将讨论何谓最小函数依赖集以及如何构造最小函数依赖集。

定义 7.13 设 F 和 G 是关系模式 $R(U)$上的两个函数依赖集，如果 $F^+ = G^+$，则称 F 和 G 是等价的，记作 $F \equiv G$。也可称为 F 覆盖 G，或 G 覆盖 F，或 F、G 相互覆盖。

引理 7.4 $F \equiv G$ 的充分必要条件是 $F \subseteq G^+$ 和 $G \subseteq F^+$。

引理 7.5 任一函数依赖集总可以为一右部都为单属性的函数依赖集所覆盖。

证明 构造 $G = \{X \to A \mid X \to Y \in F$ 且 $A \in Y\}$。根据分解规则：$G \subseteq F^+$；根据合并规则：

$F \subseteq G^+$。可得：$F^+ = G^+$，即 F 为 G 所覆盖。

证毕。

定义 7.14　如果函数依赖集 F 满足下列条件，则称 F 为一个极小函数依赖集，也称为最小依赖集或最小覆盖。

(1) F 中任一函数依赖的右部都是单属性；

(2) F 中任一函数依赖 $X \to A$，都不会使 F 与 $F-\{X \to A\}$ 等价；

(3) F 中任一函数依赖 $X \to A$，X 的任一真子集 Z，不会使 $F-\{X \to A\} \cup \{Z \to A\}$ 与 F 等价。

条件(2)保证了 F 中不存在多余的函数依赖，条件(3)保证了 F 中每个函数依赖的左部没有多余的属性。

定理 7.2　任一函数依赖集 F 均等价于一个极小函数依赖集 F_m。

算法 7.2　计算最小依赖集。

输入：一个函数依赖集 F

输出：F 的一个等价最小依赖集 G。

步骤如下：

(1) 应用分解规则，使 F 的每个函数依赖的右部属性都为单属性；

(2) 依次去除 F 的每个函数依赖左部多余的属性。设 $XY \to A$ 是 F 的任一函数依赖，在 F 中求出 X 的闭包 X^+。如果 X^+ 包含了 Y，则 Y 为多余属性，该函数依赖变为 $X \to A$；

(3) 依次去除多余的函数依赖。设 $X \to A$ 是 F 的任一函数依赖，在 $F-\{X \to A\}$ 中求出 X 的闭包 X^+。如果 X^+ 包含了 A，则 $X \to A$ 为多余的函数依赖，应该去除；否则，不能去除。

例 7.16　设有函数依赖集 $F = \{A \to C, C \to A, B \to AC, D \to AC, BD \to A\}$，计算它等价的最小依赖集。

解　(1) 化依赖的右部为单属性，结果为：

$$F_1 = \{A \to C, C \to A, B \to A, B \to C, D \to A, D \to C, BD \to A\}$$

(2) 去除 F_1 的依赖中左部多余的属性。对于 $BD \to A$，由于有 $B \to A$，所以是多余的。结果为：

$$F_2 = \{A \to C, C \to A, B \to A, B \to C, D \to A, D \to C\}$$

(3) 去除 F_2 中多余的依赖。因为 $A \to C$，$C \to A$，所以 $A \leftrightarrow C$。故：$B \to A$、$B \to C$ 以及 $D \to A$、$D \to C$ 中之一为多余的。

取 $F_3 = \{A \to C, C \to A, B \to A, D \to A\}$。在 F_3 中存在以下依赖：

① 对于 $A \to C$，$F_3-\{A \to C\}$ 中 $A^+ = A$；

② 对于 $C \to A$，$F_3-\{C \to A\}$ 中 $C^+ = C$；

③ 对于 $B \to A$，$F_3-\{B \to A\}$ 中 $B^+ = B$；

④ 对于 $D \to A$，$F_3-\{D \to A\}$ 中 $D^+ = D$；

所以，F_3 中已没有多余的函数依赖，即 F 的等价最小依赖集为：$\{A \to C, C \to A, B \to A, D \to A\}$。

注意：函数依赖集的最小集并不是唯一的，本例中还可以有以下几个答案：

　　$\{A \to C, C \to A, B \to A, D \to A\}$

或　$\{A \to C, C \to A, B \to C, D \to A\}$

或　$\{A \to C, C \to A, B \to C, D \to C\}$

7.6.3 关系模式的分解

关系模式经分解后，应与原来的关系模式等价。所谓“等价”是指二者对数据的使用者来说应是等价的。即对分解前后的关系，做相同内容的查询，应产生同样的结果，这是对模式分解的基本要求。

历年来，人们对等价的概念形成了以下三种不同的定义：

(1) 分解具有“无损连接性”(Lossless Join)；

(2) 分解具有“函数依赖保持性”(Preserve Dependency)；

(3) 分解既要具有“无损连接性”，又要具有“函数依赖保持性”。

下面分别介绍无损连接性和函数依赖保持性的含义及判断算法。

1. 无损连接

所谓无损连接性，是指对关系模式分解时，原关系模式下的任一合法关系实例，在分解之后，应能通过自然连接运算恢复起来。无损连接性有时也称为无损分解。

定义 7.15 设 $\rho = \{R_1, R_2, \cdots, R_k\}$是关系模式 $R(U, F)$的一个分解，如果对于 R 的任一满足 F 的关系 r，都有：

$$r = \prod_{R_1}(r) \bowtie \prod_{R_2}(r) \bowtie \cdots \bowtie \prod_{R_k}(r)$$

则称分解 ρ 是满足函数依赖集 F 的无损连接。

根据算法 7.3 可以测试一个分解具有无损连接性(无损分解)。

算法 7.3 检验分解的无损连接性。

输入：关系模式 $R(A_1, A_2, \cdots, A_n)$，R 上的函数依赖集 F，R 上的分解 $\rho = \{R_1, R_2, \cdots, R_k\}$。

输出：ρ 是否具有无损连接性。

步骤如下：

(1) 构造一个 k 行 n 列的表(或矩阵)，第 i 行对应于分解后的关系模式 R_i，第 j 列对应于属性 A_j，如表 7-12 所示。

表 7-12 中各分量的值由下面的规则确定：

$$M_{ij} = \begin{cases} a_{ij} & 若 A_j \in R_i \\ b_{ij} & 若 A_j \in R_i \end{cases}$$

表 7-12 构造判断矩阵

	A_1	A_2	$\cdots$	A_j	$\cdots$	A_n
R_1						
R_2						
R_i		$\cdots$		M_{ij}		
R_k						

(2) 对 F 中的每一个函数依赖进行反复检查和处理。具体处理为：取 F 中一个函数依

赖 XY，在 X 的分量中寻找相同的行，然后将这些行中的 Y 分量改为相同的符合。即如果其中之一为 a_j，则将 b_{ij} 改为 a_j；若其中无 a_j，则改为 b_{ij}。若两个符合分别为 b_{23} 和 b_{13}，则将它们统一改为 b_{23} 或 b_{13}。

(3) 如此反复进行，直至 M 无可改变为止。如果发现某一行变成了 $a_1, a_2, \cdots, a_n$，则 ρ 具有无损连接性；否则，ρ 不具有无损连接性。

例 7.17　设关系模式 $R(U, F)$中，$U = \{A, B, C, D, E\}$，$F = \{AB \to C, C \to D, D \to E\}$，$R$ 的一个分解 $\rho = \{R_1(A, B, C), R_2(C, D), R_3(D, E)\}$。试判断 ρ 具有无损连接性。

解　(1) 首先构造初始表，如表 7-13(a)所示。

(2) 按下列次序反复检查函数依赖和修改 M：

① $AB \to C$，属性 A、B(第 1、2 列)中都没有相同的分量值，故 M 值不变；

② $C \to D$，属性 C 中有相同值，故应改变 D 属性中的 M 值，b_{14} 改为 a_4；

③ $D \to E$，属性 D 中有相同值，b_{15}、b_{25} 均改为 a_5。

结果如表 7-13(b)所示。

表 7-13　分解的无损连接判断表

(a)

	A	B	C	D	E
$R_1(A, B, C)$	a_1	a_2	a_3	b_{14}	b_{15}
$R_2(C, D)$	b_{21}	b_{22}	a_3	a_4	b_{25}
$R_3(D, E)$	b_{31}	b_{32}	b_{33}	a_4	a_5

(b)

	A	B	C	D	E
$R_1(A, B, C)$	a_1	a_2	a_3	a_4	a_5
$R_2(C, D)$	b_{21}	b_{22}	a_3	a_4	b_{25}
$R_3(D, E)$	b_{31}	b_{32}	b_{33}	a_4	a_5

(3) 此时第一行已为 a_1，a_2，a_3，a_4，a_5，所以 ρ 具有无损连接性。

说明：在上述步骤后，如果没有出现 a_1，a_2，a_3，a_4，a_5，并不能马上判断 ρ 不具有无损连接性。而应该进行第二次的函数依赖检查和修改 M。直至 M 值不能改变，才能判断 ρ 是否具有无损连接性。

2. 保持依赖性

定义 7.16　设有关系模式 R，F 是 R 的函数依赖集，Z 是 R 的一个属性集合，则 Z 所涉及的 F 中所有函数依赖为 F 在 Z 上的投影，记为$\prod_Z(F)$，有

$$\prod_Z(F) = \{X \to Y \mid X \to Y \in F^+ \text{且 } XY \subseteq Z\}$$

定义 7.17　设关系模式 R 的一个分解 $\rho = \{R_1, R_2, \cdots, R_k\}$，$F$ 是 R 的依赖集，如果 F 等价于 $\prod_{R_1}(F) \cup \prod_{R_2}(F) \cup \cdots \cup \prod_{R_k}(F)$，则称分解 ρ 具有依赖保持性。

一个无损连接的分解不一定具有函数依赖保持性；同样地，一个函数依赖保持性分解也不一定具有无损连接性。

检验分解是否具有函数依赖保持性，实际上是检验$\prod_{R_1}(F) \cup \prod_{R_2}(F) \cup \cdots \cup \prod_{R_k}(F)$是否覆

盖 F。

算法 7.4 检验一个分解是否具有依赖保持性。

输入：关系模式 R 上的函数依赖集 F；R 的一个分解 $\rho = \{R_1, R_2,\cdots, R_k\}$。

输出：ρ 是否具有依赖保持性。

步骤如下：

(1) 计算 F 到每一个 R_i 上的投影$\prod_{R_i}(F)$，$i = 1, 2,\cdots, k$；

(2) FOR 每一个 $X\rightarrow Y\in F$ DO

```
        Z1 = X; Z0 = ∅;
        DO WHILE Z1≠Z0
            Z0 = Z1;
            FOR i = 1 TO k DO
                Z1 = Z1∪((Z1∩Ri)+ ∪Ri)
            ENDFOR
        ENDDO
    IF Y-Z1 = ∅   RETURN(true)
    RETURN(false)
    ENDFOR
```

例 7.18 试判断例 7.17 中的分解 ρ 是否具有函数依赖保持性。

解 因为$\prod_{R_1}(F) = \{AB\rightarrow C\}$，$\prod_{R_2}(F) = \{C\rightarrow D\}$，$\prod_{R_3}(F) = \{D\rightarrow E\}$，所以

$$\prod_{R_1}(F)\cup\prod_{R_2}(F)\cup\prod_{R_3}(F) = \{AB\rightarrow C，C\rightarrow D，D\rightarrow E\}$$

等价于 F，因此 ρ 具有函数依赖保持性。

在实际数据库设计中，关系模式的分解主要有以下两个准则：

(1) 只满足无损连接性；

(2) 既满足无损连接性，又满足函数依赖保持性。

准则(2)比准则(1)理想，但分解时受到的限制更多。如果一个分解只满足函数依赖保持性，但不满足无损连接性，则它是没有实用价值的。

本 章 小 结

在关系模式中，并非所有关系的存储质量都是一样的。规范化是把存储质量不太“好”的关系，转化为质量较“好”的关系的过程。

函数依赖是属性间的联系。在同一关系中，如果 X 的值决定 Y 的值，则 Y 函数依赖于 X，决定因素是位于函数依赖左部的由一个或多个元素组成的属性组。码是能唯一标识一个元组的包含一个或多个属性的属性组，每个关系至少有一个码。在极端情况下，码是关系中的所有属性构成的集合。码总是唯一的，但函数依赖中的决定因素则不一定。属性是不是码以及属性间的依赖关系是没有规则可言的，而是决定于用户环境的需要和数据库设计人员的理解。

为了减少数据冗余和消除更新异常，可以把一个关系分解成两个或多个关系，使它们

达到一定的范式。

根据定义，每一个规范化的关系都在第一范式中。如果一个关系的所有非主属性都依赖于整个码，则该关系在第二范式中。如果一个关系在第二范式中，且没有非主属性对码传递依赖，则该关系在第三范式中。如果一个关系的所有决定因素都是候选码，则该关系在 BC 范式中。如果在函数依赖范围讨论内，则 BC 范式是最高范式。

如果一个关系在 BC 范式中，且没有多值依赖，则该关系在第四范式中。

关系的规范化程度并非是越高越好。当一个表分解为两个或多个表时，就产生了表间的关联约束(通过外部码实现)。如果处理两个表及其关联约束的额外开销超过了避免更新异常所带来的好处，则不推荐使用规范化技术。

规范化技术的出发点是假设已存在一个单一的关系模式，这就是泛关系假设。因此，在对错综复杂的现实世界作第一次抽象(概念模型)时，如果未完全把握本质内容的话，规范化技术的收效是不大的。

习　题　7

1. 什么是插入异常、删除异常、更新异常？它们是如何引起的？试举例说明。

2. 给出函数依赖的定义。

3. 给出一个两个属性间有函数依赖的例子，给出一个两个属性间没有函数依赖的例子。

4. 给出决定因素的定义。

5. 给出一个有函数依赖的关系，其中的决定因素有两个或多个属性。

6. 给出码的定义。

7. 在关系中，如果一个属性是关系的码，它一定是决定因素吗？给定该属性的值，可以在关系中出现多次吗？

8. 在关系中，如果一个属性是决定因素，它一定是关系的码吗？给定该属性的一个值，可以在关系中出现多次吗？

9. 什么是非规范化的关系？举出一个非规范化关系的例子，并把它转化为规范化关系。

10. 定义第二范式，举出一个在 1NF 中但不在 2NF 中的关系的例子，并把该关系转换到 2NF 中。

11. 给出第三范式的定义，举出一个在 2NF 中但不在 3NF 中的关系的例子，并把该关系转换到 3NF 中。

12. 给出 BC 范式的定义，举出一个在 3NF 中但不在 BCNF 中的关系的例子，并把该关系转换到 BCNF 中。

13. 给出多值依赖的定义，并举例说明。

14. 给出第四范式的定义，举出一个在 BCNF 中但不在 4NF 中的关系的例子，并把该关系转换到 4NF 中。

(要求不使用本章中使用的例子)

15. 设有关系模式 $R(A, B, C, D)$，函数依赖集 $F = \{A \to B, B \to C\}$，试求此关系的码，并指出在函数依赖的范围内，它达到了第几范式。

16. 在函数依赖范围内，试问下列关系模式最高属于第几范式，并解释原因。

(1) $R(A, B, C, D)$，$F = \{B \to D, AB \to C\}$；

(2) $R(A, B, C, D, E)$，$F = \{AB \to CE, C \to D\}$；

(3) $R(A, B, C, D)$，$F = \{B \to D, AB \to C\}$；

(4) $R(A, B, C)$，$F = \{A \to B, B \to A, A \to C\}$；

(5) $R(A, B, C), F = \{A \to B, C \to A\}$；

(6) $R(A, B, C, D)$，$F = \{A \to C, D \to B\}$；

(7) $R(A, B, C, D)$，$F = \{A \to C, CD \to B\}$。

17. 试证：只有两个属性的已属于 1NF 的关系模式必属于 BCNF。

18. 试证：由关系模式中全部属性组成的集合为候选码的关系是 3NF，则该关系也是 BCNF。

19. 关系模式 Act 的定义如下：

Act(SID, Activity, Fee)，其中 SID 是学生的学号，Activity 是学生参加的活动，Fee 是参加活动所需的费用。如果一个学生只能参加一项活动，每一项活动对于所有同学的收费是相同的。请回答以下问题：

(1) 以下哪些陈述是对的？

a. SID → Activity

b. SID → Fee

c. (SID, Activity) → Fee

d. (SID, Fee) → Activity

e. (Activity, Fee) → SID

f. Activity → SID

g. Fee → Activity

(2) 该关系中有哪些决定因素？

(3) 该关系的码是什么？

(4) 更新该关系时，会遇到更新异常吗？如果有，请加以描述。

(5) 该关系包含部分函数依赖吗？如果有，是什么？

(6) 该关系包含传递函数依赖吗？如果有，是什么？

(7) 在函数依赖范围内，该关系在第几范式中？

(8) 重新设计该关系，消除更新异常。

20. 如果 19 题的语义变为：一个学生可以参加多项活动，每一项活动对于所有同学的收费是相同的，试重新回答 19 题中的所有问题。

21. 如果 19 题的语义变为：一个学生可以参加多项活动，每一项活动对于所有同学的收费是不相同的，则关系的码是什么？该关系属于第几范式？

22. 现有一个未规范化的项目部件表，其中包含了项目、部件和部件向项目已提供的数量信息，如表 7-14 所示。

(1) 假设部件名称和项目内容都有可能重复，写出项目部件表中的函数依赖 F，该表达到了第几范式？

(2) 请采用规范化方法，将该表分解到 3NF 要求，并说明理由。

表 7-14　项目部件表

部件号	部件名	现有数量	项目代号	项目内容	项目负责人	已提供数量
205	CAM	30	12	AAA	01	10
205	CAM	30	20	BBB	02	15
210	COG	155	12	AAA	01	30
210	COG	155	25	CCC	11	25
210	COG	155	30	DDD	12	15
…						

23. 考虑表 7-15 所示的关系模式定义和样本数据：

Project(PID，Ename，Salary)，其中 PID 是项目名称，Ename 是参加项目的雇员名，Salary 是雇员的薪水。

表 7-15　职工参与项目表

PID	Ename	Salary/元
100A	胡一民	2400
100A	张小华	2100
100B	张小华	2100
200A	胡一民	2400
200B	胡一民	2400
200C	李红卫	2400
200C	张小华	2100
200D	李红卫	2400

假设所有的函数依赖和约束都已显示在表 7-15 的数据中，请回答以下问题：

(1) 写出该关系的函数依赖集。

(2) 该关系的码是什么？

(3) 该关系属于第几范式？为什么？

(4) 如果该关系没有达到 BCNF，请分解使之达到 BCNF。

24. 设关系模式 R(Course，Teacher，Time，Room，Student，Grade)，其中，Course 为课程名，Teacher 为教师名，Time 为时间，Room 为教室，Student 为学生名，Grade 为成绩。学校规定：一门课由一个教师开设，但在不同的时间可以安排在不同的教室，听课学生及其成绩只与课程有关。

(1) 写出该关系模式中的函数依赖。

(2) 写出该关系模式中的多值依赖。

25. 设关系模式 $R(U, F)$的属性集 $U=\{A, B, C\}$，函数依赖集 $F=\{A\to B, B\to C\}$，试求属性闭包 A^{+}。

26. 设关系模式 $R(A, B, C, D, E)$，$F=\{A\to B, E\to C, C\to A, CD\to E\}$，试求属性闭包 A^{+}，C^{+}，$(CD)^{+}$，$(ACD)^{+}$。

27. 设关系模式 $R(U，F)$的属性集 $U = \{A, B, C, D\}$，其上的函数依赖集为 $F = \{A \to C, C \to A, B \to AC, D \to AC\}$，试求：$F$ 的最小等价依赖集 Fm。

28. 设关系模式 $R(A, B, C, D, E)$，$F = \{A \to BC, CD \to E, B \to D, E \to A\}$，$\rho_1$、$\rho_2$ 是 R 的两个分解：

$$\rho_1 = \{R_1(A, B, C), R_2(A, D, E)\}$$
$$\rho_2 = \{R_3(A, B, C), R_4(C, D, E)\}$$

试验证 ρ_1、ρ_2 是否具有无损连接性。

29. 设关系模式 $R(A, B, C, D, E)$，$F = \{A \to C, B \to D, C \to E, DE \to C, CE \to A\}$，试问分解 $\rho = \{R_1(A, D), R_2(A, B), R_3(B, E), R_4(C, D, E), R_5(A, E)\}$是不是 R 的一个无损连接分解。

30. 设关系模式 $R(A, B, C)$，$F = \{A \to B, C \to B\}$，试问分解 $\rho_1=\{R_1(A, B), R_2(A, C)\}$，$\rho_2\{R_1(A, B), R_2(B, C)\}$是否具有依赖保持性。

第 8 章

数据库设计

第 8 章讲什么?

计算机在事务处理方面的应用已是计算机应用的主要领域。管理信息系统(Management Information Systems，MIS)、决策支持系统(Decision Support System，DSS)、办公室自动化系统(Office Automation System，OAS)以及计算机集成生产系统(Computer Integrated Making System，CIMS)等的发展，使数据库成为应用系统中数据的核心存储形式。数据库设计的方法和技术也越来越受到人们的重视，从小型的单项事务处理到大型的信息系统，都需要先进的数据库技术来保持系统数据的整体性、完整性和共享性。

实际上，在前面的各章节中已经阐述了很多与数据库设计相关内容，第 2 章讨论了如何从现实世界中对数据进行抽象建模，内容有构造 E-R 模型、E-R 模型向关系模型的转换以及关系模型的三要素等；第 3 章到 6 章从关系代数和关系演算作为理论基础到商业 RDBMS 中的 SQL 语言以及相关程序设计实现来讨论在 RDBMS 中如何具体实现数据库及其应用；第 7 章讨论了数据依赖理论和在此理论基础上的关系规范化过程。

接下来，从设计方法学的角度，宏观讨论整个数据库设计这一系统化过程。数据库设计是指利用现有的数据库管理系统、针对具体的应用对象，构造合适的数据库模式，建立基于数据库的应用系统或信息系统，以便有效地存储和存取数据，满足各类用户的需求。

当前，各种各样的设计方法学隐含在各大厂商所提供的数据库设计工具中，这类工具又称计算机辅助软件工程(Computer Aided Software Engineering，CASE)工具。CASE 是一套方法和工具，可实现系统开发商规定的应用规则，并由计算机自动生成合适的计算机程序。常见的数据库设计 CASE 工具有：IBM 公司的 Rational Rose、Oracle 公司的 Oracle Designer、Computer Associates 公司的 ERWin 和 BPWin、Embarcadero Technologyes 公司的 ER Studio 以及 SAP Sybase 公司的 Powerdesigner 等。

本章将讨论如何用当前较为流行的面向对象系统分析设计方法中的数据库设计方法。Powerdesigner 工具进行数据库设计建模及数据库实现的过程。

8.1 数据库设计介绍

合理的数据库结构是数据库应用系统性能良好的基础和保证，但数据库的设计和开发却是一项庞大而复杂的工程。

从事数据库设计的人员，不仅要具备数据库知识和数据库设计技术，还要有程序开发的实际经验，掌握软件工程的原理和方法。数据库设计人员必须深入应用环境，了解用户具体的业务需要，在数据库设计的前期和后期还要与用户密切联系，共同开发。只有这样，才能大大提高数据库设计的成功率。

8.1.1 数据库设计的一般策略

数据库设计的一般策略有两种：自顶向下(Top-Down)和自底向上(Bottom-Up)。

自顶向下是从一般到特殊的开发策略。它首先是从一个企业的高层管理着手，分析企业的目标、对象和策略，从而构造抽象的高层数据模型；然后逐步构造越来越详细的描述和模型(子系统的模型)，且模型不断地扩展细化，直到能识别特定的数据库及其应用为止。例如，可以先指定几个高级实体类型，然后在指定其属性时，把这些实体类型分裂为较低级的实体类型和联系。

自底向上的开发采用与抽象相反的顺序进行。它从各种基本业务和数据处理着手，即从一个企业的各个基层业务子系统的业务处理开始，进行分析和设计。然后将各子系统进行综合和集中，进行上一层系统的分析和设计，将不同的数据进行综合，最后对整个信息系统进行分析和设计。例如，可以先确定一些属性，然后把属性分组为不同的实体类型和联系，在设计过程中可能还需要在实体类型之间增加新的联系。

这两种方法各有优缺点，在实际的数据库设计开发过程中，常常把这两种方法综合起来使用。即在设计过程中并不遵循任何一个特定的策略，而是先根据自顶向下的策略把需求划分成多个部分，然后根据自底向上的策略对每个划分部分设计各个子模式，最后将模式的各个部分进行组合。

8.1.2 数据库设计的步骤

在确定了数据库设计的策略以后，就需要相应的设计方法和步骤。多年来，人们提出了多种数据库设计方法，多种设计准则和规范。

数据库是某个企业、组织或部门所涉及的数据的综合，它不仅反映数据本身的内容，而且反映数据之间的联系。在数据库中，是用数据模型来抽象、表示和处理现实世界中的数据和信息的。根据模型应用的不同目的，将数据模型分成两个层次：概念模型和具体的(如关系)数据模型。概念模型是用户和数据库设计人员之间进行交流的工具，数据模型是由概念模型转化而来，是按照计算机系统的观点来对数据建模。产生具体数据模型的数据库设计即为逻辑设计。

1978 年 10 月召开的新奥尔良(New Orleans)会议提出的关于数据库设计的步骤，简称新奥尔良法，是目前得到公认的、较完整和较权威的数据库设计方法，它把数据库设计分为如下四个主要阶段：

(1) 用户需求分析。

(2) 信息分析和定义(概念设计)。

① 视图模型化；

② 视图分析和汇总。

(3) 设计实现(逻辑设计)。

① 模式初始设计；

② 子模式设计；

③ 应用程序设计；

④ 模式评价；

⑤ 模式求精。

(4) 物理设计。

当各阶段发现不能满足用户需求时，均需返回到前面适当的阶段，进行必要的修正。如此经过不断地迭代和求精，直到各种性能均能满足用户的需求为止。

数据库设计一般应包括数据库的结构设计和行为设计两部分内容。数据库的结构设计是指系统整体逻辑模式与子模式的设计，是对数据的分析设计；数据库的行为设计是指施加在数据库上的动态操作(应用程序集)的设计，是对应用系统功能的分析设计。虽然，数据库行为设计与一般软件工程的系统设计产生模块化程序的过程是一致的，并且从学科划分的范畴来看，它更偏重于软件设计。但是，在系统分析中，过早地将“数据分析”和“功能分析”进行分离是不明智的，也是不可能的。因为数据需求分析是建立在功能分析上的，只有通过功能分析，才能产生系统数据流程图与数据字典，然后才通过数据分析来划分实体与属性等，最后才能进入结构设计。

通常，“数据分析”的着眼点在于数据库设计中的问题域，而“功能分析”则侧重于数据库设计中的系统责任的实现。所谓问题域，是指被开发系统的应用领域，即在现实世界中由这个系统进行处理的业务范围。系统责任指的是所开发的系统应该具备的职能。

目前，较多的数据库设计专家认为，数据库结构设计的基本步骤应包括如图 8-1 所示的五个阶段。

在数据库结构设计的任一设计阶段，一旦发现不能满足用户数据需求，均需返回到前面的适当阶段，进行必要的修正。经过如此的迭代求精过程，直到能满足用户需求为止。在进行数据库结构设计时，应考虑满足数据库中数据处理的要求，将数据和功能两方面的需求分析、设计和实现在各个阶段同时进行，相互参照和补充。

事实上，在数据库设计中，对每一个阶段的设计成果都应该通过评审。评审的目的是确认某一阶段的任务是否全部完成，从而避免出现重大的错误或疏漏，保证设计质量。评审后还需要根据评审意见修改所提交的设计成果，有时甚至要回溯到前面的某一阶段，进行部分重新设计乃至全部重新设计，然后再进行评审，直至达到系统的预期目标为止。

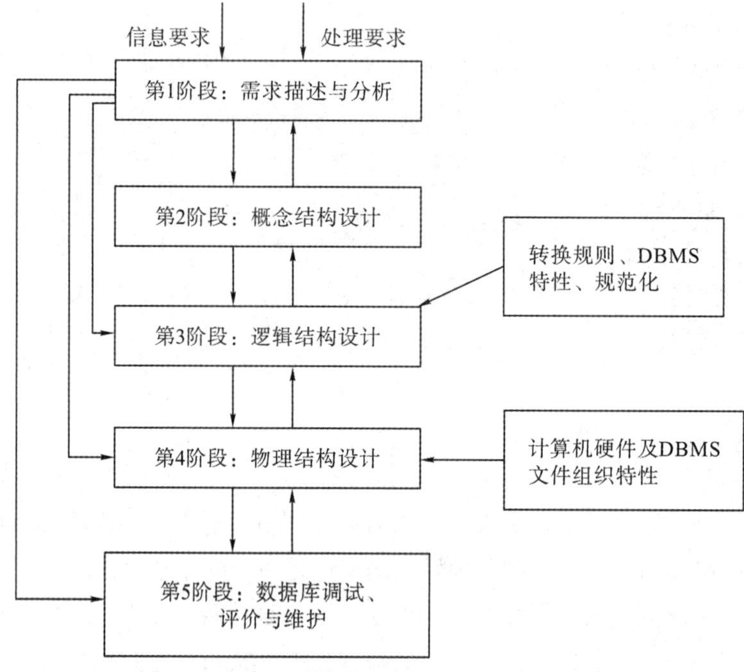

图 8-1　专家认同的数据库结构设计的基本步骤

8.1.3　数据库设计的主流方法

从 20 世纪 70 年代末以来，众多学者对数据库设计方法进行了深入的探讨和尝试，给出了许多各有优缺点的数据库设计方法，有基于 E-R 模型的数据库设计方法、基于 3NF 的设计方法、基于抽象语法规范的设计方法等，下面介绍较为实用的三种主流方法。

1. 数据流法

数据流法又称作结构化分析方法。其基本策略是跟踪数据流，即研究问题域中数据如何流动以及在各个环节上进行何种处理，从而发现数据流和加工。问题域被映射为由数据流、加工、文件、端点等成分构成的数据流程图(Data Flow Diagram，DFD)，并用处理说明和数据字典对数据流和加工进行详细说明。数据流程图也称为数据流图，是便于用户理解的系统数据流程的图形表示，能精确地在逻辑上描述系统的功能、输入、输出和数据存储。该工具应用于需求分析中。

数据字典(Data Dictionary，DD)是关于数据的信息集合。它包含了应用对象和 DBMS 运行时所需的控制和管理信息的信息库。它既可为用户服务，又可为系统服务。数据字典在需求分析阶段建立，在数据库设计过程中被不断修改、充实和完善。数据字典所描述的信息包括数据元素名、类型、字节长度、可能的别名、有效取值范围等。

数据流法的原则是逐步求精，一个加工可以通过细化而分解成一个下层的数据流图。还增加了对事件的分析，通过定义事件而选取加工。

但是，数据流法所研究和描述的问题域的着眼点并不是其中固有的对象，而是数据流、加工等，即只是对问题域的间接映射，很难适应于比较复杂的系统。而且它对需求变化的适应能力也比较弱，因为某个功能的变化引起一个加工和与它相连的许多数据流的修改，进而影响到与这次数据流相连的其他加工。同时，由于它与后续开发阶段的表示法不一致，没有一种严格的可操作的转换规则，使得从分析到设计的过渡比较困难。

2. 信息建模法

信息建模法是由 P.P.S.Chen 在 1976 年提出的实体-联系法(E-R 方法)发展而来的，1981 年 M.Flavin 对其进行了改进并称之为信息建模法。

信息建模法的核心概念是实体和联系。实体描述问题域中的一个事物，它包含一组描述事物数据信息的属性；联系描述问题域中各个事物之间在数据方面的联系，它也可以带有自己的属性。信息建模法最基本的处理策略是：发现现实世界中的对象、对象具有的属性、对象间的联系等，用概念模型中的实体、实体的属性、实体间的联系来表示，用父类型/子类型提炼属性的共性，用关联对象对关系作细化的描述。

信息建模法认识问题域的出发点是问题域中的具体事物，在建模中用实体来构造。但是这种映射只能反映静态的数据信息，却不能反映事物的动态的行为特征。

3. 面向对象法

面向对象(Object Oriented，OO)是一种新兴的程序设计方法，其基本思想是使用对象、类、继承、封装、消息等基本概念来进行程序设计。简单来说，面向对象法涉及了对问题域中的事物的完整映射，包括数据库中涉及事物的结构设计(属性)和行为设计(方法)。

面向对象法的基本策略是：运用面向对象方法，对问题域和系统责任进行分析和理解，对其中的事物和它们之间的关系产生正确的认识，找出描述问题域及系统责任所需的类和对象，定义这些类和对象的属性与服务，以及它们之间所形成的结构、静态联系和动态联系。最终目的是产生一个符合用户需求，能够直接反映问题域和系统责任的面向对象模型及其详细说明。

8.2 需求分析

需求分析

所谓需求分析是指数据库设计人员采用一定的辅助工具对应用对象的功能、性能、限制等要求所进行的科学分析。需求分析是数据库设计的第一阶段，本阶段所得出的结果是下一阶段——系统的概念结构设计的基础。如果需求分析有误，则以它为基础的整个数据库设计将成为毫无意义的工作。而需求分析阶段也是数据库设计人员感觉最烦琐和困难的一个阶段。

数据库需求分析和一般信息系统的系统分析基本上是一致的。但是，数据库需求分析所收集的信息，却要比一般信息系统的系统分析所收集信息详细得多，不仅要收集数据的型(包括数据的名称、数据类型、字节长度等)，还要收集与数据库运行效率、安全性、完整性有关的信息，包括数据使用频率、数据间的联系以及对数据操纵时的保密要求等。

8.2.1　需求调查

需求调查是指为了彻底了解原系统的全部概况，系统分析师和数据库设计人员深入到应用部门，和用户一起调查和收集原系统所涉及的全部数据。

需求调查要明确的问题很多，大到企业的经营方针策略、组织结构，小到每一张票据的产生、输入、输出、修改、查询等。需要调查的重点内容包括以下几个方面：

(1) 信息要求：用户需要对哪些信息进行查询和分析，信息与信息之间的关系如何等。

(2) 处理要求：用户需要对信息进行何种处理，每一种处理有哪些输入、输出要求，处理的方式如何，每一种处理有无特殊要求等。

(3) 系统要求包括以下内容：

① 安全性要求：系统有哪几种用户？每一种用户的使用权限要求等。

② 使用方式要求：用户的使用环境是什么？平均有多少用户同时使用？最高峰时有多少用户同时使用？有无查询相应的时间要求等。

③ 可扩充性要求：对未来功能、性能和应用访问的可扩充性的要求。

需求调查的方法主要有以下几种：

(1) 阅读有关手册、文档及与原系统有关的一切数据资料。

(2) 与各种用户(企业领导、管理人员和操作员)进行沟通。每个用户所处的地位不同，对新系统的理解和要求也不同，与他们进行沟通，可获得在查阅资料时遗漏的信息。

(3) 跟班作业。有时用户并不能从信息处理的角度来表达他们的需求，需要分析人员和设计人员亲自参加他们的工作，了解业务活动的情况。

(4) 召集有关人员座谈讨论。可按职能部门召开座谈会，了解各部门的业务情况及对新系统的建议。

(5) 使用调查表的形式调查用户的需求。

需求调查的方法有很多种，常常需要综合使用各种方法。对用户对象的专业知识和业务过程了解得越详细，为数据库设计所作的准备就越充分。并且设计人员应考虑到将来对系统功能的扩充和改变，尽量把系统设计得易于修改。

8.2.2 需求分析的方法

需求调查所得到的数据可能是零碎的、局部的，需求分析师和设计人员必须进一步分析和表达用户的需求。需求分析的具体任务有以下几点：

(1) 分析需求调查得到的资料，明确计算机应当处理和能够处理的范围，确定新系统应具备的功能。

(2) 综合各种信息所包含的数据，分析各种数据之间的联系，数据的类型、取值范围、流向等。

(3) 将需求调查文档化，文档既要能被用户所理解，又要方便数据库的概念结构设计。

需求分析的结果应及时与用户进行交流，反复修改，直到得到用户的认可。

在数据库设计中，数据需求分析是对有关信息系统现有数据及数据间联系的收集和处理，当然也要适当考虑系统在将来的发展需求。一般地，需求分析包括功能分析及数据流分析两种。

功能分析是指系统如何得到事务活动所需要的数据，在事务处理中如何使用这些数据进行处理(也叫加工)，以及处理后数据流向的全过程的分析。换言之，功能分析是对所建数据模型支持的系统事务处理的分析。

数据流分析是对事务处理所需的原始数据的收集及经处理后所得数据及其流向的分析，一般用数据流程图(DFD)来表示。DFD 不仅指出了数据的流向，而且还指出了需要进行的事务处理(不涉及如何处理，这是应用程序的设计范畴)。在需求分析阶段，应当用文档形式整理出整个系统所涉及的数据、数据间的依赖关系、事务处理的说明和所需产生的报告，并且尽量借助于数据字典(DD)加以说明。

除了使用数据流程图、数据字典以外，需求分析还可使用判定表、判定树等工具。下面介绍数据流程图和数据字典，其他工具的使用可参见软件工程等方面的参考书。

1. 数据流程图

数据流程图的符号及说明如图 8-2 所示。

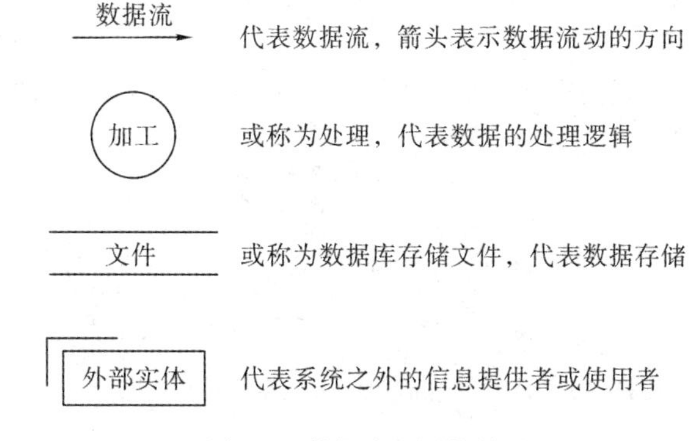

图 8-2　数据流程图的符号

(1) 数据流：由一组确定的数据组成。

数据流用带名字的箭头表示，名字表示流经的数据，箭头则表示流向。

例如，“成绩单”数据流由学生名、课程名、学期、成绩等数据组成。

(2) 加工：是对数据进行的操作或处理。

加工包括两方面的内容：一是变换数据的组成，即改变数据结构；二是在原有的数据内容基础上增加新的内容，形成新的数据。

例如，在学生学习成绩管理系统中，“选课登记”是一个加工，它对学生信息和开课信息进行处理后生成学生的选课清单。

(3) 文件：数据暂时存储或永久保存的地方。

例如：学生表、开课计划表均为文件。

(4) 外部实体：指独立于系统而存在的，但又和系统有联系的实体。它表示数据的外部来源和最终的去向，确定系统与外部环境之间的界限，从而可确定系统的范围。

外部实体可以是某种人员、组织、系统或某事物。

例如，在学校成绩管理系统中，家长可作为外部实体存在，因为家长不是该系统要研究的实体，但可以查询本系统中有关的学生成绩。

构造 DFD 的目的是使系统分析师与用户进行明确的交流，指导系统设计，并为下一阶段的工作打下基础。所以 DFD 应简单明了、易于被理解。

构造 DFD 通常采用自顶向下、逐层分解，直到功能细化为止，从而形成若干层次的 DFD。

如图 8-3 是学校成绩管理系统的第一层数据流程图(部分)。如果需要，还可以对其中的三个处理过程分别作第二层数据流程图。

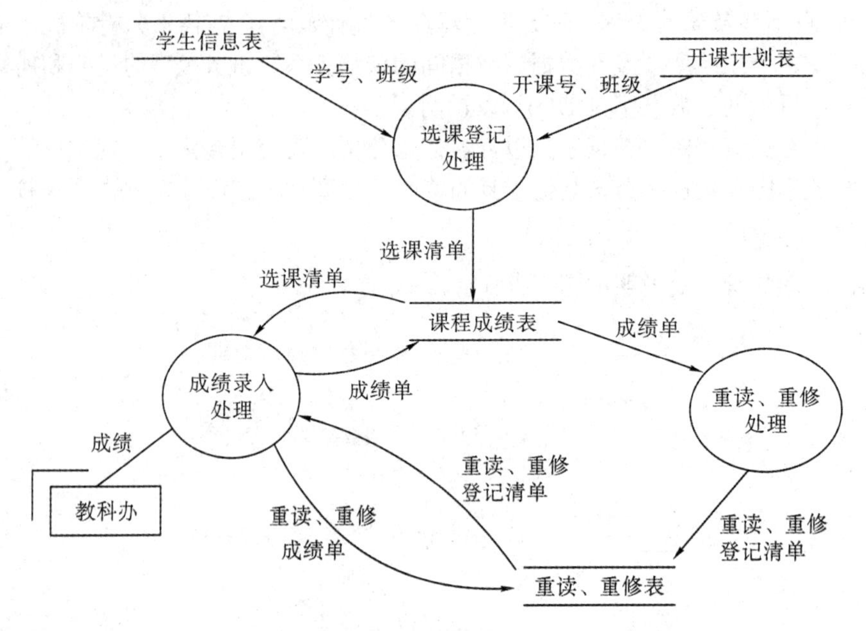

图 8-3 成绩管理的第一层数据流程图(部分)

2. 数据字典

数据字典是以特定格式记录下来的，对数据流程图中各个基本要素(数据流、文件、加工等)的具体内容和特征所作的完整的对应和说明。

数据字典是对数据流程图的注释和重要补充，它可以帮助系统分析师全面确定用户的要求，并为以后的系统设计提供参考依据。

数据字典的内容包括：数据项、数据结构、数据流、加工、文件、外部实体等。所有在数据定义需求中出现的名称都必须有严格的说明。在数据库设计过程中，数据字典被不断地充实、修改和完善。

下面对成绩管理数据流图中几个元素的定义加以说明：

(1) 数据项名：成绩。

别名：分数。

描述：课程考核的分数值。

定义：数值型，带一位小数。

取值范围：0～100。

(2) 数据结构名：成绩单。

别名：考试成绩。

描述：学生每学期考试成绩单。

定义：成绩清单=学生号+开课号+学期+考试成绩。

(3) 加工名：选课登记处理。

输入数据流：学期、学生号、开课号和课程号。

输出数据流：选课清单。

加工逻辑：把选课者的学生号、所处的学期号、所选的开课号和课程号都记录进数据库中。

处理频率：根据学校的学生人数而定，具有集中性。

(4) 文件名：学生信息表。

简述：用来记录学生的基本情况。

组成：记录学生各类信息的数据项，如学生号、姓名、性别、政治面貌、专业、班级号等。

读文件：根据各项数据需求，提取学生信息。

写文件：对学生信息进行修改、增加、或删除。

这一阶段的主要任务有以下几项：

(1) 确认系统的设计范围；

(2) 调查信息需求、收集数据；

(3) 分析、综合系统调查得到的资料；

(4) 建立需求说明文档、数据字典、数据流程图。

与本阶段同步，对数据处理的同步分析应产生：数据流程图、判定树(判定表)以及数据字典中对处理过程的描述。

8.3 概念结构设计

概念结构设计

数据库的概念结构设计是指通过对应用对象进行精确的抽象、概括而形成的独立于计算机系统的企业信息模型。描述概念模型的最好工具是 E-R 图。

概念结构设计的目标是产生反映系统信息需求的数据库概念结构，即概念模式。概念结构是独立于支持数据库的 DBMS 和使用的硬件环境的。此时，设计人员从用户的角度看待数据以及数据处理的要求和约束，产生一个反映用户观点的概念模式，然后再把概念模式转换为逻辑模式。数据库各级模式之间的关系如图 8-4 所示。

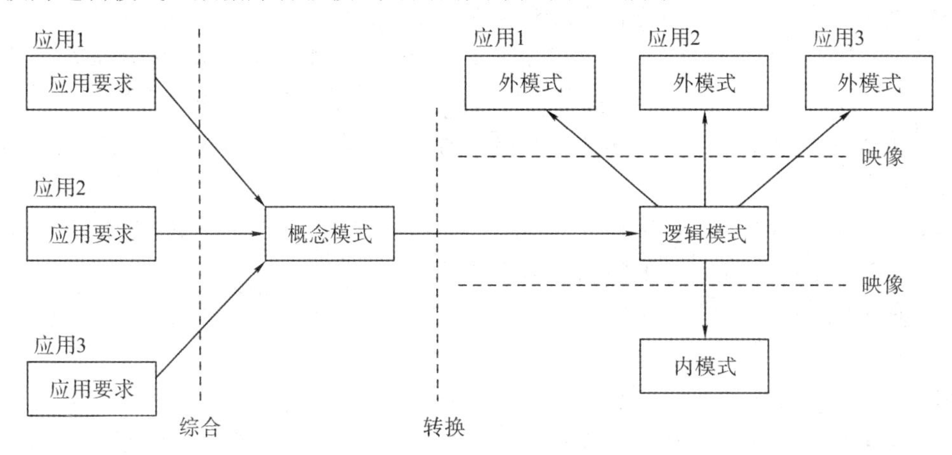

图 8-4　数据库各级模式之间的关系

描述概念结构的模型应具有以下几个特点：

(1) 有丰富的语义表达能力。概念模型应能表达用户的各种需求，反映现实世界中各种数据及其复杂的联系，以及用户对数据的处理要求等。

(2) 易于交流和理解。概念模型是系统分析师，是数据库设计人员和用户之间的主要交流工具。

(3) 易于修改。概念模型能灵活地加以改变，以反映用户需求和环境的变化。

(4) 易于向各种数据模型转换。设计概念模型的最终目的是向某种 DBMS 支持的数据模型转换，建立数据库应用系统。

传统的数据模型(层次、网状和关系)由于缺乏必要的语义表达手段，不适合用作概念模型，因此人们提出了多种概念设计的表达工具，其中最常用、最有名的是 E-R 模型。

在需求分析中，已初步得到了有关各类实体、实体间的联系以及描述它们性质的数据元素，统称数据对象。在这一阶段中，首先要从以上数据对象中明确：系统有哪些实体、每个实体有哪些属性、哪些实体间存在联系、每一种联系又有哪些属性，然后就可以作出系统的局部 E-R 模型和全局 E-R 模型。

在第 2 章中，已详细讨论了建立 E-R 模型、从局部 E-R 图生成全局 E-R 图的基本方法，这里主要介绍业务规则的文档化。

从 E-R 模型中可以获得实体、实体间的联系等信息，但不能得到约束实体处理的业务规则。对模型中的每一个实体中的数据所进行的添加、修改和删除，应该符合预定的规则。特别是删除，往往包含着一些重要的业务规则。

例 8.1 下面是学校图书管理系统中有关读者借阅图书的业务规则：

(1) 借阅者必需持有图书馆所发的借书证，每张借书证的号码是唯一的；

(2) 学生每人最多能借 10 本书，教职工每人最多能借 20 本书；

(3) 学生的借书周期为三个月，教职工为六个月；

(4) 一旦有图书超期，学生和教职工都不能再借阅任何图书；

(5) 尚未全部归还图书的学生及教职工不能办离校手续。

业务规则是在需求分析中得到的，需要反映在数据库模式和数据库应用程序中。

概念结构设计的最后一步是把全局概念模式提交至评审环节。评审可分为用户评审和 DBA 及设计人员评审两部分。用户评审的重点是确认全局概念模式是否准确完整地反映了用户的信息需求，以及现实世界事务的属性间的固有联系；DBA 和设计人员的评审则侧重于确认全局概念模式是否完整，属性和实体的划分是否合理，是否存在冲突，以及各种文档是否齐全等。

概念结构设计阶段利用需求分析得到的数据流程图等进行工作，主要输出文档包括：

(1) 系统各子部门的局部概念结构描述；

(2) 系统全局概念结构描述；

(3) 修改后的数据字典；

(4) 概念模型应具有的业务规则。

与本阶段同步，对数据处理的同步分析应产生系统说明书，包括新系统的要求、方案、概要图和反映新系统信息流的数据流程图。

8.4 逻辑结构设计

逻辑结构设计

数据库的逻辑结构设计是指将抽象的概念模型转化为与选用的 DBMS 产品所支持的数据模型相符合的逻辑模型，包括数据库模式和外模式，它是物理设计的基础。目前大多数 DBMS 支持关系数据模型，所以数据库的逻辑设计，首先是将 E-R 模型转换为与其等价的关系模式。关系数据库的逻辑结构设计的一般步骤如图 8-5 所示。

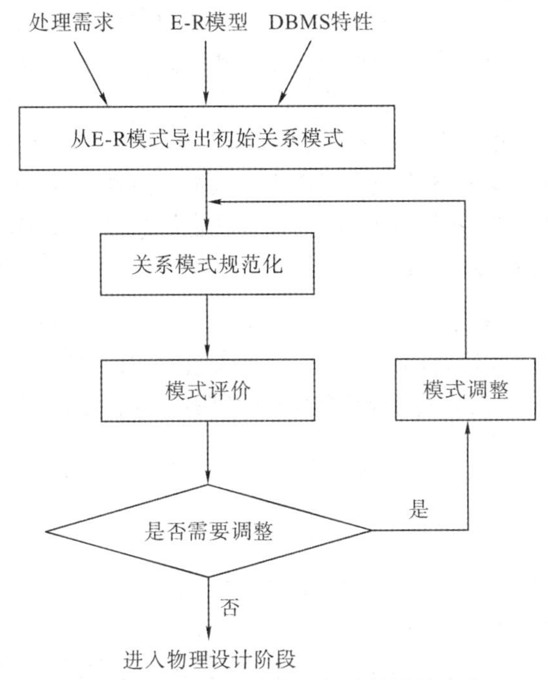

图 8-5　关系数据库的逻辑结构设计步骤

从图 8-5 可见，逻辑结构设计阶段主要有以下输入信息：

(1) 概念结构设计阶段的输出信息：所有的局部和全局概念模式，图中用 E-R 模型表示。

(2) 处理需求：需求分析阶段产生的业务活动分析结果，包括用户需求、数据的使用频率和数据库的规模。

(3) DBMS 特性：即特定的 DBMS 所支持的数据结构，如 RDBMS 的数据结构是二维表。

逻辑结构设计阶段需完成的任务有以下几点：

(1) 将 E-R 模型转换为等价的关系模式。

(2) 按需要对关系模式进行规范化。

(3) 对规范化后的模式进行评价，调整关系模式，使其满足性能、存储空间等方面的要求。

(4) 根据局部应用的需要，设计用户外模式。

E-R 模型向关系模式的转换和关系模式的规范化已分别在第 2 章、第 7 章中讨论过，这里简要介绍模式评价、逻辑模式的修正和用户外模式的设计。

必须指出，本书介绍的数据库设计方法，是针对事务型数据库的。对事务型数据库采用规范化关系，可以提高数据库的设计质量。对于工程型的数据库(工程数据库)，规范化关系却不一定是最优的，有时非规范化的模型反而更为适宜。近年来，工程数据库正在发展，其数据模型和相应的设计方法都还处于研究阶段。

8.4.1 模式评价

模式评价可检查规范化后的关系模式是否满足用户的各种功能要求和性能要求，并确认需要修正的模式部分。

1. 功能评价

关系模式中，必须包含用户可能访问的所有属性。根据需求分析和概念结构设计文档，如果发现用户的某些应用不被支持，则应进行模式修正；在涉及多个模式的连接应用时，还应确保连接具有无损性；否则，也应进行模式修正。

对于检查出有冗余的关系模式和属性，应分析产生的原因，是为了提高查询效率或应用扩展的“有意冗余”，还是某种疏忽或错误造成的冗余。如果是后一种情况，应当予以修正。

冗余问题的产生可能在逻辑设计阶段，也可能在概念设计或需求分析阶段。所以，有可能需要回溯到上两个阶段进行重新审查。

2. 性能评价

对数据库模式的性能评价是比较困难的，因为缺乏相应的评价手段。一般采用逻辑记录存取(Logical Record Access，LRA)评价技术估算数据库操纵的逻辑记录传送量及数据的存储空间，以提出改进意见。

8.4.2 逻辑模式的修正

修正逻辑模式的目的是改善数据库性能、节省存储空间。

在关系模式的规范化中，很少注意数据库的性能问题。一般认为，数据库的物理设计与数据库的性能关系更密切一些，事实上逻辑设计的好坏对数据库的性能也有很大的影响。除了性能评价提出的模式修正意见外，还可以考虑以下几个方面：

1. 尽量减少连接运算

在数据库的操作中，连接运算的开销很大，参与连接的关系越多、越大，开销也越大。所以，对于一些常用的、性能要求比较高的数据查询，最好是单表操作，可这又与规范化理论相矛盾。有时为了保证性能，不得不把规范化了的关系再连接起来，即反规范化，当然这将可能带来数据的冗余和潜在的更新异常的发生，因此需要在数据库的物理设计和应用程序中加以控制。

2. 减小关系的大小和数据量

关系的大小对查询的速度影响也很大。有时为了提高查询速度，可把一个大关系从纵向或横向划分成多个小关系。

例如学生关系，可以把全校学生的数据放在一个关系中，也可以按系建立若干学生关系。前者方便全校学生的查询，而后者可以提高按系查询的速度。也可以按年份建立学生关系，如在一些学校的学生学籍成绩管理系统中，有在校学生关系和已毕业学生关系。这些都属于对关系的横向分割。

有时关系的属性太多，可对关系进行纵向分解，将常用和不常用的属性分别放在不同的关系中，以提高查询关系的速度。

3. 选择属性的数据类型

关系中的每一个属性都要求有一定的数据类型，为属性选择合适的数据类型不但可以提高数据的完整性，还可以提高数据库的性能，节省系统的存储空间。

(1) 使用变长数据类型。当数据库设计人员和用户不能确定一个属性中数据的实际长度时，可使用变长的数据类型。现在很多 DBMS 都支持 VARBINARY、VARCHAR 和 NVARCHAR 等变长数据类型。使用这些数据类型，系统能够自动地根据数据的数据长度确定数据的存储空间，大大提高存取效率。

但是，DBMS 处理定长属性远比处理变长属性快得多，此外也有许多 DBMS 不允许对变长属性进行索引，这样反而影响到了系统性能。所以即便变长数据类型很灵活，但仍会选择使用定长数据类型。

(2) 预估属性值的最大长度。在关系的设计中，必须能预估属性值的最大长度，只有知道数据的最大长度，才能为数据定制最有效的数据类型。

例如，若关系中有一个表示人年龄的属性，可以为该属性选择 TINYINT 类型(2 字节)；而如果属性表示书的页数，就可选择 SMALLINT(4 字节)类型。

(3) 使用用户自定义的数据类型。如果使用的 DBMS 支持用户自定义数据类型，则利用它可以更好地提高系统性能。因为这些类型是专门为特定的数据设计的，能够更有效地提高存取效率，保证数据安全。

8.4.3 用户外模式的设计

外模式也叫子模式，是用户可直接访问的数据模式。同一系统中，不同用户可有不同的外模式。外模式来自逻辑模式，但在结构和形式上可以不同于逻辑模式，所以它不是逻辑模式简单的子集。

在第 1 章中已经讨论了外模式的作用，主要有：通过外模式对逻辑模式变化的屏蔽，为应用程序提供了一定的逻辑独立性；可以更好地适应不同用户对数据的需求；为用户划定了访问数据的范围，有利于数据的安全性等。

在现有各大厂商的 DBMS 中，都提供了视图的功能。利用这一功能设计更符合局部用户需要的视图，再加上与局部用户有关的基本表，就构成了用户的外模式。在设计外模式时，可参照局部 E-R 模型，因为 E-R 模型本来就是用户对数据需求的反映。

与设计用户外模式阶段同步，对数据处理的同步分析应产生系统结构图(或称模式结构图)。

8.5 物理结构设计

物理结构设计

数据库的物理结构设计是逻辑模型在计算机中的具体实现方案。数据库物理结构设计阶段将根据具体计算机系统(DBMS 与硬件等)的特点，为确定的数据模型确定合理的存储结构和存取方法。

为设计数据库物理结构，设计人员必须充分了解所用 DBMS 的内部特征；充分了解数据库的应用环境，特别是数据应用处理的频率和响应时间的要求；充分了解外存储设备的特性。数据库物理结构设计的环境如图 8-6 所示。

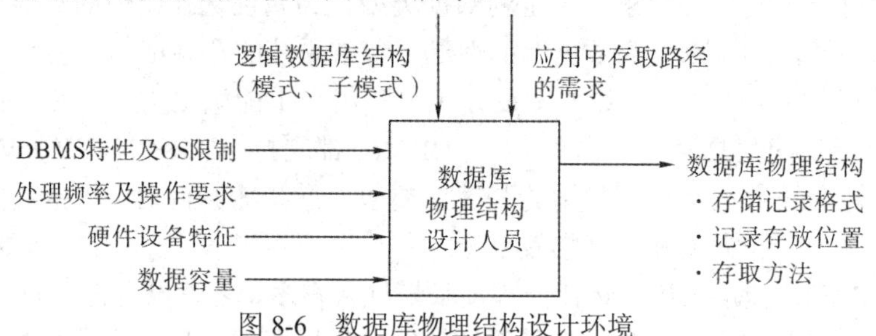

图 8-6 数据库物理结构设计环境

数据库物理结构主要由存储记录结构、存储记录的布局及访问路径(存取方法)等构成。

8.5.1 存储记录结构的设计

存储记录结构包括记录的组成、数据项的类型、长度和数据项间的联系，以及逻辑记录到存储记录的映射。

在设计记录的存储结构时，并不改变数据库的逻辑结构，但可以在物理上对记录进行分割。数据库中数据项的被访问频率是很不均匀的，基本上符合公认的“80/20 法则”，即“从数据库中检索的 80%的数据由其中的 20%的数据项组成”。

当多个用户同时访问常用数据项时，会因访盘冲突而等待。如果将这些数据分布在不同的磁盘组上，当用户同时访问时，系统可并行地执行 I/O，减少访盘冲突，提高数据库的性能。所以对于常用关系，最好将其水平分割成多个裂片，分布到多个磁盘组上，以均衡各个磁盘组的负荷，发挥多磁盘组并行操作的优势。

目前，数据库系统一般都拥有多个磁盘驱动器，如现在使用较多的是廉价冗余磁盘阵列(Redundant Array of Inexpensive Disks，RAID)。数据在多个磁盘组上的分布，叫作分区设计(Partition Design)，利用分区设计，可以减少磁盘访问冲突，均衡 I/O 负荷，提高 I/O 的并行性。

所以，数据库的性能不但决定于数据库的设计，还与数据库系统的运行环境有关。例如，系统是多用户的还是单用户的，数据库的存储是在单个磁盘上还是在磁盘组上等。

8.5.2 存储记录的布局

存储记录的布局，就是确定数据的存放位置。存储记录作为一个整体，如何分布在物理区域上，是数据库物理结构设计的重要一环。

聚簇功能可以大大提高按聚簇码进行查询的效率。例如，有一个职工关系，现要查询 1970 年出生的职工(假设全部职工元组为 10 000 个，分布在 100 个物理块中，其中 1970 年出生的职工有 100 个。)，考虑以下几种情况：

(1) 设在属性“出生年月”上没有建任何索引，100 个 1970 年出生的职工就分布在这 100

个物理块中(这是最极端的情况，但很有可能发生)。系统在做此类查询时需要做以下操作：

① 扫描全表，访问数据需要 100 次 I/O，因为每访问一个物理块需要一次 I/O 操作。

② 对每一个元组需要比较出生年月的值。

(2) 设在属性“出生年月”上建有一个普通索引，100 个 1970 年出生的职工就分布在这 100 个物理块中。查询时，即使不考虑访问索引的 I/O 次数，访问数据也需要 100 次 I/O 操作。

(3) 设在属性“出生年月”上建有一个聚簇索引，100 个 1970 年出生的职工就分布在 i(i<<100，很可能就等于 1)个连续的物理块中，这样就显著地减少了访问磁盘 I/O 的次数。

聚簇功能不但可用于单个关系，也适用于多个关系。设有职工表和部门表，其中部门号是这两个表的公共属性。如果查询涉及这两个表的连接操作，可以把部门号相同的职工元组和部门元组在物理上聚簇在一起，则可显著提高连接的速度。

任何事物都有两面性，聚簇对于某些特定的应用可以明显地提高性能，但对于与聚簇码无关的查询却毫无益处。相反地，当表中数据有插入、删除和修改操作时，关系中有些元组就要被搬动后重新存储，所以建立聚簇的维护代价是很大的。

在以下几种情况下可以考虑建立聚簇：

(1) 聚簇码的值相对稳定，没有或很少需要修改；

(2) 主要用于查询的表，并且通过聚簇码进行访问或连接是该表的主要应用；

(3) 对应每个聚簇码值的平均元组数既不太多，也不太少。

8.5.3　存取方法的设计

存取方法是为存储在物理设备(通常是外存储器)上的数据提供存储和检索的能力，存取方法包括存储结构和检索机制两部分。存储结构限定了可能访问的路径和存储记录，检索机制定义了每个应用的访问路径。

存取方法是快速存取数据库中数据的技术。数据库系统是多用户共享系统，对同一个关系建立多条存取路径才能满足多用户的多种应用需求。为关系建立多种存取路径是数据库物理设计的另一个任务。

在数据库中建立存取路径最普遍的方法是建立索引。

索引是用于提高查询性能的，但它要牺牲额外的存储空间和提高更新维护代价，因此要根据用户需求和应用的需要来合理使用和设计索引，所以正确的索引设计是比较困难的。

索引从物理上分为聚簇索引和非聚簇索引。确定索引的一般顺序为：

(1) 首先可确定关系的存储结构，即记录的存放是无序的还是按某属性(或属性组)聚簇存放。这在前面已讨论过，这里不再重复。

(2) 确定不宜建立索引的属性或表。凡是满足下列条件之一的属性或表，不宜建立索引：

① 太小的表。因为采用顺序扫描只需几次 I/O，不值得采用索引。

② 经常更新的属性或表。因为经常更新需要对索引经常进行维护，代价较大。

③ 属性值很少的表。例如“性别”，属性的可能值只有两个，平均起来，每个属性值对应一半的元组，加上索引的读取，不如全表扫描。

④ 过长的属性。在过长的属性上建立索引，索引所占的存储空间较大，有不利之处。

⑤ 一些特殊数据类型的属性。有些数据类型上的属性不宜建立索引，如：大文本、多媒体数据等。

⑥ 不出现或很少出现在查询条件中的属性。

(3) 确定宜建立索引的属性。满足下列条件之一的，可以考虑在有关属性上建立索引：

① 关系的主码或外部码一般应建立索引。因为数据进行更新时，系统将对主码和外部码分别作唯一性和参照完整性的检查，建立索引可以加快系统的此类检查，并且可加速主码和外部码的连接操作。

② 对于以查询为主或只读的表，可以多建索引。

③ 对于范围查询(以 =、<、>、≤、≥等比较符确定查询范围的)，可在有关的属性上建立索引。

④ 使用聚集函数(MIN、MAX、AVG、SUM 和 COUNT)或需要排序输出的属性最好建立索引。

以上仅仅是建立索引的一些理由，一般地，索引还需在数据库运行测试后，再加以调整。

在 RDBMS 中，索引是改善存取路径的重要手段，使用索引的最大优点是可以减少检索的 CPU 服务时间和 I/O 服务时间，改善检索效率。如果没有索引，系统只能通过顺序扫描寻找相匹配的检索对象，时间开销太大。但是，不能在频繁作存储操作的关系上建立过多的索引，因为当进行存储操作(增、删、改)时，不仅要对关系本身作存储操作，而且还要增加一定的 CPU 开销来修改各个索引，因此关系上过多的索引会影响存储操作的性能。

最后，数据库设计人员在使用 DBMS 时，还需要根据系统提供的手册，详细了解系统的有关物理结构形式，以便作出较好的选择决策，或通过调试选择有关的参数。

8.6 数据库实施和维护

数据库实施和维护

在数据库正式投入运行之前，还需要完成很多工作。比如，在模式和子模式中加入数据库安全性、完整性的描述，完成应用程序和加载程序的设计，数据库系统的试运行，并在试运行中对系统进行评价。如果评价结果不能满足要求，还需要对数据库进行修正设计，直到满意为止。数据库正式投入使用，也并不意味着数据库设计生命周期的结束，而是数据库维护阶段的开始。

8.6.1 数据库实施

将根据逻辑和物理结构设计的结果，在计算机上建立实际的数据库结构，并装入数据，进行试运行和评价的过程，叫作数据库的实施(或实现)。

1. 建立实际的数据库结构

用 DBMS 提供的数据定义语言(DDL)，编写描述逻辑设计和物理设计结果的程序(数据库脚本程序)，经计算机编译处理和执行后，就生成了实际的数据库结构。

所用 DBMS 的产品不同，描述 DBMS 中数据库结构的方式也不同。有的 DBMS 提供数据定义语言 DDL，有的提供数据库结构的图形化定义方式，也有同时提供这两种方法的。

在定义数据库结构时，应包含以下内容：

1) 数据库模式、子模式以及数据库空间等的描述

模式与子模式的描述主要指的是对表和视图的定义，其中应包括索引的定义。索引在具体的 DBMS 中有聚簇与非聚簇、压缩与非压缩之分。

使用不同的 DBMS，对数据库空间描述的差别较大。比如，在 Oracle 系统中，数据库逻辑结果的描述包括表空间(Tablespace)、段(Segment)、区间(Extent)和数据块(Data Block)。DBA 或设计人员通过对数据库空间的管理和分配，可控制数据库中数据的磁盘分配，将确定的空间份额分配给数据库用户，控制数据的可用性，将数据存储在多个设备上，以提高数据库性能等。而在 Microsoft SQL Server 中，数据库空间描述就变得简单得多，可以只定义数据库的大小、自动增长的比例，以及数据库文件的存放位置等。

2) 数据库完整性描述

数据的完整性，指数据的有效性、正确性和一致性。在数据库设计中，如果没有一定的措施确保数据库中数据的完整性，就无法从数据库中获得可信的数据。

数据的完整性设计，应该贯穿在数据库设计的全过程中。如，在数据需求分析阶段，收集数据信息时，应该向有关用户调查该数据的有效值范围。

在模式与子模式中，可以用 DBMS 提供的 DDL 语句描述数据的完整性。虽然每一种 DBMS 提供的 DDL 语句功能都有所不同，但一般都提供以下几种功能：

(1) 对表中列的约束，包括：列的数据类型、对列值的约束。其中对列值的约束又有以下几种：

① 非空约束(Not Null)；

② 唯一性约束(Unique)；

③ 主码约束(Primary Key)；

④ 外部码约束(Foreign Key)；

⑤ 域(列值范围)的约束(如：18≤职工年龄≤65)。

(2) 对表的约束。主要有表级约束(多个属性之间的)和外部码的约束。

(3) 多个表之间的数据一致性，主要是外部码的定义。部分 DBMS 产品提供了用来设计表间一对一、一对多关系的图表工具，如 MS SQL Server 的 Diagram 数据库组件等。

(4) 对复杂的业务规则的约束。一些简单的业务规则可以定义在列和表的约束中，但对于复杂的业务规则，不同的 DBMS 有不同的处理方法。对数据库设计人员来说，可以采用以下几种方法：

① 利用 DBMS 提供的触发器等工具，将其定义在数据库结构中；

② 写入设计说明书，提示编程人员以代码的形式在应用程序中加以控制；

③ 写入用户使用手册，由用户来执行。

触发器是一个当预定事件在数据库中发生时，可被系统自动调用的 SQL 程序段。比如在学校学生成绩管理数据库中，如果有一个学生退学，删除该学生记录时，应同时删除该学生在选课表中的记录，这可以在学生表上定义一个删除触发器来实现这一规则。

在大多数情况下，应尽可能让 DBMS 实现业务规则，因为 DBMS 对定义的规则只需

编码一次。如果由应用程序实现，则应用程序的每一次应用都需编码，这将影响系统的运行效率，还可能存在施加规则的不一致性。让用户在操作时对复杂规则进行控制，是最不可靠的。

3) *数据库安全性描述*

使用数据库系统的目的之一，就是实现数据的共享。因此，应从数据库设计的角度确保数据库的安全性；否则，需要较高保密度的部门将会不愿意纳入数据库系统。

数据安全性设计同数据完整性设计一样，也应在数据库设计的各个阶段加以考虑。

在进行需求分析时，分析人员除了需要收集数据的信息及数据间联系的信息之外，还必须收集关于数据的安全性说明。例如，对于人事部门，人事档案中的有关数据，哪些数据允许哪类人员读取，哪些数据允许哪类人员进行修改或存入等，数据安全性说明都应该写入数据需求文档中。

在设计数据库逻辑结构时，对于保密级别高的数据，可以单独进行设计。子模式是实现安全性要求的一个重要手段，可以为不同的应用设计不同的子模式。

在数据操纵上，系统可以对用户的数据操纵进行两方面的控制：一是给合法用户授权，目前主要有身份验证和口令识别。二是给合法用户不同的存取权限，有关这方面的知识可参阅 4.3 节。

4) *数据库物理存储参数描述*

物理存储参数因 DBMS 的不同而不同。一般可设置以下几个参数：块大小、页面大小(字节数或块数)、数据库的页面数、缓冲区个数、缓冲区大小、用户数等。详细内容可参考各 DBMS 的用户手册。

2. 数据加载

数据库应用程序的设计应该与数据库设计同时进行，一般地，应用程序的设计应该包括数据库加载程序的设计。

在数据加载前，必须对数据进行整理。由于用户缺乏计算机应用背景的知识，常常不了解数据的准确性对数据库系统正常运行的重要性，因而未对提供的数据作严格的检查。因此，数据加载前，要建立严格的数据登录、录入和校验规范，设计完善的数据校验与校正程序，排除不合格数据。

数据加载分为手工录入和使用数据转换工具两种。现有的 DBMS 都提供了 DBMS 之间数据转换的工具，如果用户原来就使用数据库系统，可以利用新系统的数据转换工具先将原系统中的表转换成新系统中相同结构的临时表，然后对临时表中的数据进行处理后插入到相应表中。

数据加载是一项费时费力的工作。另外，由于还需要对数据库系统进行联合调试，所以，大部分的数据加载工作应在数据库的试运行和评价工作中分批进行。

3. 数据库试运行和评价

当加载了部分必需的数据和应用程序后，就可以开始对数据库系统进行联合调试，称为数据库的试运行。一般将数据库的试运行和评价结合起来，目的有以下两点：

(1) 测试应用程序的功能；

(2) 测试数据库的运行效率是否达到设计目标，是否为用户所容忍。

数据库测试的目的是发现问题，而不是为了说明能达到哪些功能，所以测试中一定要有非设计人员的参与。

由于对数据库系统的评价比较困难，需要估算不同存取方法的 CPU 服务时间及 I/O 服务时间，因此，一般还是从实际试运行中进行评价，确认其功能和性能是否满足设计要求，对空间占用率和时间响应是否满意等。

最后由用户直接进行测试，并提出改进意见。测试数据应尽可能地覆盖现实应用的各种情况。

数据库设计人员应综合各方的评价和测试意见，返回到前面适当的阶段，对数据库和应用程序进行适当的修改。

8.6.2　数据库维护

只有对数据库顺利地进行了实施，才可将系统交付使用。数据库一旦投入运行，就标志着数据库维护工作的开始。数据库维护工作主要有以下几项内容：对数据库的监测和性能改善、数据库的备份及故障恢复、数据库的重组和重构。

在数据库运行阶段，对数据库的维护主要由 DBA 完成。

1. 对数据库性能的监测和改善

性能可以用处理一个事务的 I/O 量、CPU 时间和系统响应时间来度量。

由于数据库应用环境、物理存储的变化，特别是用户数和数据量的不断增加，数据库系统的运行性能会发生变化。某些数据库结构(如数据页和索引)，在经过一段时间的使用以后，可能会被破坏。所以，DBA 必须利用系统提供的性能监控和分析工具，经常对数据库的运行、存储空间及响应时间进行分析，结合用户的反映确定改进措施。

目前的 DBMS 都提供一些系统监控或分析工具，例如 Microsoft SQL Server 可以使用以下组件进行系统监测和分析：SQL Server Profiler 组件、Transaction-SQL 工具、Query Analyzer 组件等。

2. 数据库的备份及故障恢复

数据库是企业的一种资源，所以在数据库设计阶段，DBA 应根据应用要求，制定不同的备份方案，保证一旦发生故障，能很快将数据库恢复到某种一致性状态，尽量减少损失。

数据库的备份及故障恢复方案，一般基于 DBMS 提供的恢复手段，详细内容可参阅 9.2 节。

3. 数据库重组和重构

数据库运行一段时间后，由于对记录的增、删、改操作，导致数据库物理存储碎片记录链过多，影响数据库的存取效率，这时需要对数据库进行重组或部分重组。数据库的重组是指，在不改变数据库逻辑和物理结构的情况下，删除数据库存储文件中的废弃空间以及碎片空间中的指针链，使数据库记录在物理上呈现紧密连接存储的状态。

一般地，数据库重组属于 DBMS 的固有功能。有的 DBMS 系统为了节省空间，每作一次删除操作后就进行自动重组，但这会影响系统的运行速度。更常用的方法是，在后台或所有用户离线以后(例如夜间)进行系统重组。

数据库的重构是指当数据库的逻辑结构不能满足当前数据处理的要求时，对数据库的模式和内模式进行修改。

由于对数据库进行重构是比较困难和复杂的，因此对数据库的重构一般都在迫不得已的情况下才进行，如应用需求发生了变化，需要增加新的应用或实体，或者取消某些应用或实体。例如，表的增删、表中数据项的增删、数据项类型的变化等。

重构数据库后，还需要修改相应的应用程序，并且重构也只能对部分数据库结构进行。一旦应用需求变化太大，就需要对全部数据库结构进行重组，说明该数据库系统的生命周期已经结束，需要设计新的数据库应用系统。

一个好的数据库，不仅可以为用户提供所需要的全部信息，而且还可以提供快速、准确、安全的服务，数据库的管理和维护相对也会简单。在基于数据库的应用系统中，数据库是基础，只有成功的数据库设计，才可能有成功的系统。否则，应用程序设计得再漂亮，整个系统也是一个失败的系统。

8.7 UML 方法规范数据库设计

自 20 世纪 80 年代后期以来，相继出现了多种面向对象的分析设计方法，因此行业内一直希望能够出现针对需求分析、建模、设计、实现和开发这个完整过程的标准。

1997 年，对象管理组织(Object Management Group，OMG)发布了统一建模语言(Unified Modeling Language，UML)。UML 的目标之一就是为开发团队提供标准通用的设计语言来开发和构建计算机应用。UML 以图形表示法的形式和相关的语言语法提供了描述软件开发整个生命周期的一种机制。目前，UML 已经被广大软件开发人员、数据建模人员、数据设计人员以及数据库体系结构设计人员等用于定义系统的详细规范说明。甚至还使用 UML 指定由软件、通信和硬件组成的环境，以实现和部署应用。通过使用 UML，这些人员能够阅读和交流系统架构和设计规划，就像建筑工人多年来所使用的建筑设计图一样。

8.7.1 UML 用于数据库设计

传统的数据库建模技术的基本理论主要是：数据库是系统的主干，其他各种元素是以数据库为中心进行组织的。传统的数据库建模主要考虑的是数据库本身的问题，其重点在于数据库的实现，针对的是逻辑数据模型和物理数据模型，而忽略了系统的业务需求和功能需求。但是，数据库并不是系统全部，如果没有应用程序，只有数据存储，那么数据将是不可用的，同样地，如果没有系统业务功能的话，那么数据库也就失去其存在的价值了。

引入 UML 语言，意味着数据库建模能够从数据库结构扩展到整个系统分析和设计的过程。UML 为整个开发团队提供了一种统一的系统建模语言，包括的范围有业务、应用、数据库和系统的体系结构。通过 UML 语言，开发团队的各成员之间可以顺畅地交流各自的想法、构思和需求，从而达到协同工作并完成系统建模。

UML 已经成为面向对象分析与设计(Object-oriented Analysis and Design，OOAD)方法的主流，事实上，它不仅用于构造面向对象的应用，还可以用于不同类型的分析与设计模型。不论数据库和系统是否为面向对象的，UML 都可用于项目的基础分析与设计。

图 8-7 给出在数据库设计过程中的不同阶段的建模要求和相关 UML 的设计图。对每个建模阶段(概念数据模型、逻辑数据模型和物理数据模型)，图 8-7 都给出了该阶段的主要活动以及支持该活动的主要 UML 元素。例如在逻辑建模中，分析与概要设计活动主要使用了 UML 的类图、时序图和状态图。其他的 UML 图也可能会用到，但是大多数活动主要集中在刚才提到的几种图。

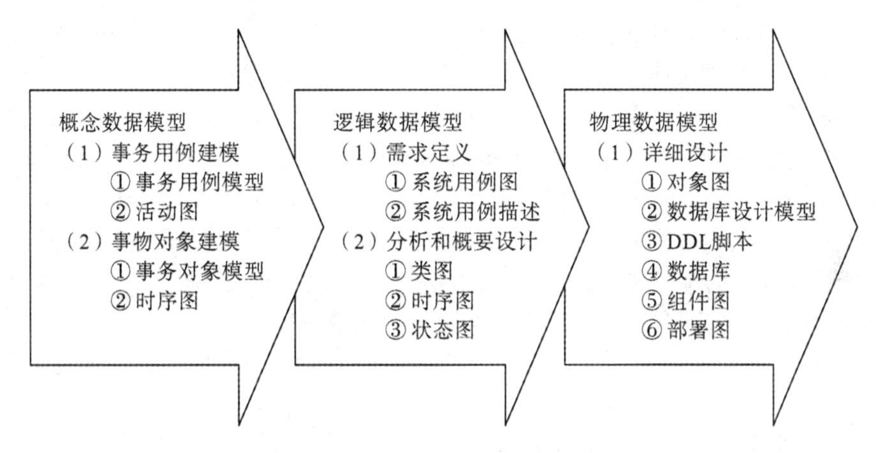

图 8-7　建模各阶段及相关 UML 构造

类图是概念数据库设计的最终成果。类图通过展示每一个类的名称、属性和操作，以面向对象方式给出了数据库模式的结构化规范说明。类图常用于描述数据对象的汇集及其内部联系。

为了得到类图，同时也需要使用一些用例图、时序图和状态图等来汇集和指定信息。接下来，首先简要介绍不同类型的 UML 图，然后根据 8.2 节中的具体案例分析来说明用例图、类图、顺序图和状态图的用法。

8.7.2　各种 UML 图

UML 的内涵远不只是这些模型描述图，但是对于入门者来说，这些模型描述图对这门语言及其用法背后的基本原理提供了很好的介绍。UML 定义了九种类型的图，这些图从不同应用层次和不同角度为软件系统分析、设计直到实现提供了有力的支持。在不同的阶段建立不同的模型，建模的目的也各不相同。可以将这些图分为以下两大类：

(1) 结构图(Structural Diagram)：描述组件间的结构和静态关系，包括类图(Class Diagram)、对象图(Object Diagram)、组件图(Component Diagram)和部署图(Deployment Diagram)。

(2) 行为图(Behavioral Diagram)：描述组件间的行为和动态联系，包括用例图(Use Case Diagram)、时序图(Sequence Diagram)、协作图(Collaboration Diagram)、状态图(Statechart Diagram)和活动图(Activity Diagram)。

1. 用例图

用例图(Use Case Diagram)描述了系统提供的一个功能单元。用例图的主要目的是帮助开发团队以一种可视化的方式理解系统的功能需求，包括基于基本流程的“角色”(Actor，也就是与系统交互的其他实体)关系，以及系统内用例(Use Case)之间的关系。

用例图展示了系统可能的交互，表示了用例间的组织关系，可以是整个系统的全部用例，也可以是完成某个具体功能的一组用例。

单个用例用一个椭圆表示，代表系统需要完成的一个特定任务。角色用一个人形符号表示，它代表一个外部用户，可以是一个人，也可以是一个有代表性的用户组等。角色和用例之间的关系使用简单的线段来描述。

对第 8.2 节中的学校成绩管理系统进行业务建模和需求分析，可以用一个用例图来表达，如图 8-8 所示。该用例图中活动者代表外部与系统交互的角色，包括学生、教科办，用例是对系统需求的描述，表达了系统的功能和所提供的服务，包括学生信息管理、开课计划管理、成绩录入处理、重读重修处理、选课登记处理和成绩查询各子系统。

图 8-8 中模型元素之间的实线表示二者存在关联关系，是学校成绩管理系统层的用例图，只包含了最基本的用例模型，是系统的高层抽象。在开发过程中，随着对系统的认识不断加深，用例可以自顶向下不断精化，演化出更为详细的用例图。

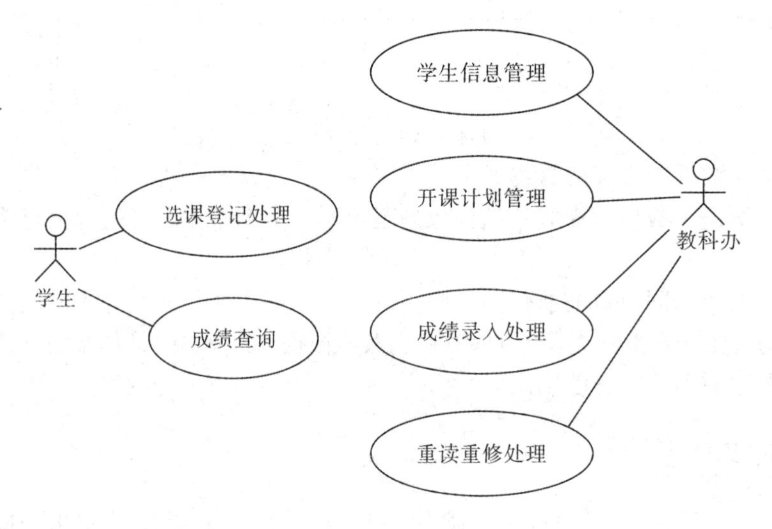

图 8-8 系统层用例图示例

2. 类图

类图(Class Diagram)表示不同的实体(人、事物和数据)如何彼此相关，换句话说，它显示了系统的静态结构，并作为其他模型的基础。

在 UML 中，类有三种主要类型：边界类、实体类和控制类。引入边界类、控制类和实体类的概念有助于分析和设计人员确定系统中不同种类的类。

边界类位于系统与外界的交界处，窗体、报表、表示通信协议的类、直接与外部设备交互的类、直接与外部系统交互的类等都是边界类。通过用例图可以确定需要的边界类。

实体类用于保存需要持久存储的信息，所谓持久存储就是要存入到数据库、文件等可以永久存储数据的介质中。实体类可以通过事件流和交互图发现，通常每个实体类在数据库中有相应的表，实体类中的属性对应数据库表中的属性字段。

控制类是控制其他类工作的类。每个用例通常有一个控制类，控制用例中的事件顺序，控制类也可以在多个用例间共用。其他类并不向控制类发送很多消息，而是由控制类发出很多消息。

例如在考试系统中，当学生在考试时，学生与试卷交互，那么学生和试卷都是实体类；而考试时间、规则、分数都是边界类；当考试考完了，试卷提交给试卷保管者，则试卷成了边界类。

在类图中，类是用包含三个部分的矩形来描述的。最上面的部分显示类的名称，中间部分包含类的属性，最下面的部分包含类的操作(或称为“方法”)。如图 8-9 所示，该学生类图中，包括学生类的属性和方法，如 Sno 表示数据类型是 CHAR 型的学生学号属性，而 selectCourse()表示了类的方法，实现的是学生选课功能，其中，返回值是 INT 型，参数可以是学生学号 Sno 和课程号 Cno。

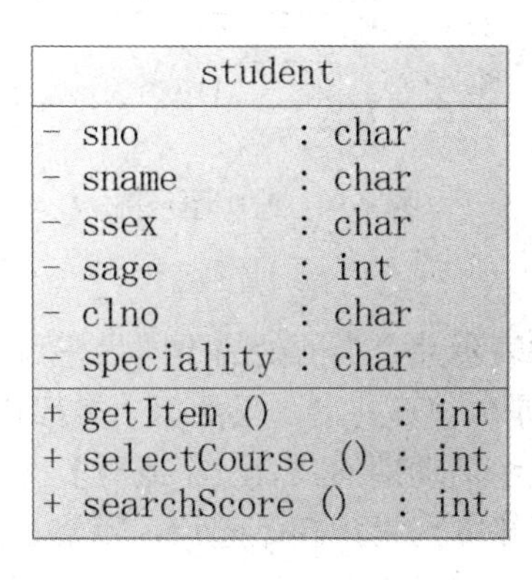

图 8-9　类图中的某个示例类

3. 时序图

时序图(Sequence Diagram)是显示具体用例(或者是用例的一部分)的详细流程，描述用例中随时间推进时各种对象之间的消息流的交互过程，是系统的一个动态视图。

时序图有两个维度：垂直维度以发生的时间顺序显示消息调用的序列；水平维度显示消息被发送到的对象实例。

时序图的绘制非常简单。横跨图的顶部，即位于一段虚线顶部的每个方框表示某个类的实例(对象)或一个参与者。在框中，类实例名称和类名称之间用空格/冒号/空格来分隔。而这段虚线称之为该对象的生命线，表示该对象随时间的存在性，常在该虚线上用矩形框来表示激活状态，即该对象正处于执行状态。如果某个类对象向另一个类对象发送一条消息，则绘制一条具有指向接收类对象的开箭头的连线，并把消息或方法的名称放在连线上面；也可以绘制一条具有指向发起类对象的开箭头的虚线，将返回值标注在虚线上。

教科办秘书录入学生成绩的时序图如图 8-10 所示。首先教科办秘书登录系统并进行身份验证，验证通过后进入相应的成绩管理界面，输入将要录入成绩的学生信息，由数据库中学生信息表核实正确后，才可进行该学生相关课程成绩的录入，确定录入信息无误后提交数据库保存并返回。

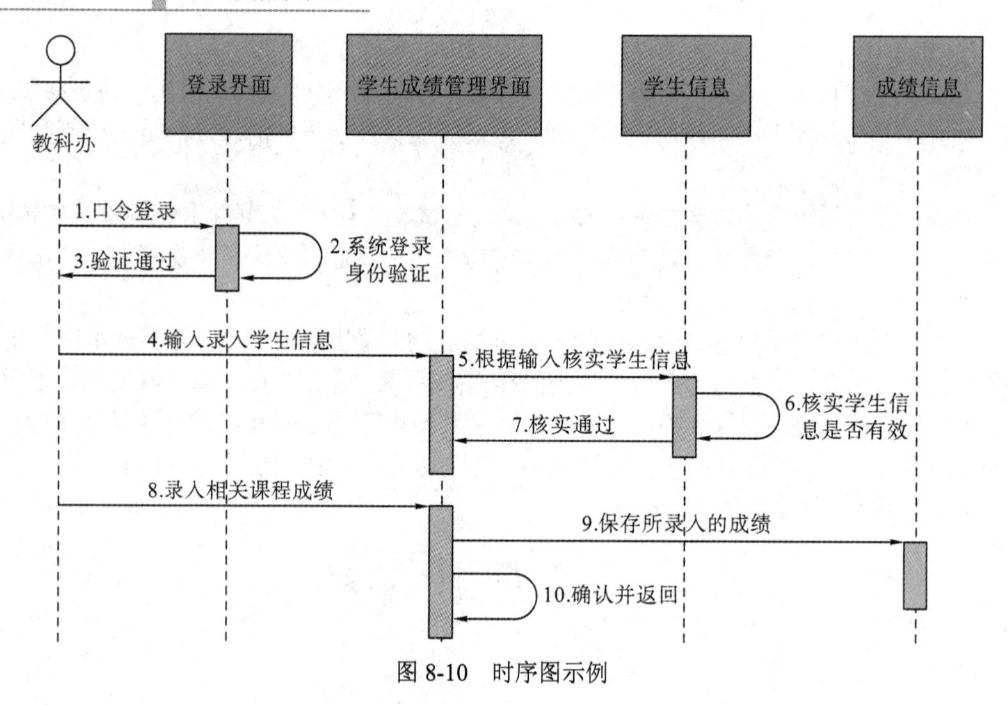

图 8-10 时序图示例

4. 状态图

状态图(Statechart Diagram)表示某个类所处的不同状态和该类的状态转换信息，即描述了对象的状态在相应外部事件中是如何变化的。虽然每个类都有状态，但不是每个类都应该有一个状态图。一般地，只对在系统活动期间具有三个或更多潜在状态的类才进行状态图描述。

状态图的符号集包括五个基本元素：初始起点，用实心圆来表示；状态之间的转换，用具有开箭头的线段来表示；状态，用圆角矩形来表示；判断点，用空心圆来表示；一个或者多个终止点，用内部包含实心圆的圆来表示。要绘制状态图，首先画出起点和一条指向该类的初始状态的转换线段，状态本身可以在图上的任意位置表示，然后只需使用状态转换线条将它们连接起来即可。

学生请求查询成绩状态时，输入合理的查询条件，进入进行查询状态，进行查找后，进入返回查询结果状态，若再次查询，又回到请求查询状态；若输入不合理的查询条件，则回到请求查询状态，该查询子状态图如图 8-11 所示。

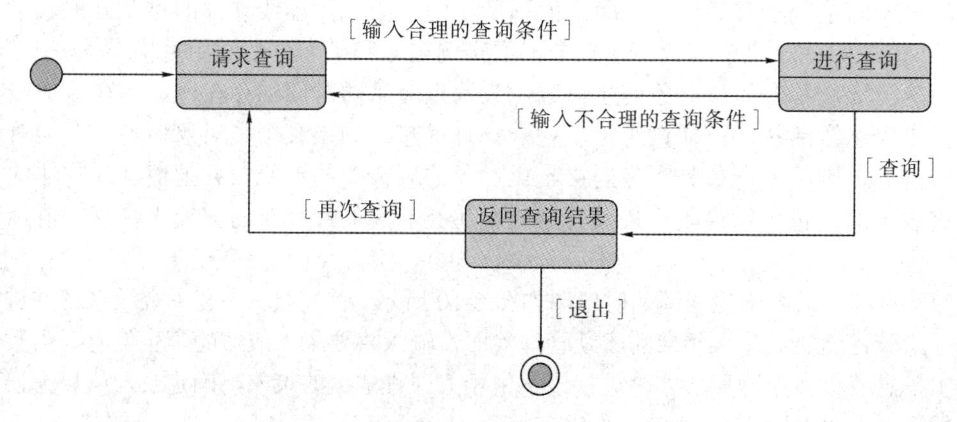

图 8-11 状态图示例

5. 活动图

活动图(Activity Diagram)表示在处理某个活动时，两个或者更多个类的对象之间的过程控制流，它是通过控制流建模来提供系统的一个动态视图。活动图由一些活动组成，图中同时包括了对这些活动的说明，活动是做某件事的一个状态，它可以是一个真实的进程，或者是在数据库中的某些类上执行的一个操作。当一个活动执行结束后，控制流将沿着控制转移箭头转向下一个活动。活动图中还可以方便地描述控制转移的条件以及并行执行等要求。活动图可用于对一个应用的工作流和内部业务操作进行建模。

6. 组件图

组件图(Component Diagram)提供系统的物理视图。它的用途是显示系统中的软件对其他软件组件(例如库函数)的依赖联系。组件图通常由组件、接口和依赖联系组成。组件可以是源代码组件、运行组件或可执行组件。组件是系统中的一个物理构建块，接口是被组件使用的一组操作，依赖联系用于对两个组件间的联系建模。对于数据库而言，组件图代表存储数据，例如表空间或分区等，接口是指使用该存储数据的应用。

7. 部署图

部署图(Deployment Diagram)表示该软件系统(各软件组件，如可执行程序、库、表、文件等)是如何被部署到硬件环境中的。它的用途是显示该系统不同的组件将在何处物理地运行，以及它们将如何彼此通信。

8. 对象图

对象图(Object Diagram)描述了一组对象及对象间的关系。如同类图一样，对象图也是从实例的角度描述了系统静态设计视图或静态过程视图。 也就是说，对象图给出的是系统在某一特定时刻的静态视图，通常用于测试类图的正确性。

9. 协作图

协作图(Collaboration Diagram)描述了对象间的交互作用，由对象及对象间的关系组成，并包括在对象间传递消息。协作图强调发送和接收消息的对象的结构组织的交互作用，而时序图中强调的是消息的时间顺序。协作图与时序图是同构的，可以彼此转换。

8.8　使用 PowerDesigner 工具设计数据库

数据库设计(也即数据库建模)是一门技术。以前分析和开发人员根据数据库理论和系统业务的需求分析，手工画出系统的数据流程图、概念数据模型、物理数据模型等，设计工作不但复杂艰难，而且修改困难，模型的质量也受到很大的影响。

为解决这一问题，世界各大数据库厂商纷纷研发智能化的数据库建模工具，比较有代表性的有：SAP Sybase 公司的 Powerdesigner、Rational 公司(现已被 IBM 收购)的 Rational Rose、Oracle 公司的 Oracle Designer、Platium 公司(现已被 CA 公司收购)的 ERWin、Embarcadero Technologyes 公司的 ER Studio 等。它们都是侧重于数据库建模的同一类型的计算机辅助软件工程(Computer Aided Software Engineering，CASE)工具。

Rational Rose 是直接从 UML 发展而诞生的设计工具，它的出现就是为了对 UML 建模进行支持。Rose 主要是在开发过程中的各种语义、模块、对象以及流程、状态等描述方面比较具有优势，主要体现在能够从各个方面和角度来分析和设计，使软件的开发蓝图更清晰，内部结构更加明朗，对系统的代码框架生成有很好的支持。由于其软件体系非常庞大，具备严格的方法论，学习时需要较完善的基础知识，上手比较困难。

ERwin 擅长以 E-R 模型建立实体-联系模型，具有版本控制功能。ERWin 比较适合开发中小型数据库。PowerDesigner 集 UML 与 E-R 的精华于一身，将多种标准数据建模技术集成在一起，在一个集成的工作环境中能完成面向对象的分析设计和数据库建模工作。

PowerDesigner 功能强大，使用非常方便。最新版本的 PowerDesinger 16 支持超过 80 种(版本)RDBMS，包括最新的 Oracle、IBM、Microsoft SQL Server、SAP Sybase、NCR Teradata、MySQL 等，支持各种主流应用程序开发平台，如 Java J2EE、Eclipse、Microsoft .NET(C#和 VB.NET)、Web Services 等，支持所有主流应用服务器和流程执行语言，如 ebXML 和 BPEL4WS 等。

8.8.1 PowerDesigner 简介

PowerDesigner 系列产品提供了一个完整的建模方案，业务或系统分析人员、设计人员、数据库管理员(DBA)和开发人员可以对其裁剪以满足他们的特定需要；而其模块化的结构为购买和扩展提供了极大的灵活性，从而使开发单位可以根据其项目的规模和范围来使用他们所需要的工具。PowerDesigner 灵活的分析和设计特性允许使用一种结构化的方法有效地创建数据库或数据仓库，而不要求严格遵循一个特定的方法学。PowerDesigner 提供了直观的符号表示法，使数据库的创建更加容易，并使项目组内的交流和通信标准化，同时能更加简单地向非技术人员展示数据库和数据库系统的设计。

1. 模块构成

PowerDesigner 包含六个紧密集成的模块，可以更好地满足个人和开发组成员的需要。这六个模块的具体内容如下：

(1) ProcessAnalyst：用于数据发现，创建功能模型和数据流图。

(2) DataArchitect：用于交互式的数据库设计和构造。DataArchitect 可利用实体-联系图为一个信息系统创建概念数据模型，而后选定特定 DBMS 生成物理数据模型。还可优化物理数据模型，产生指定 DBMS 所支持的 SQL 语句并可运行该 SQL 语句来实现数据库的创建。另外，DataArchitect 还可根据已存在的数据库反向生成数据模型及创建数据库的 SQL 脚本。

(3) AppModeler：用于物理建模、应用对象及数据敏感组件的生成。

(4) MetaWorks：用于高级的团队开发，信息共享和模型管理。

(5) WarehouseArchitect：用于数据仓库的设计和实现。

(6) Viewer：用于以只读的、图形化方式访问整个企业的模型信息。

2. 支持的模型

PowerDesigner 是一套完整的企业建模解决方案，融合了几种标准建模技术(传统数据库建模、使用 UML 的应用程序建模和业务流程建模)，并提供了对企业业务流程模型(Business Process Model，BPM)、概念数据模型(Conceptual Data Model，CDM)、物理数据模型(Physical Data Model，PDM)、面向对象模型(Oriented Object Model，OOM)等多种模型的支持。

(1) 业务流程模型：主要在需求分析阶段使用，是从业务人员角度对业务逻辑和规则进行的详细描述，并使用流程图表示从一个或多个起点到终点间的处理过程、流程、消息和协作协议。

(2) 概念数据模型：主要在数据库设计阶段使用，是按用户的观点来对数据和信息进行的建模，利用 E-R 图来实现。独立于 DBMS 的概念数据模型，可以被看作是对现实世界的抽象理解，是系统特性的静态描述。在创建时，可以完全不考虑最终选择使用的 DBMS，即脱离物理实现的考虑。

(3) 物理数据模型：可以首先利用概念数据模型自动生成物理数据模型，然后再根据所选择的 DBMS 的具体特点对 PDM 进行详细的后台设计，包括数据库存储过程、触发器、视图和索引等，最后，可对该模型生成相应 DBMS 的 SQL 语言脚本，利用该 SQL 脚本完成物理实现。

(4) 面向对象模型：是利用 UML 的图形来描述系统结构的模型，它从不同角度表现系统的工作状态，这些图形有助于用户、管理人员、系统分析员、开发人员、测试人员和其他人员之间进行信息交流。

3. 正向工程和逆向工程

PowerDesigner 是一个功能强大而使用简单的工具集，提供了一个复杂的交互环境，支持开发生命周期的所有阶段，即从处理流程建模到对象和组件的生成的全过程。PowerDesigner 产生的模型和应用可以不断地增长，并随着系统组织的变化而变化。PowerDesigner 建模生命周期中支持的模型之间的转换如图 8-12 所示。

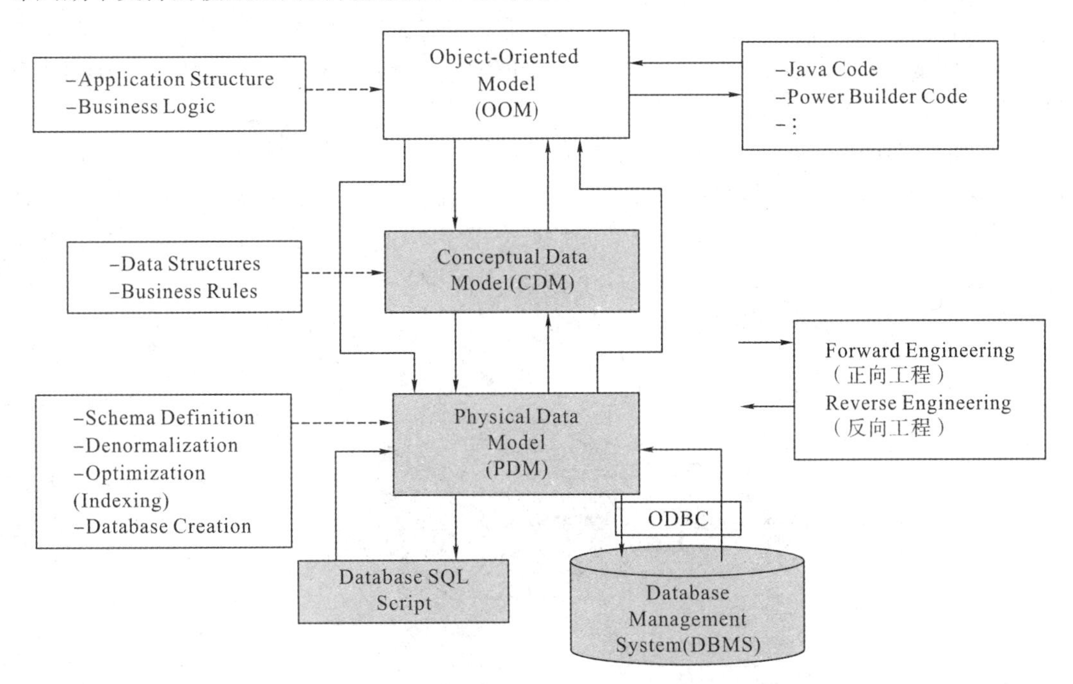

图 8-12　PowerDesigner 建模生命周期图

使用 PowerDesigner 进行数据库建模时，可以在概念模型、物理模型和实际数据库三者间完成同步设计。设计时既可以按照软件工程的流程进行正向设计，即先生成概念模型，再转化为物理模型，最后生成特定的 DBMS 的 SQL 脚本，或者直接在特定 DBMS 中生成数据库，这种设计也叫正向工程(Forward Engineering)；也可以按照其逆过程进行，即将某个 DBMS 中用户数据库转化成其物理模型，再生成其概念模型，这就叫作逆向工程(Reverse Engineering)。逆向工程常用来维护、修改和升级已有的数据库。

从图 8-12 可见，使用 PowerDesigner 可以进行的正向设计有：

(1) 根据应用系统的应用框架和业务逻辑，设计系统的 OOM，再生成 Java 等应用程序；

(2) 根据应用系统的应用框架和业务逻辑，设计系统的 OOM，转化成 PDM，再生成 DBMS 的 SQL 脚本或者数据库；

(3) 根据应用系统的应用框架和业务逻辑，设计系统的 OOM，转化成 CDM，再转化成 PDM，最后生成 DBMS 的 SQL 脚本或者数据库；

(4) 根据数据结构和业务逻辑，设计系统的 CDM，转化成 PDM，再生成 DBMS 的 SQL 脚本或者数据库；

(5) 根据系统的模式定义、反规范化、优化等，设计出系统的 PDM，再生成 DBMS 的 SQL 脚本或者数据库。

同时，PowerDsigner 也支持以上所有正向工程的逆向工程，根据已存在的数据库逆向生成 PDM、CDM 及创建数据库的 SQL 脚本。

8.8.2 概念数据模型

软件的设计和开发是一个比较复杂的过程，需要考虑很多因素。PowerDesigner 在建立概念数据模型 CDM 时，以实体-联系理论为基础，只考虑实体和实体之间的联系，不考虑很多物理实现的细节。通过模型的内部生成，可以把 CDM 转化为物理数据模型 PDM，也可以转化为面向对象模型 OOM。

在 PowerDesigner 中，实体用长方形表示，长方形分为上、中、下三个区域，每个区域代表实体的不同特征。上面区域显示实体型名称；中间区域显示实体型的属性(有些属性也可以被设计者设计为不显示)以及属性的数据类型和其他属性的约束；下面区域显示标识符，pi 表示主标识符，ai 表示次标识符，pi 和 ai 对应于 E-R 模型中的候选码。M 表示强制(Mandatory)，说明该属性不能为空值(Not NULL)。图 8-13 是 PowerDesigner 中实体职工的表示方法。

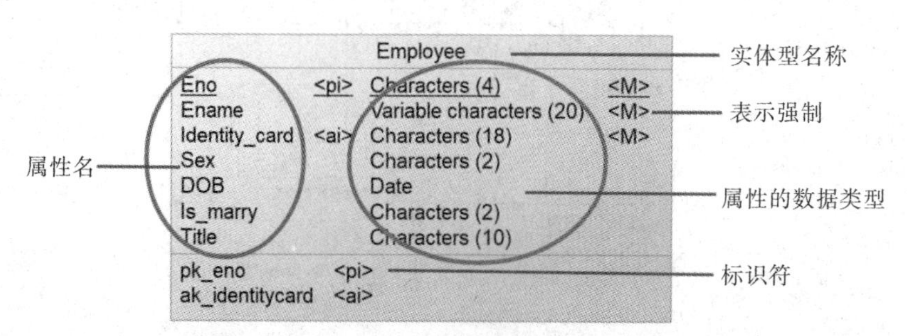

图 8-13 PowerDesigner 中实体职工的表示

CDM 的最小单位叫作数据项(Data Item)。例如职工实体中的 Eno、Ename、Sex、Age 等属性都自动被保存为模型的数据项，设计者也可以先在模型中添加不属于任何一个实体型的数据项，然后把它添加到某个实体型上，一个数据项可以被添加到多个实体型上，数据项可以重用。

实体间的联系用一条相连的线段表示，图 8-14 表示了职工(Employee)与部门(Department)的多对一联系，在靠近实体的两端标明联系的基数(Cardinality)。部门上的基数是(0，1)表示一个职工可以属于一个部门，但也可以不属于任何一个部门(非强制)，而职工上的基数(2，*n*)表示一个部门可以有多个职工，但至少需有两个职工(强制)。

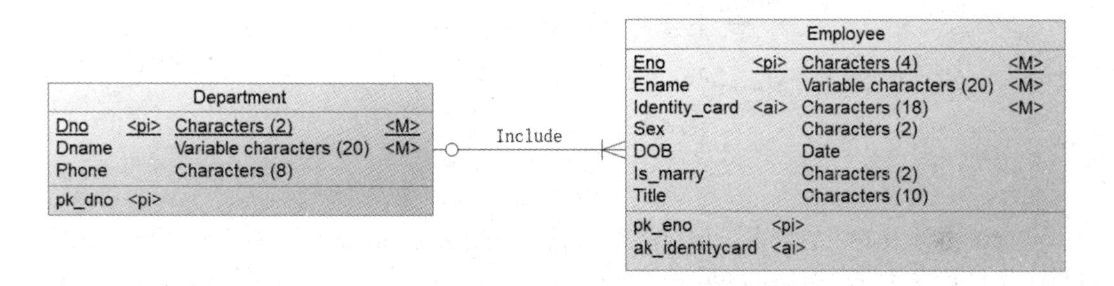

图 8-14　PowerDesigner 中联系的表示

图 8-15 是职工项目系统的 CDM 图，详细的生成过程可参见附录 B。

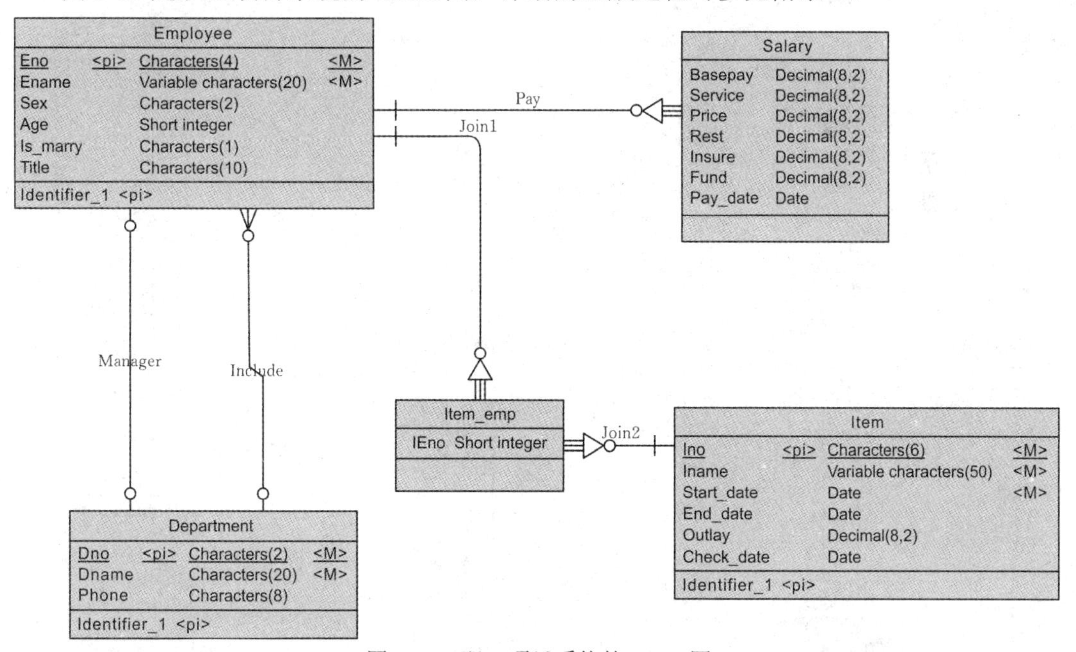

图 8-15　职工项目系统的 CDM 图

8.8.3　物理数据模型

在 Powerdesigner 中，有四种方法可以建立 PDM：根据系统需求环境直接创建 PDM；从 CDM 采用内部模型转化的方法建立 PDM；从 OOM 采用模型的内部转化方法建立 PDM；

从现存的数据库或者数据库 SQL 脚本采用逆向工程的方法建立 PDM。

物理模型能够直观地表达数据库的结构，在设计物理模型时，需要考虑使用的 DBMS 的具体实现细节。建立 PDM 的目的是生成用户指定 DBMS 的 SQL 脚本，该脚本能够通过 SQL 解释执行器，直接生成与 PDM 对应的用户数据库，或者 PDM 也可以通过 ODBC 在 DBMS 中直接生成用户数据库。它们的关系如图 8-16 所示。

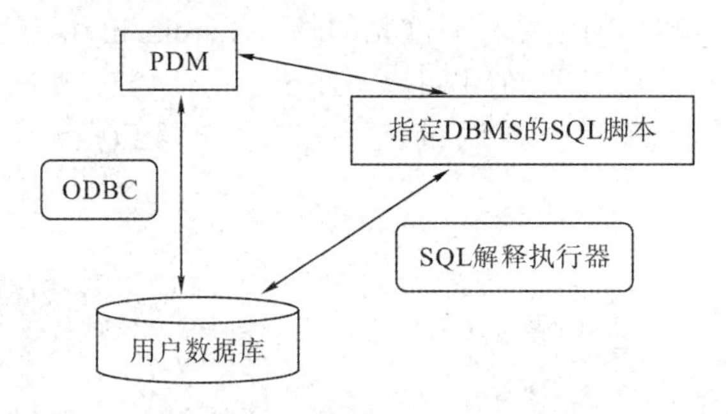

图 8-16　PDM 与 DBMS 的关系

PDM 中涉及的内容繁多，但很多基本对象的概念与关系数据库中的概念是相同的。PDM 中最基本的概念也是表(Table)、列(Column)、视图(View)、主键(Primary Key)、候选键(Alternate Key)、存储过程(Store Procedure)、触发器(Trigger)、规则(Check)等，图 8-17 是图 8-15 通过内部模型方法转化成的符合 Microsoft SQL Server 语法的 PDM。

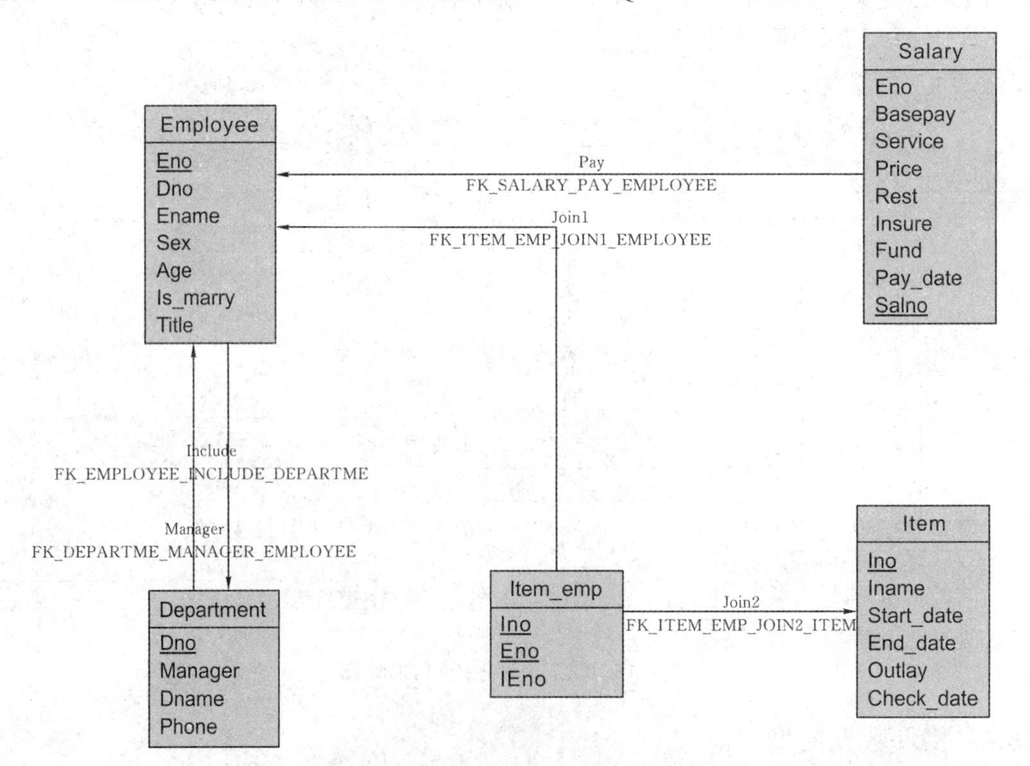

图 8-17　通过内部模型方法转化成的职工项目系统的 PDM

有关 PDM 设计的详细内容读者可参考相关的教材。PowerDesigner 作为数据库建模和系统分析设计的 CASE 工具之一，在数据库系统开发中发挥着重要作用。

本章小结

本章主要讨论了数据库设计的一般方法和步骤。详细介绍了数据库设计各个阶段的输入、输出、设计环境、目标和方法。在进行数据库的结构设计时，应考虑数据库的行为设计，所以，在设计的每一阶段，都指出了同步的数据处理应产生的结果。数据库设计中最重要的两个环节是概念结构设计和逻辑结构设计，所以读者应结合第 7 章的内容进行学习。

接着介绍了 UML 语言，它可以作为数据库模型与设计规范说明的辅助工具。本章全面介绍了 UML 定义的九类图，并详细介绍了其中几种图的 UML 图表示法：用例图、类图、时序图和状态图。最后讨论了使用当前流行的 CASE 工具 Powerdesigner 在数据库设计中对概念数据模型和物理数据模型的建模支持。

数据库设计和开发是一项庞大的工程，是涉及多个学科的综合性技术，因此开发周期长、耗资多，失败的风险也很大。读者可将软件工程的原理和方法应用到数据库设计中。由于数据库设计技术具有很强的实践性和经验性，应多在实践中加以应用。

总之，数据库必须是一个数据模型良好、逻辑上正确、物理上有效的系统，这是每个数据库设计人员的工作目标。

习　题　8

1. 在设计系统的数据库结构时，要不要考虑数据库的行为设计？
2. 数据库设计一般包括哪些基本阶段？
3. 什么叫数据库逻辑结构？它在数据库设计中的地位如何？
4. 什么叫数据库的物理结构设计？它包括哪些设计？
5. 试述聚簇设计的原则。
6. 试述选择索引的原则。
7. 在习题 3 中定义的 GradeManager 数据库中，设 Student 表中有 10000 个元组，Course 表中有 200 个元组，每位学生平均已修 10 门课程，学生的男女比例为 6∶4。下面是应用中的常用查询，试为这三个关系设计合适的存取路径。

```
Query1：SELECT   *
        FROM Student
        WHERE Sno='*******';
Query2：SELECT   *
        FROM Student
        WHERE Ssex='女';
Query3：SELECT   *
        FROM Grade
        WHERE Cno='*'
        ORDER BY Gmark;
```

```
Query4：SELECT Sname，Course.Cname，Gmark
        FROM Student，Course，Grade
        WHERE Student.Sno=Course.Sno
          AND Course.Cno=Grade.Cno
          AND Student.Sno='*******';
```

8. 根据需求说明完成以下实例的数据库设计：

(1) 某公司信函处理系统需求说明。

公司收到客户信函后作跟踪记录，直至作出答复或解决为止。客户信函包括客户邮寄的函件和发送给公司特定 E-mai 地址的 E-mail。具体信息如下：

收到的邮寄函件都送到公司收发室并盖上当日的日戳，然后按例行公事送给接待员。函件和 E-mail 均由接待员打开并简单翻阅，决定下一步送到哪里，接待员记录送给了哪个分析员及日期。

每个分析员只属于一个部门。分析员对每个信函作出答复，偶尔会发生函件送错部门，必须重新送给另一个部门的分析员，此时应订正接待员的日志簿，记下新的分析员以及信函被传送的日期。

最后，原始信函和答复一并返回给接待员，由他将二者存档并用处理完的日志更新日志簿。

系统最重要的方面是需要在任何时间都能确定信函的状态。系统还应提供在一定时间内没有得到答复的信函的管理报告。由经理决定每一类信函的答复时限，如文献请求需在一周内答复、产品订单需在两周内答复、抱怨诉求需在三天内答复等。

部门经理应了解分析员的全部工作，有些部门有特殊需要的，如客户服务部，还应了解哪方面是客户抱怨最多的。

(2) 某工厂信息处理系统需求说明。

某工厂由若干个代理商销售自己的产品。其需求信息如下：

对于每个代理商，需要存储代理商的编码、姓名、地址、提成额以及提成的比例。

对于每个客户，需要存储客户的编号、姓名、地址、收支差额以及贷款的限额，另外还要存储客户通过的代理商编号及姓名。并且规定每个代理商可以代理多个客户，而每个客户只能有一个代理商。

对于产品，需要存储产品的编号、描述信息、库存量、类别、仓库编号、售价以及成本价格。

对于每份订单，需要存储订单的编号、日期、客户编号、姓名、地址及其代理商编号。另外，对于订单的每一个订货项，需要存储产品的编号、描述信息、订货的数量以及协商的价格。已经从用户方得到以下信息：

① 每份订单的客户都已经存在客户文件中。

② 每份订单只限于一个客户。

③ 每种产品在一份订单中只能出现一次。

④ 协商后的价格可能和产品管理文件中的相同，也可能不同，但不低于成本价。允许把同一种产品按不同的价格卖给不同的客户。

(3) 某培训公司课程管理系统。

某培训公司希望建立一个关于本公司培训课程信息的管理系统，每年公司都会发布几个讨论会和一些培训课程的信息，每个讨论会或者培训课程都有专门的员工负责，并且由于内容、地点的不同而各不相同。

公司对每个讨论会的到会人员或者接受培训的客户代表，都要收取一定的费用。费用随着课程的不同或者客户公司委托的代表数量的不同而不同。例如，某课程如果公司派一个人参加培训，收费是 2000 元，如果公司派两个人参加培训，则第一个人收费是 2000 元，第二个人的费用就是 1800，这些都可以在系统中设置。每次讨论会或者课程都设定一个最低参加人数和最高参加人数，一旦低于最低参加人数，则活动取消，已交的报名费用需要返回给报名者。每个客户代表可以以公司或个人的名义进行注册，每个代表都必须由某个员工进行注册，最后费用的发票要交给客户代表本人或者公司。

公司希望能随时跟踪课程开设的状态信息、客户注册课程的信息以及客户代表的付款情况信息等。

数据库设计的具体要求如下：

(1) 设计出该系统的全局 E-R 图。

(2) 提交详细的数据库结构文档说明(Word 文档)，参考样例如表 8-1 所示。

表 8-1　StudentInfo(学生基本信息表)

字段名	中文含义	类　型	可否空	备　注
Sid	学号	CHAR(12)	N	主码
Sname	姓名	VARCHAR(20)	N	
Sgra	年级	CHAR(4)	N	入校年份
Scla	班级号	CHAR(6)	N	FK→Class 表
Ssex	性别	CHAR(1)	N	1：男；0：女
Sbir	出生日期	DATE	N	格式：YYYY/MM/DD，介于 1950/01/01 和当前年份减去 14 的日期之间
Sadd	地址	VARCHAR(50)	N	
Seml	电子邮件	VARCHAR(32)	Y	若有输入，检查其中有无@符号
Stel	电话	VARCHAR(20)	Y	

说明：本表又称学生表或学生信息表，其中：Sname、Sgra、Ssex、Sbir、Sadd 属性，在学生入学时从招生办转入，Sid、Scla、Seml、Stel 属性由各学院学生办输入。

(3) 提供使用 Microsoft SQL Server 或 openGauss 等 DBMS 的数据库脚本文件：*.sql。

(4) 谈谈数据库设计中遇到的问题及体会。

第9章

事务管理

第9章讲什么?

事务是数据库操作中的最小逻辑工作单元，它是一系列 SQL 操作的集合。比如，转账业务中将钱从一个账户转到另一个账户就是一个事务，它包括了分别针对每个账户的更新操作。事务处理技术主要包括数据库恢复技术和并发控制技术。数据库恢复机制和并发控制机制作为事务管理的两个重要组成部分，彼此交错。

数据库的一个显著特点就是数据的共享，各个事务程序都可以访问数据库中的数据。如果各个事务是串行工作的，即一个事务执行结束后才能开始另一个事务，这种情况就比较简单。但在一个有多个事务并发执行的数据库系统中，如果对共享数据的更新不加以控制，事务就可能直接读取或修改由别的事务的更新引起的不一致的中间数据，这种情况会导致对数据库中数据的错误更新，这一特性即为一致性。所以，数据库系统必须提供隔离机制以保证事务不受其他事务并发执行的影响，这个特性叫作隔离性。数据库的并发控制机制用于实现数据的一致性和隔离性。

事务的所有操作要么全部执行，要么由于出错被整体撤销，即任何操作都没被执行，这个特性叫作事务的原子性。而且一旦事务成功执行，其影响必须保存在数据库中，即使系统出现故障也不应该导致数据库忽略成功完成的事务，这个特性叫作持久性。数据库恢复机制维护了事务的原子性和持久性。

事务概述

9.1 事务概述

事务是 DBMS 提供的一种特殊手段，通过这一手段，应用程序将一系列的数据库操作组合在一起，作为一个整体执行，以保证数据库处于一致(正确)状态。

9.1.1 事务的概念

首先看一个例子：假设银行有一笔转账业务，需要将账户 1 的$1000 转入账户 2 中。数据库应用程序至少需要执行以下两步完成此转账功能：

(1) 修改数据库中账户 1 的资金余额 balance1，使 balance1=balance1－1000；

(2) 修改数据库中账户 2 的资金余额 balance2，使 balance2=balance2+1000。

这两步完成后，balance1+balance2 的和应保持不变。

试想如果在执行第一步后，系统出现了故障，此时账户 1 上转出的$1000 还没来得及存入账户 2，这就造成了数据库状态的不一致。显然，为了保证数据库状态的一致性，这个转账操作中的两步要么全部完成，要么由于出错而全不发生。

为此，SQL 中提出了事务的概念。所谓事务，就是用户定义的一个数据库操作序列，它是一个不可分割的工作单位。不论有无故障，数据库系统必须保证事务的正确执行，即执行整个事务或者属于该事务的操作一个也不执行。一个事务，可以是一个 SQL 语句、一组 SQL 语句或整个程序。一般地，一个程序中可以包含多个事务。

事务的开始和结束可以由用户显式控制。如果没有显式定义事务，则由具体的 DBMS 按缺省规定自动划分事务。在 Microsoft SQL Server 环境下的 SQL 语法中，处理事务的语句主要有三条：BEGIN TRANSACTION <事务名>、COMMIT TRANSACTION <事务名>、ROLLBACK TRANSACTION <事务名>。

(1) BEGIN TRANSACTION(开始事务)：定义事务开始。事务通常以 BEGIN TRANSACTION 开始，以 COMMIT TRANSACTION 或 ROLLBACK TRANSACTION 结束。但在大部分的 DBMS 中，当对数据库或者数据库模式进行查询或更新的任何 SQL 语句开始时，事务也就开始了。

(2) COMMIT TRANSACTION(提交事务)：使事务成功地结束。自从当前事务开始后，SQL 语句所造成的所有对数据库的更新将写回到磁盘上的物理数据库中(即把改变的内容提交了)。在 COMMIT TRANSACTION 语句执行以前，改变都是暂时的，对其他事务可能可见也可能不可见。

执行了 COMMIT TRANSACTION 后，所执行事务对数据库的所有更新将永远存在，如图 9-1(a)所示。

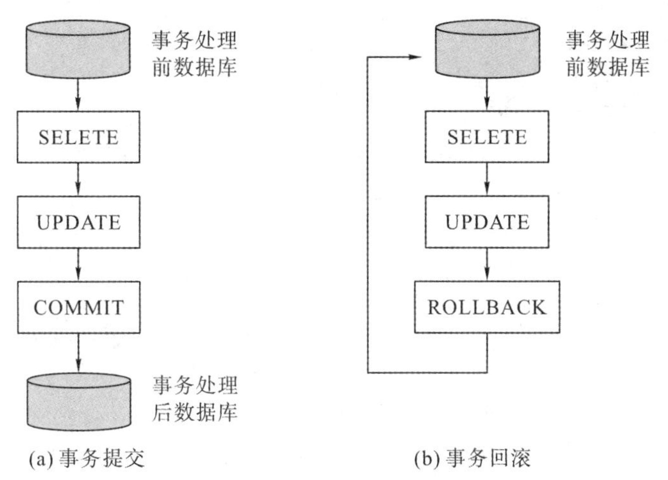

(a) 事务提交　　(b) 事务回滚

图 9-1 事务的提交和回滚

(3) ROLLBACK TRANSACTION(回滚事务)：即在事务的运行过程中发生了某种故障，事务不能继续执行，即事务开始后的 SQL 语句所造成的任何改变全部作废，回滚到事务开始前的状态，如图 9-1(b)所示。

事务可以嵌套使用。一个嵌套事务可以包含若干个子事务，嵌套的事务可形成一种树结构，如图 9-2 所示。最顶端(或最外层)的事务是一个根，根下可有一个或多个子事务，子事务还可以再包含更下一级的子事务。

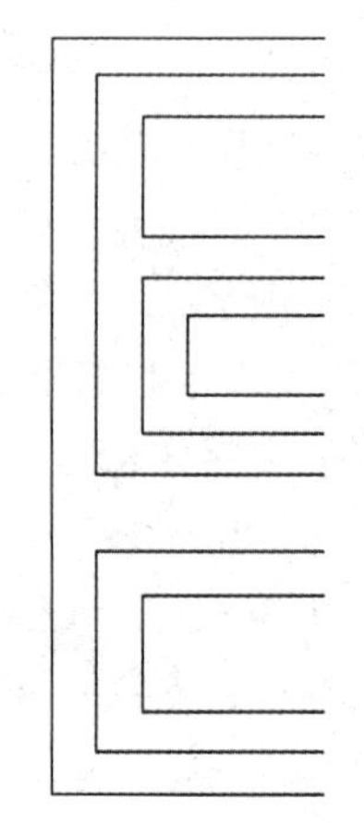

图 9-2　事务的嵌套

在嵌套事务中，必须先完成所有的子事务，才能提交顶级事务。完成子事务包括提交或回滚子事务，如果最外层事务提交失败，则不管子事务是否已提交，所有的子事务都将回滚(子事务对数据的操作将被全部撤销)。

例 9.1　考虑前面的银行转账例子，设银行数据库中有一账户关系 Accounts，有属性 AcctNo 和 Balance，分别表示账户号和该账户的余额。以下是用 C 语言和嵌入式 SQL 语句编写的转账程序。

```
EXEC SQL BEGIN DECLARE SECTION;
        INT acct1，acct2;                       /* 存放两个账户号 */
        INT balance1;                          /* 存放第一个账户的余额 */
        INT amount;                            /* 存放转账的资金 */
        INT code;
EXEC SQL END DECLARE SECTION;
…         /* C 代码，提示用户输入账户 1 和账户 2 以及需转账的金额，*/
…         /*分别放入变量 acct1acct2 和 amount 中*/
EXEC SQL SELECT Balance INTO :balance1         /* 读账户 1 的余额 */
             FROM Accounts
             WHERE AcctNo=:acct1;
if(balance1>=amount)                           /* 若余额大于转账资金，修改账户 1 余额 */
{
        EXEC SQL UPDATE Accounts
                     SET Balance=balance-:amount
                     WHERE AcctNO=:acct1;
        if(sqlca.sqlcode=0) {                  /* 若修改账户 1 操作正常，再修改账户 2 */
              EXEC SQL UPDATE Accounts
                          SET Balance=balance+:amount
                          WHERE AcctNO=:acct2;
        if(sqlca.sqlcode=0)                    /* 如果完成了资金的转账，提交事务 */
              EXEC SQL COMMIT;
        }
```

```
        else
            EXEC SQL ROLLBACK;
    }
    else
        EXEC SQL ROLLBACK; /* 如果没有足够的钱进行转账，回滚事务 */
        /*** 用C代码打印错误信息。结束程序 ***/
```

9.1.2　事务的特性

成功连接到一个数据库后，在进程中并没有活动的事务。没有活动事务的程序，如果执行了任何对数据库的操作(SELECT、UPDATE、INSERT、DELETE、OPEN CURSOR等)，都会产生活动的事务，直到程序执行了COMMIT TRANSACTION或ROLLBACK TRANSACTION语句，才会终止事务。

如果在程序结束前对一个事务既没有执行COMMIT TRANSACTION语句，也没有执行ROLLBACK TRANSACTION语句，那么将执行一个缺省的动作，这一动作(COMMIT TRANSACTION或ROLLBACK TRANSACTION)与具体使用的RDBMS有关。

为了保证数据完整性，要求数据库系统维护以下事务性质：

1. 原子性

事务在逻辑上是数据库的最基本工作单位，一个事务中包含的操作，要么全部执行并正常结束；要么什么都不做，当作此事务从未发生过。

原子性(Atomicity)要求事务必须被完整地执行，这是DBMS事务恢复子系统的责任。如果由于某个原因导致事务的执行没有完成(如在事务执行期间发生系统故障)，那么恢复时必须取消事务对数据库的所有影响。

2. 一致性

事务执行的结果必须是使数据库从一个一致性(Consistency)状态转变到另一个一致性状态。如果在事务的执行过程中，由于硬件或者软件的故障而使事务的执行中断，就会造成数据库的不一致性。因此事务的原子性是一致性的保证。

数据库状态是指在某个给定时间点上，数据库中存储的所有数据项(值)的集合。数据库的一致性状态应该满足模式所指定的约束，以及数据库必须满足的任何其他约束。在编写数据库应用程序时，应该保证如果执行事务前数据库处于一致性状态，那么在完整执行该事务后数据库仍然处于一致性状态，即假定不会发生其他事务的干扰。一致性由DBMS的并发控制子系统实现。

3. 隔离性

数据库系统中多个事务可以被同时执行(并发执行)，但必须保证一个事务的执行不能被其他事务干扰。即一个事务内部的操作及其使用的数据对其他事务是隔离的，这样，每个事务都感觉不到系统中有其他事务在并发地执行。

隔离性(Isolation)也是由DBMS的并发控制子系统实现的。如果每个事务的更新在它被提交之前，对其他事务都是不可见的，则实现了隔离性，也就是事务执行不会受到其他事务的干扰。

4. 持久性

持久性(Durability)是指一个事务一旦提交(即正常完成)，它对数据库中数据的改变是持久的，即使数据库因故障而受到破坏，DBMS 也应能正确地恢复它。持久性由 DBMS 恢复子系统来实现。

事务的以上四个特性也称为 ACID 特性，保证事务的 ACID 特性是数据库系统的重要任务之一。ACID 特性可能在下述两种情况下遭到破坏：

(1) 多个事务并发执行时，各自的操作交叉进行；

(2) 由于各种故障而使事务被强行终止。

当多个用户请求操作同一数据时，事务管理允许数据库系统对其进行干预，保证并发控制时事务的 ACID 特性。另外 DBMS 还必须有恢复机制，在系统发生各种故障时，能恢复数据库，保证事务的 ACID 特性。这分别是 DBMS 中并发控制机制和恢复机制的责任。

9.2 并发控制技术

就像同时会有数以百计的旅行社或者机票购买者同时使用某个机票预订系统进行订购机票一样，银行、保险代理、股票交易、超市收款以及其他更多的管理系统大都是多用户数据库系统，即允许多个用户同时使用的数据库系统，通常都有很多用户同时并发地向系统提交事务。因此，多用户数据库系统需要为众多并发用户提供高度的可用性和快速的响应时间，更重要的是还要保证执行的正确性，即避免各个用户提交的多个事务以某种方式相互影响而产生错误的结果。这就需要事务的并发控制机制。

如果事务都是顺序执行的，即一个事务结束后才能执行另一个事务，这种执行方式称为串行访问(Serial Access)。如果多个事务可同时执行，这种方式称为并发访问(Concurrent Access)。在单 CPU 系统中，同一时间只能有一个事务占用 CPU，所谓的并发访问，实质上是多个事务交叉使用 CPU，这种并发方式称为交叉并发(Interleaved Concurrency)。在多 CPU 系统中，可以有多个事务同时占有 CPU，这种并发方式称为同时并发(Simultaneous Concurrency)。

并发操作有以下两个明显的好处：

(1) 提高系统的资源利用率。一个事务在不同的执行阶段需要的资源是不同的，有时需要 CPU，有时需要通信，还有时需要输入设备或其他，如果事务只能串行操作，则会造成资源的极大空闲。事务并发执行，则可交叉使用各种资源，可以明显地提高系统资源的利用率。

(2) 改善短事务的响应时间。有两个事务 T_1 和 T_2，T_1 的执行时间很长，T_2 所需的时间很短。在串行执行的情况下，若 T_1 比 T_2 稍早执行，则 T_2 要等待很长的时间才能得到响应。所需时间较短的事务响应时间过长是不应该的。而在并发情况下，T_2 可与 T_1 并发执行，响应时间可明显缩短。

9.2.1 并发可能出现的问题

并发可能出现的问题

并发操作如果不加控制，虽然单个事务的执行并未发生问题，但由于其他事务的并发，可能引起数据的不一致性：丢失更新、读“脏”数据和不可重复读，如图 9-3 所示。

T_1	T_2
①读A=10	
②	读A=10
③A=A+100 写回A=110	
④	A=A+100 写回A=110

(a) 丢失更新

T_1	T_2
①读B=20 B=B+100 写回B=120	
②	读B=120
③ROLLBACK B=20	

(b) 读“脏”数据

T_1	T_2
①读C=30	
②	读C=30 C=C+100 写回C=130
③读C=130	

(c) 不可重复读

图 9-3　并发可引起数据的三类不一致性

1. 丢失更新

当访问相同数据库项的两个事务以某种方式交替执行时，就可能发生丢失更新(Lost Update)问题。

图 9-3(a)给出了两个事务 T_1 和 T_2 恰好都执行修改同一数据而出现丢失更新的执行过程。

(1) T_1 首先读入数据 A(准备修改)；

(2) T_2 接着也读入数据 A(与 T_1 读入的值相同)；

(3) T_1 把 A 值加 100 后写回数据库，T_1 提交；

(4) T_2 也把 A 值加 100 后写回数据库，T_2 提交。

A 值明明加了两个 100，但数据库中 A 值却只比原来多 100。如果 A 值是某账号的存款余额，T_1 和 T_2 是两个客户在不同地点向该账号付款的两个不同事务，后果的严重性就显而易见了。

2. 读“脏”数据

事务更新了某个数据库项，接着由于某种原因事务又被撤销了，然而所更新的项在恢复到原值之前，另一个事务读取了该项。这个问题被称为读“脏”数据(Dirty Read)，它是由一个没有完成或没有提交的事务产生的。

图 9-3(b)给出了两个事务 T_1 和 T_2 出现读“脏”数据的执行过程。

(1) T_1 读入数据 B，增加 100 后写回数据库；

(2) T_1 在完成更新之前出现故障，此时，系统理应将数据 B 恢复原值，但在系统进行恢复操作之前，T_2 读入 T_1 临时更新过的数据 B；

(3) T_1 由于某原因而被撤销(Rollback)，即数据 B 已恢复原值。

此时，T_2 所读到的 B 值已不是数据库中的 B 值了，T_2 所读取的值被称为“脏”数据。这种不一致性就是读“脏”数据的结果。

3. 不可重复读

事务 T_1 需要两次读取同一个数据项，但是在两次读取操作的间隔中，另一个事务 T_2 改变了该数据项的值。因此，T_1 在两次读取同一个数据项值时却读出了不同的值，这类问题称为不可重复读(Non-Repeatable Read)。

图 9-3(c)给出了两个事务 T_1 和 T_2 不可重复读的执行过程。

(1) T_1 读入 C 值；

(2) T_2 读入 C 值，修改后，又写回数据库，T_2 提交；

(3) T_1 再次读入 C 值。

但 T_1 发现此时读入的 C 值却与前面读入的 C 值不同，这就是不可重复读的含义。

上述现象的产生，其原因在于一个事务未执行完时，就开始执行另一个事务了。如果一个事务在修改数据时，其他事务不得修改同一数据，就不会产生丢失更新的情况；如果一个事务在更新数据时，其他事务不得读取该数据，则不会产生读“脏”数据的情况，也不会产生不可重复读的情况，这就是封锁(Locking)的目的。用于控制事务并发执行的主要技术就是基于数据项加锁的概念，锁是与数据项相关的一个变量，它描述了数据项的状态，也表示了可能应用于该数据项上的不同操作。

当然，在有些情况下，数据库应用时出现一些不一致也是允许的，例如读“脏”数据、不可重复读等，在这种情况下，对封锁的要求就可弱一些，从而增强系统并发的程度，降低系统的开销。

9.2.2 封锁

封锁

封锁(Locking)是普遍采用的一种并发控制手段，封锁可避免并发操作出现的问题。所谓封锁就是某事务在对某对象(表、记录等)执行操作前，先对此对象加上自己的锁，加锁后，其他事务对此对象的操作就受到了规定的限制。当然，该事务完成自己的操作之后，必须把加上的锁撤销，以使其他事务执行各种操作。

如果只有一种锁，锁上后其他事务不能对该对象执行任何操作，那就失去了并发的意义，因此，锁的基本类型有两种：排它锁和共享锁。

1. 排它锁

一个事务对某数据对象成功地加了排它锁(Exclusive Lock，X 锁或写锁)后，其他事务就不能对此对象加锁，也就不能对此对象执行任何操作，只有该事务才可对此对象执行读和修改的操作。

可见，只有数据对象未被任何其他事务加锁时，对它的 X 锁请求才会成功，否则将失败。

2. 共享锁

一个事务对某数据对象成功地加了共享锁(Shared Lock，S 锁或读锁)后，其他事务不能对该对象加上 X 锁，但可以再加上自己的 S 锁。即若某数据对象被加上了 S 锁，则该数据对象不能再被加上 X 锁，但可被多个事务加上各自的 S 锁。所有对该对象加了 S 锁的事务都可读取该对象，但不能修改该对象。

当一个数据对象未被任何事务加上任何锁时，一个事务发出对该数据对象的任何锁的请求都会被满足。但当该数据对象已被加上锁时，对它的其他锁申请就不一定能被满足。表 9-1 给出了在事务 T1 已对某对象加锁的情况下，T2 的加锁申请是否会满足的相容矩阵。

表 9-1 封锁相容矩阵

T_2	T_1		
	X	S	None
X	N	N	Y
S	N	Y	Y

N—不相容的请求；Y—相容的请求。

可见，若某数据对象上有一个X锁，则仅有此一个锁；若有一个S锁，则不能再有X锁，但可以有多个S锁。

9.2.3 三级封锁协议

对数据对象加锁时，还需要一些封锁规则：何时能申请加锁、持锁的时间、何时才能释放锁等。

规定的加锁规则称为封锁协议(Locking Protocol)，对于不同的要求，封锁协议也不同。下面介绍三级封锁协议。

1. 一级封锁协议

任一事务在修改某数据之前，必须先对其加上自己的X锁，直至事务结束才能释放它，这就是一级封锁协议。事务结束包括正常结束(COMMIT)和非正常结束(ROLLBACK)。

一级封锁协议不采用S锁，不修改数据时是不必对其加锁的，因此，一级封锁协议解决了丢失更新问题，但不能保证可重复读和不读“脏”数据。

2. 二级封锁协议

二级封锁协议的内容包括：

(1) 一级封锁协议；

(2) 任一事务在读取某数据(不修改)前，必须先对其加上S锁，读完后即可释放S锁。

二级封锁协议既可防止数据丢失更新，又可防止读“脏”数据，但不保证可重复读。

3. 三级封锁协议

三级封锁协议的内容包括：

(1) 一级封锁协议；

(2) 任一事务在读取某数据(不修改)前，必须对其加上S锁，直至事务结束才释放此S锁。

三级封锁协议既防止了丢失更新和不读“脏”数据，又防止了不可重复读问题。

使用封锁机制可解决丢失更新、读“脏”数据和不可重复读等不一致性问题，如图9-4所示。

T_1	T_2
①XLOCK A	
②读A=10	
③	XLOCK A
④A=A+100	等待
写回A=110	等待
Commit	等待
⑤UNLOCK A	等待
⑥	获得XLOCK A
⑦	读A=110
⑧	A=A+100
	写回A=210
	Commit
⑨	UNLOCK A

(a) 没有丢失更新

T_1	T_2
①XLOCK B	
②读B=20	
B=B+100	
写回B=120	
③	SLOCK B
	等待
④ROLLBACK	等待
B=20	等待
UNLOCK B	等待
⑤	获得SLOCK B
	读B=20
	UNLOCK B

(b) 不读“脏”数据

T_1	T_2
①SLOCK C	
②读C=30	
③	XLOCK C
	等待
④读C=30	等待
⑤UNLOCK C	等待
⑥	获得XLOCK C
	读C=30
	C=C+100
	写回C=130
	Commit
	UNLOCK C

(c) 可重复读

图9-4 使用封锁机制解决三类数据不一致性问题

9.2.4 加锁请求的选择策略和活锁

当一个数据对象 R 已被一个事务 T 封锁时，其他任何事务对该数据 R 进行封锁的请求只能等待，直至 T 释放了对 R 的封锁后，系统才会执行其他事务对 R 进行的封锁请求。但是，如果有多个事务都在等待封锁 R 的话，该选择哪个事务的封锁请求呢？这就应该有一个选择策略，如果选择策略不合理的话，就有可能产生活锁问题。

1. 活锁

事务 T 申请对数据 R 进行封锁，但由于加锁请求选择策略的问题而导致事务 T 长时间甚至永远处于等待状态，这就是活锁。

若选择策略为随机选择的话，那么事务 T 对数据 R 的封锁请求有可能长时间不能选中，也有可能永远不能选中。

若选择策略为先申请后选择的话，那么最先的封锁请求很可能永远不能选中。

2. 选择策略

最简单有效的选择策略是先来先服务的策略。封锁子系统按请求在时间上的先后次序对事务排序，数据对象上原有的锁一释放，便执行队列中第一个事务的封锁请求。此方法简单地避开了活锁问题。

也可在排队的基础上，对事务加上优先级，优先级高的事务可以适当前插，从而显著减少它的等待时间。

9.2.5 死锁

虽然选择策略是合理的，但仍然不可能选中的封锁申请称为死锁。

例：两个事务 T_1 和 T_2 已分别封锁了数据 D_1 和 D_2。T_1 和 T_2 由于需要各自分别申请封锁 D_2 和 D_1，但是由于 D_2 和 D_1 已被对方封锁，因而 T_1 和 T_2 只能等待。而 T_1 和 T_2 由于等待封锁而不能结束，从而使对方的封锁申请也永远不能被选中，这就形成了死锁。

在数据库中，能解决死锁的方法主要有两类：预防死锁和解决死锁。

1. 死锁的预防

预防死锁就是破坏死锁产生的条件，通常有一次封锁法和顺序封锁法两种。

(1) 一次封锁法。任何事务必须一次同时申请所有加锁请求，若不能全部加锁成功，则全部不加锁，并处于等待状态；若全部加锁成功，则可继续执行，在执行过程中不能再次对任何数据申请加锁。这就是一次封锁法。

一次封锁法可以有效地防止死锁的产生，但却降低了系统的并发性。首先，一次就要把所有用到的数据加锁，即对后面用到的数据也必须在前面加锁，势必使一些本可并发操作的事务只能处于等待状态；其次，一个事务在执行前期，有时是很难确定精确的封锁对象的，例如依据某一状态的当前值才能确定是封锁甲还是封锁乙。为了执行一次封锁，就只能把所有可能要封锁的数据对象全部申请封锁，这样既可能使事务的等待时间加长(一次不能全部封锁时)，也可能使其他事务的等待时间进一步加长。

(2) 顺序封锁法。预先对所有数据对象规定一个顺序，任何一个事务要对几个数据对象进行封锁时，必须严格按此规定顺序进行，若有一个对象封锁未成功，则只能等待，不得先封锁后面的数据对象，这就是顺序封锁法。

顺序封锁法可有效防止死锁的产生，但却很难实现。

一般而言，事务只有在执行过程中，才能确定即时需封锁的对象，因此很难按各对象规定的顺序去申请封锁。另外，数据库系统中数据对象很多，随着插入、删除等操作不断变化，维护动态的封锁顺序是很困难的。

可见，操作系统中采用的预防死锁的策略在数据库中并不适合。从而，DBMS 普遍采用诊断和解除死锁的策略。

2. 解决死锁

DBMS 一般采用超时法或等待图法解决死锁。

(1) 超时法。预先规定一个最大等待时间，如果一个事务的等待时间超过了此规定时间，则认为产生了死锁。

超时法是最简单的死锁诊断法，但有可能发生误判。另外，若时间规定得太长，则又不能及时发现死锁。

(2) 等待图法。等待图是一个有向图 $G=(T,W)$，所有正在运行的事务构成了有向图的结点集 T。若 T_i 申请的加锁对象被 T_j 封锁，则从 T_i 到 T_j 产生一个有向边，即 T_i 等待 T_j，产生有向边 ij；此等待解除，则删除有向边 ij。显然，产生了死锁和等待图中生成了回路是等价的，因此 DBMS 周期性地监测等待图，以便及时发现回路(死锁)。

一旦发现存在死锁，DBMS 将立即着手解除它。一般地，将选择一个发生死锁的事务，将其卷回(释放其获得的锁及其他资源)，从而解除系统中产生的死锁；被卷回的事务必须等待一段时间后才能重新启动，以避免再次产生死锁。

一般有下列几种方法来选择要卷回的事务：

(1) 选择最迟交付的事务；

(2) 选择已获锁最少的事务；

(3) 选择卷回代价最小的事务。

9.2.6 并发调度的可串行性

在并发执行若干事务时，这些事务交叉执行的顺序不同，最后各事务所得结果也不会相同，因此，并发执行的事务具有不可再现性。那么，这些结果中，哪些是正确的，哪些是不正确的，这就必须提出一个判断准则。

可串行性(Serializability)准则：多个事务并发执行的结果是正确的，当且仅当其结果与按某个次序串行地执行各事务的调度策略所得结果相同时，则这种调度策略就被称为可串行化的调度。

可串行化是并发控制的正确性准则。它一经提出，即被数据库系统广泛接受。从图 9-3 中的三个例子可看出任何一种情形的问题都在于交错执行过程是不可串行化的，也就是说其与先 T_1 后 T_2 或先 T_2 后 T_1 的串行执行过程都不等价。

例 9.2 假定初始值：X = 10，Y = 20。现有两个事务，分别包含下列操作：

事务 T_1：X = X+Y；事务 T_2：Y = X+Y。

图 9-5 和图 9-6 分别给出了对这两个事务的不同调度策略。

T_1	T_2
①SLOCK Y	
读Y=20	
UNLOCK Y	
②XLOCK X	
读X=10	
X=X+Y	
写回X=30	
UNLOCK X	
	③SLOCK X
	读X=30
	UNLOCK X
	④XLOCK Y
	读Y=20
	Y=X+Y
	写回Y=50
	UNLOCK Y

(a) 串行调度(T_1–T_2)

T_1	T_2
	①SLOCK X
	读X=10
	UNLOCK X
	②XLOCK Y
	读Y=20
	Y=X+Y
	写回Y=30
	UNLOCK Y
③SLOCK Y	
读Y=30	
UNLOCK Y	
④XLOCK X	
读X=10	
X=X+Y	
写回X=40	
UNLOCK X	

(b) 串行调度(T_2–T_1)

T_1	T_2
①SLOCK Y	
读Y=20	
UNLOCK Y	
②XLOCK X	
	③SLOCK X
	等待
④读X=10	等待
X=X+Y	等待
写回X=30	等待
UNLOCK X	⑤获得SLOCK X
	读X=30
	UNLOCK X
	⑥XLOCK Y
	读Y=20
	Y=X+Y
	写回Y=50
	UNLOCK Y

(c) 可串行化调度

图 9-5 两个事务的可串行化调度方式

图 9-5(a)和图 9-5(b)为两种不同的串行调度策略：(a)表示先 T_1 后 T_2 的顺序串行调度，执行结果为(X = 30，Y = 50)；(b)表示先 T_2 后 T_1 的顺序串行调度，执行结果为(X = 40，Y = 30)；虽然执行结果不同，但它们都是正确的调度方式。图 9-5(c)的执行结果和(a)的执行结果相同，所以是正确的调度，即称之为可串行化调度方式。

但是图 9-6(a)、(b)的两种并发调度的执行结果均为(X = 30，Y = 30)，这与图 9-5(a)或(b)的执行结果都不相同，所以是错误的调度。

T_1	T_2
①SLOCK Y	
读Y=20	
	②SLOCK X
	读X=10
③UNLOCK Y	
	④UNLOCK X
⑤XLOCK X	
读X=10	
X=X+Y	
写回X=30	
	⑥XLOCK Y
	读Y=20
	Y=X+Y
	写回Y=30
⑦UNLOCK X	
	⑧UNLOCK Y

(a) 不可串行化调度1

T_1	T_2
①SLOCK Y	
读Y=20	
UNLOCK Y	
	②SLOCK X
	读X=10
	UNLOCK X
	③XLOCK Y
	读Y=20
	Y=X+Y
	写回Y=30
	UNLOCK Y
④XLOCK X	
读X=10	
X=X+Y	
写回X=30	
UNLOCK X	

(b) 不可串行化调度2

图 9-6 两个事务的不可串行化调度方式

有多种可串行化的调度方法，其中最广泛的应用是两段封锁(Two-Phase Locking)协议。

9.2.7 两段封锁协议

所谓两段封锁协议(Two-Phase Locking，2PL)，是指一个事务在读、写任何数据前必须首先申请并获得对该数据的封锁，一旦一个事务释放了一个封锁，则它就不得再申请任何封锁。

符合两段封锁协议的事务有一个明显的特征，在事务的前面部分将逐步申请并获得各种加锁(而无释放锁操作)，在后面部分将逐步释放锁(而无加锁申请)，即遵守该协议的事务分为两个阶段：获得锁阶段，也称为“扩展”阶段；释放锁阶段，也称为“收缩”阶段。

如图9-7所示，若所有事务都遵守两段封锁协议，则对这些事务的任何并发调度策略都是可串行化的；但若并发事务的一个调度是可串行化的，并不一定所有事务都符合两段封锁协议，如图9-5(c)所示，则两个事务 T_1 和 T_2 显然都不遵守两段锁协议，但是属于可串行化调度。

T_1	T_2
①SLOCK Y	
读Y=20	
②XLOCK X	
	③SLOCK X
④UNLOCK Y	等待
⑤读X=10	等待
X=X+Y	等待
写回X=30	等待
⑥UNLOCK X	等待
	⑦获得SLOCK X
	读X=30
	⑧XLOCK Y
	⑨UNLOCK X
	读Y=20
	Y=X+Y
	写回Y=50
	⑩UNLOCK Y

图9-7 遵守两段封锁协议的并发调度

两段封锁协议与防止死锁的一次封锁法是不同的，一次封锁法符合两段封锁协议，但两段封锁协议并不要求一次封锁法。因此，遵守两段锁协议的事务也可能会发生死锁。

9.2.8 多粒度封锁

1. 多粒度封锁的概念

封锁对象的规模称为封锁粒度(Granularity)。在数据库中，封锁对象可以是整个数据库，也可以是一个关系，一个元组，甚至是一个元组的若干属性值。

封锁的粒度越大，则封锁的代价越小，但并发度也越低；封锁的粒度越小，则封锁的开销越大，但并发性也越高。比较合适的方法是提供多种封锁粒度供应用选择，这种封锁方法称为多粒度封锁(Multiple Granularity Locking)。需要处理大量的元组事务可选择以关系为封锁粒度；仅处理某个属性(如工资)，则选择以属性为封锁粒度较适宜。

2. 显式封锁和隐式封锁

采用多粒度封锁时，一个数据对象被封锁的方式有两种：

(1) 显式封锁：应事务的要求直接加到某一数据对象上的封锁为显式封锁。

(2) 隐式封锁：数据对象并未被直接加锁，但包含它的一个大粒度数据对象称为上级结点被封锁了，它也就被隐含地封锁了。例如，一个关系被封锁了，则该关系的元组也被封锁了。或者，被它包含的一个小粒度数据对象被显式封锁了，则它也被隐式封锁。

显式封锁和隐式封锁的效果是相同的。系统在检查封锁冲突时，必须同时检查显式封锁和隐式封锁。

要对某数据对象加锁，不仅要检查该数据对象上是否已有显式封锁，还应检查其是否被隐式封锁，还要检查其所有下级结点上是否已有显式加锁。这样的检查方法效率肯定很低。为此，人们又采用了一种意向锁(Intention Lock)方法。

9.2.9 意向锁

若对某一数据对象加锁，必须先对包含该数据对象的所有大粒度数据对象加上意向锁。例如，若要对一个元组加锁，则应先对包含它的关系、数据库加意向锁。

常用的意向锁有三种：意向共享锁(Intention Shared Lock，IS 锁)，意向排它锁(Intention Exclusive Lock，IX 锁)和共享意向排它锁(Shared and Intention Exclusive Lock，SIX 锁)。

1. IS 锁

如果要对一个数据对象加 S 锁(共享锁)，则所有它的祖先(包含它的大粒度数据对象)都必须先加 IS 锁。例如，要对某元组加 S 锁，则对包含它的关系和数据库都应先加 IS 锁，以防止其他事务在关系或数据库一级加 X 锁。

2. IX 锁

如果对一个数据对象加 X 锁(排它锁)，必须先对其所有祖先加 IX 锁。例如，对某元组加 X 锁，必须先对包含它的关系和数据库加 IX 锁。

3. SIX 锁

SIX 锁表示 S 锁加上 IX 锁。例如，某事务对某个表加 SIX 锁，表示该事务要读这个表，同时会更新某些元组。

表 9-2 给出了各种锁的相容矩阵。其中，Elock 为已存在的封锁，Rlock 为提出请求的封锁。从表 9-2 中可以看出各种锁之间在强度上有一个偏序关系，如图 9-8 所示。一个事务在申请封锁时，以强锁代替弱锁是安全的，但反之则不然。

表 9-2 锁的相容矩阵

RLock	ELock					
	none	IS	IX	S	SIX	X
IS	Yes	Yes	Yes	Yes	Yes	No
IX	Yes	Yes	Yes	No	No	No
S	Yes	Yes	No	Yes	No	No
SIX	Yes	Yes	No	No	No	No
X	Yes	No	No	No	No	No

Elock—已存在的封锁；Rlock—请求的封锁。

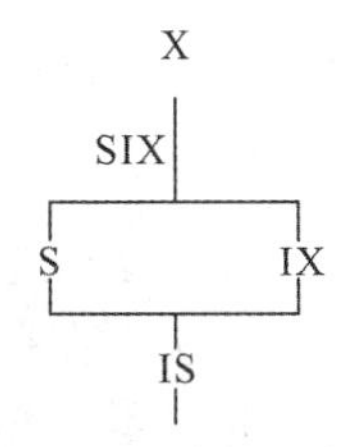

图 9-8　锁强度的偏序关系

在多粒度封锁时，要对一个数据对象加锁，必须对包含该对象的所有上级结点加相应的意向锁。申请时，必须自上而下申请；释放时，必须自下而上释放。

意向锁是一种特殊的加锁机制，其本质是一种状态标志。意向锁加锁成功，并不保证下面的真正加锁一定能成功；但意向锁加锁不成功，则表明即使没有意向锁机制，下面的真正加锁也一定不会成功，因此，意向锁方便了加锁的判断。

具有意向锁的封锁方法可提高系统的并发度，减少封锁开销。意向锁在商用 DBMS 中被广泛应用。

9.3 数据库恢复技术

数据库恢复技术

不管数据库系统采取了多少措施来保证事务的正确执行，保证数据库的安全性和完整性，但是，计算机系统的硬件故障、软件问题、误操作和恶意破坏仍是不可避免的，严重时，这些问题可造成数据库中部分甚至全部数据遭受破坏。因此，DBMS 必须能把数据库从任何错误状态恢复到某一正确状态(或称一致状态、完整状态)，这就是数据库的恢复。数据库恢复技术是否有效是数据库系统性能的重要标志。

9.3.1　故障的种类

数据库系统可能会发生的故障，不仅有单个事务内部由于溢出发生的局部故障，也有如因断电引起的全局故障。局部故障只影响发生故障的事务，而全局故障会影响正在运行的所有事务，具有系统范围的含义。故障的类型主要有：事务内部故障、系统故障和介质故障。

1. 事务内部故障

由于系统不可能假设应用程序将对所有可能发生的错误都预写入程序中，因此事务的内部故障有的是可以通过事务程序本身被发现(程序中有显式的 COMMIT 或 ROLLBACK 处理)的，也有的是非预期的，如运算溢出、并发事务因发生死锁而被选中撤销该事务等，并不由事务程序本身发现而是由系统隐式执行 ROLLBACK，这类故障属于局部故障。

2. 系统故障

系统故障是指系统运行过程中，由于某种原因，例如突然断电、CPU 故障、操作系统故障、误操作等，造成系统停止运转，甚至致使所有正在运行的事务都以非正常方式终止。如果发生这类故障，则必须重新启动系统。

这类故障影响到所有正在执行的事务，使其非正常终止。一些未完成事务的部分结果可能已写入数据库，一些已完成事务的部分数据可能正在缓冲区中(未写入磁盘上的物理数据库)，但这类故障并不会破坏数据库本身，有时也称为软故障。

3. 介质故障

介质故障即外存故障，如磁盘损坏、强磁场干扰等。这类故障发生的可能性比较小，但破坏性很强，它使数据库受到破坏，并影响正在存取数据的事务，有时也称为硬故障。

除此之外，数据库系统的威胁还有来自各种类型的计算机病毒，计算机病毒属于一种人为故障或破坏，轻则使部分数据不正确，重则使整个数据库遭到破坏。此时，需要有检查、诊断、消灭计算机病毒的软件介入定时查毒杀毒，但如果数据库一旦被破坏仍要用恢复技术把数据库加以恢复。

9.3.2 故障恢复的手段

数据库系统中的恢复机制主要指恢复数据库本身，即在故障引起数据库当前状态不一致后将数据库恢复到某个正确状态或一致性状态。

故障恢复的原理很简单，可以用一个词来概括，即冗余，就是预先在数据库系统外，备份正确状态时的数据库影像数据，当发生故障时，再根据这些影像数据来重建数据库。恢复机制要做两件事情：第一，建立冗余数据；第二，根据冗余数据恢复数据库。故障恢复的原理虽然简单，但其实现技术相当复杂，建立冗余数据的常用方法是数据库转储法和日志文件法。

1. 数据库转储法

由数据库管理员 DBA 定期地把整个数据库复制到磁带、另一个磁盘或光盘上保存起来，作为数据库的后备副本(也称后援副本)，称为数据库转储法。

数据库发生破坏时，可把后备副本重新装入以恢复数据库。但重装副本只能恢复到转储时的状态，自转储以后的所有更新事务必须重新运行，才能使数据库恢复到故障发生前的一致状态。

由于转储的代价很大，因此必须根据实际情况确定一个合适的转储周期。

转储分为静态转储和动态转储两类，分别描述如下：

(1) 静态转储。

在系统中没有事务运行的情况下进行的转储称为静态转储。这可保证得到一个一致性的数据库副本，但在转储期间整个数据库不能使用。

(2) 动态转储。

允许事务并发执行的转储称为动态转储。动态转储克服了静态转储时会降低数据库可用性的缺点，但不能保证转储后的副本是正确有效的。例如，在转储中，把某一数据存储到了副本，但在转储结束前，某一事务又把此数据修改了，这样，后备副本上的数据就不正确了。

因此必须建立日志文件，把转储期间任何事务对数据库的修改都记录下来，以后将后备副本加上日志文件就可把数据库恢复到前面动态转储结束时的数据库状态。

另外，转储还可以分为海量转储和增量转储。海量转储是指转储全部数据库；增量转储是指只转储上次转储后更新过的数据。

数据库中的数据一般只是部分更新，因此，采用增量转储可明显减少转储的开销。例如，每周做一次海量转储，每天做一次增量转储；也可每天做一次增量转储，当总的增量转储的内容达到一定量时，做一次海量转储。

2. 日志文件法

前面已指出，重装副本只能使数据库恢复到转储时的状态，必须接着重新运行自转储后的所有更新事务才能使数据库恢复到故障发生前的一致状态。日志文件在数据库恢复中至关重要，用来进行事务故障恢复和系统故障恢复，并协助后备副本进行介质故障恢复。

日志文件法就是用来记录所有更新事务的，以记录为单位的日志文件需要登记的内容包括：

(1) 每个事务开始时，必须在日志文件中登记一条该事务的开始记录；

(2) 每个事务结束时，必须在日志文件中登记一条结束该事务的记录(注明为COMMIT或ROLLBACK)；

(3) 任一事务的任一次对数据库的更新，都必须在日志文件中写入一条记录，其格式为

(<事务标识>，<操作类型>，<更新前数据的旧值>，<更新后数据的新值>)

其中，<操作类型>有插入、删除和修改三种情况。

为保证数据库是可恢复的，日志文件法必须遵循以下两条原则：

(1) 事务每一次对数据库的更新都必须写入日志文件，一次更新在日志文件中有一条对应的记载更新工作的记录。

(2) 必须先把日志记录写到日志文件中，再执行更新操作，即日志先写原则。

9.3.3 故障恢复的方法

利用数据库事务副本和日志文件可把数据库恢复到故障发生前的一个一致性状态。故障类型不同，采用的恢复方法也不同。

1. 事务故障恢复

由于系统不可能假设应用程序将对所有可能发生的错误都预写入程序中，因此事务的内部故障有的是可以通过事务程序本身被发现(程序中有显式的 COMMIT 或 ROLLBACK 处理)的，而有的是非预期的，如运算溢出、并发事务因发生死锁而被选中撤销该事务等，并不由事务程序本身发现而是由系统隐式执行ROLLBACK，这类故障属于局部故障。

事务未正常终止(COMMIT)而被终止时，可利用日志文件撤销(UNDO)此事务对数据库已做的所有更新，其过程如下：

(1) 反向扫描日志文件，查找该事务的记录；

(2) 若找到的记录为该事务的开始记录，则UNDO结束；否则，执行该记录的逆操作(对插入操作执行删除操作；对删除操作执行插入操作；对修改操作，用修改前的值替代修改后的值)，继续反向扫描，直到找到事务的开始记录。

上述操作是由系统自动完成的。

2. 系统故障恢复

系统发生故障后，必须把未完成的事务对数据库所做的更新撤销，重做已提交事务对

数据库的更新(因为这些更新可能还留在缓冲区没来得及写入数据库)。因此，在系统重新启动后，恢复子系统需要完成以下操作：

(1) 撤销所有未完成的事务对数据库的修改(UNDO)；

(2) 重做所有已提交的事务(REDO)，直至将数据库恢复到一致状态。

图 9-9 给出了系统发生故障时的系统故障示意图。一般地，当在日志文件中写满规定数量的记录后，系统就会自动地把缓冲区中的内容保存到外存的数据库中，并在外存的日志文件中写入一个特殊的检查点记录：当前正在运行的事务表。图 9-9 中，代表事务(T_1、T_2、…、T_8)延续时间的线段，若右端点有竖线，表示此时该事务 COMMIT 结束；否则为 ROLLBACK 结束。

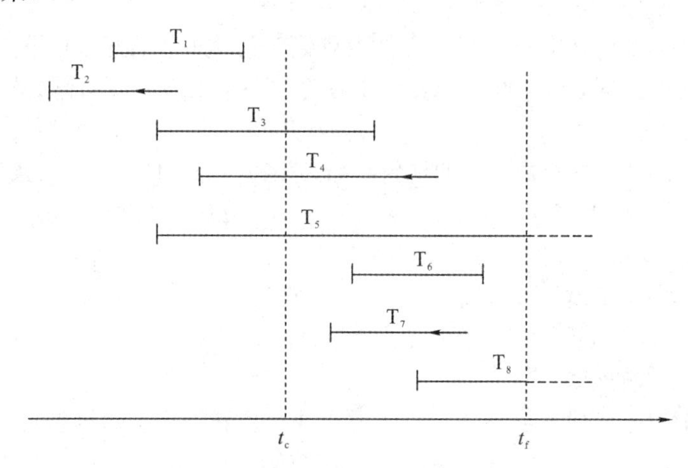

图 9-9 系统故障示意图

图 9-9 中，t_c 为发生系统故障前的最后一次检查点。由于 T_2 在 t_c 前已 ROLLBACK，所以在 t_c 时刻，事务 T_1、T_3、T_4 及 T_5 将已完成的修改已写入内存，其中 T_1 已全部结束，T_2 在 t_c 前已 ROLLBACK，不再考虑。因此在 t_c 时刻，日志文件中标明了目前正在进行的事务为 T_3、T_4、T_5。

图 9-9 中，t_f 为发生系统故障时刻。则在 t_c 到 t_f 期间，T_3、T_5、T_6、T_8 对数据库的修改全部丢失(T_4 和 T_7 已 ROLLBACK，对数据库已无影响)。其中，T_3 和 T_6 必须 REDO，T_5 和 T_8 必须 UNDO。

当系统重新启动后，系统进行故障恢复的步骤如下：

(1) 从日志文件中，找出最后一次检查点记录，把该记录中记录的所有正在进行的事务全部列入撤销(UNDO)队列。对图 9-9 来说，开始的 UNDO 队列为：

UNDO 队列	T_3	T_4	T_5

(2) 从最后一个检查点开始，正向扫描日志文件，直至故障发生时刻(日志文件结束为止)。在此期间：

① 遇到一条某事务开始记录，即把该事务列入撤销(UNDO)队列中，并继续扫描下去；

② 遇到一条 COMMIT 结束(正常结束)的事务结束记录，则把记录从撤销(UNDO)队列移到重做(REDO)队列中，并继续扫描下去；

③ 遇到一条 ROLLBACK 记录，则把此事务从 UNDO 队列中删除。

最后，得到如下两个队列(UNDO和REDO)：

UNDO队列	T_5	T_8
REDO队列	T_3	T_6

(3) 再次从最后检查点开始，正向扫描日志文件，遇到REDO队列中任何事务的每条更新记录，重新执行该记录的操作(将<更新后数据的新值>写入数据库)。

(4) 反向扫描日志文件，遇到UNDO队列中任何事务的每条更新记录，执行一次逆操作(将<更新前的数据的旧值>写入数据库)。

从图9-9中可看出，设置检查点后，恢复子系统不再扫描或者REDO最后一个检查点之前已经操作结束的事务队列，这样将会在很大程度上节约时间。

上述步骤，在系统重新启动时由系统自动完成。当然，实际系统的故障恢复工作比上述步骤还要更复杂一些。

3. 介质故障恢复

当介质发生故障时，磁盘上的物理数据库和日志文件都可能会遭到破坏，此时的恢复工作是很麻烦的，必须重装最新的数据库副本，重新完成该副本到发生故障之间已完成的事务(假定为静态转储)，具体步骤如下：

(1) 修复系统，必要时还要更新介质(磁盘)；

(2) 如果操作系统或DBMS崩溃，则需重新启动系统；

(3) 装入最新的数据库后备副本，使数据库恢复到转储结束时的正确状态；

(4) 装入转储结束时的日志文件副本；

(5) 扫描日志文件，找出在故障发生时提交的事务，列入REDO队列；

(6) 重做REDO队列中的所有事务。

此时，数据库已恢复到故障前的某一正确状态。

若是采用动态转储，则上述第(3)步完成后，还需装入转储过程中对应的日志文件，这样才能把数据库恢复到转储结束时的正确状态。

介质故障发生后，不可能完全由系统自动完成恢复工作，必须由DBA介入重装数据库副本和各有关日志文件副本的工作，然后命令DBMS完成具体的恢复工作。

随着磁盘技术的发展(容量大，价格低)，恢复技术也发展得很快。各实际DBMS的恢复技术还是不尽相同的，用户在实际使用时，应按照实际DBMS的要求来完成恢复的前期工作和恢复工作。

9.3.4 检查点

利用日志文件进行数据库恢复时，恢复子系统原则上必须要搜索扫描整个日志，确定哪些事务需要重做以及哪些事务需要撤销。但扫描所有日志将耗费大量时间，另外，实际上一旦事务的COMMIT日志记录被写入数据库，即被写到磁盘上，该事务的日志记录在恢复时就不再需要了。如图9-9所示，若没有最后一个检查点t_c的存在，重做REDO队列还将包含如T_1在检查点发生前已COMMIT的这类事务，重新执行这些事务，将会浪费大量时间。

解决这些潜在问题最简单的方法是周期性地对日志做检查点，即在日志文件中增加一类新的检查点记录(Checkpoint)。它使得恢复子系统在写入日志文件期间动态地维护日志。动态维护日志文件的方法是，周期性地执行如下操作：建立检查点，保存数据库状态，使用检查点方法可以改善恢复子系统的效率。恢复子系统可以定期或不定期地设置检查点，保存数据库状态。

检查点记录的内容包括：建立检查点时刻所有正在执行的事务清单，这些事务最近一个日志记录的地址。

检查点工作主要包括：

(1) 将当前位于日志缓冲区的所有日志记录输出到磁盘上；

(2) 在日志文件中写入一个检查点记录；

(3) 将当前位于数据缓冲区的所有更新数据块输出到磁盘上；

(4) 把检查点记录在日志文件中的地址写入一个重新开始文件。

设置检查点后，系统找到日志文件中的最后一个检查点记录，由该检查点记录开始扫描日志文件得到新的撤销 UNDO 队列和重做 REDO 队列，节省如图 9-9 中 T_1 类事务的扫描和重做时间。

本 章 小 结

本章主要介绍了数据库的并发控制机制和恢复机制，其内容彼此交错，共同构成了事务管理的主要内容。

保证数据的一致性是对数据库最基本的要求。事务是数据库的逻辑工作单位，只要 DBMS 能够保证系统中一切事务的原子性、一致性、隔离性和持续性，也就保证了数据库处于一致性状态。事务不仅是恢复的基本单位，也是并发控制的基本单位。

在数据库系统中，事务是可以并发执行的，但并发执行可能带来数据的不一致性：丢失更新、读“脏”数据和不可重复读等(但在并发执行中，每一个事务本身是无错的)，为了解决这一问题，各 DBMS 普遍采用封锁手段。为了兼顾并发的需求，锁的基本类型有两种：排它锁(X 锁)和共享锁(S 锁)。在一个数据对象上加上一个 X 锁后，在此 X 锁撤销之前，就不能对它再加上第二个锁。在一个数据对象上加上一个 S 锁后，其他事务均不能对它加上 X 锁，但可再加上各自的 S 锁。

如果加锁请求的选择策略为先申请先服务的话，就不会产生活锁问题。但死锁问题是任何 DBMS 都必须解决的问题，或预防，或诊断并解除。

并发执行事务的结果是不可再现的，为保证并发的正确性，提出了可串行性准则：多个事务并发执行的结果是正确的，同时还要满足：当且仅当其结果与以某一次序串行地执行各事务所得到的结果是相同的这一条件。

最广泛应用的可串行化调度方法是两段封锁协议：一个事务在读、写任何数据前必须首先申请获得对该数据的封锁；一旦一个事务释放了一个封锁，则它就不得再申请任何封锁。

封锁对象的规模称为封锁粒度。粒度越大，封锁的代价越小，但并发度也越小。多粒度封锁意味着用户可选择封锁粒度的大小。

在多粒度封锁时，一个数据对象既可能被直接封锁，也可能被隐式封锁，这给检查封锁带来了麻烦，因此，产生了意向锁。意向锁有三种：意向共享锁(IS 锁)、意向排它锁(IX 锁)和意向共享排它锁(SIX 锁)，意向锁给检查加锁带来了便利。

为了保证事务的原子性、一致性与持久性，DBMS 必须对事务故障、恢复故障和介质故障进行恢复。故障恢复前必须建立冗余数据，才能在故障产生后根据数据冗余恢复数据库。因此，恢复的基本原理就是利用存储在后备副本、日志文件和数据库镜像中的冗余数据来重建数据库。建立冗余数据的常用方法是数据转储法和日志文件法。

数据库转储分为静态转储和动态转储两种，还可分为海量转储和增量转储。

日志文件是存储在外存上的一个系统文件，它不仅记录着每一个事务的开始和结束，还记录着每一个事务对数据库数据的任一项更新(包括更新前和更新后的值)。

对于事务故障和系统故障，都可在日志文件引导下恢复数据库。对于介质故障，则必须利用数据库副本和日志文件副本进行恢复，必须有 DBA 的介入。

习 题 9

1. 试述事务的概念及事务的四个特性。恢复技术能保证事务的哪些特性？
2. 为什么事务非正常结束时会影响数据库数据的正确性？试举例说明。
3. 数据库中为什么要实现并发控制？并发控制技术能保证事务的哪些特性？
4. 并发操作会产生哪几种数据不一致？试分别举例说明。
5. 什么是封锁？基本的封锁类型有哪几种？它们的相容性如何？
6. 试谈谈你对三级封锁协议的认识。
7. 什么是活锁？什么是死锁？预防死锁和诊断死锁的方法有哪些？
8. 什么是封锁粒度？封锁粒度与操作的并发度之间的关系如何？
9. 试解释常用的三种意向锁的含义。
10. 什么是并发调度的可串行性准则？为什么说符合两段封锁协议的并发系统一定符合可串行性准则？
11. 试叙述故障恢复的含义。故障恢复技术能保证事务的哪些特性？
12. 数据库在运行中可能遇到的故障有哪几类？
13. 故障恢复的手段有哪些？试叙述系统故障恢复的方法。
14. 设有三个事务 T_1、T_2、T_3，它们执行的操作分别是：T_1 为 A+100，T_2 为 A*2，T_3 为 A/2。

假设这三个事务进行并发操作，试讨论它们可能实施的调度。假设 A 的初始值为 100，则各调度的最后结果分别是什么？

15. 举例说明，若并发事务的一个调度是可串行化的，但这些并发事务不一定遵守两段锁协议。
16. 设事务 T_1、T_2 的并发操作如图 9-10(a)、(b)所示，试回答两个并发操作中分别存在什么问题？

(a)

T_1	T_2
①读A=100 B=50 A+B=150	
②	读A=100 A=A*2 写回A=200
③读A=200 B=50 A+B=250 （验证错误）	

(b)

T_1	T_2
①读B=100	
②	读B=100 B=B*2 写回B=200
③B=B+50 写回B=150	

图 9-10 事务 T_1、T_2 并发操作图

17. 假设有零件 100 个，T_1 事务领走 50 个，T_2 事务领走 20 个，其执行时间如图 9-11 所示，应该如何实现这两个事务的并发控制？

T_1	T_2
①读零件数目	
②	读零件数目
③取走50	
	④取走20

图 9-11 事务 T_1、T_2 的执行时间

18. 举例说明，具有检查点的恢复技术有什么优点？

19. 考虑下述时间序列的备份操作，如图 9-12 折线所示，故障发生在周二的 17:00，现要从备份中恢复尽可能多的数据，针对可能发生的不同故障类型，说明恢复策略以及恢复顺序。

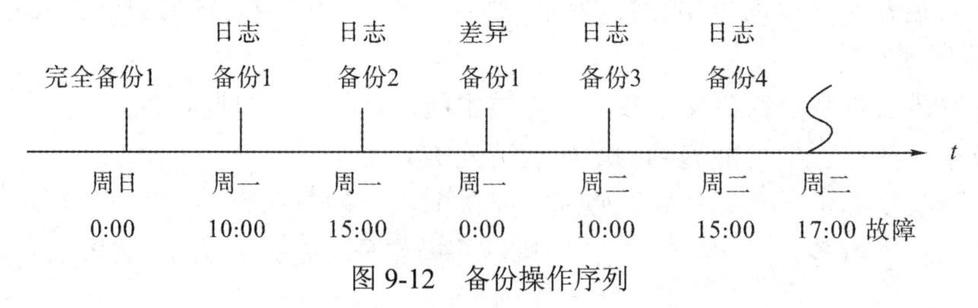

图 9-12 备份操作序列

第10章 数据存储与查询优化

本章将从计算机系统存储器的分层、存储访问方式和文件的记录格式开始，介绍数据库中数据的物理存储结构，即文件中的记录组织方式，理解不同文件组织方式的优缺点和维护方法。这是数据库物理设计的基础，与数据库系统的性能密切相关。

接下来从索引的基本概念和评价索引技术的标准开始，重点讨论顺序索引、B+树索引和散列技术。了解不同索引的基本概念和主要特点。

查询处理是指从数据库中提取数据时所涉及的一系列活动，通过讨论关系运算中选择运算和连接运算的各种算法思想，初步了解 DBMS 查询处理过程。

对于一个给定的复杂查询，通常会有许多可能的查询策略，这些策略的执行代价有很大的差异。因此，DBMS 将会进行查询优化，查询优化就是从中找出最有效的查询执行计划的一种处理过程。

10.1 文件组织与记录组织

10.1.1 存储介质

1. 存储器分层

计算机系统中的存储器是按照分层组织的，如图 10-1 所示。顶层是主存储器，它由高速缓存和主存组成，并提供数据的快速访问；第二级存储器是辅助存储器，它由磁盘等较慢的设备组成；第三级存储器是最慢的存储设备，如光盘、磁带等。

一方面，由于数据库需要存储大量数据，如果仅考虑使用主存储器来存储所有数据，成本将极其昂贵。所以，必须把数据存储在第二级和第三级的存储设备(硬盘或磁带)上，此时需要建立在处理时能从较低存储层检索数据并送至主存储器的数据库系统。

另一方面，存储器的层次越高、价格越贵，其速度越快，但同时存在存储易失性问题，即存储器在设备断电后将丢失所有存储内容。在存储层次中，主存储器属于易失性存储器，而磁盘和磁带都属于非易失性存储器。为了保护数据，必须将数据写到非易失性存储器中。

磁带是相对便宜的存储器，能存储大容量的数据，但是受限于它的顺序存取方式，并不适合存储需要频繁存取的数据，主要用于阶段性的数据备份。

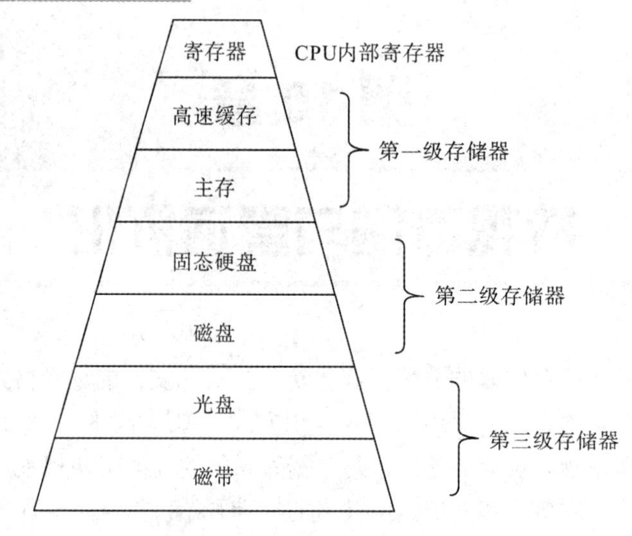

图 10-1 计算机存储器分层图

可见，磁盘是数据库系统中用来存储大量需要长期保存的数据的最常见设备。

2. 磁盘存取特性

第二级存储器磁盘支持定址直接访问，广泛运用于数据库系统中的数据存储。虽然数据存储在磁盘中，但数据库管理系统(DBMS)对数据的所有操作都在主存储器或高速缓存中进行。对主存储器上任何位置的数据进行直接存取所需要的时间几乎是相同的，而磁盘上某一位置的数据操作所需时间比较难确定。下面介绍磁盘与主存之间传输数据块的工作过程。

数据以磁盘块为单位存储在磁盘上。磁盘块是一个逻辑单元，它包含固定数目的连续扇区，磁盘块分布在磁盘盘片的同心环型磁道上，同一直径的所有磁道的集合称为柱面，再进一步划分磁道得到的弧称为扇区，每个扇区包含固定数量的字节。

磁盘和主存之间传输数据的最小单位是磁盘块，即便只需要块上某一数据项，也需要传输整个块。读/写一个磁盘块称为一次 I/O 操作，磁盘块的存取，即块的读/写包括：磁头被定位到包含目标块的磁道所在的柱面；在整个磁盘组合转动时，组成该磁盘块的扇区移动到磁头下面。因此，从发出读/写磁盘块命令到块的内容读/写到主存中，这期间读/写磁盘块的时间称为磁盘的延迟时间(Latency)，主要由以下三部分组成：

(1) 寻道时间(Seek Time)：用于移动磁头且定位到目标磁盘块所在的磁道的时间。

(2) 旋转延迟(Rotational Latency)：磁盘转动直到组成该磁盘块的第一扇区移动到磁头下时的所需时间。

(3) 传输时间(Transfer Time)：当磁头定位后，实际读或写磁盘块的时间，即磁盘旋转经过数据块的时间。

由此可见，数据库操作所需时间在很大程度上受数据在磁盘上的存储方式的影响，从磁盘读取数据块或写入数据块到磁盘的时间常常决定了数据库操作所需的时间。所以，对数据在磁盘上的存储进行优化是非常必要的。为了减少块访问时间，可以按照最接近预期数据访问顺序的方式来组织磁盘上的块存储。如果两个记录频繁地同时被访问，就可以把它们放在一起，比如存储在磁盘上最邻近的同一块上、同一个磁道上、同一个柱面上或者邻近柱面上。

目前，越来越多的计算机系统在第二级存储器使用了固态硬盘。固态硬盘的存储介质分为两种，一种是采用闪存(FLASH 芯片)作为存储介质的，另一种是采用 DRAM 作为存储介质的，最新还有采用英特尔的 XPoint 颗粒技术的。固态硬盘具有传统机械磁盘不具备的快速读写、质量轻、能耗低以及体积小等优势，同时其劣势也较为明显，例如其价格仍较为昂贵、容量较低、寿命有限、一旦硬件损坏数据较难恢复等。由于固态硬盘的访问方式、数据存储方式与磁盘有较大区别，未来的数据库记录存储也需做相应的优化。

10.1.2　用户访问数据库的过程

实际数据库系统的情况各不相同，各个数据库系统所使用的术语名称也互有差异。不同教材、文章所使用的术语名称也可能并不统一，这需要读者在使用时进行比照理解。

为使读者对数据库系统工作有一个整体的概念，接下来介绍访问数据库的主要步骤，该过程如图 10-2 所示。

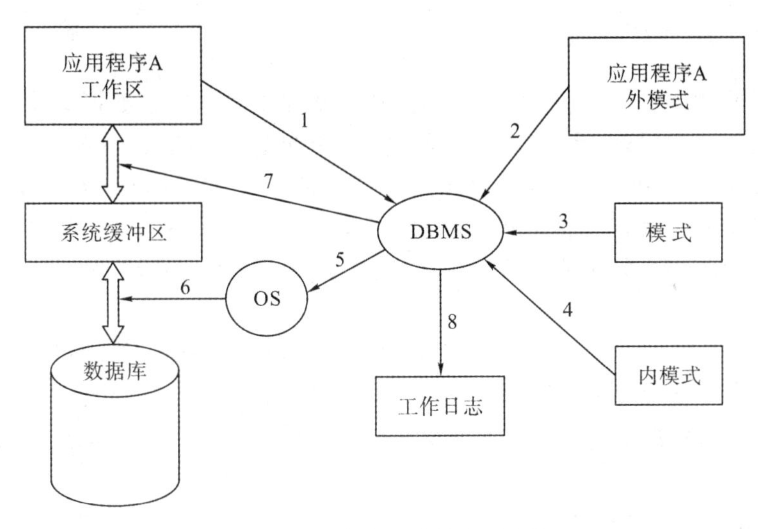

图 10-2　访问数据库的主要步骤

一个数据库映射为多个不同的文件永久存放在磁盘中，由操作系统来维护，并具有三级存储介质上的备份。每个文件由定长的存储单元块组成，块是存储分配和数据传输的基本单位，一个块可能包含很多数据项。

数据库系统的一个主要目标就是减少磁盘和主存储器之间传输的块数，这就需要管理主存储器中用于存储块的可用空间的分配。首先，主存储器被划分为很多个区，其中，有一个面向整个数据库的区域称为系统缓冲区(Buffers)，缓冲区是主存储器中用于存储磁盘块的副本的区域；其次，每执行一个应用程序就开辟一个用户工作区，通过一定的算法，使得数据库应用将要访问的数据总能在缓冲区中找到。

当一个应用程序从数据库中读取数据时，其读取过程如下：

(1) 用户在应用程序中发出 DML 命令，指明外模式名。

(2) DBMS 根据该命令进行语法检查，调出所需外模式通过语义检查，并检查用户的权限。若通过检查，则继续执行；否则拒绝执行。

(3) DBMS 根据外模式/模式转换，确认所需数据在模式上的有关信息。

(4) DBMS 根据模式/内模式转换，确认所需数据在内模式上的有关信息，确定应从哪个物理文件、区域、设备、存储地址、调用哪个访问程序去读取所需纪录。

(5) DBMS 的访问程序找到有关的物理数据块(或页面)地址，DBMS 向操作系统发出读取相应数据块(页)的请求。

(6) 操作系统收到该请求后，启动联机 I/O 程序，完成读块(页)操作，把要读取的有关数据块或页面从外存调入到主存的系统缓冲区。

(7) DBMS 把数据按外模式的形式，将读入系统缓冲区的内容映射为应用程序所需要的逻辑记录，送入用户工作区。

(8) 记录系统工作日志。

这样，用户程序就可以使用此数据了。当然，上述几点仅仅是大概的步骤，并未涉及有关细节。例如，各级查找、转换都会有相应的状态信息产生。若执行不成功，则中断处理，并逐步向上反馈等。

10.1.3 文件组织方法

数据组织要考虑数据更新(增、删、改)和检索需求，其中，数据更新将涉及数据存储空间的扩展与回收问题，数据检索涉及扫描整个数据库的问题、大批量处理数据问题，不同的操作要求与之相对应的数据组织方法和存取方法。文件组织(File Organization)指的是将数据组织成记录、块和访问结构的方式，包括把记录和块存储在磁盘上的方式，以及记录和块之间相互联系的方式。存取方法(Access Method)指的是对文件所采取的存取操作方法。

在磁盘中，数据库是以文件的形式进行组织的，而文件在逻辑上可以看作是记录的序列，在物理上这些记录被映射到磁盘块中。文件结构是由操作系统的文件系统进行组织和管理的。逻辑数据模型中的记录在文件中的组织格式有两种：定长记录格式和变长记录格式。

定长记录格式的插入操作较为简单，但由于对记录长度有硬性要求，而且有的记录可能横跨多个块，这样会降低读写效率；变长记录格式，其记录长度自由方便，但由于记录长度存在差异导致删除后会产生大量“碎片”，记录很难伸长，尤其是“被删记录”的移动代价相当大。

常用的文件组织记录方法有：堆文件组织、顺序文件组织、索引文件组织和散列文件组织等。索引和散列将在下一节介绍。

1. 堆文件组织

在堆文件组织方法中，记录可以存储在文件的任意位置上，一般按输入顺序放置，记录的存储顺序与关键码没有直接的联系，磁盘上存储的记录是无序的。这就导致其更新效率较高，但检索效率可能较低。

如图 10-3 所示，新插入的记录总在文件末尾，删除记录时，在该记录前标记“删除标志”。频繁删增记录时会造成空间浪费，所以需要周期性重新组织数据库。数据库重组

(Reorganization)是通过移走被删除的记录使有效记录连续存放，从而回收那些由删除记录而产生的未利用空间。

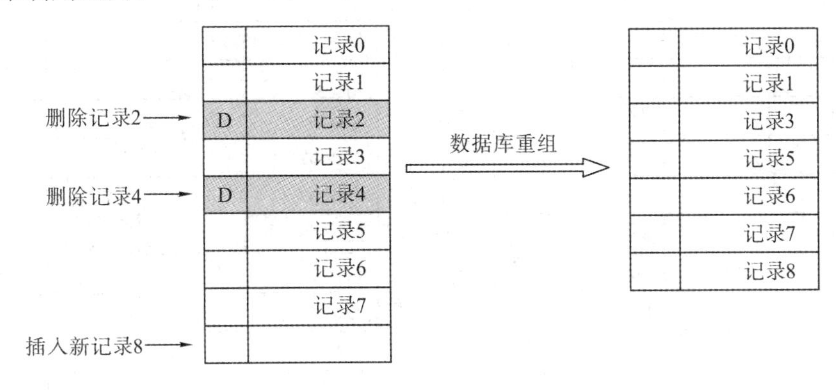

图 10-3　堆文件组织方式

2. 顺序文件组织

在顺序文件组织方法中，磁盘存储的记录是有序的，新记录始终插入文件的末尾，且记录将按升序或降序进行排序存储，记录的排序可以基于任何一个属性或属性集合，可以是主码，也可以不是主码。用于排序的属性通常称为排序字段，通常，排序字段使用关系中的主码，所以又称排序码。

当按排序字段进行检索时，速度会得到很大提高；但当按非排序字段检索时，速度可能不会提高很多。

修改记录的步骤是先更新记录，然后再对文件进行排序，最后，把更新的记录放在正确的位置。顺序记录文件的更新效率可能很低，因为一个插入或删除操作可能会导致很多记录的移动，这需要更多时间和空间来对记录进行排序。

改进的措施是为将来有可能插入的记录预留空间(这可能造成空间浪费)，或者再使用一个临时的无序文件(被称为溢出文件)保留新增的记录。

当采取溢出文件措施时，检索操作既要操作主文件，又要操作溢出文件，这使得需要周期性重新组织数据库。数据库重组是将溢出文件合并到主文件中，并恢复主文件中的记录顺序。

假设文件学生选课成绩表是按照课程号排序并采用顺序文件组织方式存储的，其中一个文件块可以存储三条记录，但有些文件块可能存储不到三条记录，即处于未满状态，如图 10-4 所示。

假设要在该文件中插入两条记录“220503　C05　90”和“220502　C06　83”，由于第一条记录可以在文件中找到空闲空间，因此可以直接插入，而第二条记录无法在文件中找到空闲空间，因此需要将其插入到溢出文件中，然后再调整指针。因此，选择何种文件组织方式，需要考虑以下问题：

(1) 增删改时如何快速“存”？

(2) 检索查询时如何快速“取”？

若对增删改速度的要求较高，则选择堆文件；若对查询速度的要求较高(二分查找)，则选择顺序文件。当数据库性能降低时，需要进行数据库重组。

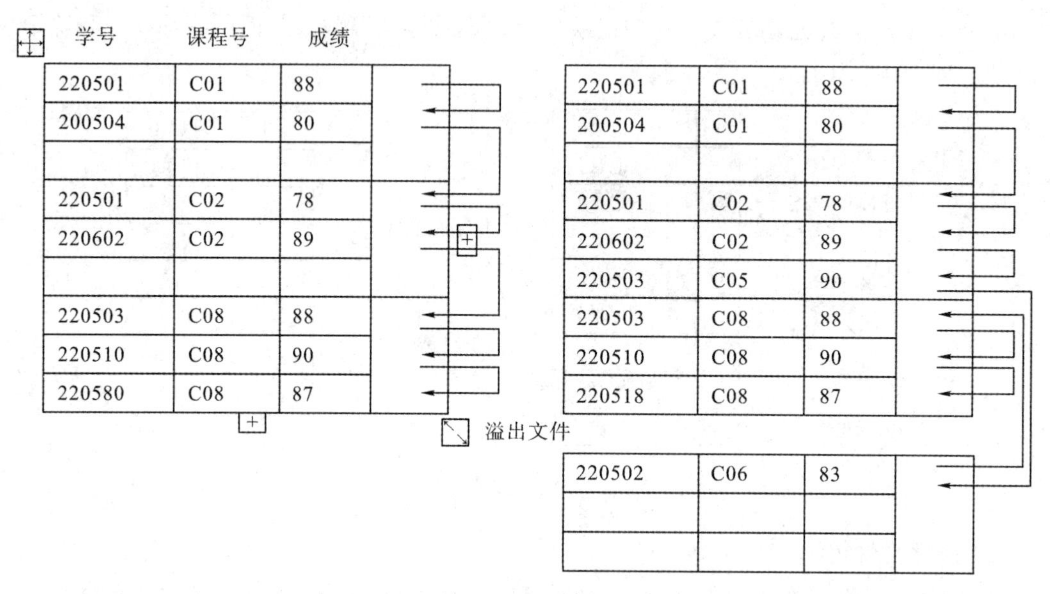

图 10-4　顺序文件组织方式

10.2　索引与散列

许多带条件的查询，例如“查找 02 号部门的所有员工”，只涉及其中一部分员工数据，如果进行全表扫描，逐条读取员工记录去检查该员工部门号是否等于“02”，就会效率低下。

使用索引能够以一个或多个属性字段的值作为条件，快速地找出具有该值的记录。其中，建立索引的一个或多个属性字段组合称为查找码。

为此，可以对员工表中的部门号创建索引，并在索引中对查找码部门号进行排序。这样，对于索引中的每一项，DBMS 在内部为它保存了一个数据文件，其中记录着各元组所在位置的“指针”。如果要查找 02 号部门的所有员工，DBMS 先在索引中查找“02”值，然后直接转到数据文件中相应的行，返回 02 号部门的员工记录。借助索引，DBMS 只需查找所有员工的一小部分数据就能找到所需记录。

由此可见，索引可以大大提高 DBMS 处理数据的速度。

10.2.1　索引结构基础

数据库系统的索引类似于书本的目录，例如根据章节标题查找正文内容，首先根据目录找到该章节标题对应页码(即对应正文内容所在位置)，再读取该章节正文内容。

数据库系统中支持两种索引类型：

(1) 顺序索引：索引中的记录(索引项)基于查找码值顺序排列。顺序索引主要用于支持快速地对文件中的记录进行顺序或随机访问。

(2) 散列索引：索引中的记录基于查找码值的散列函数(也称哈希函数)的值随机平均分布到若干个散列桶里。

建立了索引的文件称为索引文件，索引文件可以按照某种排序顺序存储记录。一个数据文件可以用来存储一个关系，一个数据文件可能拥有一个或多个索引文件，每个索引文件建立查找码和数据记录之间的关联，查找码的指针指向与查找码具有相同属性值的记录。

如果索引文件中的记录按照某个查找码值指定的顺序物理存储，那么该查找码值对应的索引就称为主索引(Primary Index)，也叫聚簇索引(Cluster Index)。对应地，查找码值顺序与索引文件中记录的物理顺序不同的那些索引称为辅助索引(Secondary Index)或非聚簇索引(Noncluster Index)。

一个主文件(数据文件)只能有一个主索引，但是可以有多个辅助索引。主索引通常建立在主码上，可以利用主索引重新组织主文件数据的物理存储顺序，辅助索引的使用不会改变主文件数据的顺序。

10.2.2　顺序索引

1. 索引顺序文件

建立了主索引的索引文件称为索引顺序文件。索引顺序文件是按照某个查找码值在物理上有序存储的。索引可以是“稠密的”，即数据文件中的每个记录在索引文件中都设有一个索引项；也可以是“稀疏的”，即数据文件中只有一些记录在索引文件中表示出来，通常为每个数据块在索引文件中设一个索引项。

1) *稠密索引*

如果数据文件中记录是按照某排序字段(查找码)排好序的，那么就可以在该字段上建立稠密索引。对应索引文件中查找码的每一个值在索引中都有一个索引记录(索引项)。每一个索引项包含查找码值和指向等于该查找码值的第一个数据记录(或文件块)的指针，如图 10-5 所示。

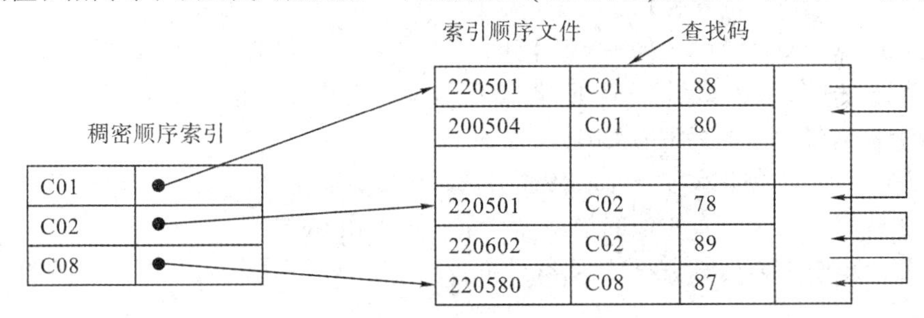

图 10-5　稠密索引

因为稠密索引对查找码的每一个值都有一个索引记录，因此可以方便地支持按给定查找码值查找顺序文件中的相应记录。例如要查找课程号为 C02 的学生成绩，先在索引块中查找课程号 C02，再根据该索引项所对应的指针到数据文件中找到相应记录。由于文件是按照查找码排好序的，因此可以使用二分查找法来查找具体的值。索引块数量通常比数据块数量少，索引文件可能足够小，以至于可以永久存放在主存缓冲区中，这时，通过使用索引文件，每次查询只用一次 I/O 操作就能找到相应的数据记录。

2) *稀疏索引*

稀疏索引只为数据文件的某些数据存储块建立索引项，每一个索引项包含查找码值和指向等于该查找码值的第一个数据记录(或文件块)的指针，如图 10-6 所示。如果要查找记录的查找码值不在稀疏索引项中，首先需要在稀疏索引中定位小于或者等于查找码值的最后一个索引项(假设查找码值按照升序排序)；然后根据该索引项的指针到数据文件中顺序查找，直到找到所需要的记录或者遇到第一条查找码值比当前搜索查找码值更大的数据记录为止。当然，如果遇到文件结尾则停止搜索。

使用稀疏索引，也可以定位包含所要查找记录的数据块，它比稠密索引能节省更多的存储空间，插入、修改和删除记录的开销会更小，但查找给定值的记录需要更多的时间。

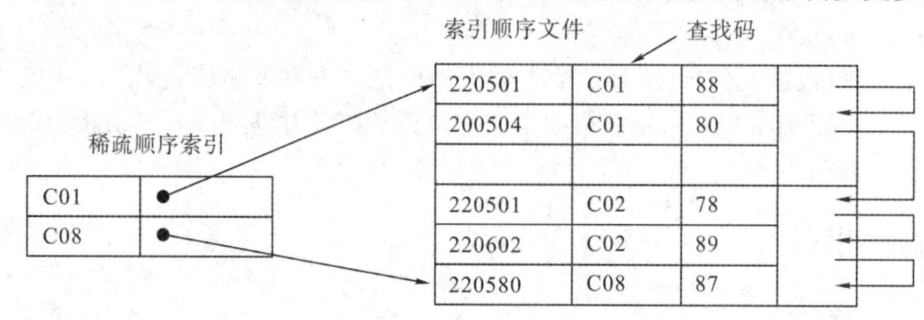

图 10-6　稀疏索引

2. 多级索引

对于一个大型数据库而言，即便采用稀疏索引，索引文件本身也可能过大，占据多个存储块，导致主存无法读入所有的索引块，需要执行多次 I/O 才能得到所需查找的记录。

当索引过大时，多级索引(在索引上再建索引)能够较好地解决上述问题。由于一级索引块可常驻内存，可以利用二级稀疏索引，在查找记录时只需找到相应的二级索引块读一次就可以找到所需内容。如果一级索引块还是过大，可以再创建一层索引，依此类推，直到符合要求为止。具体实现时可把每一级索引与一个物理存储单位联系起来，逐层定位查找直至找到该记录所在的文件块。

如图 10-7 所示，利用了二级稀疏索引来定位查找课程号为 C09 的数据记录：

(1) 首先在一级顺序索引上使用二分查找法找到其查找码值小于或等于所需查找码值的最后一个索引项，在本例中为 C01；

(2) 该索引项的指针指向一个二级索引块，读取并描述该二级索引块，直到找到其查找码值小于或等于所需查找码值的最后一个索引项，在本例中为 C09；

(3) 该索引项的指针指向包括所查找数据记录的文件块，最终找到课程号为 C09 的记录。

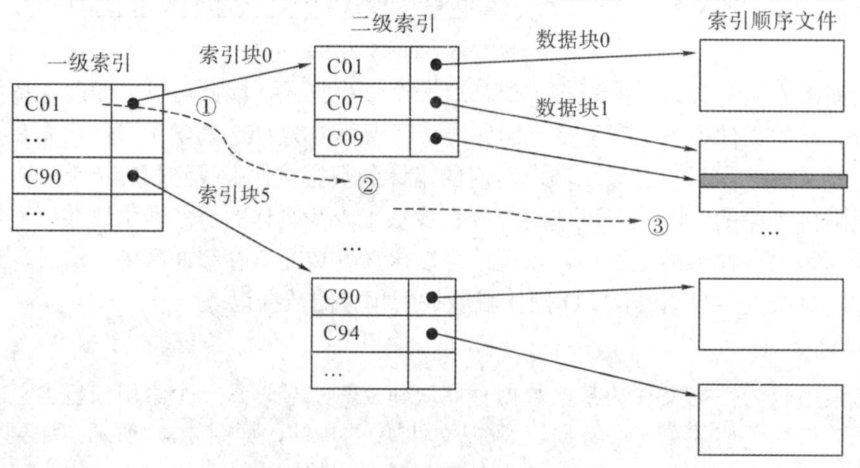

图 10-7　二级稀疏索引的结构

3. 辅助索引

为了方便查找数据，除了主索引外，还常常设置辅助索引。例如，课程号是主索引，同时可以把学号设置成辅助索引。然而，数据文件在磁盘中的物理存储顺序与主索引的顺序是一致的，即并不按辅助索引的查找码值顺序进行物理存储，所以同一个辅助索引查找码值的记录可能分布在文件的各个地方。为了方便查找，辅助索引必须使用稠密索引，即对每个查找码值都必须有一个索引项，而且该索引项要存放指向数据文件中具有该查找码值的所有记录(或文件块)的指针。

因此，如果某个查找码值在数据文件中出现 n 次，那么该值在索引文件中就要写 n 次，这样就会存在浪费空间的问题。为避免索引文件中出现重复写，在辅助索引文件和数据文件之间采用一个称为指针桶的间接层，如图 10-8 所示。将数据文件中具有该查找码值的所有记录(或文件块)的指针存放在一个指针桶中，索引项的指针域再存放指向指针桶的指针。

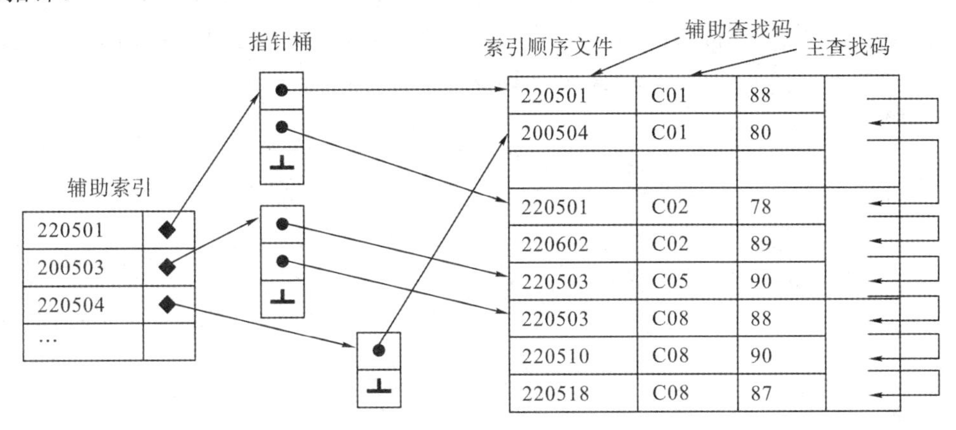

图 10-8　辅助索引的结构

10.2.3　B+ 树索引

一级或多级索引通常有助于加快查询速度，但随着文件的增大，索引查找的性能和数据顺序扫描的性能都会下降。在商用数据库系统中常使用一种更通用的索引结构，这一数据结构即为 B- 树，而 B+ 树是应文件系统的需要所产生的一种 B- 树的变形树。

采用 B+ 树索引结构，在数据插入和删除的情况下仍能保持较高的执行效率。具体表现为，B+ 树能自动保持与数据文件大小相适应的索引层次，同时对使用的存储块空间进行管理，使得每个块的存储处于半满和全满之间。

1. B+ 树的结构

当索引项比较多的时候，由于不能一次装入内存，可以对索引再建立索引，形成多级索引。B+ 树索引是一种以树形结构来组织索引项的多级索引。

B+ 树的实现方式：B+ 树包括了根结点，非叶结点，叶结点。根结点和非叶结点的指针指向的是索引项的数据块，是对索引建立索引。叶子结点的指针指向主文件的数据块，但是它的最后一个指针指向的是下一个数据块，是针对主文件的索引。B+ 树把它的存储块组织成一棵平衡树，即每个叶结点到根结点的路径长度相同。

1) 非叶结点

B+ 树索引中的所有结点结构都相同，每个非叶结点最多包含着 $n-1$ 个查找码值 $K_1 \cdots K_{n-1}$，并包含着 n 个指针 $P_1 \cdots P_n$，也就是两边是指针，中间是查找码值。其中 P_1 指针指向小于其 K_1 查找码的下一级索引结点，P_i $(1 < i < n)$指针指向小于其 K_i 查找码并且大于等于其 K_{i-1} 查找码的下一级索引结点，P_n 指向大于等于 K_{n-1} 查找码的下一级索引结点。根结点也是非叶结点。

2) 叶结点

每个叶结点最多可存放 $n-1$ 个查找码值，最少也要存放$[n/2]-1$ 个查找码值。叶结点的 $P_1 \cdots P_{n-1}$ 的指针都指向记录地址(如果是稠密索引)或者页地址(如果是稀疏索引)，叶结点的最后一个指针 P_n 与非叶结点不同，它指向的是下一个同级叶结点，构成横向有序的索引结构。

B+ 树的叶结点中的查找码值是可以重复的，当这个 B+ 树索引是非聚簇稠密索引且查找码对应的记录不唯一时，就需要将一个查找码重复放置在叶结点中，指向不同的记录。

一个完整的三级 B+ 树索引结构如图 10-9 所示。

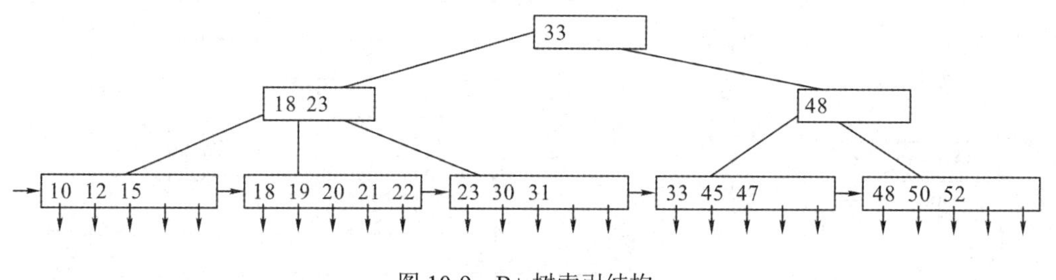

图 10-9　B+ 树索引结构

2. B+ 树的维护成本

一个稠密 B+ 树索引，插入和删除比查找更为复杂。

在插入记录时，可能出现某个索引结点已经没有多余空间存储，此时则需要分裂叶结点，并且上层非叶结点也可能需要分裂，依次往上递归，这是一次重组的过程。

在删除记录时，由于 B+树要求每个叶结点都必须处于半满状态，当被删除索引项所处的结点不满足半满时，需要向兄弟结点借查找码值，并且在需要时调整父结点，这是一个局部重组 B+ 树的过程。

3. B+ 树的优点

B+ 树索引很好地解决了查找码值的插入、溢出、删除和空间回收等问题，从而使 B+ 树索引可以适应成批插入、文件易变的情况；B+ 树索引在操作中可“动态地”进行维护，无须周期性地重新组织文件；还可以采用压缩索引项的办法，降低树的高度，减少读取次数，加快查找速度。

因此，往往会把每个结点的空间设置得足够大，一般是一整页，如果一个索引项占用 100 B，则对于 4 KB 的页能够存储 40 个索引项，即使是 100 万条记录的表，B+ 树也只需要 $\log_{40}1000000 = 3$ 层，查询路径非常短，因此 B+ 树实际上是一种效率非常高的索引结构。

10.2.4 散列索引

散列索引将索引中的记录基于查找码值的散列函数(哈希函数)的值随机平均分布到若干个散列桶里。

前面讲到的索引结构都需要通过对比查找码值的大小去查找索引项的位置，复杂度是对数级别的。而散列索引将存储空间分为多个组，称为桶(Bucket)，直接通过散列函数计算查找码的哈希(Hash)值，通过 Hash 值确定此查找码的索引项在哪个桶中，依次读取桶中的索引项，就可以找到对应目标索引项，复杂度为 O(1)，因此散列索引对于查询指定查找码的效率非常高。

构造散列函数有以下几个基本原则：

(1) 散列函数的定义域必须包括需要存储的全部查找码，如果散列表允许有 m 个地址，其值域必须在 0 到 $m-1$ 之间；

(2) 散列函数计算出来的地址应能均匀分布在整个地址空间中，对于从查找码集合中随机抽取的查找码散列函数应能以同等概率取到每一个可能值。

(3) 散列函数应该尽量简单，能在较短时间内计算出结果。

根据桶的数量是否固定，散列索引分为静态散列与动态散列两种。

1. 静态散列

静态散列非常简单，桶的个数早已确定，比如对于 Users 表，已确定共有 100 个桶，那么对于每条记录应该放置在哪个桶，即计算 Hash(查找码) mod 100，就能确定应该放置到哪个桶。由于并不知道每张表最终会有多少条记录，因此预先分配的桶的容量可能随着记录的增加而不够用，比如预先分配的桶容量可能是一页 4 KB，每个索引项 100 B 只能存储 40 个索引项，当有第 41 条索引项插入时，就需要开辟溢出桶：溢出桶是使用链表实现的，主桶保存着下一个溢出桶的指针，每个溢出桶依次链接。于是，静态散列有一个非常明显的缺陷：当数据量变得很大时，可能会大量开辟溢出桶，造成每次查找索引项，可能要进行多次随机读，链表越长、随机读的次数越多，其效率下降也越多。

2. 动态散列

动态散列可以使得桶的个数随着记录的增加而动态增加，这又称可扩展散列表(Extendable Hashing)。

静态散列中，一旦散列函数确定了，桶和桶空间都不能更改了。但是在实际应用中很有可能会出现这样的情况——数据库里的数据以惊人的速度大量增长，因此会发现这些桶已经不够用了，这时可以采取可扩展散列表解决这个问题。

可扩充散列表实际上是对静态散列结构中“成倍扩充”的改进，因为有动态处理的能力，因此能够从容地应对数据库经常性的增长和收缩。动态散列空间利用率较高，每次重新组织只是增加或者减少一个桶，其方法是选择一个均匀性和随机性都比较好的散列函数 H，并使它产生一个较大的、由 N 个二进制位构成的整数(散列值)，每个散列值并不立即对应一个桶空间，而是根据实际需要进行申请或释放，初始时根据这 N 位的前 i 位(高位)得出桶地址值，之后随数据增长取的位数 i 也随之增加，这 i 位组成的值即为桶号，存放在“桶地址表”中，指明桶的位置。

首先，选择一个具有均匀和随机特性的散列函数 H，此散列函数的结果是 N 位二进制数，比如 $N = 32$，即 Hash 值为一个 32 位的二进制数，然后计算记录的索引项应该存储在哪个桶中，取二进制数的前 i 位，i 的起始值为 1。下面具体解释一条记录是如何放入桶中的，如图 10-10 所示。

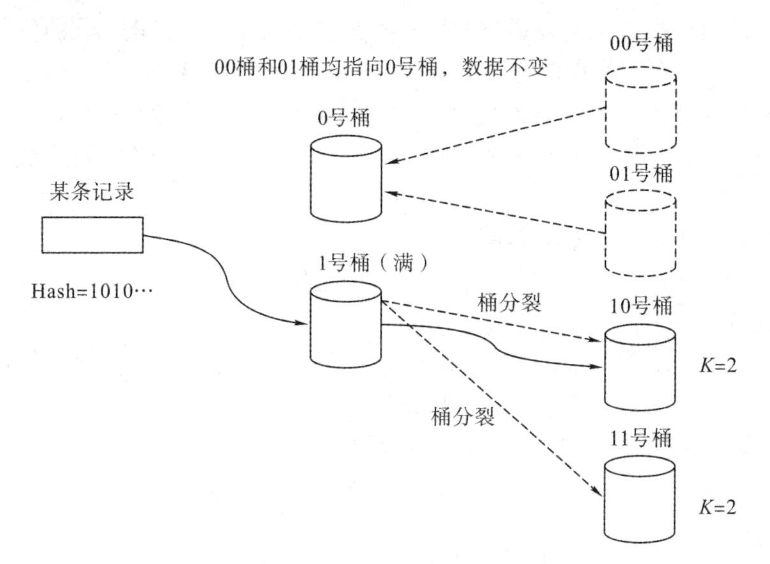

图 10-10 桶分裂示意图

使用散列函数 H 计算查找码 X 的 Hash 值，假设 $H(X)$ = 0001…(省略后面的 28 位，省略号表示在讨论中不重要，下同)，查看 i 值，此时 $i = 1$，则表示此记录的索引项应该存在 0001…的第 1 位，也就是 0 号桶中。

假设在桶分裂过程中，1 号桶已经满了，如果新增一条 Hash 值为 1010…的记录，根据 i 的值，需要将它放进 1 号桶，但是检查发现 1 号桶已经满了，于是需要进行桶的分裂，先更新桶地址列表，使得 i 值增加 1，使用前两位作为桶号，列表中变成 00、01、10、11 四个桶，将之前已经满了的 1 号桶中 10 开头的记录放入 10 号桶，11 开头的记录放入 11 号桶，且将这两个新桶的 K 值设置为 2，之前的 0 号桶不动，并且 00 和 01 都仍旧指向 0 号旧桶。

桶分裂只分裂已经满了的桶，其他桶不会动，并且不同的桶号，可能指向的是同一个地址，暂时共用一个未满的桶。在记录被删除时，如果桶已经空了，则会合并桶。

10.3 查询处理

10.3.1 查询处理概述

查询处理是 RDBMS 执行查询语句的过程，将用户提交给 DBMS 的 SQL 语句翻译成能在文件系统的物理层上使用的表达式，并进行查询优化转换成高效的查询执行计划。

DBMS 进行查询处理的过程如图 10-11 所示。

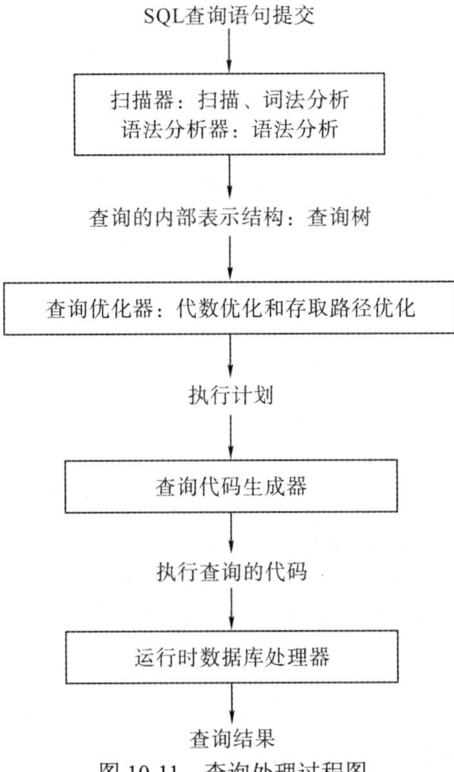

图 10-11　查询处理过程图

(1) 查询分析和检查。由扫描器(Scanner)对所提交的 SQL 查询语句进行扫描，识别查询语句中的语言标记，如对 SQL 关键字、属性名和关系名等进行词法分析，并提交至语法分析器(Parser)进行语法检查，判断查询语句是否符合语法规则。随后还将根据数据字典检查查询语句中的数据库对象名(如属性名和关系名)是否存在和有效。

(2) 生成查询树。查询树是一种对应于关系代数表达式的数据结构，查询树的叶结点表示的是查询的输入表，中间结点表示关系代数操作。这样，执行查询树就是当某个中间结点的操作对象可用时，执行该结点所表示的关系代数操作，然后用得到的新关系代替该结点。当执行完根结点并生成了该查询的结果关系时，查询执行终止。在这一步骤中，查询语句在通过查询分析和检查之后，建立查询的内部表示，通常用这种称为查询树的树形数据结构表示，并将它提交给 DBMS 的查询优化器。

(3) 查询优化。每个查询一般都会有多个可供选择的执行策略，查询优化就是要从中选择适当的查询处理策略。查询优化器(Query Optimizer)将完成代数优化和存取路径的优化。

(4) 生成执行规划。由代码生成器(Code Generator)的预编译模块生成执行这个查询计划的代码。

(5) 运行查询代码。在合适的时间提交给运行数据库处理器(Runtime Database Processor)处理执行查询代码，并生成查询结果。如果运行时发生错误，将生成一条错误消息。

(6) 最后将执行结果返回给用户。

在关系代数中，关系运算主要有：选择、投影、并集、差集、交集、笛卡尔乘积和连接运算等。接下来，将介绍查询处理中被频繁使用的选择运算和连接运算的算法实现思想。

10.3.2 选择运算

假设以简单的单表条件查找的选择运算为例，如查找“02 号”部门的员工信息，则实现 SQL 语句为 SELECT * FROM Employee WHERE Dno='02'。实现这个条件选择运算，一般采用全表扫描(Table Access Full)和基于索引的扫描算法(Index Range Scan)。

1. 全表扫描算法

查询处理中，全表扫描是存取数据中最低级最简单的算法实现，用于定位查找满足选择条件的记录。

在全表扫描中，系统需要扫描每个文件块，对所有记录进行检查是否满足选择条件。假设内存有 M 块空闲区域，则按照 Employee 文件块的物理存放顺序读取 M 块到内存，检查内存中的每个数据记录是否满足选择条件 Dno='02'，如果满足条件，即属于 02 号部门员工，则输出该记录。依次重复直至文件块数据全部读取到内存并处理完毕。

全表扫描算法对内存的消耗很低，最少 1 块内存就可实现数据查找，而且实现简单。对于规模小的表，全表扫描算法简单且有效，比基于索引的查找方法效率更高。但是对于规模大的表进行顺序全表扫描查找，则显得效率很低。

2. 基于索引的扫描算法

如果在选择条件中的属性(查找码)上建有索引，则可以采用基于索引的扫描算法，先按照查找码值在索引中找到满足条件的记录(或文件块)地址，再通过该地址去文件中定位找到满足条件的数据记录(或文件块)。如果数据文件在磁盘中的物理存储顺序与查找码索引顺序一致，即查找码上建立的是主索引，则对文件访问的效率较高。

有序索引(如 B+ 树索引)允许按顺序访问记录，这对于实现范围查找数据是很有帮助的。例如查找年龄超过 45 岁的员工信息，查找条件为 Eage > 45，如果在查找码 Eage 上有 B+ 树索引，则可以使用 B+树索引找到 Eage = 45 的索引项，根据该索引项找到 Eage > 45 的所有记录地址，然后通过这些记录地址找到 Employee 表中所有年龄大于 45 岁的员工信息。

一般来说，当满足条件的数据记录较少时，基于索引的扫描算法要优于全表扫描算法。虽然基于索引的扫描算法可以提供快速和直接有序的存取方式，但也增加了访问索引数据块的代价，因此在某些情况下，比如表中数据规模很小，或者满足条件的数据记录较多且均匀分布在查找的表中，这时基于索引的扫描算法性能不如全表扫描算法。

10.3.3 连接运算

数据库查询处理中，连接运算是最常用的操作，常常需要连接运算来实现多表的数据查询。连接运算的效率成为衡量 RDBMS 性能的主要指标之一。

关系模型中通过子表的外码参照父表的主码值来表示子实体集和父实体集之间的联系，即通过自然连接(等值运算)运算实现多表数据查询。例如查找每个员工所属部门名称，需要将 Employee 表自然连接 Department 表，即 Employee $\bowtie$ Department。查询语句为

```
SELECT *
FROM Employee INNER JOIN Department
On Employee.Dno=Department.Dno;
```

实现连接运算的主要算法有：嵌套循环算法、排序-合并算法、索引连接算法和哈希连接算法等。

1. 嵌套循环算法

嵌套循环算法(Nested-loop Join)主要由两个嵌套的 FOR 循环构成。对外层关系循环中的每一个记录，检查内层关系中的每一个记录，并检查这两个记录的连接属性取值是否相等。如果满足连接条件，则两个表的记录串接后作为结果输出，直到外层循环表中记录处理完为止。

(1) 首先在外层循环 Employee 表中找到第一个元组，然后从头开始扫描内层循环的 Department 表，逐一查找与连接条件部门号 Dno 相等的元组，找到后就将 Employee 表中的第一个元组与该元组串接起来，形成结果表中的一个元组。

(2) Department 表全部查找完后，再继续外层循环，找 Employee 表中第二个元组，然后再从头开始扫描 Department 表，逐一查找满足连接条件的元组，找到后就将 Employee 表中的第二个元组与该元组串接起来，形成结果表中的一个元组。

(3) 重复上述操作，直到 Employee 表中的全部元组都处理完毕。

嵌套循环算法不要求索引的存在，可适用于包括非等值连接在内的各种连接操作，是一个最基本最通用的连接算法。

2. 排序合并算法

假设参与连接的表已经是排好序的情况，则可以使用排序合并算法(Merge Join)。

(1) 首先按连接属性对 Employee 表和 Department 表排序。

(2) 对外层循环中 Employee 表的第一个元组，从头开始扫描 Department 表，顺序查找与连接条件部门号 Dno 相等的元组，找到后就将 Employee 表中的第一个元组与该元组串接起来，形成结果表中的一个元组。当遇到 Department 表中第一条大于 Employee 表连接字段值的元组时，对 Department 表的查询不再继续，退出内层循环。

(3) 继续外层循环，找到 Employee 表的第二条元组，然后从刚才的中断点处继续顺序扫描 Department 表，查找满足连接条件的元组，找到后就将 Employee 表中的第一个元组与该元组串接起来，形成结果表中的一个元组。直至遇到 Department 表中大于 Employee 表连接字段值的元组时，对 Department 表的查询不再继续。

(4) 重复上述操作，直到 Employee 表或 Department 表中的全部元组都处理完毕为止。

由于参与排序合并算法的两个关系都是有序的，即连接属性上具有相同值的记录是连续存放的，这样参与连接的两个关系中已排序的每一条记录都只需要读一次，每一个文件块也只需要读一次，即两个表都只需扫描一遍即可。

如果参与连接的两个关系不是有序的，那么可以先排序，再使用排序合并算法，这样也能提高查询效率。

3. 索引连接算法

如果内层循环 Department 表的连接属性 Dno 上有索引，则可以使用索引连接算法(Index Join)。

(1) 对 Department 表按连接字段 Dno 建立索引。

(2) 对 Employee 表中的每个元组，依次根据其连接字段 Dno 值查询 Department 表的索引，从中查找满足条件的元组，找到后就将 Employee 表中的第一个元组与该元组串接起来，形成结果表中的一个元组。

(3) 重复上述操作，直到 Employee 表中的全部元组都处理完为止。

对于外层关系 Employee 表的每一个元组需要对内层关系 Department 表的索引进行一次查找，检查相关元组(或文件块)，从而使得磁盘查找次数增加，由于磁盘查找的代价比数据块传输代价大得多，则使得索引连接算法效率更低。所以，索引连接算法适用于外层关系记录较少的情况，如果两个关系在连接属性上均有索引时，一般将元组较少的关系作为外层关系，这样的索引连接查询效果会更好。

4. 散列连接算法

散列连接算法(Hash Join)同样也可以用于自然连接和等值连接。对于参与连接的两个关系 Employee 表和 Department 表，首先通过同一个散列函数 *H* 把 Employee 表和 Department 表的元组划分在连接属性(Hash 码)Dno 上具有相同散列值的散列桶中，然后分别计算具有相同散列值的两个散列桶的连接运算。

10.4 查询优化

10.4.1 查询优化概述

关系模型有着非关系模型无法比拟的优点，例如，通俗易懂、易操作、有坚实的理论基础等。但关系模型也有一些缺点，其中最主要的是查询效率较低。如果不解决这个问题，则关系模型也很难得到推广。

查询效率较低并非是关系模型特有的问题，而是所有非过程化语言都存在的问题。在过程化语言中，用户在请求系统“做什么”时，还必须指明“怎么做”，也就是必须向系统指明达到目标的途径，同时，系统也要向用户提供选择最佳存取路径的手段，用户则根据当时的实际情况和要求设计出最佳的模型(存取路径)，因此，效率可达到较高的水平。即使效率不高，也是因为用户没有设计出最佳模型导致的。

在非过程化语言(关系语言)中，用户只需指明“做什么”，不需指明“怎么做”，“怎么做”是系统的事情。因此，在非过程化语言中，用户使用方便了，可是系统的负担却重了，但这又是数据独立性高的表现。可见，系统效率和数据独立性、用户使用的便利性和系统实现的便利性都是互相矛盾的。为了解决这些矛盾，必须使系统能自动进行查询优化，使关系系统在查询的性能上达到甚至超过非关系系统。

关系系统的优化器不仅能进行查询优化，而且可以比用户在程序中的“优化”做得更好。其原因在于：

(1) 优化器中可以包含很多有效的优化技术，而这些高级技术一般只有最好的程序员才能掌握。

(2) 优化器可以从几百种不同的执行方案中选取一个较好的，但再好的程序员也只能考虑有限的几种方案。

(3) 优化器可以获得系统当时的全部信息，并根据这些信息来选择一个较好的执行方案，但用户程序对此是无能为力的。也即，优化器可以根据变化了的当前信息，自动选择一个对当时情况较为有利的执行计划，但用户程序是不可能有此性能的，用户程序的执行计划是不会随系统当时的实际情况而变化的。

查询优化的目标是：选择有效策略，等价变换给定的关系表达式，使结果表达式求解(程序)的代价较小。

查询优化步骤一般有以下四步：

(1) 将查询转换成内部表示形式，一般是语法树。

(2) 代数优化：选择合适的等价变换规则，把语法树转换成优化形式。

(3) 代价估计与物理优化：选择底层的操作算法。根据存取路径、数据的存储分布情况等，为语法树中的每个操作选择合适的操作算法。

(4) 生成查询执行方案。按照以上(1)～(3)步生成一系列的内部操作，根据这些内部操作要求的执行次序，确定一个执行方案，一般地，可以有多个执行方案。这就需要对每个方案计算执行代价，并选取代价最小的一个。因为磁盘读写消耗大量的时间，因此主要应考虑磁盘读写的次数。

10.4.2　关系代数等价变换规则

关系代数是各种数据库查询语言的基础，各种查询语言都能够转换成关系代数表达式。由于不同语言的查询效率存在差异，人们通过研究得出了关系代数的等价变换规则：两个关系代数表达式的等价是指用相同的关系代替两个表达式中相应的关系后，两个表达式得到相同的结果关系。

当两个关系表达式 E_1 和 E_2 等价时，可表示为 $E_1 \equiv E_2$。

以下是一些常用的等价变换规则，用户可自行证明。

1. 连接和笛卡儿积的等价交换律

(1) 设 E_1 和 E_2 是两个关系代数表达式，F 是连接运算的条件，则

$$E_1 \times E_2 \equiv E_2 \times E_1$$

$$E_1 \bowtie E_2 \equiv E_2 \bowtie E_1$$

$$E_1 \underset{F}{\bowtie} E_2 \equiv E_2 \underset{F}{\bowtie} E_1$$

(2) 设 E_1、E_2 和 E_3 是三个关系代数表达式，F_1 和 F_2 是两个连接运算的限制条件，则

$$(E_1 \bowtie E_2) \bowtie E_3 \equiv E_1 \bowtie (E_2 \bowtie E_3)$$

$$(E_1 \underset{F_1}{\bowtie} E_2) \underset{F_2}{\bowtie} E_3 \equiv E_1 \underset{F_1}{\bowtie} (E_2 \underset{F_2}{\bowtie} E_3)$$

$$(E_1 \times E_2) \times E_3 \equiv E_1 \times (E_2 \times E_3)$$

2. 投影的串接等价规则

设 E 是一个关系代数表达式，A_1，A_2，…，A_n 是属性名，并且

$$B_i \in \{A_1,\ A_2,\ \cdots,\ A_n\} \quad (i = 1,\ 2,\ \cdots,\ n)$$

则

$$\prod_{B_1,\ B_2,\ \cdots,\ B_m}(\prod_{A_1,\ A_2,\ \cdots,\ A_n}(E)) \equiv \prod_{B_1,\ B_2,\ \cdots,\ B_m}(E)$$

3. 选择的串接等价规则

设 E 是一个关系代数表达式，F_1 和 F_2 是两个选择条件，则

$$\sigma_{F_1}(\sigma_{F_2}(E)) \equiv \sigma_{F_1 \wedge F_2}(E)$$

本规则说明，选择条件可合并成一次处理。

4. 选择和投影的交换等价规则

设 E 为一个关系代数表达式，选择条件 F 只涉及属性 A_1，A_2，…，A_n，则

$$\sigma_F(\prod_{A_1, A_2, \cdots, A_n}(E)) \equiv \prod_{A_1, A_2, \cdots, A_n}(\sigma_F(E))$$

若上式中 F 还涉及不属于 A_1，A_2，…，A_n 的属性集 B_1，B_2，…，B_m，则

$$\prod_{A_1, A_2, \cdots, A_n}(\sigma_F(E)) \equiv \prod_{A_1, A_2, \cdots, A_n}(\sigma_F \prod_{A_1, A_2, \ldots, A_n, B_1, B_2, \ldots, B_m}(E))$$

5. 选择与笛卡儿积的交换等价规则

设 E_1 和 E_2 是两个关系代数表达式，若条件 F 只涉及 E_1 的属性，则

$$\sigma_F(E_1 \times E_2) \equiv \sigma_F(E) \times E_2$$

若有 $F=F_1 \wedge F_2$，并且 F_1 是涉及 E_1 中的属性，F_2 只涉及 E_2 中的属性，则

$$\sigma_F(E_1 \times E_2) \equiv \sigma_{F_1}(E_1) \times \sigma_{F2}(E_2)$$

若 F_1 只涉及 E_1 中的属性，F_2 却涉及了 E_1 和 E_2 二者的属性，则有

$$\sigma_F(E_1 \times E_2) \equiv \sigma_{F_2}(\sigma_{F_1}(E_1) \times E_2)$$

及早地执行选择操作是重要的操作规则。

6. 选择与并交换的等价规则

设 E_1 和 E_2 有相同的属性名，则

$$\sigma_F(E_1 \cup E_2) \equiv \sigma_F(E_1) \cup \sigma_F(E_2)$$

7. 选择与差交换的等价规则

设 E_1 和 E_2 有相同的属性名，则

$$\sigma_F(E_1 - E_2) \equiv \sigma_F(E_1) - \sigma_F(E_2)$$

8. 投影与并交换的等价规则

设 E_1 和 E_2 有相同的属性名，则

$$\prod_{A_1, A_2, \cdots, A_n}(E_1 \cup E_2) \equiv \prod_{A_1, A_2, \cdots, A_n}(E_1) \cup \prod_{A_1, A_2, \cdots, A_n}(E_2)$$

9. 投影与笛卡儿积交换的等价规则

设 E_1 和 E_2 是两个关系代数表达式，A_1，A_2，…，A_n 是 E_1 的属性，B_1，B_2，…，B_m 是 E_2 的属性，则

$$\prod_{A_1, A_2, \cdots, A_n, B_1, B_2, \cdots, B_m}(E_1 \times E_2) \equiv \prod_{A_1, A_2, \cdots, A_n}(E_1) \times \prod_{B_1, B_2, \cdots, B_m}(E_2)$$

这些等价变化规则，对于改善查询效率起着很好的作用。

10.4.3 查询优化的一般策略

给定一个关系代数表达式，查询优化器的任务就是产生一个查询执行计划，该查询执行计划是从众多策略中找出的最有效的处理过程。

任何策略都不能保证在所有情况下都能得到最好的方案。但下面这些原则在一般情况

下都是有效的。

(1) 尽可能早地执行选择操作。在查询优化中，这是最重要、最基本的一条规则。选择运算不仅能使中间结果显著变小，而且还可使执行时间成数量级地减少。

(2) 在一些使用频率较高的属性上，建立索引或分类排序，可大大提高存取效率。

例如，对两个表进行自然连接操作。则可先对这两个表建立有关索引，然后，只要对这两个表进行一遍扫描即可完成自然连接操作，且用时较少。

(3) 同一关系的投影运算和选择运算同时进行。这样做，可避免重复扫描关系，从而达到缩短时间的目的。

(4) 把选择同选择前面的笛卡儿积结合起来成为一个连接运算。连接运算比同样关系上的笛卡儿积要省很多时间。

(5) 把投影运算同其前后的双目运算结合起来进行，以免重复扫描文件。

(6) 找出公共子表达式，并把运算结果存于外存，需要时，再从外存读入。

10.4.4　关系代数表达式的优化算法

利用关系代数的等价变换规则，使优化后的表达式能遵循查询优化的一般原则。这就是优化算法的工作。

算法：关系代数表达式的优化。

输入：一个关系代数表达式的一棵语法树。

输出：计算该表达式的一个优化程序。

方法如下：

(1) 利用关系代数的等价变换规则 3，把形如 $\sigma_{F_1 \wedge F_2 \wedge \cdots \wedge F_n}(E)$的内容变换为

$$\sigma_{F_1}(\sigma_{F_2}(\cdots\sigma_{F_n}(E)))$$

(2) 对于每一个选择，使用关系代数的等价变换规则 3～规则 7，尽可能把它移到树的叶端(即尽可能使它早一点执行)。

(3) 对每一个投影，利用关系代数的等价变换规则 2、4、8，把它尽可能移向树的叶端。

使用关系代数等价变换规则 2 可能会消去一些投影；使用关系代数等价规则 4 可能把一个投影分成两个，其中一个有可能被移向树的叶端。

(4) 利用关系代数等价变换规则 2～规则 4 把选择和投影串接成单个选择、单个投影或一个选择后跟一个投影，使多个选择或投影能同时执行或在一次投影中同时完成。

(5) 将上述得到的语法树的内结点分组，每个二目运算(×、⋈、∪、－)结点与其直接祖先被分为一组(这些直接祖先由 σ、∏表示)。如果它的子结点一直到叶子都是单目运算(σ、∏)，则把它们并入该组。但当二目运算是笛卡儿积(×)，且后面不是能与它结合成等值连接的选择时，这些一直到叶子的单目运算必须单独分为一组。

(6) 每个组的计算必须在其后代组计算后，才能进行。根据此限制，生成求表达式的程序。

例 10.1　查询部门“设计所”中所有参加了 201901 项目人员的姓名和职称。

完成这个查询的 SQL 语句如下：

```
SELECT    Ename,Title
```

```
FROM Employee, Item_Emp, Department
WHERE Employee.Eno= Item_Emp.Eno AND Employee.Dno= Department.Dno
      AND Dname='设计所'AND Ino='201901'
```

以上 SQL 语句可以转换成初始查询树，如图 10-12(a)所示。利用关系代数等价变换规则逐步优化该查询树，如图 10-12(b)～(d)所示。

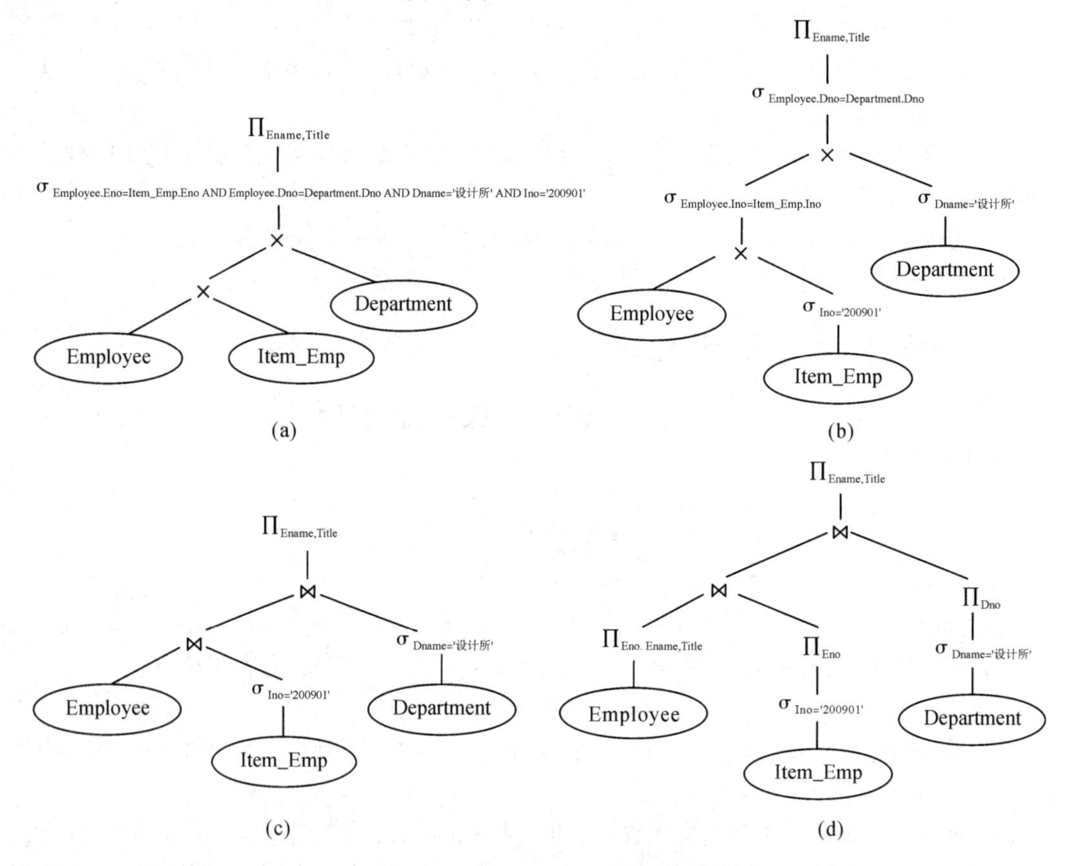

图 10-12　查询树代数优化过程

根据查询 SQL 语句给出初始查询树如图 10-12(a)所示，在该查询树中，首先将 Employee、Item_Emp 和 Department 三张表做交叉连接操作，即笛卡尔乘积操作，得到一个非常大的临时表。然后再在这个囊括了三张表所有列以及所有行排列组合而成的较大的临时表中选择出“设计所”部门的员工参与“201901”号项目情况。

而实际上这个查询只关注到 Item_Emp 的“201901”号项目，并不关心其他别的项目，此外，这个查询也只关注隶属于“设计所”部门的员工参与项目情况，而不关心其他部门的员工。因此，在图 10-12(b)中，在执行笛卡尔乘积之前先做选择操作，从而减少了参与笛卡尔乘积的元组个数。

将笛卡尔乘积和条件选择运算同时做，即使用内连接运算，可以进一步提高查询树执行效率，如图 10-12(c)所示。

如图 10-12(d)所示，尽可能早地减少参与连接操作的各关系表的列数，这样可以进一步缩小内连接产生的临时表大小，缩小选择范围从而加快查询速度。

由此可见，在保证每一步转换生成的查询树是等价的前提下，可以通过代数优化方式将最初的查询树进行优化生成效率更高的查询树来执行，从而提高查询效率。

本章小结

本章介绍了计算机系统的三级存储体系、文件中记录的物理存储结构、顺序索引、B+树索引、散列索引等内容。文件和记录在存储设备上的组织方式与数据库系统的物理设计及其性能密切相关。在数据库查询中，往往只涉及数据库关系表的一小部分记录，索引可以用来帮助快速定位查找所需记录。

查询处理是指从数据库中获取数据时所涉及的一系列操作，包括：将用高层数据库语言 SQL 表示的查询语句翻译成能在文件系统的物理层上使用的表达式，对该表达式进行各种等价变换后的代数优化，并选择最优存取路径和底层操作的物理优化，最终生成可执行的查询计划。

查询处理的执行有多种可选的策略，这些策略的执行代价有很大的差异，为查询进行优化，选择一个执行代价最小的执行策略，是 RDBMS 的职责。

本章给出了一些常用的关系代数表达式等价变换规则。它们将应用于 DBMS 对查询所做的查询优化中。关系模型有着十分明显的优点，但它也有着查询效率较低等缺点，因此，必须使系统能自动进行查询优化，使关系系统在查询性能上能达到甚至超过非关系系统。查询优化能等价变换用户给定的查询表达式，使结果表达式求解的代价最小。

习　题　10

1. 计算机系统的三级存储体系包括哪三级？

2. 什么是堆文件组织？

3. 什么是顺序文件组织？如何处理记录的插入和删除？

4. 索引的作用是什么？什么是顺序索引？什么是稠密索引和稀疏索引？什么是主索引和辅助索引？

5. 为什么要用多级索引？多级索引如何构成？

6. 什么是 B+ 树索引？B+ 树索引的优缺点有哪些？

7. 什么是散列索引？如何构建散列索引？

8. 查询处理的过程分哪几个步骤？

9. 选择运算的查找算法有哪些？如何实现？

10. 连接运算的查找算法有哪些？如何实现？

11. 谈谈关系代数等价变换的用途。

12. 查询优化的目的是什么？常用策略有哪些？

13. 根据习题 3 第 10 题的成绩管理数据库，试给出以下两个查询的初始查询树和优化后的查询树。

(1) 查询选修了“操作系统”课程的学生学号和姓名。

(2) 查询选修了“数据库”课程且成绩在 90 分以上的学生姓名。

第 11 章 数据库新技术

随着互联网和物联网对各个领域的渗透越来越深，从政府到企业，从群体到个人，数据的积累与日俱增，呈爆炸式增长。例如，消费者每天都在数字世界中进行通信、浏览、购买、共享和搜索，贡献了自己大量的数据流。

2013 年被媒体称为“大数据元年”，英国《经济学人》杂志于 2017 年提出了著名的观点：数据是“世界上最宝贵的资源”“数据是未来的石油”。大数据存在的战略意义并不局限于庞大的数据信息本身，而在于如何运用这些数据支撑做出更好的分析加工、专业化处理，从而实现数据的增值。

关系型数据库具有非常好的通用性和非常高的性能，对绝大多数的应用来说，它都是最有效的解决方案。保持数据的一致性，是关系型数据库的最大优势。但关系型数据库毕竟是一个通用型的数据库，即便传统的关系型数据库仍然占据了业界不可动摇的地位，但受限于自身模型特性，在可扩展性、数据模型和可用性方面遇到了难以克服的障碍，因此关系型数据库并不能完全适应现代社会瞬息万变的所有用途。

大数据时代的到来使得数据库技术面临空前挑战。在日常生活和科学研究的各个领域中，大数据的持续增长使人们不得不重新考虑数据的存储和管理。如何拓展研究和应用领域，使数据库技术在大数据浪潮中快速发展？

为了解决这些问题，出现了各种类型的“NoSQL”数据库，它们的特点各不相同，分别应用于不同的场景并迅速取得了巨大的成功。它们非常关注对数据高并发的读/写和对海量数据的存储等。

11.1 大 数 据

11.1.1 大数据的概念

大数据是指无法在一定时间内用常规软件工具对其内容进行抓取、管理和处理的数据集合，这些数据需要存放在拥有数千万台机器的大规模并行系统上。大数据的主要特点为 5 V。

1. 数据体量巨大(Volume)

随着信息化技术的高速发展，数据开始爆发式增长。大数据中的数据不再以 GB 或 TB 为单位来衡量，而是以 PB(1 PB = 10^3 TB)、EB(1 EB = 10^6 TB)或 ZB(1 ZB = 10^9 TB)

为计量单位。

国际数据公司 IDC(Internet Data Center，互联网数据中心)的监测数据显示，2013 年全球大数据储量为 4.3 ZB(相当于 47.24 亿个 1TB 容量的移动硬盘)，2014 年和 2015 年全球大数据储量分别为 6.6 ZB 和 8.6 ZB。

近几年全球大数据储量的增速每年都保持在 40%左右，2016 年甚至达到了 87.21%的增长率。2016 年和 2017 年全球大数据储量分别为 16.1ZB 和 21.6ZB，2018 年全球大数据储量达到 33.0ZB，2019 年全球大数据储量达到 41ZB。IDC 预测，全球数据总量到 2025 年将增长到 175ZB，复合年增长率为 61%。

2. 数据种类多样性(Variety)

互联网和物联网的发展，带来了如社交媒体、传感器、智能手机和其他消费设备等多种来源的数据。IDC 预测，到 2025 年物联网设备将生成 90ZB 数据，49%的数据将存储在共有云环境上。

由于数据来源于不同的应用系统和不同的设备，决定了大数据形式的多样性。数据从最初的结构化数据(如传统企业中的财务系统、信息管理系统中的数字、符号等信息)，拓展到半结构化数据(如 HTML 文档、邮件、网页等)，再扩展到非结构化数据(如办公文档、图像、音频和视频等信息)。IDC 的调查报告显示，企业中 80%的数据都是非结构化数据，这些数据每年都按指数增长 60%。

3. 数据处理速度快(Velocity)

受摩尔定律支配，计算机硬件及网络速度每 18 个月提升一倍，这显然会导致数据增长速度的飞速提升。

数据增长速度的加快，对数据处理的时效性提出了更高的要求，要求能实时分析、处理与丢弃数据，而非事后批量式分析处理。这是大数据技术区别于传统数据挖掘的最显著的特征。比如，搜索引擎应做到几分钟前的新闻能够被用户查询到，个性化推荐算法要尽可能实现实时完成推荐。

4. 低价值密度，高商业价值(Value)

随着互联网及物联网的广泛应用，虽然信息感知无处不在，信息量巨大，但数据价值密度相对较低。如何在大数据中浪里淘沙，如何结合业务逻辑并通过强大的机器学习算法进行数据深度分析，对未来趋势与模式加以预测，挖掘数据背后潜藏的意义和价值，运用于农业、金融、医疗等各个领域，以期创造更大的价值。这是大数据时代最需要解决的问题。

5. 数据真实性高(Veracity)

如果数据本身是虚假的，那么它就失去了存在的意义，因为通过虚假数据得出的任何结论都可能是错误的，甚至是相反的。大数据是与真实世界中发生的事件息息相关的，真实不一定代表准确，但一定不是虚假数据，这也是数据分析的基础。研究大数据就是从庞大的网络数据中提取出能够解释和预测现实事件的过程。

数据信息化进程和对数据价值的不断渴求，可以说是持续支撑数据库技术发展的不竭动力源泉。

11.1.2 大数据处理技术

大数据技术旨在从各种类型的巨量数据中快速获得有价值的信息，即通过对大数据进行采集、预处理、存储和管理、分析及挖掘、展现与应用，发现数据背后潜藏的某种规律或结论。

1. 大数据采集

数据采集又称数据获取。大数据采集是指从传感器、智能设备、企业在线/离线系统、社交网络和互联网平台等多个方面获取数据的过程。数据包括 RFID 射频数据、传感器数据、用户行为数据、社交网络交互数据、移动互联网数据等各种类型的结构化、半结构化及非结构化的海量数据。

大数据采集涉及以下两个层面：

(1) 大数据智能传感层：主要包括数据传感系统、网络通信系统、传感适配系统、智能识别系统和软硬件资源访问系统，实现了结构化、半结构化和非结构化海量数据的智能识别、定位、跟踪、接入、传输、信号转换、监控、初步处理和管理等功能。

(2) 基本支持层：提供虚拟服务器，结构化、半结构化、非结构化数据和物联网资源等基础支撑环境。

大数据采集形式有以下几种：

(1) 系统日志采集：是对系统中硬件、软件和系统问题的相关信息和发生事件的跟踪记录。很多互联网企业都有自己的海量数据采集工具，多用于系统日志采集；其采用分布式架构，能满足每秒数百 MB 的日志数据采集和传输需求。

(2) 网络数据采集：通过网站公开的应用程序接口 API 或网络爬虫工具等方式从网络上获取数据信息。

(3) 其他数据采集：对于科研院所、企业政府等保密性要求较高的数据，可以通过与其合作，使用特定系统接口等相关方式采集数据，从而减少数据被泄露的风险。

2. 大数据预处理

现实世界中的数据常常包含着不完整的、有噪声的、不一致的数据。大数据预处理主要完成对已接收数据进行清洗、集成、转换、归约等预处理操作，以提高数据的质量。

数据清洗是指消除数据中存在的噪声及纠正其不一致的错误；数据集成是指将来自多个数据源的不同格式、不同特点性质的数据合并到一起，构成一个完整的数据集；数据转换是指将一种格式的数据转换为另一种格式的数据；数据归约是指通过删除冗余特征或聚类来消除多余数据，即尽可能在保持数据原貌的前提下，最大限度地精简数据量。

3. 大数据存储和管理

大数据存储和管理主要是将收集到的数据加以存储，建立相应的数据库，并对数据进行管理和调用。它主要解决大数据的可存储、可表示、可处理、可靠性及有效传输等几个关键问题。开发可靠的分布式文件系统、能效优化的存储、计算融入存储、大数据的去冗余及高效低成本的大数据存储技术；突破分布式非关系型大数据管理与处理技术、异构数据的数据融合技术、数据组织技术及大数据建模技术；突破大数据的移动、备份、复制和索引等技术；开发大数据可视化技术。

数据库分为关系型和非关系型数据库，其中，非关系型数据库主要指 NoSQL 数据库，包括键值数据库、列存数据库、图存数据库和文档数据库等；关系型数据库包括传统关系型数据库和 NewSQL 数据库。

4. 数据分析及挖掘

大数据分析的类型主要有描述性统计分析、探索性数据分析以及验证性数据分析等。大数据分析的主要任务是预测任务和描述任务。

(1) 预测任务：根据某些属性的值，预测另外一些特定属性的值。被预测的属性一般称为目标变量或因变量，被用来做预测的属性称为解释变量和自变量。

(2) 描述任务：导出概括数据中潜在联系的模式，包括相关、趋势、聚类、轨迹和异常等。描述性任务通常是探查性的，常常需要后处理技术来验证和解释结果。具体可分为：分类、回归、关联分析、聚类分析、推荐系统、异常检测、链接分析等几种。

大数据挖掘则要从大量的、不完整的、有噪声的、模糊的和随机的实际应用数据中提取数据背后隐藏的、人们事先不知道但又潜在有用的信息和知识的过程。

根据信息存储格式，用于挖掘的对象有关系数据库、面向对象数据库、数据仓库、文本数据源、多媒体数据库、空间数据库、时态数据库、异质数据库以及 Internet 等。数据挖掘的方法有神经网络方法、遗传算法、决策树方法、粗集方法、覆盖正例排斥反例方法、统计分析方法、模糊集方法等。

目前，大数据发掘技术还需要改进已有的数据挖掘和机器学习技术；开发数据网络挖掘、特异群组挖掘、图挖掘等新型数据挖掘技术；突破基于对象的数据连接、相似性连接等大数据融合技术；突破用户兴趣分析、网络行为分析、情感语义分析等面向不同领域的大数据挖掘技术。

5. 大数据展现与应用

创造大数据价值的关键在于大数据的应用。随着大数据技术的飞速发展，大数据应用已经融入各行各业，经过处理的大数据可以对外提供服务，比如生成可视化的报表、作为互动式分析的素材、提供给推荐系统用作训练模型等。大数据产业正快速发展成为新一代信息技术和服务业态，即对数量巨大、来源分散、格式多样的数据进行采集、存储和关联分析，并从中发现新知识、创造新价值、提升新能力。

11.2　大数据处理平台

随着互联网和物联网的迅猛发展，数据获取手段在不断丰富，越来越多的领域出现了对海量、高速数据进行实时处理的需求，而传统的数据处理技术及速度有限且高性能主机价格不菲。为了解决这个矛盾，大数据处理的基本思想(并行和分布)应运而生，即通过多个 CPU 或计算机结点的并行和分布处理来提高数据处理速度。考虑把数据分开存储到一个相对廉价又可扩展的计算机集群中，每个节点上运行一段程序并处理一小块数据，然后再汇总处理并得出结果。

在工业界，Hadoop 已经是公认的大数据通用存储和分析平台，使用 Hadoop 可以让开发者不必把精力放在集群的建设上，采用 Hadoop 提供的简单的编程模型就可以实现分布式处理。它实现了分布式文件系统 HDFS(Hadoop Distributed File System)、分布式计算框架 MapReduce(Google MapReduce 的开源实现)以及资源管理框架 YARN(Yet Another Resource Negotiator)，其中 HDFS 和 MapReduce 是它的核心组成部分。

11.2.1 Apache Hadoop

1. Hadoop 简介

Hadoop 是 Apache 软件基金会旗下的一个开源分布式计算平台。Hadoop 以分布式文件系统 HDFS 和 MapReduce 为核心，为用户提供了系统底层细节透明的分布式基础架构。

分布式文件系统 HDFS 的高容错性、高伸缩性等优点允许用户将 Hadoop 部署在低廉的硬件上，形成分布式文件系统；MapReduce 分布式编程模型允许用户在不了解分布式底层细节的情况下开发并行应用程序。所以用户可以利用 Hadoop 轻松地组织计算机资源，简便、快速地搭建分布式计算平台，并且可以充分利用集群的高速计算和存储能力，完成海量数据的处理。

Hadoop 是一个以一种可靠、高效、可伸缩的方式对大量数据进行分布式处理的软件框架。Hadoop 是可靠的，在于它假设计算元素和存储会失败，因此它维护多个工作数据副本，确保能够针对失败的结点重新分布处理；Hadoop 是高效的，在于它以并行的方式工作，通过并行处理加快处理速度；Hadoop 还是可伸缩的，在于它能够处理 PB 级数据。此外，Hadoop 依赖于社区服务，它的成本比较低，任何人都可以使用。

Hadoop 目前版本含有以下模块：Hadoop 通用模块，支持其他 Hadoop 模块的通用工具集；Hadoop 分布式文件系统 HDFS，它存储 Hadoop 集群中所有存储结点上的文件，支持对应用数据高吞吐量访问的分布式文件系统；Hadoop YARN，用于作业调度和集群资源管理的框架；Hadoop MapReduce，基于 YARN 的大数据并行处理系统。

2. Hadoop 生态系统

Hadoop 的核心是 HDFS 和 MapReduce，Hadoop2.0 还包括 YARN。 Hadoop 生态系统如图 11-1 所示。

1) HDFS

Hadoop 分布式文件系统 HDFS 是 Hadoop 体系中数据存储管理的基础。它是一个高度容错的系统，能检测和应对硬件故障，用于在低成本通用硬件上运行。HDFS 简化了文件的一致性模型，通过流式数据访问，提供了高吞吐量应用程序数据访问功能，适合带有大型数据集的应用程序。

2) MapReduce

分布式计算框架 Hadoop MapReduce 是 Google MapReduce 的克隆版。MapReduce 是一种计算模型，用于进行大数据量的计算。其中 Map 对数据集上的独立元素进行指定的操作，生成“键-值”对形式的中间结果；Reduce 则对中间结果中相同“键”的所有“值”进行规约，以得到最终结果。MapReduce 这样的功能划分，非常适合在大量计算机组成的分布式并行环境里进行数据处理。

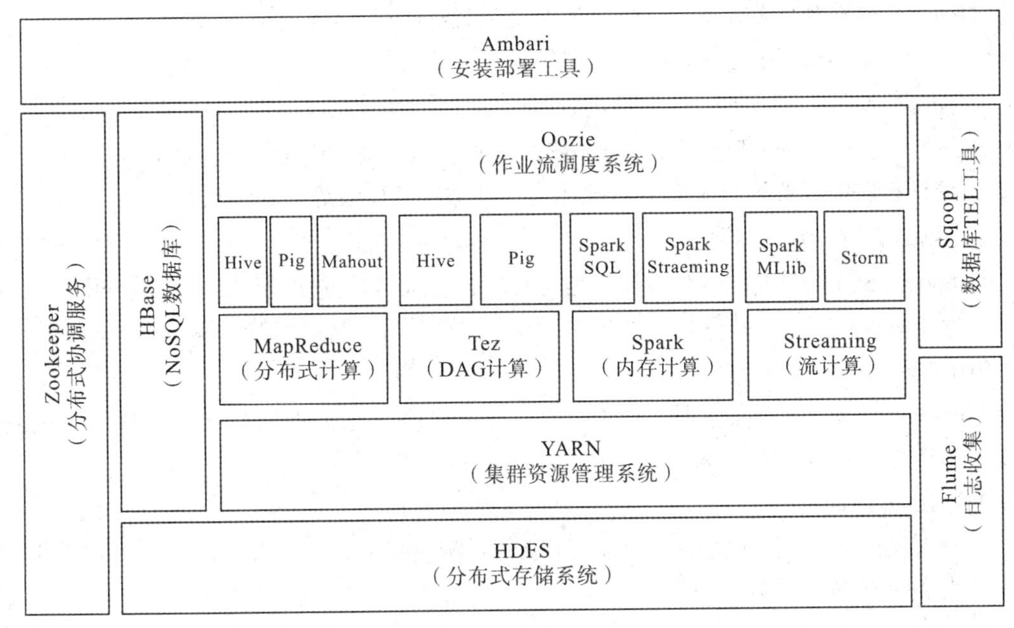

图 11-1　Hadoop 生态系统图

3) YARN

资源管理框架 YARN(另一种资源协调者)是一种新的 Hadoop 资源管理器，它是一个通用资源管理系统，可为上层应用提供统一的资源管理和调度，它的引入为集群在利用率、资源统一管理和数据共享等方面带来了巨大的好处。

4) Tez

Tez 是一个针对 Hadoop 数据处理应用程序的新分布式执行框架，是一个基于 Hadoop YARN 上的有向无环图(Directed Acyclic Graph，DAG)计算框架，可以将多个有依赖的作业转换为一个作业，从而大幅提升 DAG 作业的性能。

5) Spark

Spark 是专为大规模、低延时的数据处理而设计的快速通用的计算引擎，最初由加州大学伯克利分校 AMPLab 开发，建立于 HDFS 之上。Spark 是一种与 Hadoop 相似的开源集群计算环境，但 Spark 启用了内存分布数据集，除了能够提供交互式查询外，它还可以优化迭代工作负载。

Spark 是由 Scala 语言实现的，它将 Scala 用作其应用程序框架。与 Hadoop 不同，Spark 和 Scala 能够紧密集成，其中的 Scala 可以像操作本地集合对象一样轻松地操作分布式数据集。

6) HBase

HBase 是一个针对结构化数据的可伸缩、高可靠、高性能、分布式和面向列的动态模式数据库，是一个分布式列存储数据库。与传统的关系型数据库不同，HBase 采用了 BigTable 的数据模型——增强的稀疏排序映射表(键/值：Key/Value)，其中，键由行关键字、列关键字和时间戳构成。HBase 支持对大规模数据的随机、实时读/写访问。

7) Hive

Hive 由 Facebook 开源，最初用于解决海量结构化的日志数据统计问题。Hive 是一个基于 Hadoop 的数据仓库系统，提供类似 SQL 的查询语言。通过使用该语言，可以方便地进行数据汇总，对存放在 Hadoop 兼容文件系统中的大数据进行特定查询和分析。

8) Pig

Pig 是一个由 Yahoo 开源的基于 Hadoop 的数据流系统，用于分析大数据集，由一种表达数据分析程序的高级语言和对这些程序进行评估的基础设施一起组成。

9) Sqoop

Sqoop 是 SQL-to-Hadoop 的缩写，是为高速传输批量数据而设计的一种数据同步工具，主要用于 Hadoop 和传统结构化数据库(如关系型数据库)之间数据的传输。

10) Flume

Flume 是一种日志收集工具，提供分布式、高可靠、高容错、易于定制和扩展的服务，用于高效收集、汇总和移动大量日志数据。

11) Zookeeper

Zookeeper 是一种分布式协作服务，用于维护配置信息、统一命名、提供分布式同步以及分组服务等分布式环境下的数据管理。

12) Mahout

Mahout 是一种基于 Hadoop 的机器学习和数据挖掘的分布式计算框架算法库。相对于传统的 MapReduce 以编程方式来实现机器学习的算法，Mahout 的主要目标是创建并实现一些可扩展的机器学习领域的经典算法，旨在帮助开发人员更加方便快捷地创建智能应用程序。Mahout 现在已经包含了聚类、分类、推荐引擎(协同过滤)和频繁集挖掘等广泛使用的多种数据挖掘方法。

13) Storm

Storm 为分布式实时计算提供了一组通用原语，可被用于“流处理”之中，实时处理消息并更新数据库。Storm 也可被用于“连续计算”(Continuous Computation)，对数据流做连续查询，在计算时就将结果以流的形式输出给用户。它还可被用于“分布式 RPC”，以并行的方式运行昂贵的运算。

14) Oozie

Oozie 可以把多个 Map/Reduce 作业组合到一个逻辑工作单元中，从而完成更大型的任务。

15) Ambari

Ambari 是一个供应、管理和监视 Hadoop 集群的开源框架，提供直观的操作工具和健壮的 Hadoop API，可隐藏复杂的 Hadoop 操作，使集群操作大大简化。

11.2.2 Hadoop HDFS 原理

Hadoop 分布式文件系统 HDFS 是 Hadoop 项目的核心子项目，是分布式计算中数据存储管理的基础，是为实现基于流数据模式访问和处理超大文件的需求而开发的，可以运行于廉价的商用服务器上。HDFS 被设计成适合运行在通用硬件(Commodity Hardware)上的分布式文件系统。它和现有的分布式文件系统有很多共同点，但区别也是很明显的。HDFS 是一个具有高度容错性的系统，适合部署在廉价的机器上。

HDFS 具有高容错、高可靠性、高可扩展性、高吞吐量等特征，为海量数据提供了不怕故障的存储，为超大数据集(Large Data Set)的应用处理带来了便利。HDFS 放宽了一部分可移植操作系统接口 POSIX(Portable Operating System Interface of UNIX，POSIX)约束，用来实现以流的形式访问读取文件系统的数据。

如图 11-2 所示，HDFS 采用 Master/Slave 架构，一个 HDFS 集群是由一个 NameNode 和一定数目的 DataNodes 组成。NameNode 是一个中心服务器，负责管理文件系统的名字空间(NameSpace)以及客户端对文件的访问。集群中的 DataNode 一般在一个结点上有一个，负责管理它所在结点上的存储。HDFS 暴露了文件系统的名字空间，用户能够以文件的形式在上面存储数据。从内部来看，一个文件被分成了一个或多个数据块，这些数据块存储在一组 DataNodes 上。NameNode 执行文件系统的名字空间操作，比如打开、关闭、重命名文件或目录，它也负责确定数据块到具体 DataNode 结点的映射。DataNode 负责处理文件系统客户端的读/写请求，在 NameNode 的统一调度下进行数据块的创建、删除和复制。

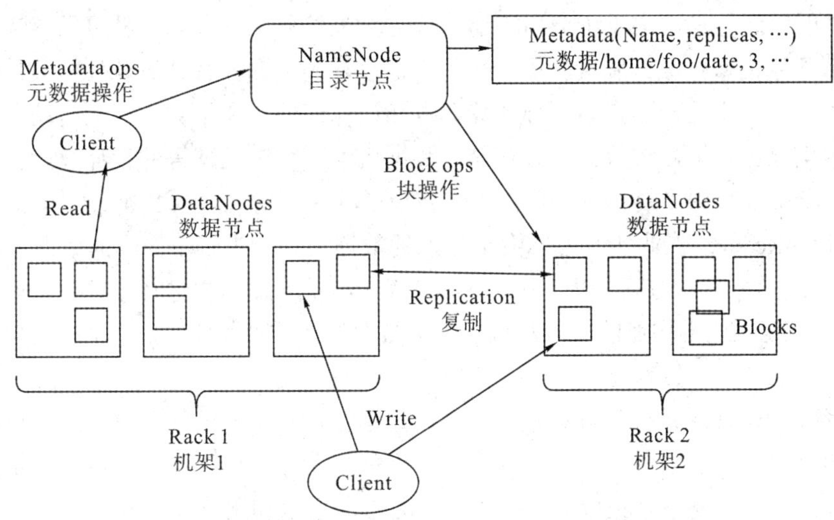

图 11-2　HDFS 总体结构示意图

NameNode 可以看作分布式文件系统中的管理者，主要负责管理文件系统的命名空间、集群配置信息和存储块的复制等。NameNode 会将文件系统的 Meta-data 存储在内存中，这些信息主要包括了文件信息、每一个文件对应的文件块信息和每一个文件块在 DataNode 上的信息等。

DataNode 是文件存储的基本单元，它将 Block 存储在本地文件系统中，保存了 Block 的 Meta-data，同时周期性地将所有存在的 Block 信息发送给 NameNode。

Client 是指需要获取 HDFS 文件的应用程序。

客户端操作 HDFS 文件的步骤如下：

1. 文件读取

Client 向 NameNode 发起文件读取的请求，获取文件的元数据信息；NameNode 返回文件的块存储的 DataNode 信息；Client 选择块存储位置最近的结点读取文件信息，通常优先级是：本机 > 本机柜 > 其他机柜的结点。

2. 文件写入

Client 向 NameNode 发起文件写入的请求；NameNode 根据文件大小和文件块配置情况，给 Client 返回它所管理的 DataNode 的信息；Client 将文件划分为多个 Block，根据 DataNode 的地址信息，按顺序写入到每一个 DataNode 块中。

NameNode 和 DataNode 可运行在普通的商用机器上，这些机器一般运行着 GNU/Linux 操作系统。HDFS 采用 Java 语言开发，因此任何支持 Java 的机器都可以部署 NameNode 或 DataNode。由于采用了可移植性极强的 Java 语言，使得 HDFS 可以部署到多种类型的机器上，一个典型的部署场景是一台机器上只运行一个 NameNode 实例，而集群中的其他机器分别运行一个 DataNode 实例。

11.2.3 Hadoop MapReduce 原理

Hadoop MapReduce 是一个基于集群的高性能并行计算与运行软件框架；基于它写出来的应用程序能够运行在由上千个商用机器组成的大型集群上，并以一种可靠容错的方式并行处理上 T 级别的数据集。它提供了一个庞大但设计精良的并行计算软件框架，能自动完成计算任务的并行化处理，自动划分计算数据和计算任务，在集群结点上自动分配和执行任务以及收集计算结果，将数据分布存储、数据通信、容错处理等并行计算涉及的很多系统底层的复杂细节交由系统负责处理，大大减少了软件开发人员的负担。

一个 MapReduce 作业(Job)通常会把输入的数据集切分为若干独立的数据块，由 Map 任务(Task)以完全并行的方式处理它们。框架会对 Map 的输出先进行排序，然后把结果输入给 Reduce 任务。通常作业的输入和输出都会被存储在文件系统中。整个框架负责任务的调度和监控，以及重新执行已经失败的任务。

通常，MapReduce 框架和分布式文件系统是运行在一组相同的结点上的，也就是说，计算结点和存储结点通常在一起。这种配置允许框架在那些已经存储好数据的结点上高效地调度任务，这可以使整个集群的网络带宽被非常高效地利用。

MapReduce 框架由一个单独的 Master JobTracker 和每个集群结点一个 Slave TaskTracker 共同组成。Master 负责调度构成一个作业的所有任务，这些任务分布在不同的 Slave 上，Master 监控它们的执行，重新执行已经失败的任务。而 Slave 仅负责执行由 Master 指派的任务。

应用程序首先至少应该指明输入/输出的位置(路径)，并通过实现合适的接口或抽象类提供 map 和 reduce 函数，再加上其他作业的参数，这样就构成了作业配置(Job Configuration)。然后，Hadoop 的 Job Client 提交作业(Jar 包/可执行程序等)和配置信息给 JobTracker，后者负责分发这些软件和配置信息给 Slave、调度任务并监控它们的执行，同时提供状态和诊断信息给 Job Client。

虽然 Hadoop 框架是用 Java 实现的，但 Map/Reduce 应用程序则不一定要用 Java 语言编写，也可以用 Ruby、Python、C++ 等语言编写。

MapReduce 工作原理如图 11-3 所示，将并行计算过程高度抽象成两个函数：Map(映射)和 Reduce(归约)，提供抽象的操作和并行编程接口。

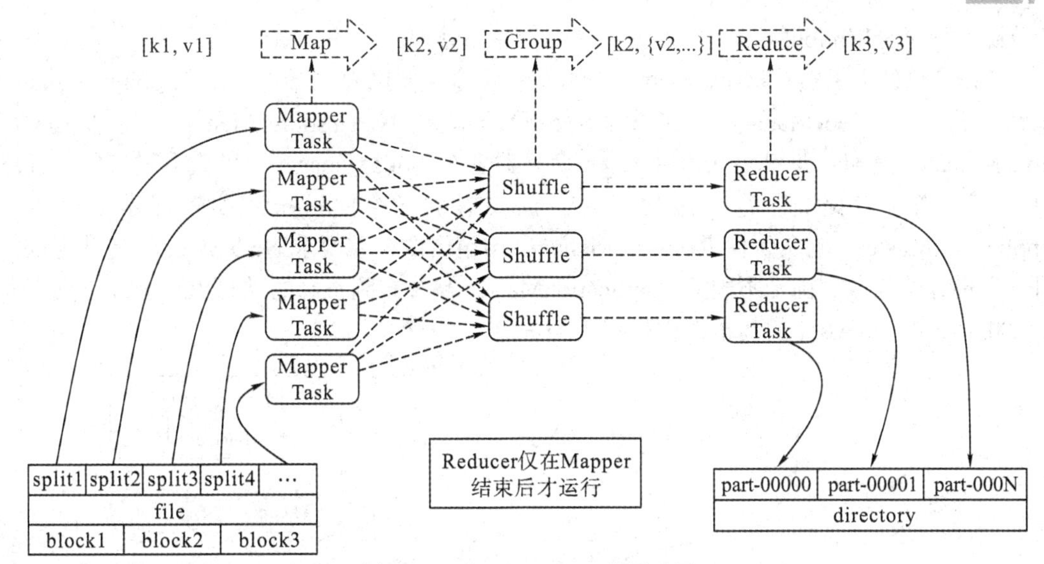

图 11-3　MapReduce 工作原理图

1. Map 函数处理

(1) 读取 HDFS 中的文件。每一行解析成一个键值对<k1, v1>，并传送到 Mapper 类的 Map 函数，每一个键值对调用一次 Map 函数；

(2) Map 函数对第(1)步输入的键值对<k1, v1>进行处理，并输出新的键值对<k2,v2>到一个没有排序的缓冲内存中；

(3) 对输出键值对进行分区；

(4) 对不同分区的键值对按照 Key 进行排序分组整合，将相同 Key 的 value 放到一个集合中；

(5) 对排序分组后的键值对等待 Reducer 的获取并进行归约。

2. Reduce 函数处理

(1) 多个 Map 任务的输出键值，按照不同的分区，通过网络复制到不同的 Reduce 结点上；

(2) 对多个 Map 的输出进行合并、排序和合并，将相同的 Key 传送到同一个 Reducer 中；

(3) 重写 Reduce 函数实现自己的逻辑，对输入的键值对<k2, v2>处理后输出新的键值对<k3, v3>；

(4) 把 Reducer 的输出保存到 HDFS 中。

11.2.4　Hadoop YARN 原理

在经典 MapReduce 框架中，作业执行受两种类型进程的控制：JobTracker 进程和 TaskTracker 进程。JobTracker 进程负责协调在集群上运行的所有作业，分配要在 TaskTracker 上运行的 Map 和 Reduce 任务；TaskTracker 进程负责运行分配的任务并定期向 JobTracker 报告进度。

YARN(一般称为 MRv2)是 Hadoop 2.0 中的资源管理系统，它的基本设计思想是将 MRv1 中的 JobTracker 拆分成两个独立的服务：一个全局的资源管理器 ResourceManager 和每个应用程序特有的 ApplicationMaster。其中 ResourceManager 负责整个系统的资源管理和分配，而 ApplicationMaster 负责单个应用程序的管理。

YARN 总体上仍然是 Master/Slave 结构，包括两个主要进程：资源管理器 ResourceManager 和结点管理器 NodeManager。在整个资源管理框架中，ResourceManager 为 Master，NodeManager 为 Slave，ResourceManager 负责对各个 NodeManager 上的资源进行统一管理和调度。当用户提交一个应用程序时，需要提供一个用以跟踪和管理这个程序的 ApplicationMaster，它负责向 ResourceManager 申请资源，并要求 NodeManger 启动可以占用一定资源的任务。由于不同的 ApplicationMaster 被分布到不同的结点上，因此它们之间不会相互影响。YARN 的基本架构如图 11-4 所示。

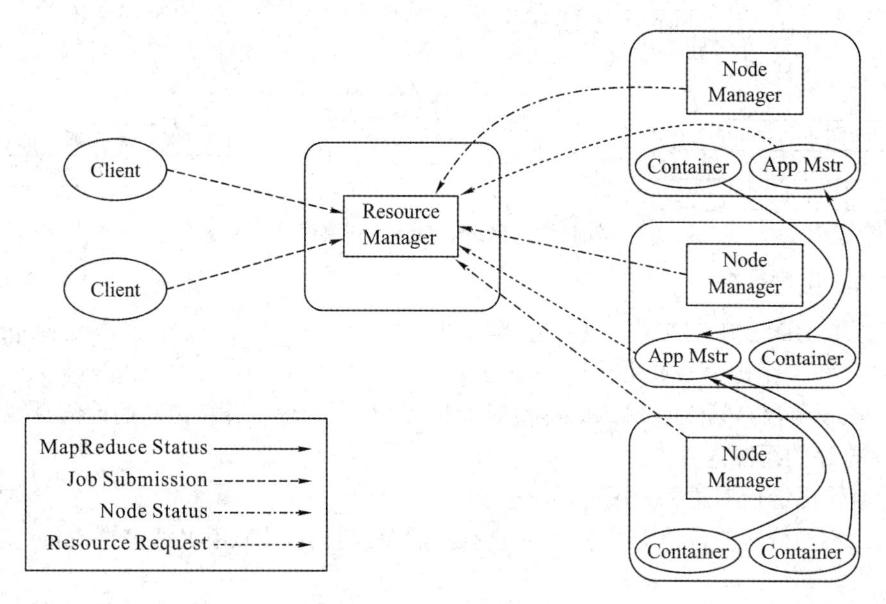

图 11-4　YARN 的基本架构图

如图 11-4 所示，YARN 主要由 ResourceManager(RM)、NodeManager(NM)、Application Master(App Mstr，AM)和 Container 等几个组件构成。

(1) ResourceManager(RM)：负责对各 NM 上的资源进行统一管理和调度，对 AM 申请的资源请求分配空闲的 Container 并监控其运行状态。其主要由调度器和应用程序管理器两个组件构成。

① 调度器(Scheduler)：根据容量、队列等限制条件，将系统中的资源分配给各个正在运行的应用程序；

② 应用程序管理器(Applications Manager)：负责管理整个系统中所有的应用程序，包括应用程序提交、与调度器协商资源以启动 AM、监控 AM 运行状态并在失败时重新启动等。

(2) NodeManager(NM)：负责对每个结点上的资源和任务进行管理。它会定时向 RM 汇报本结点上的资源使用情况和各个 Container 的运行状态，同时会接收并处理来自 AM 的 Container 启动/停止等请求。

(3) ApplicationMaster(AM)：用户提交的应用程序均包含一个 AM，负责对应用的监控、跟踪应用执行状态及重启失败任务等。

(4) Container：Container 封装了某个结点上的多维度资源，如内存、CPU、磁盘、网络等，是 YARN 对资源的抽象。当 AM 向 RM 申请资源时，RM 为 AM 返回的资源便是用 Container 表示的。YARN 会为每个任务分配一个 Container，且该任务只能使用该 Container 中描述的资源。

11.2.5　Hadoop 应用案例

目前，企业越来越重视数据资产的价值，并以此作为提高行业竞争力的重要支撑。海量、多源的数据处理是实现其数据价值的必备能力。数据是否能被及时与深入地分析和处理，直接影响着企业相关业务的效益。

1. Facebook 社交网络

Facebook 是全球知名的社交软件，用户数量首屈一指，全球月度活跃用户人数超过 30 亿。大规模数据以天和小时为单位产生概要信息，如用户数、网页浏览次数、网站访问时间、广告活动效果数据等。具有高性能的计算平台对 Facebook 来说是非常重要的，Facebook 使用 Hadoop 存储内部日志与多维数据，并以此作为报告、分析和机器学习的数据源。Facebook 同时在 Hadoop 基础上建立了一个名为 Hive 的高级数据仓库框架，Hive 已经正式成为基于 Hadoop 的 Apache 一级项目。Facebook 将 Hadoop/Hive 平台用于文件存档和日志查询及历史数据分析，以此设计和改进产品以及管理。

2. 全球最大的连锁零售商 Wal-Mart

全球最大的连锁零售商 Wal-Mart 利用 Hadoop 来分析顾客搜寻商品的行为，以及用户透过搜索引擎寻找到 Wal-Mart 网站的关键词，利用对这些关键词的分析结果发掘顾客需求，以规划下一季商品的促销策略，并进一步分析顾客在 Facebook、Twitter 等社交网站上对商品的讨论，期望能比竞争对手提前一步发现顾客需求。

3. 全球最大拍卖网站 eBay

eBay 拥有全世界最大的数据仓储系统，它利用 Hadoop 来分析买卖双方在网站上的行为。每天增加的数据量包括了结构化的数据和非结构化的数据，如照片、影片、电子邮件、用户的网站浏览 Log 记录等。eBay 正是用 Hadoop 来解决同时要分析大量结构化数据和非结构化数据的难题，并用大数据激发用户的购买欲。eBay 充分利用大数据的优势，优化搜索引擎和搜索结果，通过收集到的数据分析用户的行为模式，并据此对营销策略做出调整，进行大力促销。

4. 百度

百度作为全球最大的中文搜索引擎公司，提供基于搜索引擎的各种产品，几乎覆盖了中文网络世界中所有的搜索需求。百度在 2006 年开始关注、调研和使用 Hadoop，使用 Hadoop 集群为整个公司的数据、搜索、社区产品、广告等团队提供统一的计算和存储服务。百度在 Hadoop 的基础上还开发了自己的日志分析平台、数据仓库系统，以及统一的 C++ 编程接口。主要应用包括：日志的存储和统计、网页数据的分析和挖掘、商业分析(如用户的行为和广告关注度等)、在线数据的反馈、及时得到在线广告的单击情况、用户网页的聚类、分析用户的推荐度及用户之间的关联度等。

11.3 数据库面临的挑战

随着大数据时代的来临，数据呈爆炸式增长，其来源错综复杂，导致数据结构多样化，随着系统用户量和访问量的与日俱增，需要数据库能够很方便地进行扩展、维护。传统的关系型数据库管理系统在数据模型、高可扩展性和高可用性上无法充分满足需求，面临极大的挑战。

具有通用性和高性能的传统关系型数据库存在以下几个方面的瓶颈：

(1) 无法应对大量数据的读/写请求，硬盘性能出现瓶颈。表中存储记录数量有限，纵向数据可承受能力也很有限，面对海量数据，势必涉及分库分表，难以维护。大数据查询SQL效率极低，数据量达到一定程度时，查询时间会呈指数级增长。且横向可扩展能力有限，无法简单地通过增加硬件、服务结点来提高系统性能。

(2) 关系型数据库满足关系模式的要求，但很多非结构化数据和半结构化数据并没有固定的模式，如果一定要用关系模式来存储，虽然可行，但性能不高。

(3) 关系型数据库必须具有ACID特性，但在分布式系统中，根据CAP理论，不可能同时满足强一致性C、可用性A和分区容错性P这三点要求。

① 强一致性(Consistency)：系统在执行过某项操作后仍然处于一致的状态。在分布式系统中，更新操作执行后，要求所有结点上用户都能访问到同一份最新的数据值，这样的系统被认为具有强一致性。

② 可用性(Availability)：保证每个请求不管成功或者失败，都有响应，即每一个操作总是能够在一定的时间内返回结果，也就是对数据更新具备高可用性。

③ 分区容错性(Partition Tolerance)：系统中任意信息的丢失或失败都不会影响系统的继续运行，即系统在遇到某结点或网络分区发生故障时，仍然能够对外提供满足一致性和可用性要求的服务。

CAP理论意即在分布式存储系统中，最多只能实现上面三点中的两点。而由于网络硬件肯定会出现延迟丢包等问题，所以分区容错性是必须要实现的。

① 满足CA舍弃P：舍弃分区容错性就意味着系统不再是分布式的了，因为分布式的思想就是把功能分开，部署到不同的结点上。比如传统的关系型数据库就不是分布式的。

② 满足CP舍弃A：舍弃可用性，则系统允许在某段时间上的访问是失效的。比如，在多个人并发买票时后台网络出现故障。

③ 满足AP舍弃C：舍弃强一致性，则系统在并发访问的时候可能会出现数据不一致的情况。但这里并不是完全放弃一致性，而是放弃数据的强一致性，保留数据的最终一致性。比如，在网络购物中，对库存余额不足的商品，客户正在下订单时却被告知已售罄。

(4) 对于需要24 h不间断提供服务的网站来说，数据库的升级和扩展将是一件十分麻烦的事情，往往需要停机维护，甚至数据迁移，为了避免服务间断，如果网站使用服务器集群，则根据集群策略，需要相应地考虑主从一致性、集群扩展性等一系列问题。

为了弥补这些不足，现代数据库技术发展衍生出了NoSQL数据库和NewSQL数据库。NoSQL数据库主要用于解决关系数据库的可扩展性问题，摒弃关系数据库的体系结构和关系数据库理论的限制。NewSQL 数据库着眼于云计算、集群计算等新的计算环境，对关系数据库的体系结构进行大幅改造，但仍然保留关系数据库的关键特性，目标是将关系数据库的 ACID 保证与 NoSQL 的可扩展性和高性能相结合。

BASE 是 NoSQL 数据库对可用性及一致性提出的弱要求原则：

(1) 基本可用(Basically Available)：系统能够基本运行且一直提供服务；

(2) 软状态(Soft-state)：柔性事务，系统不要求一致保持强一致性状态；

(3) 最终一致性(Eventually Consistency)：系统要求在某一时刻后达到最终一致性要求。

11.4 NoSQL 数据库

NoSQL 最常见的解释是“Non-relational”，但“Not Only SQL”这一解释也被很多人接受。NoSQL 的官方定义为：非关系、分布式、开源和水平可扩展的下一代数据库管理系统。NoSQL 泛指非关系型的数据库，区别于传统的关系型数据库管理系统，不保证关系数据的 ACID 特性。NoSQL 是一项全新的数据库革命性运动，其采用非关系型的数据存储模型，相对于铺天盖地的关系型数据库，NoSQL 是一种全新的数据库系统。

为弥补关系型数据库的不足，各种各样 NoSQL 数据库应运而生，其普遍具有下面一些共同特征：

(1) 灵活的数据模型：NoSQL 数据库无须事先为要存储的数据建立字段，随时可以存储自定义的数据格式。

(2) 易扩展：NoSQL 数据库种类繁多，但是它们的一个共同特征就是都去掉了关系型数据库的关系型特性。数据之间无关系，这样就非常容易扩展，无形之间，在架构的层面上带来了可扩展的能力。

(3) 大数据量、高性能：NoSQL 数据库都具有非常高的读/写性能，尤其在大数据量的情况下，同样表现优秀。这得益于它的无关系性，数据库的结构简单。

(4) 高可用：NoSQL 数据库在不太影响性能的情况下就可以方便地实现高可用的架构。

依据结构化方法以及不同应用场合的，NoSQL 数据库主要有以下几类：

(1) 键值(Key-Value)存储数据库：简单的 NoSQL 数据库，其中每个项都存储为键或属性名及其值。键值模型的优势在于简单、易部署。例如 Redis、Oracle Berkeley DB、Tokyo Cabinet。

(2) 文档型数据库：每个键都与一个被称为文档 Document 的复杂数据结构配对。文档可以携带各种键数组对、键值对或嵌套文档。例如 MongoDB、CouchDB、Cloudant。

(3) 列存储数据库：以列相关存储架构进行数据存储的数据库，主要适合于批量数据处理和即时查询。例如 Cassandra、HBase。

(4) 图形(Graph)数据库：为了存储有关数据网络(如社交网络)的信息，可以使用图形存储方式，如 Neo4J、Giraph。

11.4.1 键值数据库 Redis

Redis 是一个完全开源的、基于内存的键值(key-value)存储系统，它可以支持多种数据类型的 value 存储，包括字符串 String、列表 List、集合 Set、有序集合 Sorted Set、哈希 Hash、位图 Bitmap 等。Redis 的代码支持 ANSI C 标准，也支持多种语言的客户端调用，如 Python、Ruby 和 PHP 等。

1. Redis 的特点

(1) 读/写速度非常快，每秒可读 11 万次，每秒可写 8 万次；

(2) 支持多种数据类型；

(3) 支持数据持久化，Redis 可以将内存中的数据保存到磁盘中，重启时再重新加载到内存中使用；

(4) 支持数据备份、主从复制；

(5) 支持事务，不具备原子性；

(6) 支持分布式；

(7) 提供多种数据自动过期策略；

(8) 支持发布和订阅，Redis 客户端可以订阅任意数量的频道，当消息从某一个频道发布之后，订阅这一频道的客户端都会接收到发布的消息。

2. Redis 的数据类型

Redis 支持多种数据类型，每种数据类型都通过一个 key 来标记存取。

1) 字符串 String

String 是 Redis 的基本数据类型，可以保存二进制字节的序列，一个 String 类型的值可以是一个二进制序列的字符串、整数数据、浮点数据等。可以用命令 GET key 读取此键 key 对应的值 value，用命令 SET key newvalue 将此键 key 的值 value 设置为 newvalue，用命令 DEL key 删除此键 key 对应的值 value 等。程序示例如下：

```
redis 127.0.0.1:6379> set mykey somevalue
OK
redis 127.0.0.1:6379> get mykey
"somevalue"
```

2) 列表 List

List 是一个字符串列表，可以使用命令 LPush/RPush 从头部或尾部插入一个或一个范围里的数据；命令 LPOP/RPOP 从头部或尾部删除一个或一个范围内的数据。程序示例如下：

```
LPUSH mylist a     # now the list is "a"
LPUSH mylist b     # now the list is "b","a"
```

3) 集合 Set

Set 是 String 类型的无序集合，也是一个字符串列表，可以使用命令 SADD/SREM 添加和删除元素；命令 SISMEMBER 确定某个元素是否存在集合中；也可以使用 SUNION、SINTER、SDIFF 等命令实现多个集合的并、交和差集等。

4) 有序集合 Sorted Set

与集合 Set 类似，Redis 的有序集合 Sorted Set 是字符串的非重复集合。与集合 Set 的不同之处在于，Sorted Set 为每个元素关联了一个 Double 类型的分数，该分数用于保持排序集从最小到最大的顺序。虽然元素是独一无二的，但分数可能会重复。

5) 哈希 Hash

Hash 是存储键值对的数据结构，Hash 中的 key 和 value 都是 String 类型的。程序示例如下：

```
#向 key 键 user:1000 中插入三个 field/value 域值对：(username，antirez)、(password，P1pp0)、(age，34)
HMSET user:1000 username antirez password P1pp0 age 34
#取出 key 键 user:1000 关联的哈希表中所有对应的 field/value 域值对
HGETALL user:1000
#修改域值对 passowrd 为 12345
HSET user:1000 password 12345
HGETALL user:1000
```

6) Bitmap

Bitmap 可以通过设置各个位上的 0 和 1 来表示某个元素对应的值或者状态。因为使用 Bit 来进行存储，可以节省大量空间。

7) Hyperloglog

Hyperloglog 是用来做基数统计的，即统计不重复元素的个数，Hyperloglog 在计算基数时，不会存储元素本身，因此这样做可以减少很多内存的使用。

8) Geospatial

Geospatial 可以用来存储地理位置信息，并且可以对存储的地理位置信息进行计算和处理，如求两个地理位置之间的距离。

3. Redis 应用示例

Redis 中所有的数据都以 Key-Value 的方式进行存储，Value 可以对应上述数据类型中的各种不同类型。

为了获得最佳性能，Redis 使用内存数据集。因为 Redis 的快速读/写特性，可以将其当作缓存来加快访问速度。在访问数据库之前会先访问 Redis，若 Redis 中存在数据，就会直接返回；若没有要访问的数据，则再读取数据库，并将数据放入 Redis 中。根据使用情况，Redis 可以定期将数据集转储到磁盘或将每个命令附加到基于磁盘的日志文件中来持久化数据。

Redis 支持多种数据类型，不同的数据类型也满足不同的应用场景，例如：Bitmap 可以统计大数据场景下的签到和用户在线状态；List 可以用作消息队列；Sorted Set 可以实现排行榜；Set 集合交集可以实现多个用户的共同关注等。

4. Windows 下 Redis 的使用

可从官网或 https://github.com/tporadowski/redis/releases 下载对应的压缩包，将下载的 Redis 压缩文件解压，Redis 的文件结构如图 11-5 所示。

00-RELEASENOTES	2021/10/17 20:11	文件	129 KB
dump.rdb	2022/3/23 16:10	RDB 文件	1 KB
EventLog.dll	2022/2/17 10:57	应用程序扩展	2 KB
README.txt	2020/2/9 13:40	文本文档	1 KB
redis.windows.conf	2021/8/25 7:32	CONF 文件	61 KB
redis.windows-service.conf	2021/8/25 7:32	CONF 文件	61 KB
redis-benchmark.exe	2022/2/17 10:58	应用程序	449 KB
redis-benchmark.pdb	2022/2/17 10:58	PDB 文件	5,572 KB
redis-check-aof.exe	2022/2/17 10:57	应用程序	1,813 KB
redis-check-aof.pdb	2022/2/17 10:57	PDB 文件	9,620 KB
redis-check-rdb.exe	2022/2/17 10:57	应用程序	1,813 KB
redis-check-rdb.pdb	2022/2/17 10:57	PDB 文件	9,620 KB
redis-cli.exe	2022/2/17 10:58	应用程序	614 KB
redis-cli.pdb	2022/2/17 10:58	PDB 文件	5,980 KB
redis-server.exe	2022/2/17 10:57	应用程序	1,813 KB
redis-server.pdb	2022/2/17 10:57	PDB 文件	9,620 KB
RELEASENOTES.txt	2022/2/10 20:16	文本文档	4 KB

图 11-5　Redis 的文件结构

打开 redis-server.exe，启动 Redis 服务器，服务器启动之后，打开 redis-cli.exe 启动 Redis 客户端，这时就可以使用 Redis 了，Redis 的简单操作如图 11-6 所示。

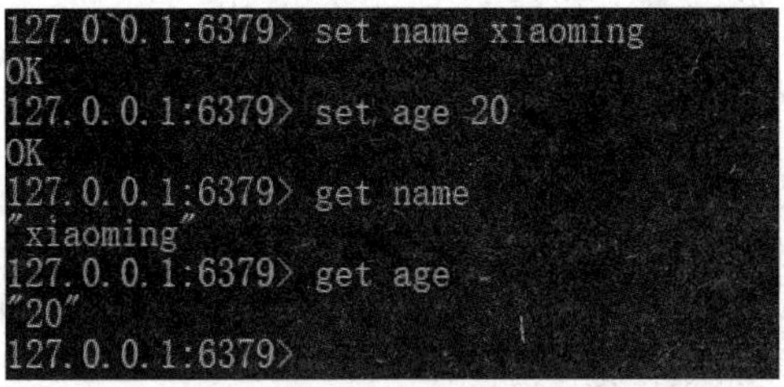

```
127.0.0.1:6379> set name xiaoming
OK
127.0.0.1:6379> set age 20
OK
127.0.0.1:6379> get name
"xiaoming"
127.0.0.1:6379> get age
"20"
127.0.0.1:6379>
```

图 11-6　Redis 的简单操作示意图

11.4.2　文档数据库 MongoDB

MongoDB 是由 C++语言编写的基于分布式文件存储的开源数据库系统，旨在为 WEB 应用提供可扩展的高性能数据存储解决方案。MongoDB 将数据存储为一个文档，数据结构由键值对(Key-Value)组成。MongoDB 文档类似于 JSON 对象，字段值可以包含其他文档、数组及文档数组。

1. MongoDB 的特点

MongoDB 的设计目标是高性能、可扩展、易部署、易使用，存储数据非常方便。其主要特点如下：

(1) MongoDB 是一个面向文档存储的数据库，数据都以文档的形式存储在集合中，操作起来比较简单和容易。

(2) 存储非常自由，MongoDB 的集合不需要预先定义任何模式，不同类型的文档都可以直接存入集合。

(3) 支持索引，MongoDB 可以在任意字段上创建索引，提高查询速度。

(4) 支持查询，MongoDB 拥有丰富的查询操作，查询指令使用 JSON 形式的标记，可轻易查询文档中内嵌的对象及数组。

(5) MongoDB 提供了强大的聚合工具，如 Count、Group 等，支持使用 MapReduce 完成复杂的聚合任务。Map 函数调用 emit(key，value)遍历集合中所有的记录，将 Key 与 Value 传给 Reduce 函数进行处理。Map 函数和 Reduce 函数是使用 JavaScript 编写的，并可以通过 db.runCommand 或 MapReduce 命令来执行 MapReduce 操作。

(6) 支持复制和数据恢复，MongoDB 支持主从复制机制，确保在某一个结点发生故障的时候，数据不会丢失。

(7) 使用高效的二进制数据存储，可以保存任何类型的数据对象。

(8) 自动处理分片，以支持云计算层次的扩展。如果负载有较大增加(需要更多的存储空间和更强的处理能力)，则可以将其分布在计算机网络中的其他结点上，这就是所谓的分片。MongoDB 支持集群自动切分数据；对数据进行分片，可以使集群存储更多的数据，实现更大的负载，同时能保证存储的负载均衡。

(9) 支持多种语言如 Ruby、Python、Java、C++、PHP、C#等，MongoDB 拥有大部分主流开发语言的数据驱动包。

(10) 文件存储格式为 BSON(Binary JSON)。BSON 是对二进制格式的 JSON 的简称，BSON 支持文档和数组的嵌套。

(11) 可以通过网络远程访问 MongoDB 数据库。

2. MongoDB 的体系架构

MongoDB 由文档、集合、数据库三部分构成，这三部分是包含的关系：数据库⊃集合⊃文档。一个 MongoDB 实例可以创建多个数据库，数据库中可以创建多个集合，集合是由若干文档组成的，如图 11-7 所示。

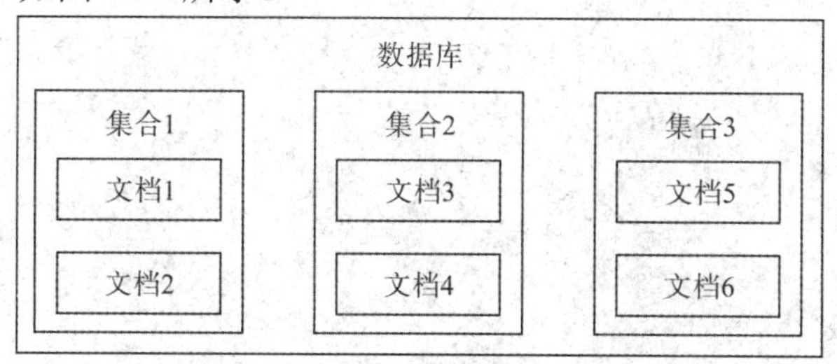

图 11-7　MongoDB 的体系架构

在 MongoDB 中有几个数据库是自带的：Admin 数据库负责存放数据库账号的信息；Local 数据库用来存放本地的一些数据，不会被别的结点复制，因此其不能存放比较重要的信息，防止结点故障而造成数据丢失；Config 数据库用来存放集群的所有配置信息；Test 数据库是 MongoDB 的一个默认的测试数据库，在连接 MongoDB 时，如果不指定数据库，就会默认访问 Test 数据库。

集合是由若干文档组成的，类似于 RDBMS 中的表，但是其不需要定义任何模式，这意味着不同类型的文档都可以存储在一个集合中，其中的文档可以拥有不同的字段，且可以自由地增加或者删除文档中的字段，在集合上可以为文档中的字段创建索引。

文档在 MongoDB 中是最基本的数据存储单元，以 BSON 形式存储，是一种类似于 JSON

的二进制存储格式，由若干个键值对组成，其中键是字符串类型，而值可以是多种类型，例如整型、布尔型，甚至是另外一个文档。文档中的键值对是有序的，且区分大小写。每个文档都会自动分配一个 id，相当于主键，用于唯一标识文档。例如，有一条文档为{name:'neo',age:20,hobby:['basketball','music','study'],class:'class1'}，其中 name、age、hobby、class 四个字段的值可以为整型、字符串型、列表等类型。

3. MongoDB 应用示例

(1) 游戏：使用 MongoDB 来存储游戏中的用户信息，比如用户的状态、装备、金币等信息都以文档形式存储，方便更新和查询。

(2) 物流：使用 MongoDB 来存储物流的信息，由于物流信息会不断更新，可以将已更新的物流信息直接存入集合。

(3) 社交：使用 MongoDB 存储用户信息，以及用户发表的动态等，并可以通过地理位置索引实现附近的人、地点等功能。

(4) 物联网：使用 MongoDB 存储所有接入的智能设备信息，以及设备汇报的日志信息，便于对这些信息进行多维度的分析。

4. Windows 下 MongoDB 的使用

从官网 https://www.mongodb.com/try/download/community 下载对应环境的 MongoDB 安装包并安装。在 MongoDB 安装目录的 bin 目录下启动 mongodb.exe。

如图 11-8 所示，输入命令 db 查看当前使用的数据库，由于未指定数据库，所以为默认的 test 数据库，在 test 数据库下创建了一个 student 集合，并且插入了一条数据，可以使用 db.student.find().pretty()来查看 student 集合下的所有文档，pretty()是格式化输出，MongoDB 自动为刚刚插入的文档增加了一个 id 字段，用于唯一标识这个文档。

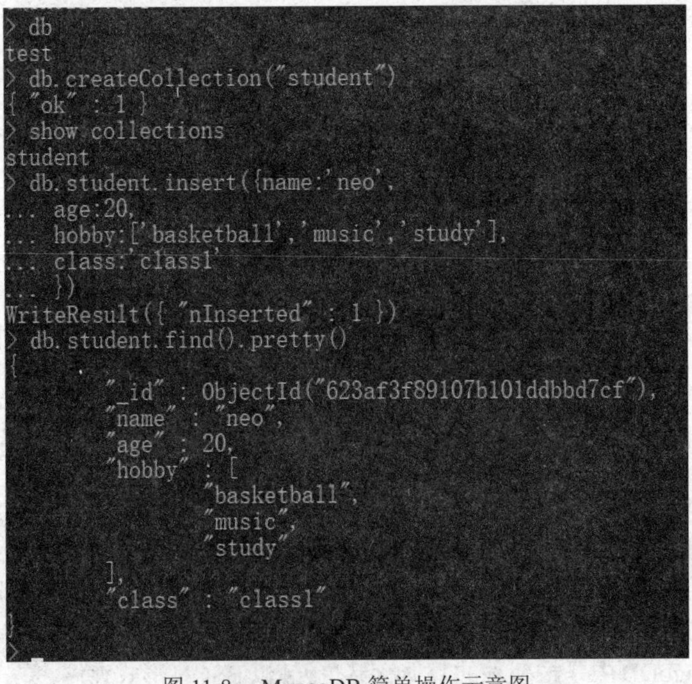

```
> db
test
> db.createCollection("student")
{ "ok" : 1 }
> show collections
student
> db.student.insert({name:'neo',
... age:20,
... hobby:['basketball','music','study'],
... class:'class1'
... })
WriteResult({ "nInserted" : 1 })
> db.student.find().pretty()
{
        "_id" : ObjectId("623af3f89107b101ddbbd7cf"),
        "name" : "neo",
        "age" : 20,
        "hobby" : [
                "basketball",
                "music",
                "study"
        ],
        "class" : "class1"
}
>
```

图 11-8 MongoDB 简单操作示意图

11.4.3 列数据库 HBase

HBase 是一个高可靠性、高性能、面向列、可伸缩的分布式存储系统，利用 HBase 技术可在廉价的 PC 服务器上搭建起大规模的结构化存储集群，适用于超大规模数据量和分布式的情境。HBase 是谷歌 Bigtable 的开源实现，是 Apache 的 Hadoop 项目下的一个开源项目，它将 Hadoop HDFS 作为其文件存储系统来实现分布式存储，利用 Hadoop MapReduce 处理其存储的海量数据，利用 ZooKeeper 来协同其服务。

1. HBase 的特点

(1) 可存储海量数据：一张表可以有上亿行、上百万列，因为底层 HDFS 为其实现了分布式存储，拥有可扩展性，数据可以存储在多个服务器上。

(2) 速度快：HBase 在 HDFS 上提供了高并发的随机写，并且支持实时查询，可以在数十亿条记录中快速访问某一条记录。

(3) 面向列：HBase 表是基于列族来进行存储的，列族是面向列的，每个列都会属于某一列族，列族必须在建表时进行定义。

(4) 稀疏性：在 HBase 中，一张表可以拥有无限多的列族，但是如果某个列为空，它是不占用存储空间的，因此一张表可以非常稀疏。

(5) 无模式：HBase 的表是没有固定模式的，列可以根据需要动态增加，同一张表中不同的行可以拥有完全不同的列。

(6) 时间戳：每一行的数据都会有一个时间戳，一般是系统默认分配的，用来进行版本的控制。因为 HBase 不会对数据进行覆盖，只会追加写入，当更新一条数据时，不是更改了其中的值，而是新增了一条数据，某个值被更新，这条记录会拥有新的时间戳。

(7) 数据类型单一：HBase 中的数据都是字符串形式。

2. HBase 的体系架构

如图 11-9 所示，HBase 的体系架构包含以下几个部分：

(1) Client：包含了访问 HBase 的接口，并且会维护一个 Cache 缓存来加快对 HBase 的访问。

(2) HMaster：负责监视集群中的所有 HRegionServer 实例的状态，实现了 HRegionServer 的负载均衡，当 HRegionServer 不再使用时，将其上的 Region 迁移到其他的 HRegionServer 上；HMaster 还可以处理一些创建、更新、删除表的请求。

(3) Zookeeper：用来管理和监控 HBase 集群，当 HMaster 和 HRegionServer 启动时，会向 Zookeeper 注册。Zookeeper 会保证集群中只有一个 Master 结点，存储了所有 Region 的寻址入口，实时监控 RegionServer 的上下线信息并将信息通知 HMaster。

(4) HRegionServer：用来维护 HMaster 结点分配给它的 Region，处理这些 Region 的 I/O 请求，当一个 Region 变得过大时，会对过大的 Region 进行切分。

(5) HRegion：是 HBase 集群中存储的最小单元，即 HBase 数据管理的基本单位，一个表可以包含一个或多个 Region，一个 Region 通常对应一张表。

(6) Store：每个 Region 有一个或者多个 Store，每一个列族都会对应一个 Store，而 Store 会对应一个 HDFS 中的文件夹，Store 的大小会作为是否需要切分 Region 的依据。

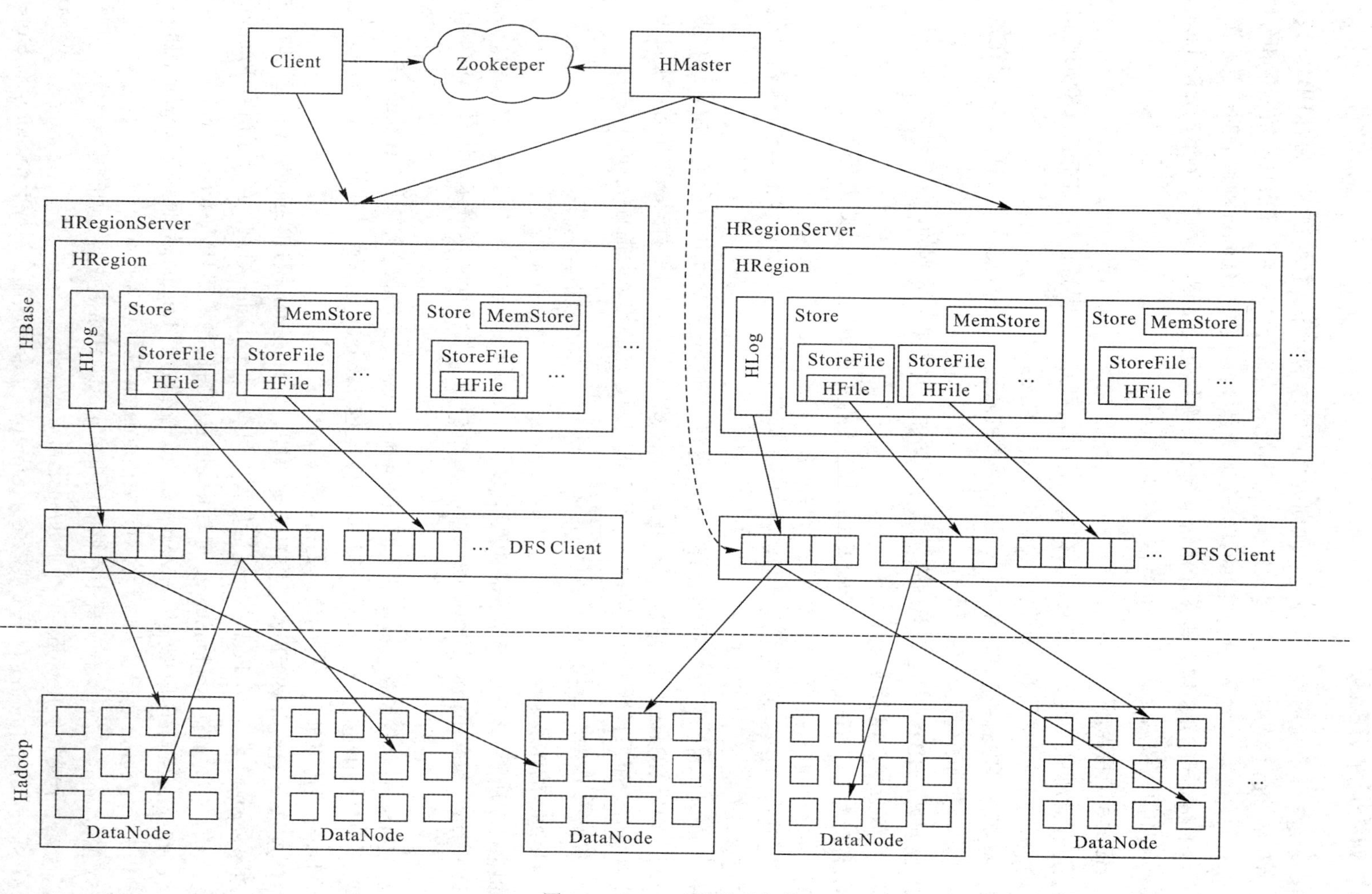

图 11-9 HBase 的体系架构

(7) StoreFile：内存中的数据写到文件中后就是 StoreFile，StoreFile 底层用 HFile 来保存。

(8) HLog：在数据写入 Region 前，会先将日志记录到 HLog 中。这样做的好处是，当结点发生故障时，可以从 HLog 中恢复数据。

3. HBase 的存储

HBase 是通过表格形式存储数据的，每张表由行和列组成。不同于关系型数据库，HBase 的列是由列族组成的，每个列族下面拥有不同的列，HBase 在添加数据的时候是向某个行键的某一列族添加的，有点类似于向列族中添加了一个 key-value 键值对。

HBase 中的表结构如表 11-1 所示，在建表的时候需要定义表名和列族，列族可以在建表后继续添加或者删除。Rowkey 为行键，是每一行的 Id，用于标明某一行。ColumnFamily 为列族，图中有两个列族，分别是 Studentinfo 和 Addressinfo，每个列族下面有多个列，可以通过“列族:列名”访问特定的列。Timestamp 是时间戳，新增和修改数据时会自动添加。

表 11-1　HBase 逻辑存储示例

Rowkey	ColumnFamily Studentinfo				Column Family Addressinfo			Timestamp
	Name	Age	Sex	Class	City	P.C.	Phone	
1	joe	20	1	1	Wuhan	430000	85362452	1421762485768
2	mike	19	0	2	Hangzhou	310000	84162584	1421762485768
3	neo	18	1	3	Beijing	100000	88484525	1421762485768

4. HBase 应用示例

对于具有某些特定特点的数据，可以采用 HBase 列数据库。在实际应用中，很多公司都采用了 HBase，如 Facebook 公司的 Social Inbox 系统，使用 HBase 作为消息服务的基础存储设施，每月可处理几千亿条的消息；Yahoo 公司使用 HBase 存储检查近似重复的指纹信息的文档，它的集群当中分别运行着 Hadoop 和 HBase，表中存储了上百万行数据；Adobe 公司使用 Hadoop + HBase 的生产集群，将数据直接持续地存储在 HBase 中，并将 HBase 作为数据源进行 MapReduce 的作业处理；Apache 公司使用 HBase 来维护 Wiki 的相关信息。

11.4.4　图数据库 Neo4j

Neo4j 是一个高性能的图数据库，它将数据存储在网络中而不是表中，网络中拥有很多的结点，结点和结点之间存在着一些关系，每个结点内还会包含若干属性。它是一个嵌入式的、基于磁盘的、具备完全的事务特性的 Java 持久化引擎。

1. Neo4j 的特点

(1) Neo4j 使用 CQL(Cypher Query Language)作为查询语言，能够精准且高效地对图数据进行查询和更新。CQL 语言遵循 SQL 的语法，拥有函数和多种数据类型；

(2) 遵循属性图数据模型；

(3) 支持索引；

(4) 支持 UNIQUE 约束；

(5) 拥有一个 UI 界面，可以通过浏览器 7474 端口来访问；

(6) 支持 ACID 原则；

(7) 采用原生图形库与本地 GPE(图形处理引擎)；

(8) 支持查询的数据导出为 JSON 和 XLS 格式；

(9) 提供了 REST API，可以被任何编程语言访问；

(10) 提供了可以通过任何 UI MVC 框架访问的 Java 脚本；

(11) 支持两种 Java API：采用 Cypher API 和 Native Java API 来开发 Java 应用程序。

2. Neo4j 的数据模型

Neo4j 图数据库遵循属性图模型来存储和管理其数据。其数据模型主要由结点、关系和属性构成，可以很好地表示数据之间的联系。结点和结点之间存在着关系，关系可以是单向的，也可以是双向的，比如员工结点 A 和员工结点 B 存在着双向的朋友关系 F，用户结点 C 和账户结点 D 存在着单向的拥有关系 P，如图 11-10 所示。

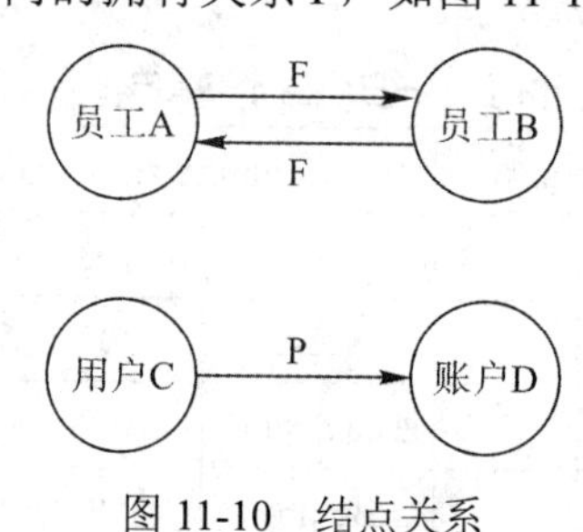

图 11-10 结点关系

结点和关系都可以包含属性，属性以键值对的方式存储。比如员工拥有姓名、年龄、部门等属性，朋友关系 F 拥有亲密度、认识时间等属性。

3. Neo4j 应用示例

数据与数据之间存在关系时，适合用 Neo4j 来存储。现实生活中，很多事物之间都存在着联系，用传统的关系型数据库难以表示，Neo4j 图数据库可以很好地应用于这些场景，例如社会关系、公共交通网络。

Neo4j 被很多大公司所用，如 Facebook 使用 Neo4j 来表示用户之间的一些关系；eBay 使用 Neo4j 知识图谱构建了智能聊天机器人；Caterpillar 公司在 Neo4j 中构建了一个知识图谱，将所有文本放入其中，使其可语音搜索并推荐下一个最佳操作。

4. Windows 下 Neo4j 的使用

(1) 从官网下载 Neo4j 压缩包，如图 11-11 所示。

(2) 将下载好的压缩文件解压到相应目录。

(3) 配置环境变量。

① 在系统变量中加入 NEO4J_HOME=Neo4j 作为安装主目录；

② 在 Path 中加入%NEO4J_HOME%\bin;

③ Neo4j 需要 Java11 环境，因此需要安装 JDK11 并进行相应的环境配置；

④ 在 cmd 命令行输入 neo4j install-service，将 Neo4j 服务安装到本地，再输入 neo4j start 开启服务。

⑤ 在浏览器中打开网址 http://localhost:7474，查看是否安装、配置成功。

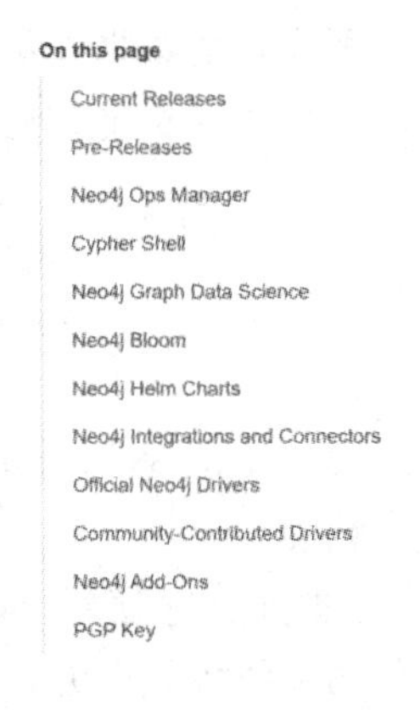

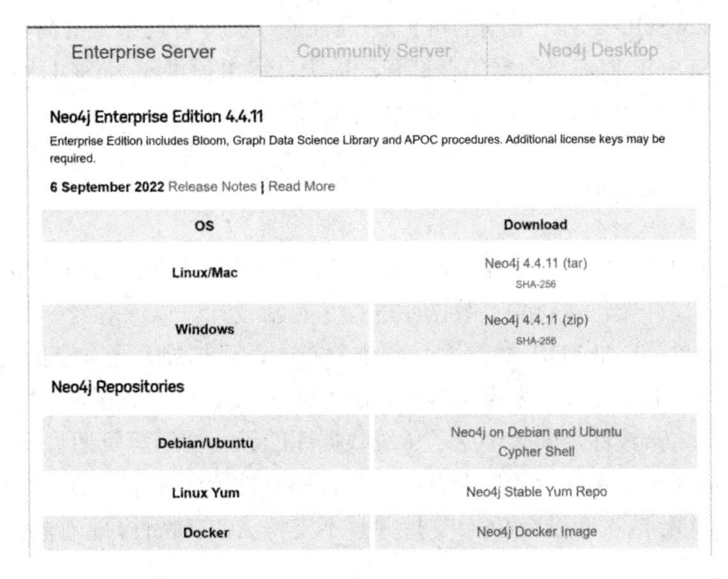

图 11-11　Neo4j 压缩包下载地址

(4) 第一次登录账号为 neo4j，密码同为 neo4j。

(5) 简单使用演示。

① 创建两个 emp 结点，标签名为 Employee，这两个结点有四个属性，分别是 id、name、salary、deptno，创建命令如下：

```
create (emp:Employee{id:1,name:"neo",salary:25000,deptno:1})
create (emp:Employee{id:2,name:"joe",salary:25000,deptno:1})
```

② 创建两个 Employee 结点之间的关系，关系标签为 Friend。执行完毕后，可以看到两个结点及其对应的关系，如图 11-12 所示。创建命令如下：

```
match (emp1:Employee{name:"joe"}),(emp2:Employee{name:"neo"})  create (emp1)-[f:Friend]->(emp2) return f
match (emp1:Employee{name:"joe"}),(emp2:Employee{name:"neo"}) create (emp1)<-[f:Friend]-(emp2) return f
```

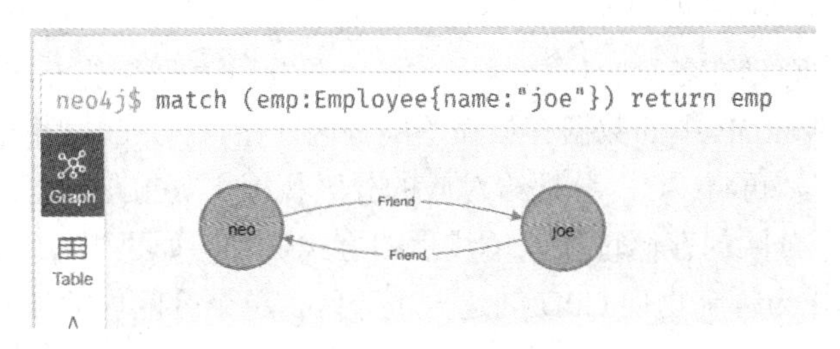

图 11-12　结点关系图

11.5 NewSQL 数据库

NewSQL 是对一类新的可扩展/高性能数据库管理系统的简称，它所支持的数据库不仅具有 NoSQL 对海量数据的存储管理能力，追求提供和 NoSQL 系统相同的扩展性能，还保持了传统数据库支持 ACID 和 SQL 的特性。

11.5.1 VoltDB

VoltDB 由 2014 年图灵奖的获得者、Postgres 和 Ingres 联合创始人 Michael Stonebraker 博士创建开发，他对关系数据库进行了重新设计，以应对当今不断增长的实时操作和机器学习的挑战。VoltDB 数据库是一个分布式、可扩展、无共享的内存数据库。它使用 Java 语言编写的存储过程来定义事务，使用标准 SQL 访问数据，使用并行的单线程处理方式确保数据的一致性，同时避免了传统数据库的锁、插销等资源管理开销。

如今很多系统对数据库有高实时性和高性能的要求，传统数据库难以达到要求，而新的 NoSQL 数据库没有 SQL 支持并且不支持 ACID 特性，随着内存价格的不断降低，VoltDB 应运而生。

1. VoltDB 的特点

(1) 吞吐量高，达到百万次每秒。

(2) 可横向拓展，根据需求自由拓展。

(3) 高可用性，支持数据副本等技术，实现持久化保存，也支持双活机制。

(4) 因为数据都存储在内存中，所以支持实时数据分析，数据实时性高。

(5) 支持 ACID 原则，保证可靠性。

2. VoltDB 的设计思路

传统的数据库因为具有索引管理、日志记录、锁、锁管理器、缓存管理，导致 CPU 的利用率非常低，因此 VoltDB 通过内存存取、数据分区、无锁计算来实现高性能的运算，提高 CPU 的利用率。

(1) 内存存取：VoltDB 中的所有数据都存储在内存中，内存的存取速度比磁盘高数个数量级，因此 VoltDB 具有实时性和高性能。

(2) 数据分区：VoltDB 对每个结点的内存进行管理，在每个结点上创建多个分区，表中的数据会被分散地存储在各个分区中，因此可以并发地读/写，提高了性能。

(3) 无锁计算：VoltDB 中的数据存放在不同分区，在执行 SQL 时，客户端会自动判断数据所在的分区位置，再将 SQL 分配给对应的分区执行。VoltDB 的程序都是以存储过程的方式执行的，每个分区的存储过程以单线程的方式执行，如果未涉及多个分区的操作就不需要加锁。VoltDB 为每个物理 CPU 创建一个分区，单个分区内的数据都在 CPU 的一级缓存和二级缓存上，支持并发计算，提高了 CPU 的利用率。

3. VoltDB 的 ACID 实现

VoltDB 满足原子性、一致性、隔离性和持久性四个特征。

(1) 原子性：在 VoltDB 中，一个存储过程的执行必须要等待前一个存储过程执行成功(COMMIT)或结束(ROLLBACK)。

(2) 一致性：VoltDB 使用时间同步协议，保证集群中多个结点的事务有序进行，保证了数据的一致性。

(3) 隔离性：VoltDB 每个分区的事务是串行执行的，分区之间可以并发执行。

(4) 持久性：VoltDB 支持分区复制以及周期性的数据库快照，实现了数据持久性。

4. VoltDB 应用示例

现在的内存成本虽然越来越低，但是相对硬盘来说还是非常昂贵的，因此在实际应用中应该考虑到这一点，只有在对实时性要求非常高的场景下才使用 VoltDB。VoltDB 是一个高速决策引擎，为必须在数毫秒内做出响应的应用程序提供基础架构支持，适用场景包括业务支撑系统(Business Support System，BSS)的策略和收费、预防欺诈、个性化客户价值管理和实时工业自动化等，以及那些通过实时决策可以增加收入或减少损失的场景。

11.5.2　TiDB

TiDB 是我国 PingCAP 公司自主设计、研发的开源分布式关系型数据库，是一款同时支持联机事务处理(Online Transactional Processing，OLTP)、联机分析处理(Online Analytical Processing，OLAP)与混合事务分析处理(Hybrid Transactional and Analytical Processing，HTAP)的融合型分布式数据库产品，具备水平扩容或者缩容、金融级高可用、实时 HTAP、云原生的分布式数据库，兼容 MySQL 5.7 协议和 MySQL 生态等重要特性，目标是为用户提供一站式 OLTP、OLAP 和 HTAP 解决方案。TiDB 适合高可用和强一致要求较高、数据规模较大等各种应用场景。

1. TiDB 的特点

(1) 支持 SQL，并且与 MySQL 兼容，支持 MySQL 的常用功能和生态，可以很便捷地将应用从 MySQL 迁移至 TiDB。

(2) 存储与计算分离，TiKV 负责存储数据，TiDB Server 负责执行计算。

(3) 具有很强的水平扩展能力，随着访问量和数据量的增大，可以通过增加 TiKV Server 提高系统的数据存储容量和系统计算水平。

(4) 支持分布式事务，TiDB 将表分片为多个 Region，使用优化的两阶段提交确保 Region 之间的事务一致性。

(5) 高可用性，TiDB 使用 Raft 共识算法，一个 Region 拥有多个副本保存在不同的结点上，组成一个 Raft Group，其中一个 Region 是 Leader 结点，所有读/写请求都由 Leader 结点处理，其他结点负责保持数据一致性。如果 Leader 结点发生故障，Raft 组会自动选举新的 Leader 结点，并自动恢复 TiDB 集群，无须任何人工干预。

(6) 云原生，TiDB 被设计为在云上工作，使部署、配置、操作和维护变得简单。TiDB

的存储层叫作 TiKV，是一个云原生计算基金会的项目。

(7) 最小化 ETL，ETL 表示提取、转换和加载数据到列存储后再进行分析处理，TiDB 支持 OLTP 和 OLAP 工作负载。

2. TiDB 的架构

TiDB 对应的架构如图 11-13 所示，TiDB 数据库将架构分成了多个模块，各模块之间相互通信协调。

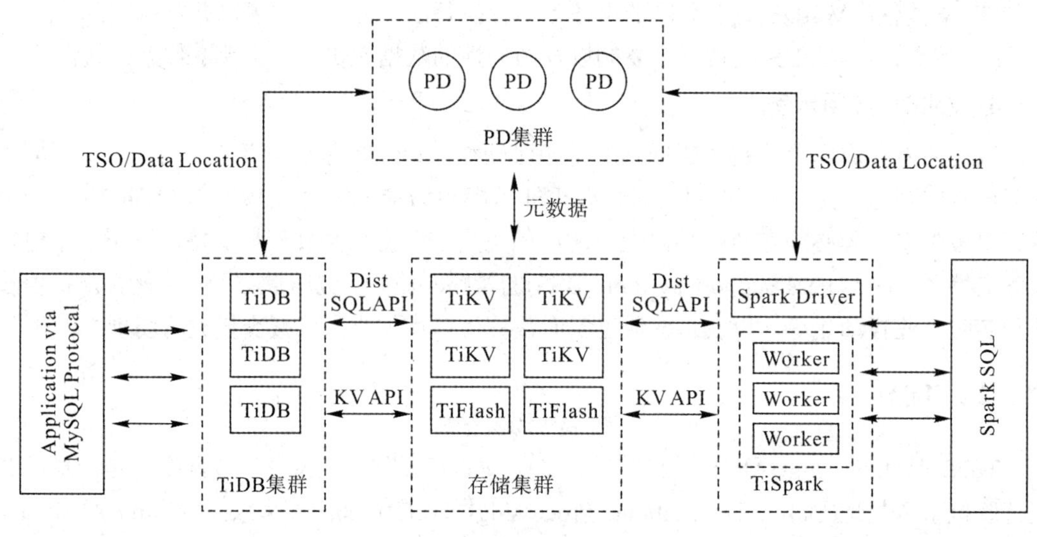

图 11-13 TiDB 架构图

(1) TiDB 集群。TiDB 集群由多个 TiDB Server 构成；TiDB Server 通过 MySQL 协议与客户端建立连接，主要职责是执行 SQL 的解析和优化，并生成分布式的执行方案。客户端与 TiDB 集群之间可以实现负载均衡，将客户端的连接均衡分摊到各个 TiDB Server 上。

(2) 存储集群。存储集群由 TiKV 和 TiFlash 组成。TiKV 负责存储数据，Region 是一个 KiTV 中数据存储的基本单元，数据会在不同的 TiKV 中备份存储，支持高可用和故障恢复，数据像 MySQL 一样是按照行存储的；TiFlash 也是存储数据的单元，但是其中的数据是按列存储的，这样就提高了一些数据分析场景的速度。

(3) PD 集群。PD 集群由多个 PD Server 组成，负责 TiDB 的全局控制。PD Server 为分布式事务生成全局 ID 和全局时间戳 TSO，存储每个存储结点的元信息，监控每个存储结点的数据分布情况。

(4) TiSpark。TiSpark 是在 Spark 的基础上开发的一个插件，将 SparkSQL 直接运行在 TiDB 存储引擎 TiKV 上，具有高效的读/写性能，可以处理复杂的、数据量庞大的计算任务。

3. TiDB 应用示例

TiDB 应用场景非常广泛，可以满足各种不同规模和需求的应用程序。

中通快递的物流链路会拆分成多个结点，每个结点都会产生大量数据。随着数据量的增大，存储和计算的问题日益凸显。中通基于 TiDB 建设实时的数据仓库，提高了 OLTP 和 OLAP 业务的性能，降低了运营成本。

传统的 MySQL 性能难以满足知乎处理“已读服务”每月新增海量数据的要求，知乎将这一服务平滑迁移到 TiDB 上，TiDB 的水平扩展特点大大提升了系统吞吐量。

本章小结

随着日常生活和科学研究的各个领域数据的持续增长，大数据的出现给数据库技术带来了很大冲击，在数据来源、数据存储和数据处理方式等方面都发生了革命性变化，使人们不得不重新考虑数据的存储和管理问题。

Apache Hadoop 是当前流行的大数据处理平台，提供了一个稳定的共享存储和分析系统。存储由 HDFS 实现，分析由 MapReduce 实现，这两点是 Hadoop 的核心所在。

虽然关系型数据库已经在业界的数据存储方面处于不可动摇的地位，但是由于其天然的数据模型的限制，如扩展困难、读/写慢、成本高和支撑容量有限等，使其很难满足大数据的存储处理需求。为了弥补关系型数据库的不足，各种不同的 NoSQL 数据库应运而生。

NoSQL 数据库是非关系的、水平可扩展的、分布式并且开源的。关系型数据库和 NoSQL 数据库与其说是相互对立或替代的，不如说是互补的。NoSQL 数据库只是对关系型数据库不擅长的某些特定处理进行了优化，而且 NoSQL 数据库种类很多，拥有各自不同的优势，因此使用时需要针对性地进行选择。本章分别介绍了几种代表性的 NoSQL 数据库：Redis、MongoDB、HBase、Neo4j。

NoSQL 数据库不支持 SQL 查询，不同的 NoSQL 数据库都有自己的查询语言，很难规范应用程序接口；另外，NoSQL 也不支持 ACID。为此，NewSQL 数据库出现了，本章介绍了其中的 VoltDB、TiDB 数据库。

习　题　11

1. 什么是大数据？大数据具有哪些特性？
2. 大数据处理技术有哪些？
3. 传统的关系型数据库管理系统在大数据时代面临哪些挑战？
4. 试述 Hadoop HDFS 原理。
5. 试述 Hadoop MapReduce 原理。
6. 举例说明大数据的几个应用案例。
7. 当前大数据处理平台的主流框架有哪些？各自有什么特点？
8. 什么是 NoSQL？举例说明当前不同类型的 NoSQL 数据库的特征。
9. 什么是 NewSQL？举例说明 NewSQL 数据库的特征。
10. 谈谈国内大数据技术的发展现状。

附录 A

上机实验指导

SQL 语言是本书的重点之一，也是学生将来从事数据库编程的基础。为更好地掌握SQL，本书安排了 10 个上机实验内容。通过实验，学生能使用一种支持三级模式的关系型数据库管理系统，用 SQL 语言完成下述操作：

- 创建基本表及索引；
- 在基本表上进行数据加载；
- 在基本表上进行各类查询；
- 对基本表和满足一定条件的视图进行存储操作；
- 实现数据的完整性和安全性管理；
- 创建存储过程和用户自定义函数。

为加深学生对关系型数据库概念的理解，也为将来使用大型的 RDBMS 打下基础，建议使用 Oracle、Microsoft SQL Server、MySQL、PostgreSQL、华为 openGauss 等 RDBMS。本附录使用的是 SQL Server 2014 个人版，附录 C 中提供了 openGauss 在虚拟机上的安装部署。

值得注意的是，不同厂商的 DBMS 所使用的 SQL 语言在标准 SQL 基础上都进行了扩充，语法差异较大，建议在上机前，仔细阅读相关手册。

上机实验一　安装和了解 SQL Server 2014

一、实验目的

学会安装和运行 SQL Server 2014，并了解其各组成部件的功能。

二、实验准备

安装前，首先要了解 SQL Server 2014 的各种版本和支持它的操作系统版本，检查计算机的软件和硬件，保证能满足安装的最小需求。

1. SQL Server 2014 各版本及说明

SQL Server 版本常用的有 Enterprise(企业版)、Standard(标准版)、Developer(开发版)、Express(个人版)。SQL Server 2014 各版本功能说明如表 A-1 所示。

表 A-1 SQL Server 2014 各版本功能说明

SQL Server 2014 各版本	说明
Enterprise (64 位和 32 位)	作为高级版本，提供了全面的高端数据中心功能，性能极为快捷，虚拟化不受限制，还具有端到端的商业智能。为关键任务工作负荷提供较高服务级别，支持最终用户访问深层数据
Business Intelligence (64 位和 32 位)	该版本提供了综合性平台，支持组织构建和部署安全、可扩展且易于管理的 BI 解决方案。它提供基于浏览器的数据浏览与可见性等卓越功能、功能强大的数据集成功能以及增强的集成管理功能
Standard (64 位和 32 位)	该版本提供了基本数据管理和商业智能数据库，使部门和小型组织能够顺利运行其应用程序并支持将常用开发工具用于内部部署和云部署，以最少的 IT 资源获得高效的数据库管理性能
Web (64 位和 32 位)	对于为从小规模至大规模 Web 资产提供可伸缩性、经济性和可管理性功能的 Web 宿主和 Web VAP 来说，该版本是一个总拥有成本较低的选择
Developer (64 位和 32 位)	该版本支持开发人员基于 SQL Server 构建任意类型的应用程序。它包括 SQL Server Enterprise 的所有功能，但有许可限制，只能用作开发和测试系统，而不能用作生产服务器。它是构建和测试应用程序人员的理想之选
Express (64 位和 32 位)	该版本是入门级的免费数据库，是学习和构建桌面及小型服务器数据驱动应用程序的理想选择。它是独立软件供应商、开发人员和热衷于构建客户端应用程序人员的最佳选择

注：从微软官网下载 SQL Server 2014 Express 进行安装，建议配置至少 6 GB 的可用磁盘空间，内存大小为 1 GB，处理器速度为 2.0 GHz 及以上。

2. SQL Server 2014 的安装

下面的安装过程将以在 Windows 7 专业版的环境下，在 SQL Server 官网下载 SQL Server 2014 Express 安装包并进行安装为例。其他版本在安装过程中显示的内容可能会有所不同，但安装数据库服务器和必要的工具主要涉及的步骤相似，具体步骤如下：

(1) 安装向导将运行 SQL Server 安装中心。若要创建新的 SQL Server 安装，请单击左侧导航区域中的“安装”，然后单击“全新 SQL Server 独立安装或向现有安装添加功能”，如图 A-1 所示。

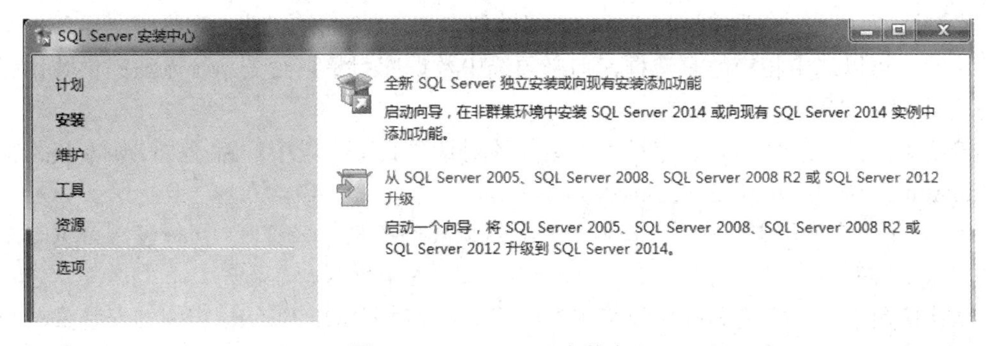

图 A-1 SQL Server 安装中心

(2) 在“许可条款”页上查看许可协议，并选中“我接受许可条款”复选框，然后单击“下一步”。

(3) 在“全局规则”窗口中，如果没有规则错误，安装过程将自动前进到“产品更新”窗口。

根据操作系统中控制面板的不同设置，可能会遇到“Microsoft 更新”页。

(4) 在“产品更新”页中，将显示最近提供的 SQL Server 产品更新。如果未发现任何产品更新，SQL Server 安装程序将不会显示该页并且自动前进到“安装安装程序文件”页面，如图 A-2 所示。安装程序将提供下载、提取和安装这些安装程序文件的进度。如果找到了针对 SQL Server 安装程序的更新，并且指定了包括该更新，则将安装该更新。

图 A-2 “安装安装程序文件”页面

(5) 在“设置角色”页上，选择“SQL Server 功能安装”选项，单击“下一步”，进入“功能选择”页面，如图 A-3 所示。

在图 A-3 中，选择要安装的组件。选择功能名称后，“功能说明”窗格中会显示每个组件的说明，可以选中相应的复选框，但必须选中数据库引擎，否则系统无法提供数据库服务功能。

若要更改共享组件的安装路径，可更新该对话框底部字段中的路径，默认安装路径为 C:\Program Files\Microsoft SQL Server\。

(6) 进入“实例配置”页面，指定是安装默认实例还是命名实例。可以使用 SQL Server 提供的默认实例，也可以自已命名实例名称，如图 A-4 所示。

默认情况下，将实例名称作为实例 ID，其用于标识 SQL Server 实例的安装目录和注册表项，默认实例和命名实例的默认方式都是如此。已安装的实例显示运行安装程序的计算机上已有的 SQL Server 实例。如果计算机上已经安装了一个默认实例，则只能安装 SQL

Server 2014 的命名实例。

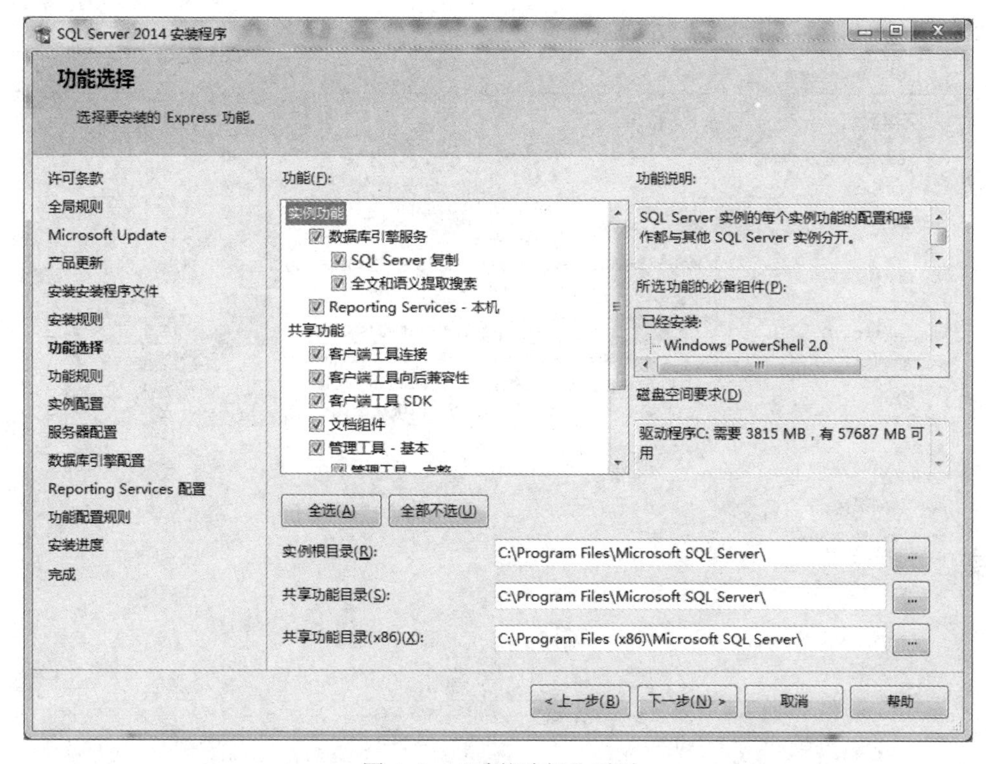

图 A-3　“功能选择”页面

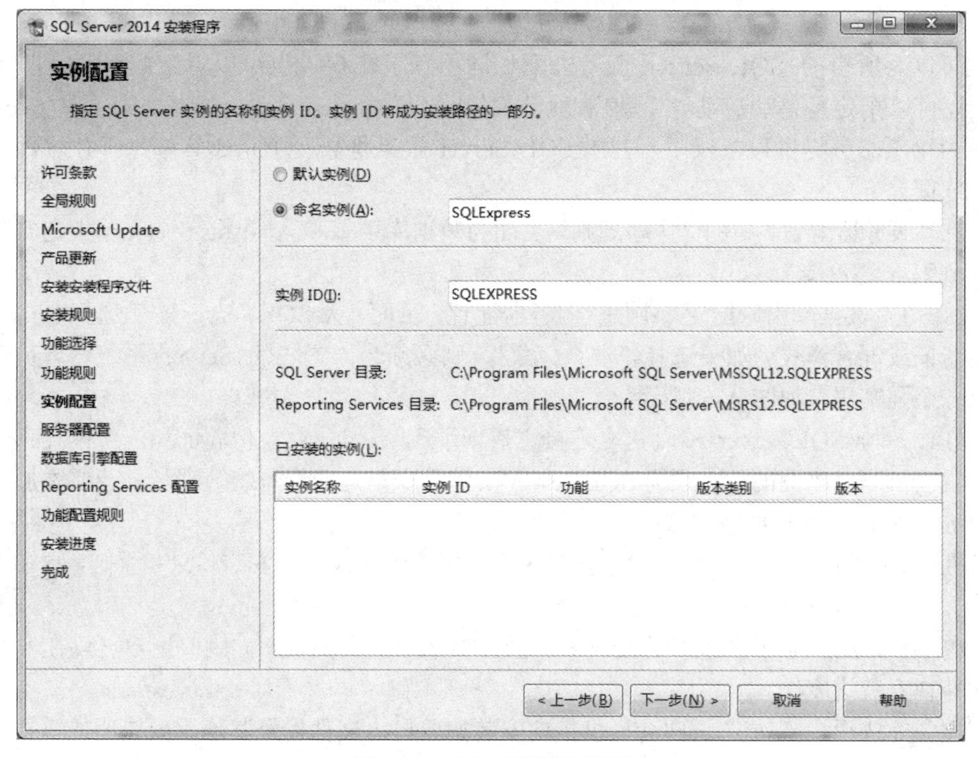

图 A-4　“实例配置”页面

(7) 使用“服务器配置”页面指定服务的登录账户。此页面上配置的实际服务取决于所选择安装的功能，如图 A-5 所示。

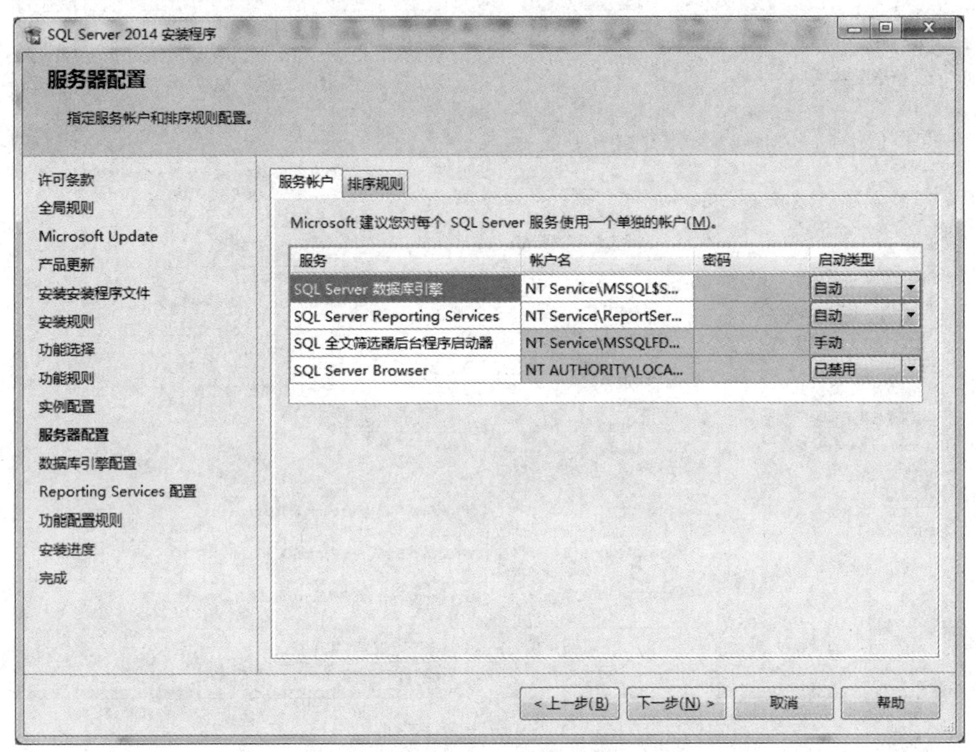

图 A-5 “服务器配置”中的“服务账户”页面

可以为所有的 SQL Server 服务分配相同的登录账户，也可以单独配置各个服务账户，还可以指定是自动启动、手动启动还是禁用服务。Microsoft 建议逐个配置服务账户，以便为每项服务提供最低权限，其中 SQL Server 服务将被授予完成其任务所必须具备的最低权限。

在“服务器配置”中的“排序规则”页面为数据库引擎和 Analysis Services 指定非默认排序规则。

(8) 在“数据库引擎配置”中的“服务器配置”页面，为 SQL Server 实例选择 Windows 身份验证或混合模式。如果选择“混合模式”，则必须为内置 SQL Server 系统管理员账户提供一个强密码，如图 A-6 所示。

在设备与 SQL Server 成功建立连接之后，用于 Windows 身份验证和混合模式身份验证的安全机制是相同的。必须为 SQL Server 实例至少指定一个系统管理员；若要添加用于运行 SQL Server 安装程序的账户，单击“添加当前用户”。

在“数据库引擎配置”中的“数据目录”页面指定非默认的安装目录；否则，单击“下一步”。

(9) 在安装过程中，“安装进度”页面会提供相应的安装状态，因此用户可以在安装过程中监视安装进度。

安装完成后，“完成”页面会提供指向安装摘要日志文件以及其他重要说明的链接。若要完成 SQL Server 安装过程，单击“关闭”，如图 A-7 所示。

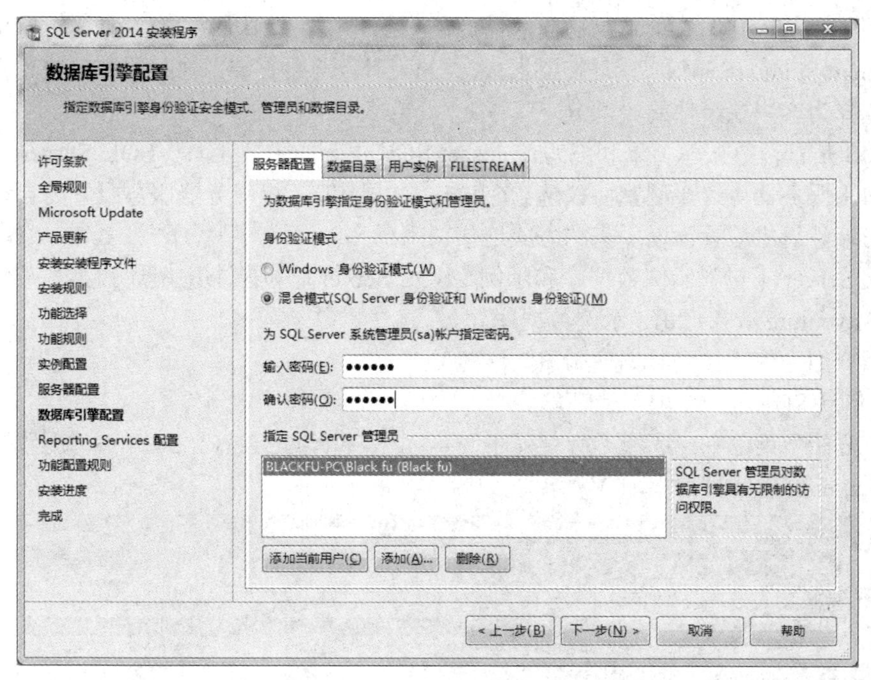

图 A-6　“功能选择”页面

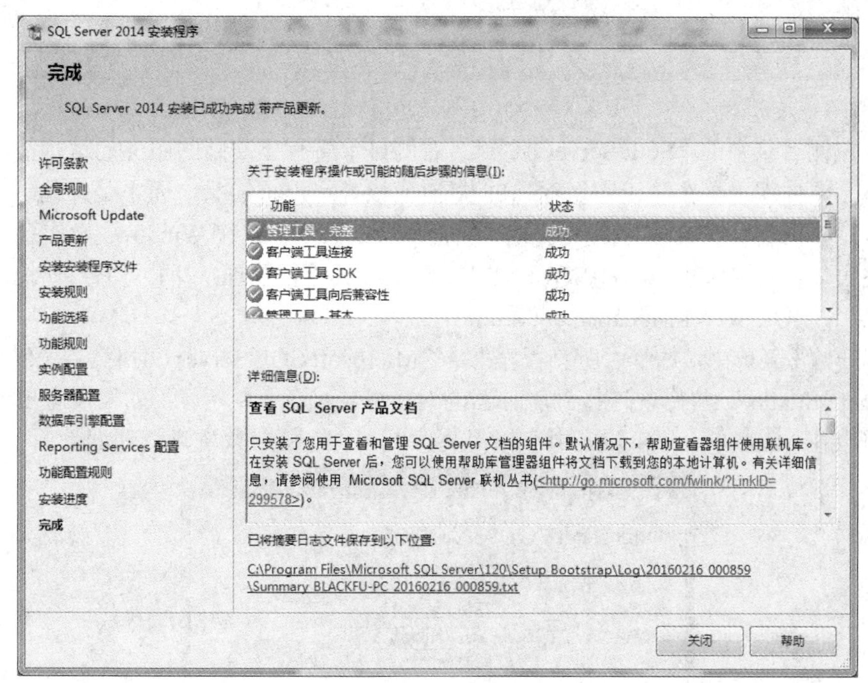

图 A-7　“完成”页面

如果安装程序指示重新启动计算机，则立即重新启动。安装完成后，务必阅读来自安装向导的消息。

3. 启动和连接数据库引擎

数据库引擎服务是个后台进程，SQL Server 提供多种管理工具对它进行操作管理，所有工具都可以从“开始”菜单上访问。需要注意的是，在默认情况下不会安装 SQL Server Management Studio (SSMS，管理控制器)之类的工具，若要安装，则必须在安装过程中将这些工具选择为客户端组件的一部分。

SSMS 是管理数据库引擎和编写 Transact-SQL 代码的主要工具。SQL Server 配置管理器可以启用服务器协议，配置协议选项(例如 TCP 端口)，将服务器服务配置为自动启动，并将客户端计算机配置为以所需的方式连接。

SQL Server 不包含示例数据库和示例，SQL Server 联机丛书中所述的大多数示例都使用的是 AdventureWorks 2012 示例数据库。

下面介绍如何连接到数据库引擎。

(1) 启动 SQL Server 配置管理器。

在“开始”菜单中，选择“所有程序”→Microsoft SQL Server 2014 →“配置工具”→“SQL Server 配置管理器(本地)”，出现如图 A-8 所示页面。

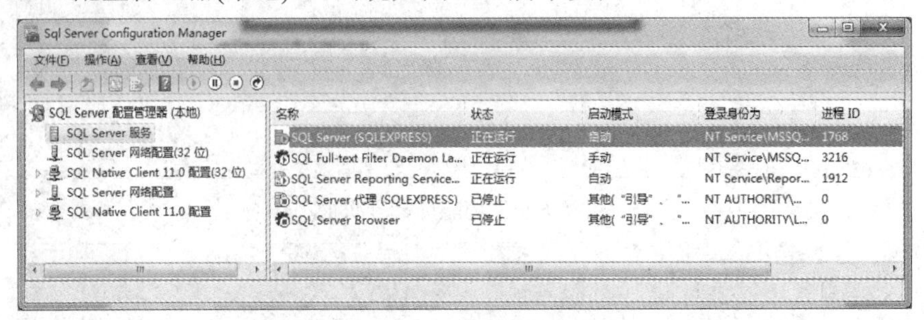

图 A-8　SQL Server 2014 配置管理器

选中左侧目录中的“SQL Server 服务”，右侧显示所有已安装的服务的运行情况。确保 SQL Server 数据库引擎在“正在运行”的状态(应该是绿色小箭头，而不是红色小方块)。

注意：如果没有安装图 A-8 所示的配置管理器工具，那么在 Windows 操作系统中的服务中，也可以选择“SQL Server(SQLEXPRESS)”服务进行管理(启动、暂停或停止)。

(2) 启动 SQL Server Management Studio。

在“开始”菜单中，选择“所有程序”→“Microsoft SQL Server 2014”→“SQL Server Management Studio”，将出现连接到服务器的对话框，如图 A-9 所示。如果没有出现该对话框，也可以在 Management Studio 中选择“文件”→“连接对象资源管理器”。

图 A-9　“连接到服务器”对话框

“服务器类型”选项中将显示上次使用的组件类型；在“服务器名称”选项中键入数据库引擎实例的名称，对于默认的 SQL Server 实例，服务器名称即为计算机名称。对于 SQL Server 的命名实例，服务器名称为 <computer_name>\<instance_name>，如图 A-9 中“BLACKFU-PC\SQLEXPRESS”实例名即为安装时命名的实例。单击“连接(C)”，进入下一步。

(3) 使用 Management Studio 组件。

SQL Server Management Studio 是自 Microsoft SQL Server 2005 起提供的新组件，它是一个用于访问、配置、管理和开发 SQL Server 所有组件的集成环境。SSMS 把 SQL Server 2005 以前版本的企业管理器和查询分析器集成到了一个单一的环境中，提供了图形界面，用于配置、监视和管理 SQL Server 的实例。此外，它还允许部署、监视和升级应用程序使用的数据层组件，如数据库和数据仓库。SQL Server Management Studio 还提供了 Transact-SQL、MDX、DMX 和 XML 语言编辑器，用于编辑和调试脚本，如图 A-10 所示。

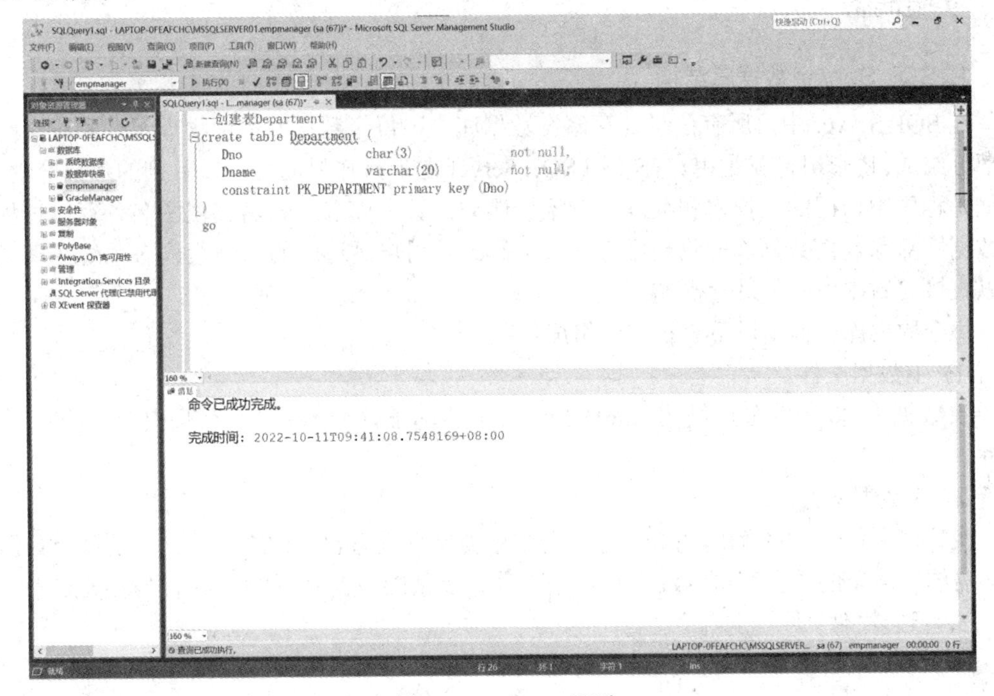

图 A-10 SSMS 界面

在图 A-10 中，数据库信息显示在左侧的对象资源管理器和文档窗口中。

对象资源管理器是服务器中所有数据库对象的树视图，它包括与其连接的所有服务器的信息。

当用户单击了工具栏中的“新建查询”窗口后，将出现文档窗口。文档窗口是 SSMS 中的右边部分，包含查询编辑器和浏览器窗口，其对应于 SQL Server 2005 以前版本中的查询分析器(Query Analilzer)。在该窗口中可以运行 SQL 命令和 SQL 脚本程序，所有的 SQL 语句都要在这里键入，通过它的图形部分还可查看语句的执行情况。

三、实验内容

按照实验准备中给出的安装步骤，完成 SQL Server 的安装。

上机实验二 创建 SQL Server 数据库和表

一、实验目的

(1) 了解 SQL Server 系统数据库和用户数据库；
(2) 掌握 SQL Server 数据库的创建方法和数据库对象；
(3) 了解 SQL Server 的数据类型；
(4) 掌握创建 SQL Server 数据表的方法。

二、实验准备

1. SQL Server 数据库结构

在 SQL Server 中，所有信息都存储在数据库中，每个数据库都由物理组件和逻辑组件两部分组成。逻辑组件就是用户在使用 SQL Server 图形操作界面时可以看到的那部分内容，也就是程序中访问的数据库和数据库对象。比如：数据库名、表名、视图名、存储过程名等数据库对象。而数据库的物理组件——文件，对用户是透明的，一般只有系统管理员才可以直接对数据库文件进行操作。

每个数据库文件由以下三种文件组成：

(1) 主数据文件。

主数据文件(文件名后缀为 .mdf)是数据库的基础，每个数据库有且仅有一个主数据文件。

(2) 次数据文件。

次数据文件(文件名后缀为.ndf)存储着主数据文件没有包括的内容。它不是每个数据库都必需的，简单的数据库可以没有次数据文件，复杂的数据库可以有多个次数据文件。

(3) 日志文件。

日志文件(文件名后缀为.ldf)记录着事务日志信息，每个数据库必须至少有一个日志文件。

2. SQL Server 的四个系统数据库及其作用

SQL Server 的四个系统数据库为：Master、Model、Tempdb 和 Msdb，它们是正常运行 SQL Server 所必需的，不能删除和随意修改。

(1) Master。

Master 是 SQL Server 的主数据库，保存着 SQL Server 所有的系统级信息，包括登录信息和所有的系统配置信息。它还记录着所有用户数据库和主数据文件的位置，确保用户数据库的初始化。

(2) Model。

Model 是创建新数据库的模板数据库，当用户新建数据库时，就将 Model 数据库拷贝到新数据库中。可以自定义 Model 数据库，任何对 Model 数据库的修改都将在以后新建数据库中体现出来。

(3) Tempdb。

Tempdb 是临时数据库，是为临时表和其他临时工作提供的一个临时存储区域，每次打开 SQL Server，Tempdb 数据库都会重建。

(4) Msdb。

Msdb 数据库由 SQL Server 代理，用于计划报警和作业以及其他功能(如 SQL Server Management Studio、Service、Broker 和数据库邮件)。

3. SQL Server 的常用数据类型

下面介绍几种 SQL Server 的常用数据类型：

(1) 字符型数据。

SQL Server 提供了三种字符型数据类型：CHAR、VARCHAR 和 TEXT，其可以存储的数据包括：大写或小写字母、数字和特殊字符，例如：?、*、@ 等。

① CHAR[(*n*)]：表示一个长度为 *n* 的固定长度字符串，其中 *n* 最大可以是 8000。

例如：用户定义一个字段为 CHAR(10) NOT NULL，如果存储的字符不足 10 个字符，如："abcdf"，则 SQL Server 将该字符存储为"abcdf   "，即不足 10 个字符部分用空格补齐。如果要存储的字符长度超过允许的字符串长度，那么在执行插入语句时，会导致执行错误。

② VARCHAR[(*n*)]：表示一个长度为 *n* 的可变长度字符串，其中 *n* 的最大值是 8000。

VARCHAR 的使用与 CHAR 数据类型相似，只是它的存储空间与字符串的实际长度相同。

③ TEXT：如果要存储的字符串超过了 8000 个，则可以使用 TEXT 数据类型。

TEXT 字符串是存储在数据记录以外的大型字符串，长度最大可达 2GB。在数据记录中，只包含了一个 16 B 的文本指针，指向实际的存储数据。

(2) 整型数据类型。

整型数据类型用来存储精确的数字值，包括以下四类：

① BIGINT：是 SQL Server 2000 新增的数据类型，存储空间为 8B，共 64 位，其中 63 位用来存储数值，一位用来存储数值的正负号，能够存储 -2^{63}(−9 223 372 036 854 775 808)～$2^{63}-1$(9 223 372 036 854 775 807)之间的数字。

② INT：存储空间为 4 B，共 32 位，其中 31 位用来存储数值，一位用来存储数值的正负号。可以存储从 -2^{31}(−2 147 483 648)～$2^{31}-1$(2 147 483 647)之间的数字。

③ SMALLINT：存储空间为 2B，共 16 位，其中 15 位用来存储数值，一位用来存储数值的正负号。可以存储从 -2^{15}(−32 768)～$2^{15}-1$(32 767)之间的数字。

④ TINYINT：存储空间为 1 B，共八位，用来存储从 0～255 之间的数字。

整型对象或表达式可用于所有的数学操作，执行数学操作后，由这些操作生成的小数部分都将被直接舍去，而不是四舍五入。

(3) 精确数据类型。

精确数据类型包括 DECIMAL 和 NUMERIC 两种。在 T-SQL 中，DECIMAL 与 NUMERIC 在功能上等效。

一般使用此数据类型的表达式为 DECIMAL(*p*, *s*)，其中，*p* 为指定精度或对象能够控制的数字个数；s 为指定可放在小数点右边的小数位数或数字个数。

p 和 s 必须满足以下规则：$0 \leqslant s \leqslant p \leqslant 38$。

(4) 浮点数据类型。

浮点数据类型包括 FLOAT 和 REAL 两种，它们所存储的并不是数字指定的精确值，而是这些值的近似值，所以在字段定义中很少使用。

① FLOAT[(n)]：可以存储从 -1.79E + 308～1.79E + 308 之间的所有浮点数。如果 $0 \leqslant n \leqslant 24$，则精度为七个有效数字，存储空间为 4B；如果 $25 \leqslant n \leqslant 53$，则精度为 15 个有效数字，存储空间为 8 B。

② REAL：存储范围为 -3.40E + 38～3.40E + 38，存储空间为 4 B。

(5) 货币型数据类型。

货币型数据类型包括 MONEY 和 SMALLMONEY 两种。

① MONEY 数据类型存储 -922 337 203 685 477.580 8～922 337 203 685 477.580 7 之间的数值，存储空间为 8 B，前 4B 表示货币值的整数部分，后 4 B 表示货币值的小数部分。

② SMALLMONEY 数据类型存储 -214 748.364 8～214 748 364 7 的数值，存储空间为 4 B。

(6) 日期时间型数据类型。

日期时间型数据类型包括 DATETIME 和 SMALLDATETIME 两种，用来存储日期和时间的组合数据。用户可使用 SQL Server 提供的函数直接进行日期时间的运算，比如：两个日期的远近比较、日期值的计算等。

① DATETIME：可以存储从 1753 年 1 月 1 日到 9999 年 12 月 31 日之间的所有的时间，精确度为 1/300 s，需要 8 B 存储空间。

② SMALLDATETIME：可以存储从 1900 年 1 月 1 日到 2079 年 12 月 31 日之间的所有的时间，精确度为 1 s。需要 4 B 存储空间。

(7) 统一字符编码型(UNICODE)数据类型。

统一字符编码型数据类型使用当前最新的 Unicode 编码数据而设定。ASCII 码使用一个字节编码每个字符，故最多只能表示 256 个不同的字符。而 Unicode 编码提供采用双字节编码每个字符的方法，最多可提供 65 536 个双字节字符，解决了像中文、日文汉字、韩文等双字节字符的存储问题。

支持双字节的数据类型有：NCHAR、NVARCHAR、NTEXT，它们的属性和用法分别与 CHAR、VARCHAR、TEXT 的用法相同，但存储 UNICODE 字符所需要的空间更大，所以 NCHAR 和 NVARCHAR 数据类型最多只可存储 4000 B。

(8) 布尔数据类型。

SQL Server 的布尔数据类型(BIT)的取值只能为 1、0 或空值。该数据类型用于存储只有两种可能值的数据，如 Yes 或 No、True 或 False、On 或 Off 等。

三、实验内容

1. 进入 SQL Server 2014 管理控制器

打开 SQL Server Management Studio(SSMS)，具体步骤如下：

(1) 确保 Microsoft SQL Server 服务已启动，打开 SQL Server 2014 程序组的“SQL Server Management Studio”(该过程详细操作步骤参见实验一)。

(2) 单击 SSMS 左边“对象资源管理器”树视图中的 SQL Server Group(服务组)，使其展开，再展开服务组下面的 SQL Server 服务器(安装 SQL Server 时的服务器名)。

(3) 展开“数据库”，用户可以看到 SQL Server 自带的四个系统数据库。

2. 创建 GradeManager 的数据库

在“管理控制器”中创建 GradeManager 数据库的步骤如下：

(1) 选中“数据库”(Database)，单击鼠标右键，在弹出菜单中选择“新建数据库……”(New Database…)。

(2) 在随后出现的“新建数据库”对话框的“名称”一栏，输入数据库名 GradeManager，也可通过“新建数据库”对话框更改数据库文件的存放路径(默认情况下，用户所建的数据库文件存放在 Microsoft SQL Server 安装目录的..\MSSQL\DATA\下)。几秒钟后在 Database 一栏中可以看到新建的数据库。

(3) 展开新建的数据库，会发现数据库中已经出现了以下目录结构(称之为数据库对象)：

- 数据库关系图
- 表
- 视图
- 同义词
- 可编程性
  - 存储过程
  - 函数
  - 数据库触发器
  - 程序集
  - 类型
  - 规则
  - 默认值
- 存储
- 安全性
  - 用户
  - 角色
  - 架构

新建数据库的这些对象，都是从 Tempdb 数据库中复制而来的。

3. 创建表

在 GradeManager 数据库中创建表的步骤如下：

(1) 打开“查询编辑器”。在 SSMS 中单击工具栏中的“新建查询”，出现查询编辑器窗口。

(2) 在工具栏的数据库下拉选择框中，选中 GradeManager，使之成为当前操作的数据库，在编辑框中键入下列 SQL 语句，创建 Worker 表：

```
Create Table Worker
        (Wno CHAR(4)   NOT NULL UNIQUE,
        Wname CHAR(8) NOT NULL,
        Sex CHAR(2) NOT NULL,
        Birthday DATETIME);
```

(3) 按下编辑框上方图形菜单中的红色“执行”按钮，执行编辑框中的 SQL 语句。

(4) 清空上面的 SQL 语句，然后输入：

```
SELECT * FROM Worker;
```

(5) 按下编辑框上方图形菜单中的红色“执行”按钮，执行 SELECT 语句，可以看到查询结果，但表中数据为空。

(6) 在 SSMS 中展开数据库→展开 GradeManager 数据库→选中 Table，右击鼠标→选择刷新，可以看到右边出现了新建的 Worker 表。

(7) 选中 Worker 表，右击鼠标→选中“编辑前 200 行”，可以看到 Worker 表中记录为空，此时可以图形化地输入表中的数据。

四、实验报告内容

1. SQL Server 的物理数据库文件有几种，后缀名分别是什么？

2. SQL Server 中有哪几种整型数据类型？其占用的存储空间分别是多少？取值范围分别是什么？

上机实验三　基本表的建立和修改

一、实验目的

(1) 通过建立基本表并向表中输入记录，加深对关系数据模型中型和值这两个概念的理解；

(2) 掌握对基本表的修改、删除和建立索引等基本操作。

二、实验准备

(1) 复习 3.2 节和 3.3 节中关于基本表、索引的创建、删除和修改操作的相关知识；

(2) 复习 CREATE TABLE、CREATE INDEX、ALTER TABLE、DROP TABLE 等命令的用法；

(3) 复习 INSERT、UDPATE、DELETE 等命令的用法；

(4) 准备习题 3 中第 11 题的各项操作的 SQL 语句。

三、实验内容

(1) 启动 Microsoft SQL Server 服务，打开 SQL Server Management Studio(SSMS)；

(2) 用 CREATE TABLE 命令在实验二创建的 GradeManager 数据库中定义基本表：学生表(Student)、课程表(Course)，利用 SSMS 的图形化功能建立班级表(Class)以及成绩表(Grade)，表结构见习题 3 中第 10 题的表 3-5；

(3) 验证习题 3 中第 11 题的各项操作。

四、实验报告内容

(1) 写出用 CREATE TABLE 语句对习题 3 第 10 题的四个基本表的 SQL 定义；

(2) 写出习题 3 中第 11 题中的各项操作的 SQL 语句；

(3) 在定义基本表语句时，NOT NULL 参数的使用有何作用？

上机实验四 SELECT 语句基本格式的使用

一、实验目的

掌握 SELECT 的基本使用格式，实现 SQL Server 对表作简单查询。

二、实验准备

(1) 复习 3.4 节中 SELECT 语句的基本使用格式；

(2) 复习 SQL 中五种集函数：AVG、SUM、MAX、MIN、COUNT 的用法；

(3) 准备习题 3 中第 12 题中的各项操作的 SQL 语句。

三、实验内容

(1) 验证习题 3 中第 12 题中的各项操作的 SQL 语句；

(2) 验证以下语句是否正确：

```
SELECT Eno，Basepay，Service
FROM Salary
WHERE Basepay<AVG(Basepay)
```

四、实验报告内容

(1) 写出习题 3 中第 12 题中的各项操作的 SQL 语句；

(2) 本实验的实验内容 2 中的 SQL 语句是否正确？如果不正确，试写出正确的语句表达式；

(3) 什么情况下需要使用关系的别名？别名的作用范围是什么？

上机实验五　SELECT 语句高级格式和完整格式的使用

一、实验目的

掌握 SELECT 语句的嵌套使用方法，实现 SQL Server 对表作复杂查询。

二、实验准备

(1) 复习 3.4 节中 SELECT 语句的高级格式和完整格式的使用方法；
(2) 了解库函数在分组查询中的使用规则；
(3) 准备习题 3 中第 13 题、第 14 题的各项操作的 SQL 语句。

三、实验内容

验证习题 3 中第 13 题、第 14 题中的各项操作的 SQL 语句。

四、实验报告内容

(1) 写出习题 3 中第 13 题、第 14 题的各项操作的 SQL 语句。
(2) 在使用存在量词[NOT] EXISTS 的嵌套查询时，何时外层查询的 WHERE 条件为真？何时为假？
(3) 用 UNION 或 UNION ALL 将两个 SELECT 命令结合为一个时，结果有何不同？
(4) 当既能用连接词查询又能用嵌套查询时，应该选择哪种查询较好？为什么？
(5) 库函数能否直接使用在 SELECT 选取目标、HAVING 子句、WHERE 子句和 GROUP BY 子句的列名中？

上机实验六　SQL 的存储操作

一、实验目的

掌握用交互式 SQL 语句对已建基本表进行存储操作：修改、删除、插入，加深对数据的完整性的理解。

二、实验准备

(1) 复习数据的完整性，在进行数据的修改、删除、插入时，要注意保持数据的一致性；
(2) 复习 3.5 节中 UPDATE、DELETE、INSERT 语句与子查询结合使用的知识；
(3) 准备习题 3 中第 15 题的各项操作的 SQL 语句。

三、实验内容

(1) 验证习题 3 中第 15 题的各项操作的 SQL 语句；

(2) 把所有工程师的基本工资(Basepay)增加 100，试一试以下的 UPDATE 语句对不对：

```
UPDATE Salary
SET Basepay=Basepay+100
WHERE Eno IN
              ( SELECT Eno
                FROM Employee
                WHERE Title='工程师')
```

四、实验报告内容

(1) 写出习题 3 中第 15 题的各项操作的 SQL 语句；

(2) 判断本实验的实验内容 2 的 SQL 语句正确与否，如果不正确，请写出正确的语句表达式；

(3) DROP 命令和 DELETE 命令的本质区别是什么？

上机实验七　视图的建立及操作

一、实验目的

掌握创建、删除和查询视图的方法，验证可更新视图和不可更新视图。

二、实验准备

(1) 复习 3.6 节中的视图内容；

(2) 准备习题 3 中第 16 题的各项操作的 SQL 语句；

(3) 了解可更新视图和不可更新视图。

三、实验内容

(1) 验证习题 3 中第 16 题的各项操作的 SQL 语句；

(2) 建立一个名为 Class_grade 的视图，用来反映每个班的所有选修课的平均成绩，并对其进行更新操作。

四、实验报告内容

(1) 写出习题 3 中第 16 题的各项操作的 SQL 语句；

(2) 在本实验的实验内容 2 中创建的视图能否进行更新？为什么？

上机实验八　完整性约束的实现

一、实验目的

(1) 掌握 SQL 中实现数据完整性的方法，加深理解关系数据模型的三类完整性约束含义；

(2) 掌握触发器的概念、作用和创建方法。

二、实验准备

(1) 复习 4.1 节完整性约束的 SQL 定义内容；

(2) 了解 SQL Server 中实体完整性、参照完整性和用户自定义完整性的实现手段；

(3) 准备习题 4 中第 11 题的四个表结构的 SQL 定义；

(4) 复习 4.2 节 SQL 中的触发器内容；

(5) 了解 SQL Server 中触发器的创建方法，掌握触发器中临时视图 INSERTED 和 DELETED 的使用方法；

(6) 准备习题 4 中第 12 题～第 15 题的触发器编程。

三、实验内容

(1) 验证习题 4 中第 11 题的四个表结构的 SQL 定义；

(2) 创建习题 4 中第 12 题～第 15 题的触发器，并验证其正确性。

四、实验报告内容

(1) 写出习题 4 中第 11 题的四个表结构的 SQL 定义语句；

(2) 简述 SQL Server 提供了哪些方法来实现实体完整性、参照完整性和用户自定义完整性；

(3) 写出习题 4 中第 12 题～第 15 题触发器的 SQL 定义语句；

(4) 触发器的作用是什么？有什么优点？

上机实验九　安全性的实现

一、实验目的

(1) 理解 SQL Server 下的安全性机制；

(2) 掌握设计和实现数据库级的安全保护机制的方法；

(3) 掌握设计和实现数据库对象级安全保护机制的方法。

二、实验准备

(1) 复习 4.3 节 SQL Server 下的安全性机制的内容；
(2) 准备习题 4 中第 17 题、第 18 题的 SQL 语句。

三、实验内容

(1) 习题 4 中的第 17 题、第 18 题，并验证其安全机制的正确性；
(2) 在 SSMS 中展开 GradeManager 数据库，展开用户，查看用户的安全机制的设定。

四、实验报告内容

写出习题 4 中第 17 题、第 18 题的 SQL 语句，并给出验证过程。

上机实验十　创建存储过程和用户自定义函数

一、实验目的

(1) 掌握存储过程和用户自定义函数的概念、作用；
(2) 掌握存储过程的定义和执行方法；
(3) 掌握用户自定义函数的定义和调用方法。

二、实验准备

(1) 复习存储过程的内容；
(2) 复习用户自定义函数的内容；
(3) 了解 SQL Server 中 T-SQL 语言基础；
(4) 了解 SQL Server 中存储过程和用户自定义函数的定义和执行方法；
(5) 准备习题 5 中第 17 题～第 20 题的存储过程和用户自定义函数编程。

三、实验内容

(1) 创建习题 5 中第 17 题～第 19 题的存储过程，并执行该存储过程以验证其正确性；
(2) 创建习题 5 中第 20 题的用户自定义函数，并调用函数以验证其正确性。

四、实验报告内容

(1) 写出习题 5 中第 17 题～第 19 题存储过程的 SQL 定义语句及执行验证语句；
(2) 写出习题 5 中第 20 题用户自定义函数的 SQL 定义语句及函数调用验证语句；
(3) 存储过程的作用是什么？有什么优点？
(4) 存储过程与函数的区别是什么？

附录 B

PowerDesigner 入门实验

一、实验目的

(1) 通过阅读和分析应用实例“职工项目管理系统”，了解和熟悉 PowerDesigner (PD)的概念数据模型(Conceptual Data Model，CDM)及其相关知识；

(2) 掌握运用 PowerDesigner 工具建立 CDM 的方法；

(3) 初步掌握 PowerDesigner CDM 生成相应的物理数据模型(Physical Data Model，PDM)和对象模型(Object-Oriented Model，OOM)的方法。

二、实验环境

准备一台安装了 PowerDesigner 12.5 以上版本和 SQL Server 2014 以上版本的计算机。本实验中使用的是 PowerDesigner 16.7 和 SQL Server 2014。

三、实验步骤

1. 创建“职工项目管理系统”的 CDM

(1) 打开 PowerDesigner，如图 B-1 所示。

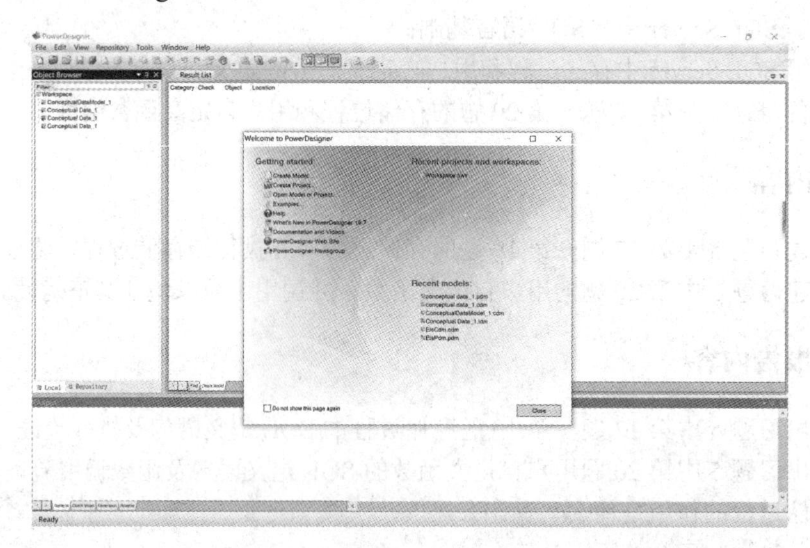

图 B-1　打开 PowerDesigner

(2) 单击 PowerDesigner 主界面中的“Create Model...”，出现新建模型对话框，选择“Conceptual Data”，新建一个概念数据模型，命名为 EisCdm(职工项目管理系统，即 Employee Item Management System，Eis)，如图 B-2 所示。

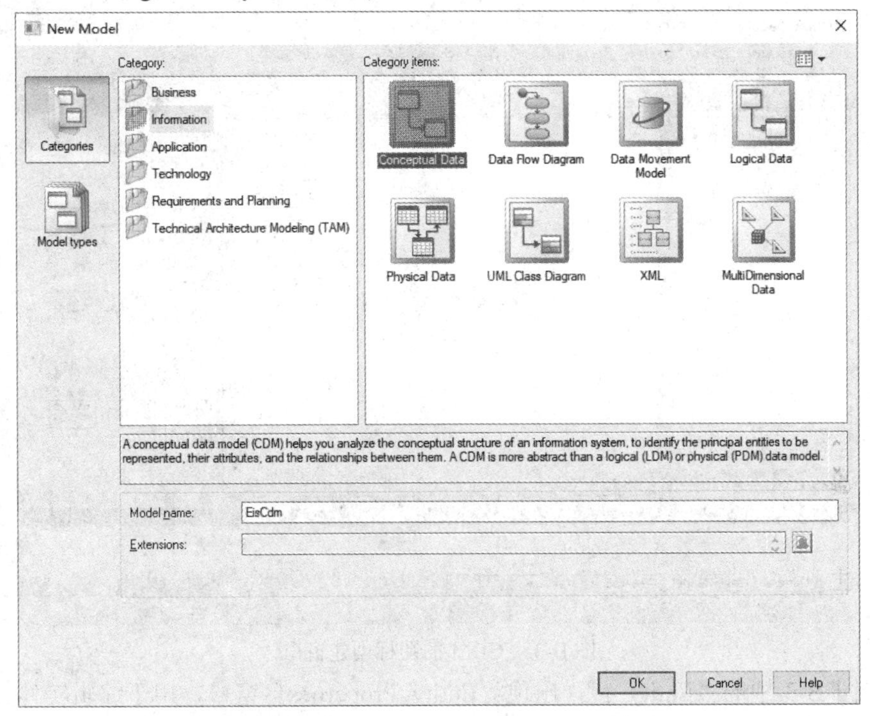

图 B-2　新建名为 EisCdm 的概念数据模型

在 PowerDesigner 主界面中，左边的树视图中的 Browser 提供了当前的 Workspace 层次结构，根结点为 Workspace 结点，Workspace 中可以包含目录(Folder)、模型(Model)、多模型报告(Multi-Model Report)，其中模型可以是各种 PowerDesigner 系统支持的模型类型。

一般用户都会将需要构建的目标系统中的各种模型、文档及报告放在同一个 Workspace 中，以便于模型设计与管理。PowerDesigner 工作时只能有一个 Workspace 处于打开状态，如果要新建另一个 Workspace，则必须先关闭当前的 Workspace。

图 B-2 中左侧的 Information 文件夹中，各模型的中文含义如下：

① Conceptual Data (CDM)：概念数据模型。CDM 描述了与任何软件或数据存储系统都无关的系统数据库的整体逻辑结构。

② Data Flow Diagram(DFD)：数据流图。

③ Data Movement Model：数据移动模型。

④ Logical Data (LDM)：逻辑数据模型。LDM 是用于定义逻辑结构的数据库设计工具。

⑤ Physical Data (PDM)：物理数据模型。PDM 是用于定义详细物理结构和数据查询的数据库设计工具。

⑥ UML Class Diagram：UML 类图。

⑦ XML ：XML 模型。

⑧ MultiDimensional Data：数据仓库多维数据模型。

(3) 创建职工实体集 Employee 及其属性。

在图 B-2 中单击“OK 按钮”，系统切换到 CDM 的图标创建窗口，其右侧为 CDM 的创建工具面板，单击其中的“Entity”(实体)工具，将其拖放到窗口空白处，即可建立一个新的实体集，如图 B-3 所示。

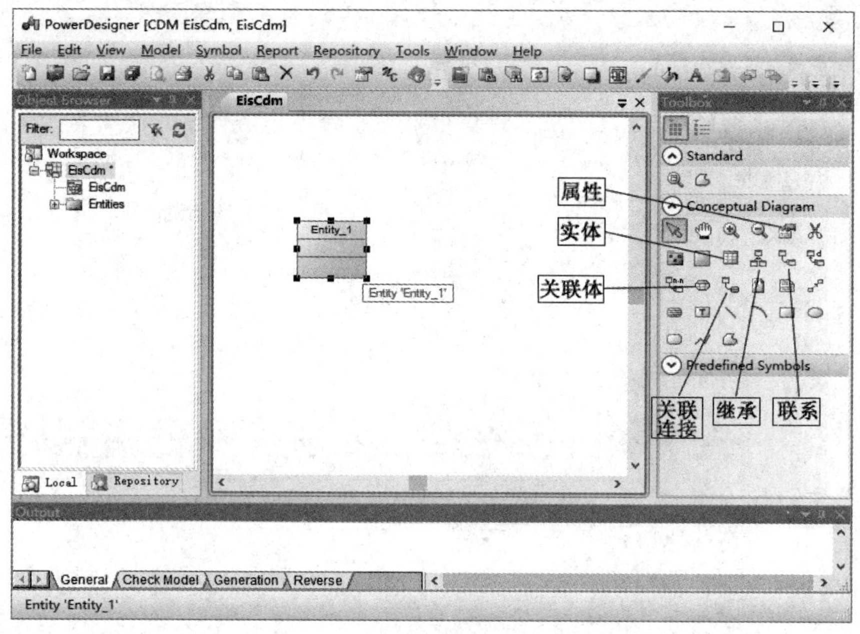

图 B-3 CDM 的图标创建窗口

双击图 B-3 中的“Entity_1”，出现“Entity Properties”窗口，用于编辑实体集的名称和属性等。图 B-4 是实体集的“General”选项卡，将 Name 和 Code 改成“Employee”，Code 是编程中使用的实体名称，Comment(备注)可写可不写。

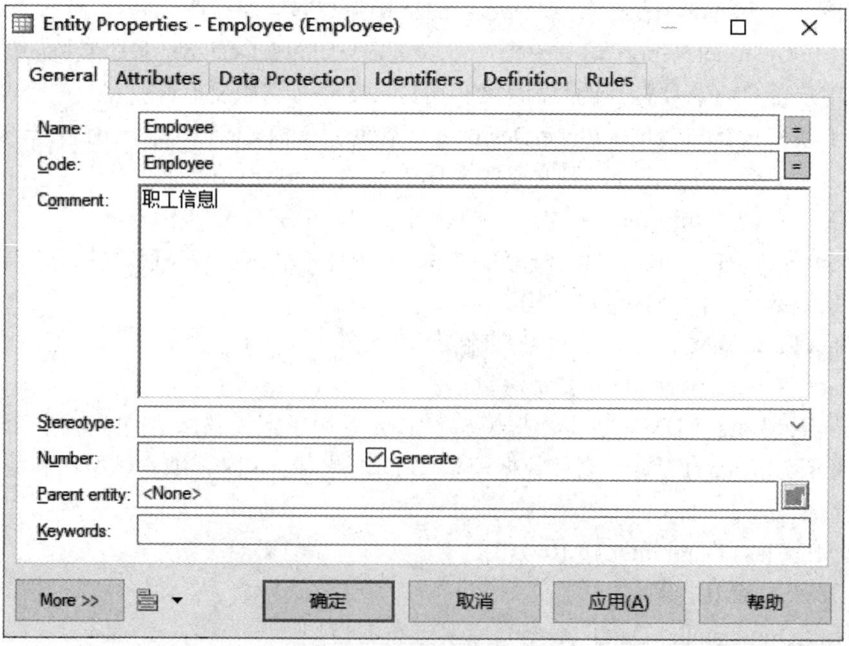

Entity Properties - Employee (Employee)

General | Attributes | Data Protection | Identifiers | Definition | Rules

Name: Employee

Code: Employee

Comment: 职工信息

Stereotype:

Number: ☑ Generate

Parent entity: <None>

Keywords:

More >> | 确定 | 取消 | 应用(A) | 帮助

图 B-4 创建 Employee(职工)实体集

图 B-5 是“Attributes”选项卡，定义实体集的各个属性，包括 Name(名称)、Code(编程用名称)、Data Type(数据类型)、Domain(域)、Mandatory(是否强制)、Primary Identify(是否为主标识符)、Displayed(是否显示)等。

标识符是实体中一个或多个属性的集合，可用来唯一标识实体中的一个实例。

每个实体都必须至少有一个标识符。如果实体只有一个标识符，则它为实体的主标识符；如果实体有多个标识符，则其中一个被指定为主标识符，其余的标识符就是次标识符。

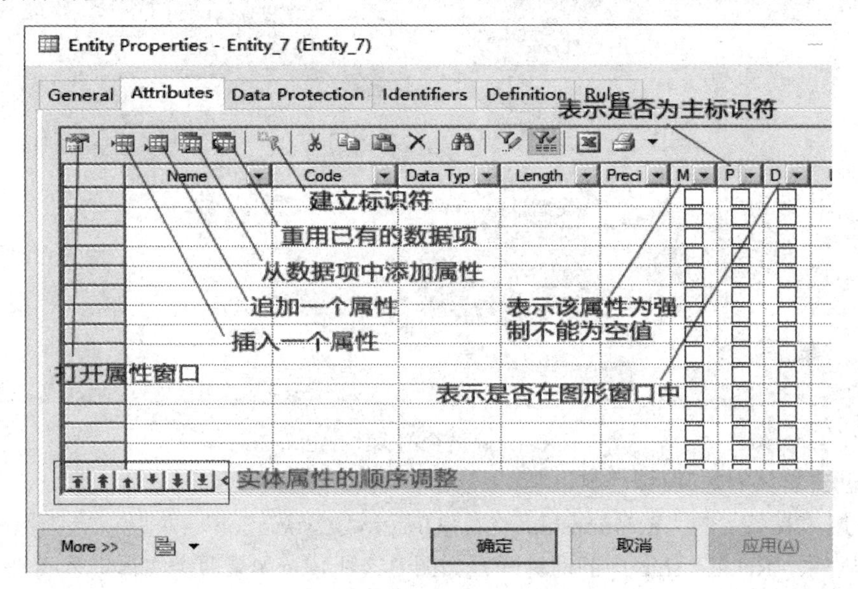

图 B-5　“Attributes”属性窗口

图 B-6 是职工实体集 Employee 中各属性的定义情况，其中属性 Eno 为主标识符(主标识符被强制不能为空)，Ename 不能为空，所有的属性都将在图表窗口中显示。

Entity Properties - Employee (Employee)

Rules　Related Diagrams　Dependencies　Traceability Links　Version Info
General　Attributes　Data Protection　Identifiers　Mapping　Definition

	Name	Code	Data Type	Len	Preci	M	P	D	Domai
1	Eno	Eno	Characters (4)	4		☑	☑	☑	<None>
2	Ename	Ename	Variable characters (20)	20		☑	☐	☑	<None>
3	Identity_card	Identity_ca	Characters (18)	18		☑	☐	☑	<None>
4	Sex	Sex	Characters (2)	2		☐	☐	☑	<None>
5	DOB	DOB	Date			☐	☐	☑	<None>
6	Is_marry	Is_marry	Characters (2)	2		☐	☐	☑	<None>
7	Title	Title	Characters (10)	10		☐	☐	☑	<None>

<< Less　确定　取消　应用(A)　帮助

图 B-6　职工实体集 Employee 的属性定义

(4) 创建实体集部门、项目，及其属性。

图 B-7 是四个实体集 Employee、Salary、Item、Department 的 EisCdm 的定义情况。

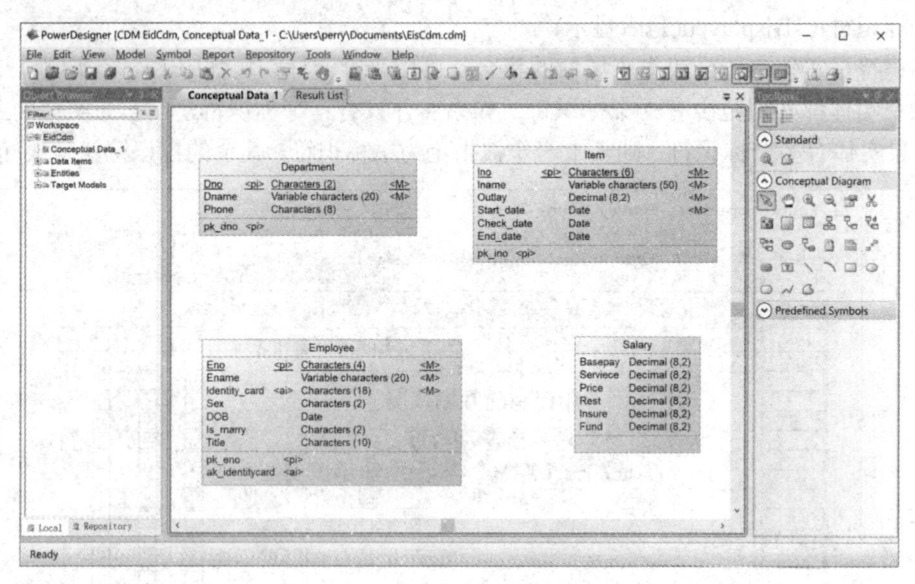

图 B-7 系统全部实体的定义

(5) 创建实体间的联系。

可以用工具条中的“Relationship”(联系)或者“Association”(关联)来创建实体或者实体集间的联系，Relationship 中的四种联系如图 B-8 所示。如果两个实体集之间是多对多联系，并且联系集本身也有属性，那么就需要使用 Association 工具。

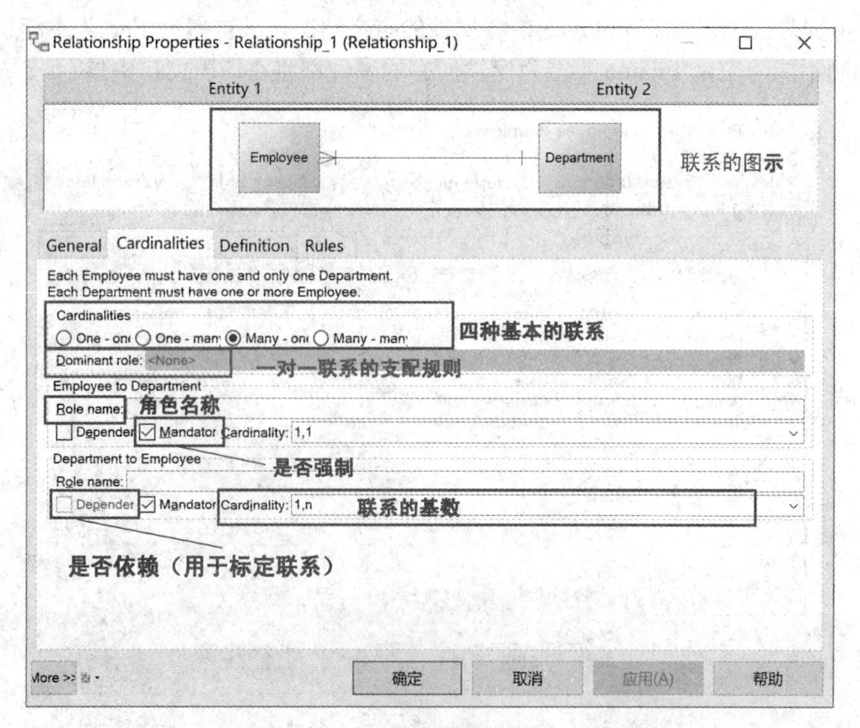

图 B-8 Employee 与 Department 之间多对一联系的定义

图 B-8 定义了 Employee 职工实体集和 Department 部门实体集之间多对一的联系，在职工对部门和部门对职工的联系中，都被定义了强制的(Mandatory)联系，即一个 Employee 职工实体必须对应一个 Department 部门实体，一个 Department 部门实体必须有职工且可以对应多个 Employee 职工实体。从图 B-8 可以看出，实体间的联系有四种类型：One-one(一对一)、One-many (一对多)、Many-one(多对一)和 Many-many(多对多)。

图 B-9 是定义了实体集间所有联系的 CDM 图。其中 Employee 职工实体集跟 Salary 薪水实体集之间是一对一的 Pay 支付联系，一个职工实体必须至少对应一个薪水实体，一个薪水实体也必须至少对应一个职工实体。Employee 职工实体集与 Department 部门实体集之间有一个多对一的 Include 包含联系，一个职工只能并且至少属于一个部门，一个部门可以有多个职工；Employee 职工实体集与 Department 部门实体集之间还有一个一对一的 Manage 管理联系，一个职工可以至多管理一个部门，也可以不管理任何部门，一个部门至多由一个职工来管理。Employee 职工实体集与 Item 项目实体集之间是多对多的 Join 参与联系，并且属性 IEno 表示职工在项目中的排名，所以用了弱实体表示这个多对多联系。

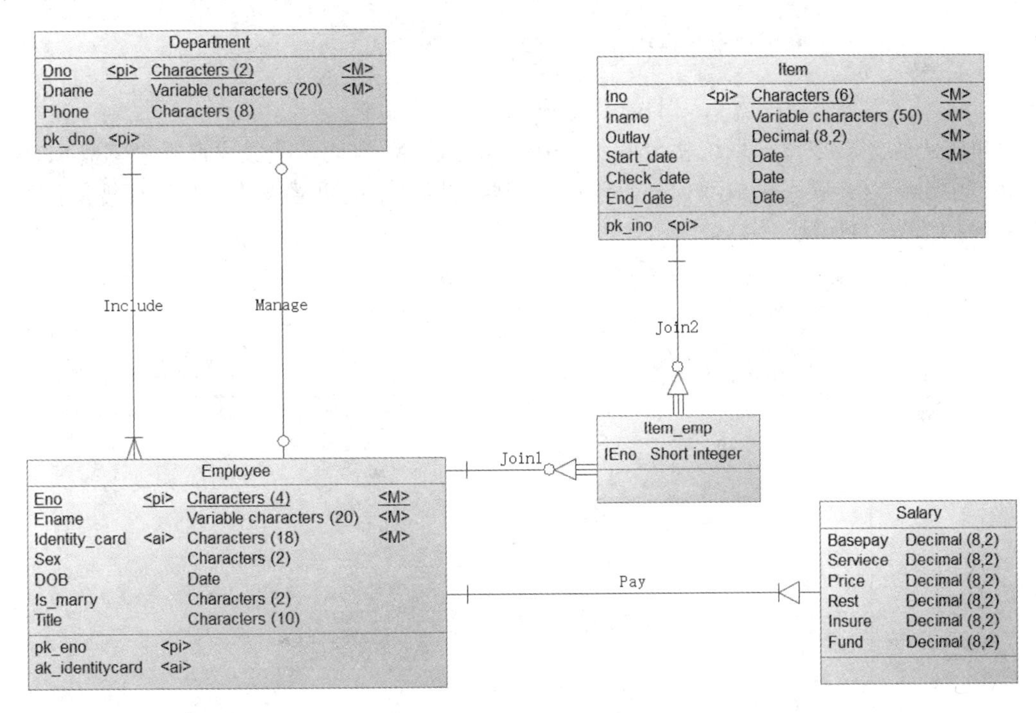

图 B-9　添加了实体集间联系的 CDM

(6) 生成 CDM。

EisCdm 的实体集和属性定义已结束，还可以继续定义其他数据对象，比如：域、业务规则等，在此不再叙述，读者如有需要可参考其他相关 PowerDesigner 参考书。

2. 将 CDM 转化为 LDM

在 PowerDesigner 主菜单中选择 Tools→Generate Logical Data Model，出现生成 LDM 的选项对话框，如图 B-10 所示。

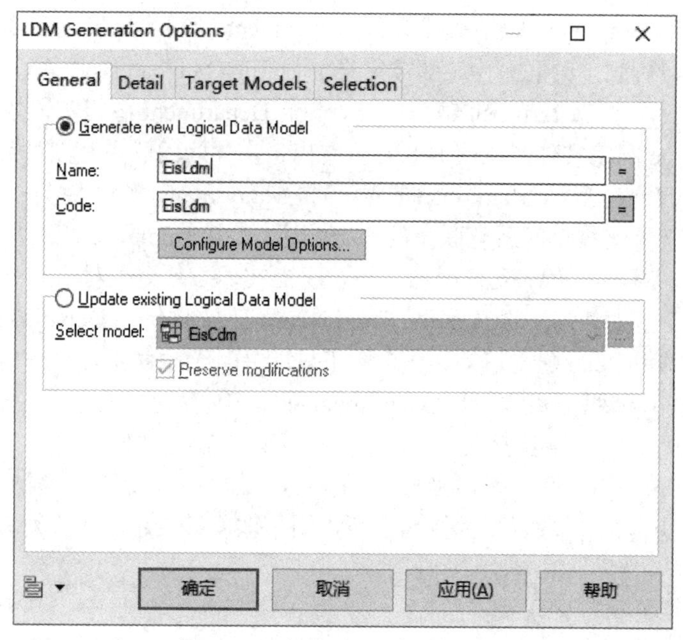

图 B-10 生成 LDM 选项对话框

单击“确定”按钮，系统就会将在 1 中生成的 CDM 自动转换成逻辑概念模型 LDM，此处，由于一对一联系生成双向外码连接，需要去掉多余的重复表达，故进行规范化设计的 LDM 如图 B-11 所示。

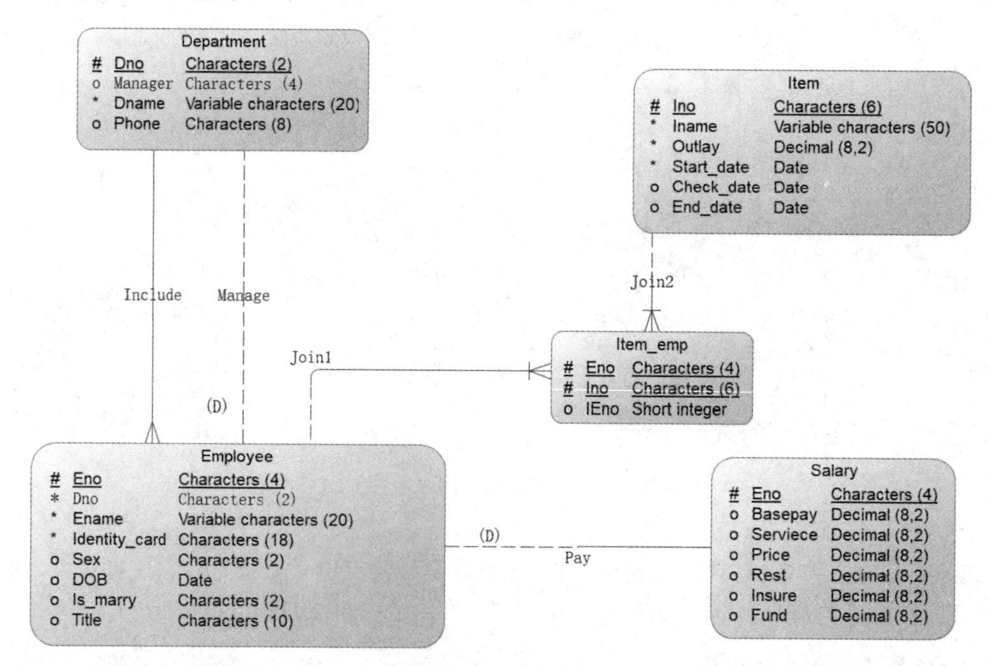

图 B-11 从 CDM 生成的 LDM

3. 将 LDM 转化为 PDM

在 PowerDesigner 主菜单中选择 Tools→Generate Physical Data Model，出现生成 PDM

的选项对话框，如图 B-12 所示。

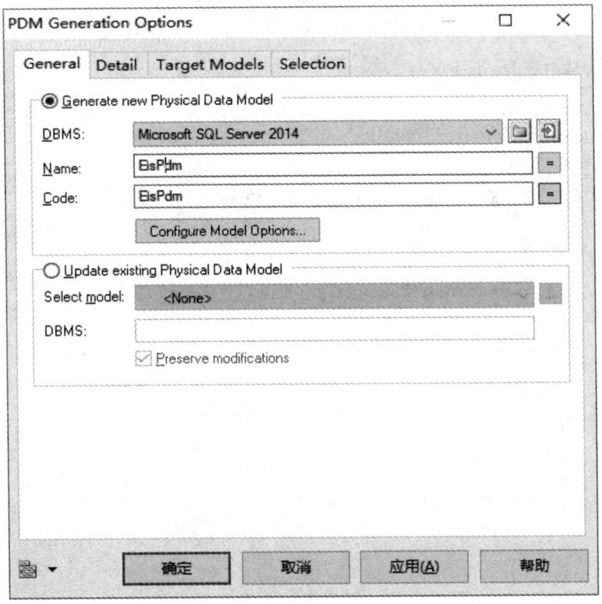

图 B-12　生成 PDM 选项对话框

在图 B-12 的数据库管理系统下拉列表框中，选择用户准备使用的后台数据库如 Microsoft SQL Server 2014，将模型的名字改成 EisPdm，默认的扩展名为 PDM。

单击“确定”按钮，系统就会将在 2 中生成的 LDM 自动转化成 PDM 模型，即物理数据模型，如图 B-13 所示。

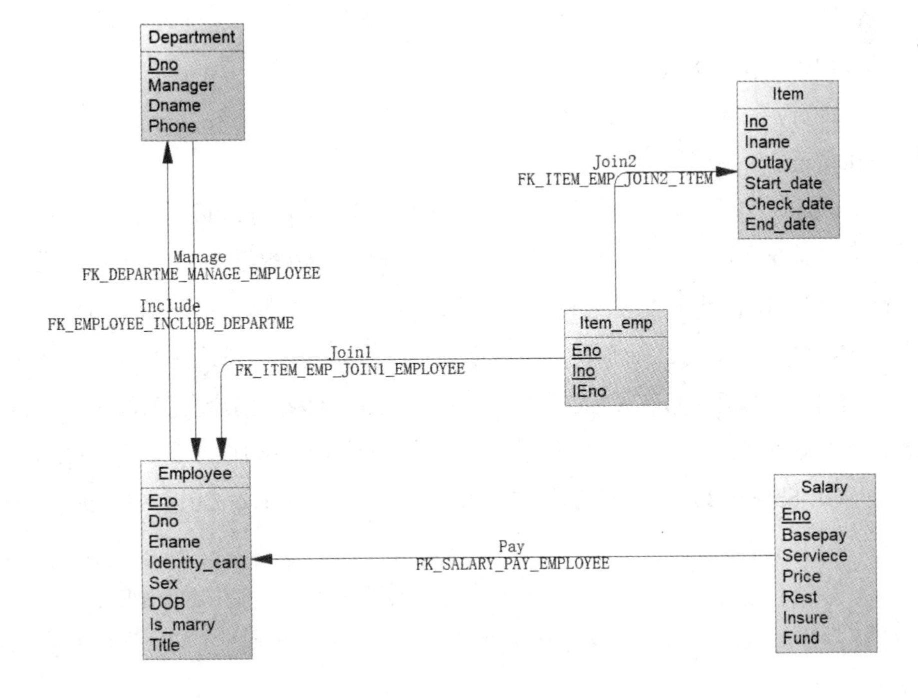

图 B-13　从 LDM 生成的 PDM

4. 从 PDM 生成物理数据库

在 PowerDesigner 主菜单中选择 Database→Generate Database...，出现生成物理数据库的选项对话框，如图 B-14 所示。

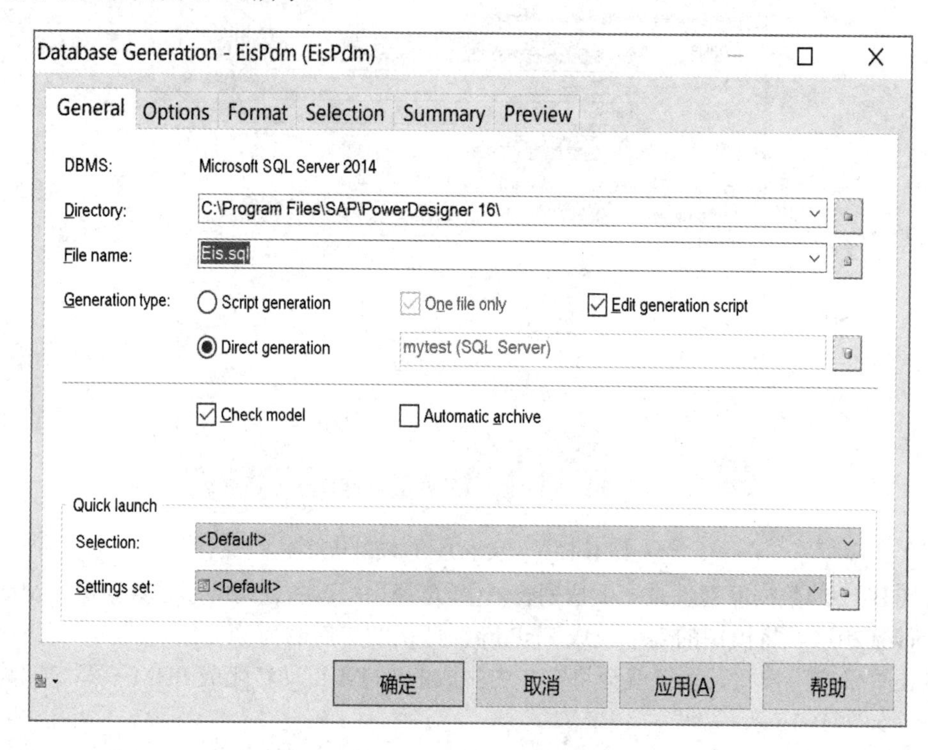

图 B-14 生成物理数据库选项

在图 B-14 中，用户要输入的内容分别是：

(1) “Directory”：数据库脚本文件保存的路径。

(2) “File name”：数据库脚本文件名称。

(3) “Generation type”：数据库生成方式。选择“Script generation”则只生成数据库的 SQL 脚本，用户需要在后台数据库管理系统运行该脚本，生成数据库中各个对象。选择“Eidt generation script”，SQL 脚本生成完成后，将被打开，供用户编辑(有时 PowerDesigner 针对某些后台 DBMS 生成的 SQL 脚本语句，需要稍加修改后才能运行)。选择“Direct generation”时，需要事先在操作系统的 ODBC 数据源中，创建一个数据源指向后台 DBMS 中的数据库，比如编者在执行这个操作前，已经创建了一个名为 mytest，驱动程序是 SQL Server，指向的数据库是 SQL Server 2014 中的 Eis 数据库(编者已在 SQLServer 2014 中创建了一个新的数据库 Eis)。

执行后，系统自动生成了职工项目管理系统的数据库脚本文件，如图 B-15 所示。单击“Run”按钮，即可以在 SQL Server 2014 的 Eis 数据库中，生成在前面定义过的所有数据库对象。

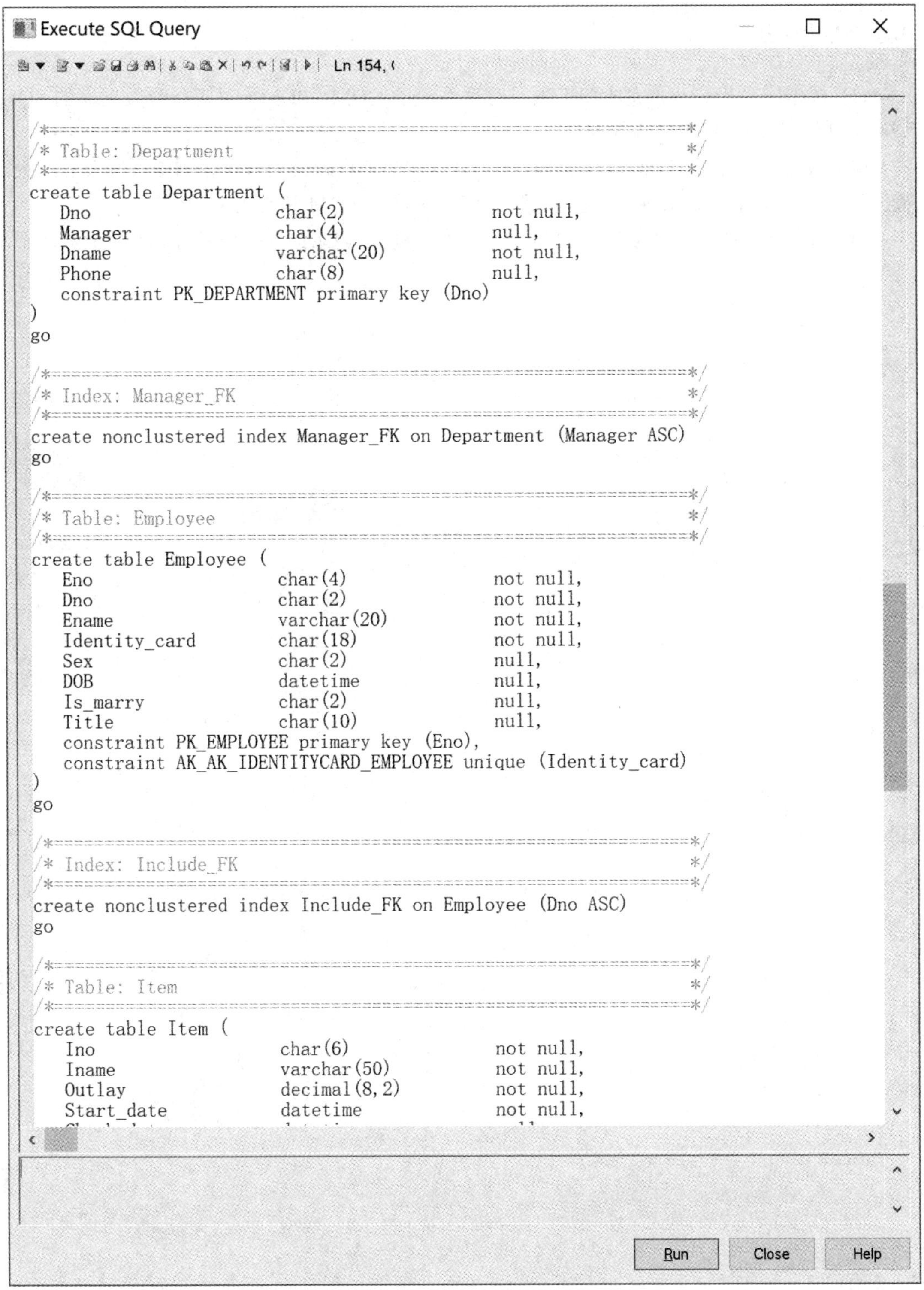

Execute SQL Query

Ln 154,

```
/*==============================================================*/
/* Table: Department                                            */
/*==============================================================*/
create table Department (
   Dno                  char(2)              not null,
   Manager              char(4)              null,
   Dname                varchar(20)          not null,
   Phone                char(8)              null,
   constraint PK_DEPARTMENT primary key (Dno)
)
go

/*==============================================================*/
/* Index: Manager_FK                                            */
/*==============================================================*/
create nonclustered index Manager_FK on Department (Manager ASC)
go

/*==============================================================*/
/* Table: Employee                                              */
/*==============================================================*/
create table Employee (
   Eno                  char(4)              not null,
   Dno                  char(2)              not null,
   Ename                varchar(20)          not null,
   Identity_card        char(18)             not null,
   Sex                  char(2)              null,
   DOB                  datetime             null,
   Is_marry             char(2)              null,
   Title                char(10)             null,
   constraint PK_EMPLOYEE primary key (Eno),
   constraint AK_AK_IDENTITYCARD_EMPLOYEE unique (Identity_card)
)
go

/*==============================================================*/
/* Index: Include_FK                                            */
/*==============================================================*/
create nonclustered index Include_FK on Employee (Dno ASC)
go

/*==============================================================*/
/* Table: Item                                                  */
/*==============================================================*/
create table Item (
   Ino                  char(6)              not null,
   Iname                varchar(50)          not null,
   Outlay               decimal(8,2)         not null,
   Start_date           datetime             not null,
```

Run　Close　Help

图 B-15　生成的数据库脚本截图

最后是保存模型文件和工作区。

四、实验内容

(1) 根据实验步骤三，完成职工项目管理系统的 CDM、PDM，对应后台数据库的 SQL 脚本，通过 ODBC 直接生成数据库。

(2) 练习逆向工程。创建一个 ODBC 数据源，指向 SQLServer 的习题 4 中的 Grademanager 数据库，利用 PowerDesigner 的逆向工程功能，生成其 PDM 和 CDM。

(3) 自选某个系统，对其进行模拟的需求分析，建立其 CDM、PDM 模型，并生成数据库。

附录 C

华为数据库 openGauss 的安装部署

上机实验一　虚拟机上安装部署华为数据库 openGauss

一、实验目的

(1) 掌握虚拟机 VMware 的安装配置方法；
(2) 掌握 openGauss 数据库安装部署方法。

二、实验环境

(1) Windows：Win10 x86 64 位；
(2) 虚拟机：VMware Workstation Pro 15.5；
(3) 操作系统：openEuler-22.03-LTS；
(4) 数据库：openGauss 2.1.0。

三、实验步骤

1. 虚拟机 VMware 安装

(1) 准备 VMware Workstation Pro 15 的安装包，鼠标右键单击 VMware 安装文件，选择“以管理员身份运行”，单击“下一步”，开始安装虚拟机，如图 C-1 所示。

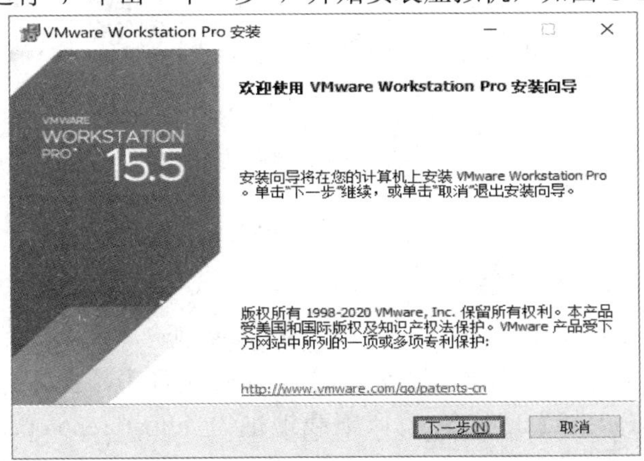

图 C-1　虚拟机 VMware 安装首界面

(2) 选择“我接受许可协议中的条款”，单击“下一步”，进入自定义安装界面。单击“更改”，选择安装位置，尽量不要安装在系统盘符内，建议安装在除系统盘外的其他磁盘中。确定安装位置后，选择“下一步”，如图 C-2 所示。

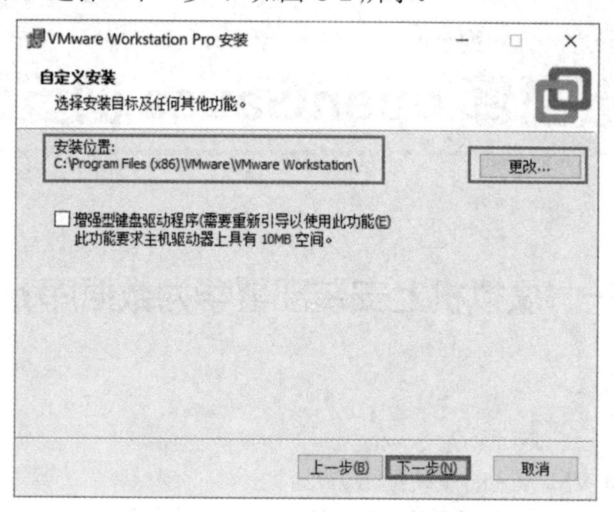

图 C-2　VMware 自定义安装界面

(3) 进入用户体验设置界面，如图 C-3 所示。建议取消选择“启动时检查产品更新(C)”和“加入 VMware 客户体验提升计划(J)”，以避免后期在使用中频繁弹出提醒信息。然后单击“下一步”开始安装，直至安装成功。

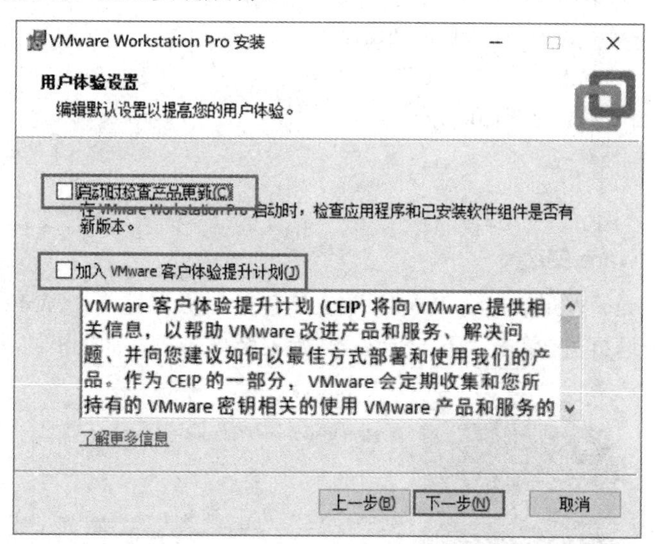

图 C-3　VMware 用户体验设置界面

2. 虚拟机上 openEuler 安装准备

2022 年 3 月，openEuler 22.03 LTS 版本 ISO 安装包仓库及 LTS 官方软件仓库均上线 openGauss 2.1.0 版本安装包，提供一键安装 openGauss 的能力，提高用户易用性。

操作系统 openEuler-22.03-LTS 镜像下载地址为 https://repo.openeuler.org/openEuler-22.03- LTS/ ISO/x86_64/，选择 openEuler-22.03-LTS-x86_64-dvd.iso 下载，如图 C-4 所示。

File Name ↓	File Size ↓	Date ↓
Parent directory/	-	-
openEuler-22.03-LTS-everything-debug-x86_64-dvd.iso	17.9 GiB	2022-Apr-01 08:38
openEuler-22.03-LTS-everything-debug-x86_64-dvd.iso.sha256sum	118 B	2022-Apr-01 08:35
openEuler-22.03-LTS-everything-x86_64-dvd.iso	15.6 GiB	2022-Apr-01 08:41
openEuler-22.03-LTS-everything-x86_64-dvd.iso.sha256sum	112 B	2022-Apr-01 08:35
openEuler-22.03-LTS-netinst-x86_64-dvd.iso	721.0 MiB	2022-Apr-01 08:38
openEuler-22.03-LTS-netinst-x86_64-dvd.iso.sha256sum	109 B	2022-Apr-01 08:35
openEuler-22.03-LTS-x86_64-dvd.iso	3.4 GiB	2022-Apr-01 08:35
openEuler-22.03-LTS-x86_64-dvd.iso.sha256sum	101 B	2022-Apr-01 08:35
openEuler-22.03-LTS-x86_64.rpmlist	102.7 KiB	2022-Apr-01 08:34

图 C-4　openEuler-22.03-LTS 镜像下载

安装 openEuler-22.03-LTS 操作系统，虚拟机需要满足虚拟化平台的兼容性要求如表 C-1 所示。

表 C-1　虚拟化平台的兼容性要求

部件名称	最小虚拟化空间要求
架构	AArch64/x86-64
CPU	2 个 CPU
内存	不小于 4 GB(建议不小于 8 GB)
硬盘	不小于 32 GB(建议不小于 120 GB)

下载完操作系统 openEuler-22.03-LTS 安装包，并了解其安装环境后，进入虚拟机安装准备过程，具体步骤如下：

(1) 运行已安装好的虚拟机 VMware，选择单击“创建新的虚拟机”，如图 C-5 所示。

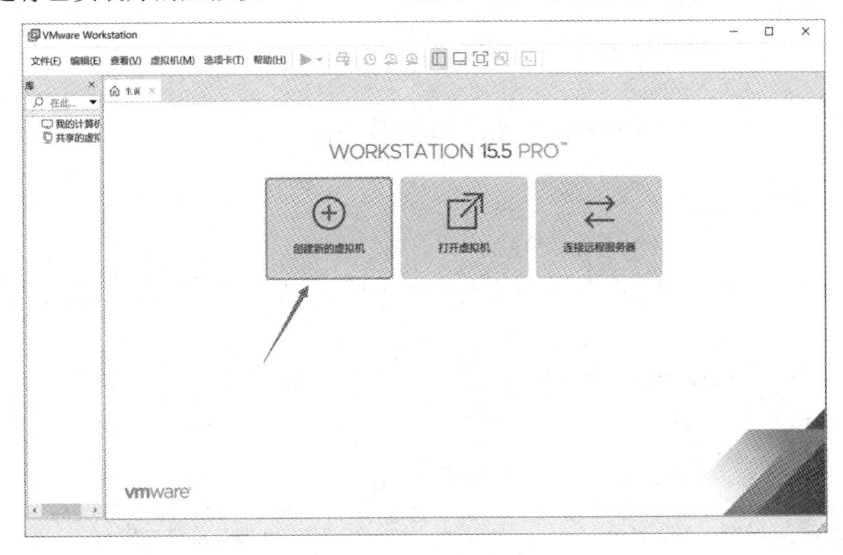

图 C-5　虚拟机 VMware 运行首界面

(2) 进入新建虚拟机向导界面，在询问“使用什么类型的配置”中，选择“自定义”，单击“下一步(N)”进入下一界面，进入虚拟机硬件兼容性界面，默认选择“Workstation 15.x”，如图 C-6 所示。单击“下一步(N)”，进入安装客户机操作系统界面，选择“稍后安装操作系统(S)”，如图 C-7 所示。单击“下一步(N)”，客户机操作系统选择“Linux”，版本选择“其他 Linux 5.x 或更高版本内核 64 位”，然后再单击“下一步(N)”，如图 C-8 所示。

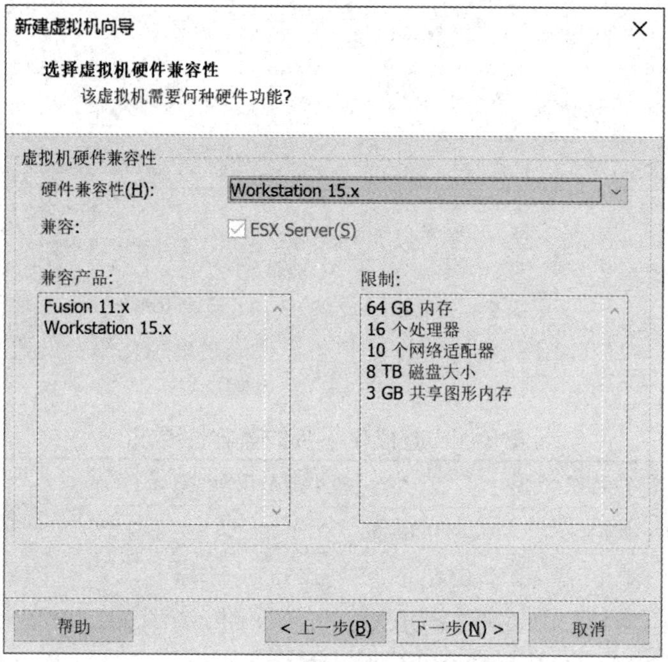

新建虚拟机向导
选择虚拟机硬件兼容性
该虚拟机需要何种硬件功能?
虚拟机硬件兼容性
硬件兼容性(H): Workstation 15.x
兼容: ESX Server(S)
兼容产品:
Fusion 11.x
Workstation 15.x
限制:
64 GB 内存
16 个处理器
10 个网络适配器
8 TB 磁盘大小
3 GB 共享图形内存
帮助 < 上一步(B) 下一步(N) > 取消

图 C-6　虚拟机硬件兼容性界面

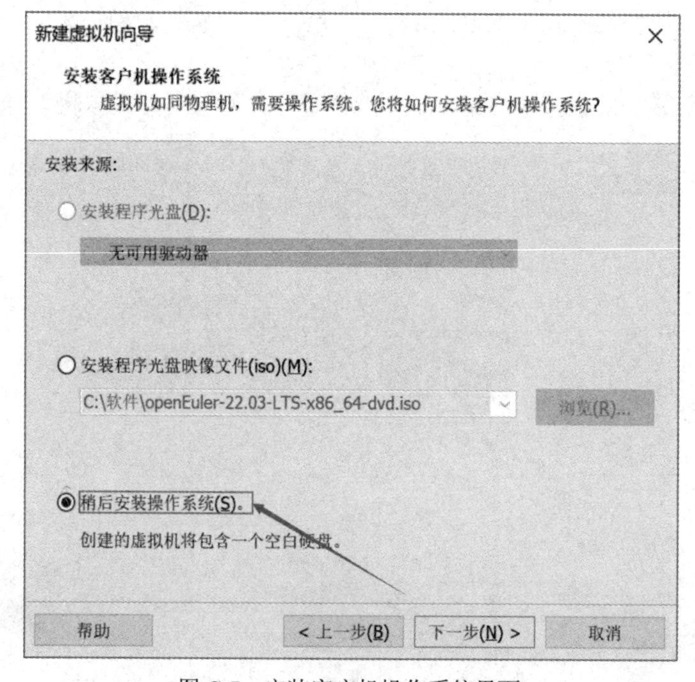

图 C-7　安装客户机操作系统界面

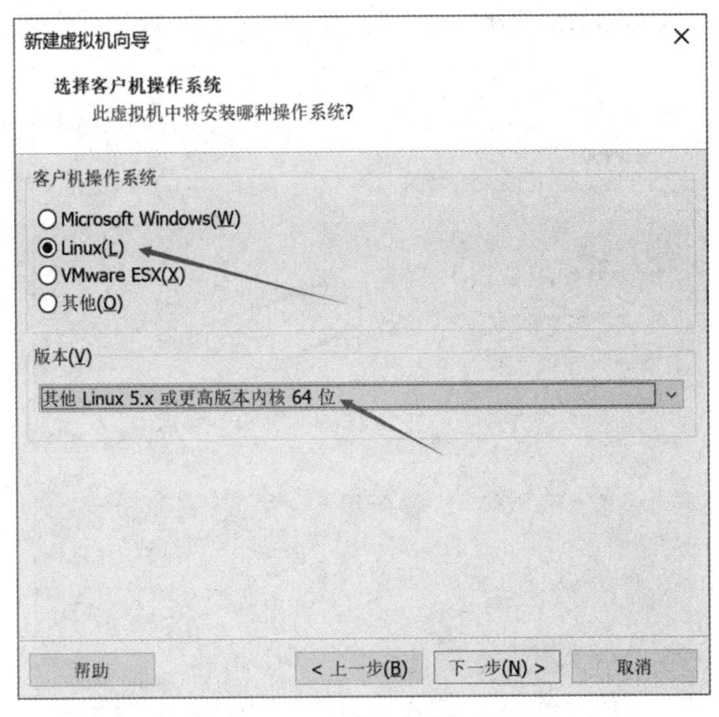

图 C-8　安装客户机操作系统选择界面

(3) 进入命名虚拟机界面，虚拟机命名为 openEuler，选择确定安装位置，单击“下一步(N)”，如图 C-9 所示。

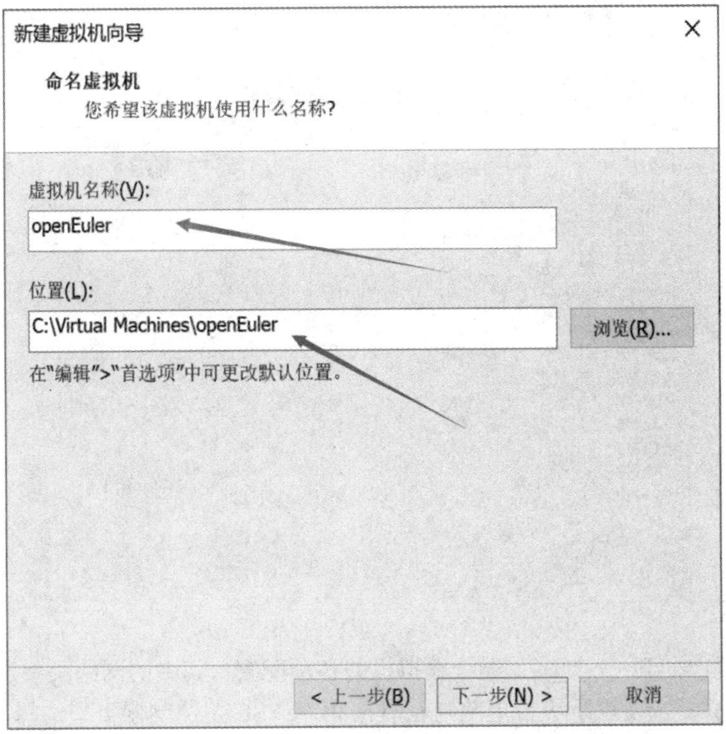

新建虚拟机向导
命名虚拟机
您希望该虚拟机使用什么名称?
虚拟机名称(V):
openEuler
位置(L):
C:\Virtual Machines\openEuler
浏览(R)...
在"编辑">"首选项"中可更改默认位置。
< 上一步(B)
下一步(N) >
取消

图 C-9　命名虚拟机

(4) 接下来，根据自身计算机的硬件配置为虚拟机的处理器和内存配置数量，如图C-10、图C-11所示。

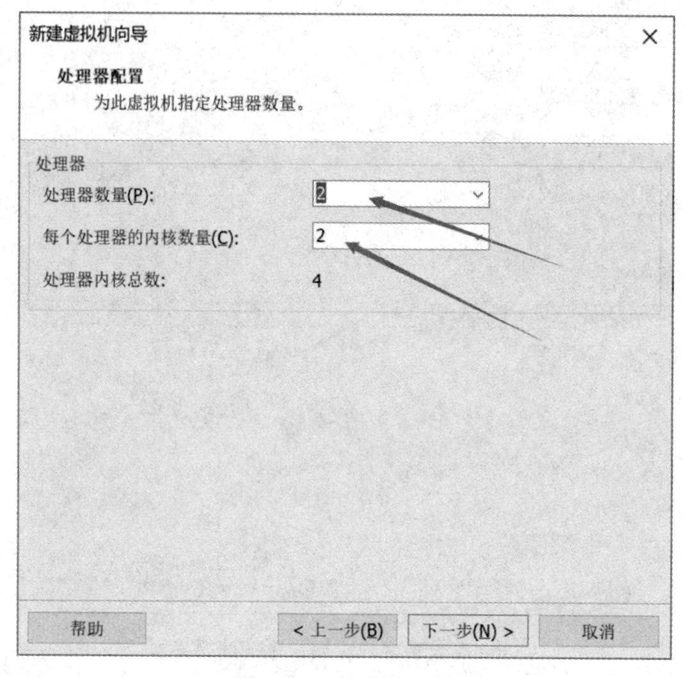

图 C-10 处理器配置

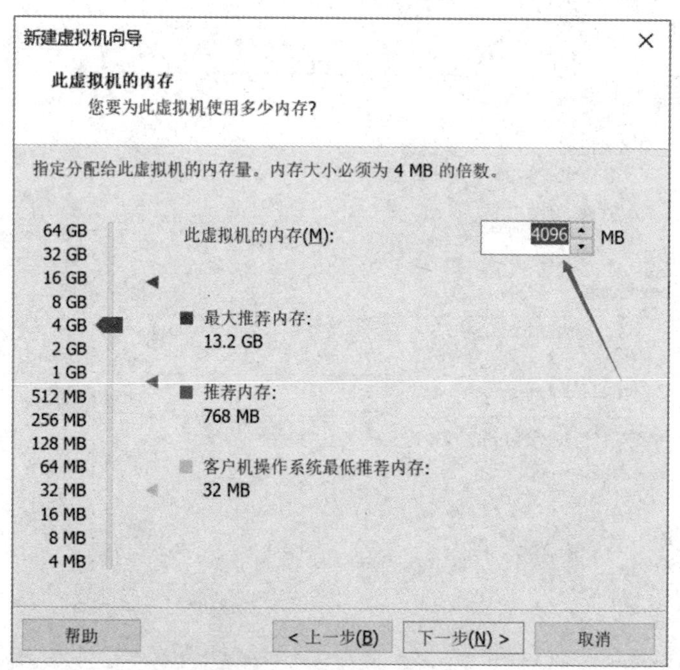

图 C-11 虚拟机内存配置

(5) 依次单击“下一步(N)”，继续虚拟机的各项配置，其中的网络类型选择“使用网络地址转换(NAT)”，主要用于虚拟电脑与互联网相连；SCSI控制器类型选择“LSI Logic”；磁盘类型选择“SCSI”。进入选择磁盘界面，选择“创建新虚拟磁盘”，然后单击“下一步

(N)”，进入指定磁盘容量界面，根据自身计算机磁盘大小，设定最大磁盘大小，因笔者磁盘受限，设置为 20GB。选择“将虚拟磁盘拆分成多个文件(M)”，如图 C-12 所示。单击“下一步(N)”，进入指定磁盘文件“openEuler.vmdk”，如图 C-13 所示。继续单击“下一步(N)”进入已准备好创建虚拟机界面，可以看到虚拟机的各项配置的参数设置，然后单击完成，如图 C-14 所示。

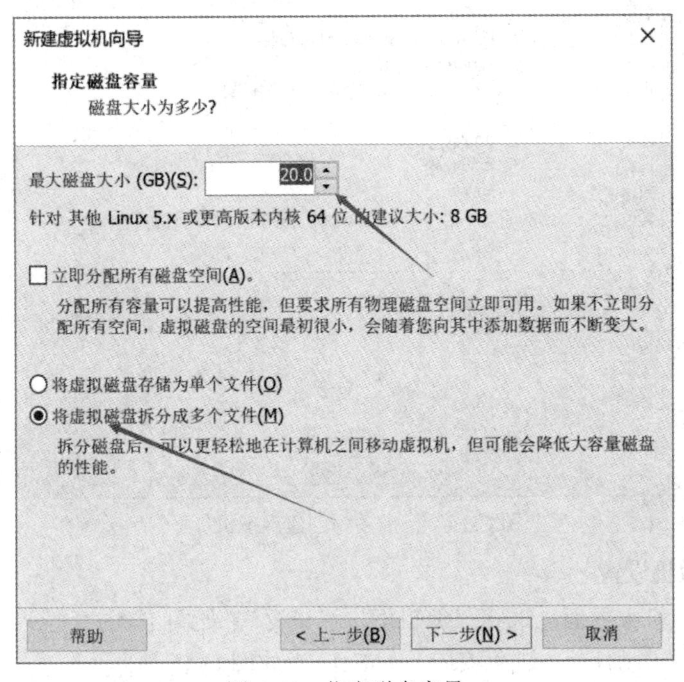

图 C-12　指定磁盘容量

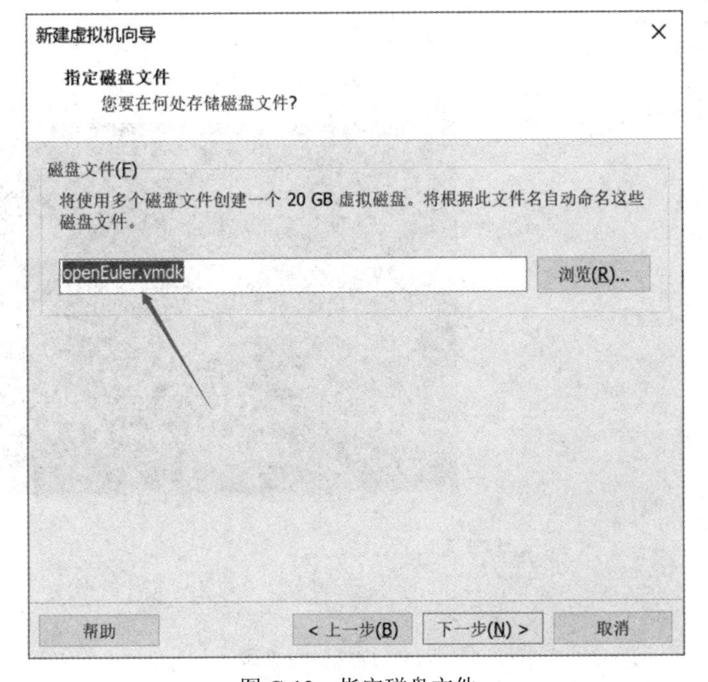

图 C-13　指定磁盘文件

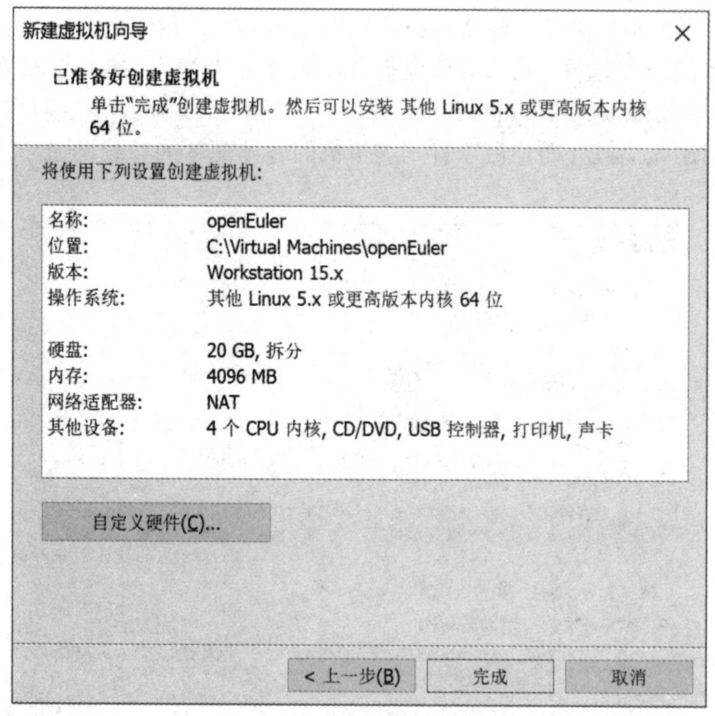

图 C-14　已准备好创建虚拟机界面

3. 编辑虚拟机设置

(1) 进入虚拟机主界面，选择“编辑虚拟机设置”，如图 C-15 所示。然后确定 ISO 映像文件路径，单击“确定”，进入安装 openEuler，如图 C-16 所示。

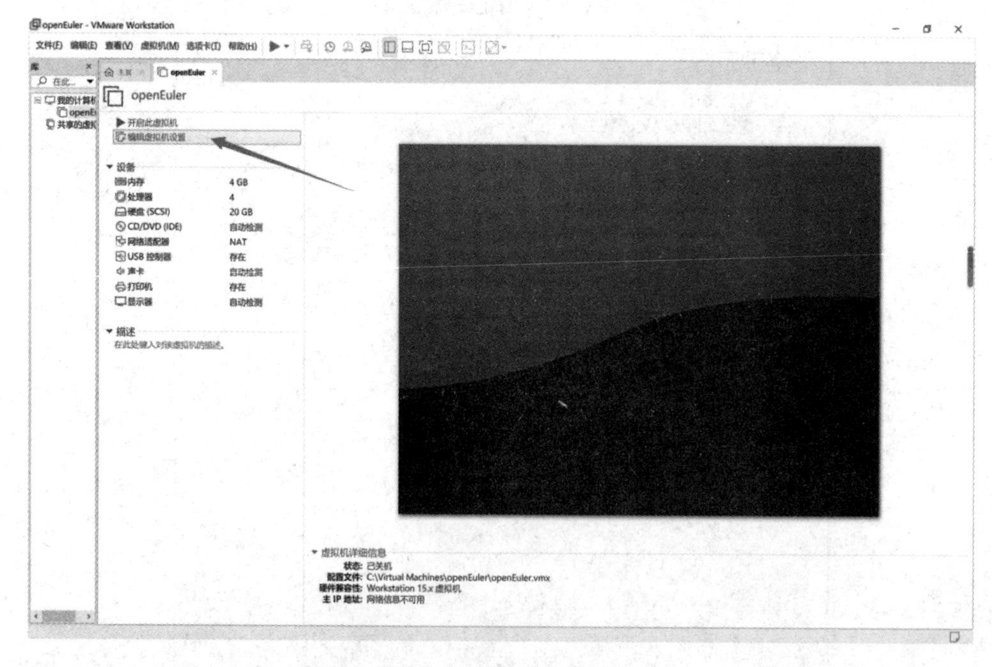

图 C-15　虚拟机主界面

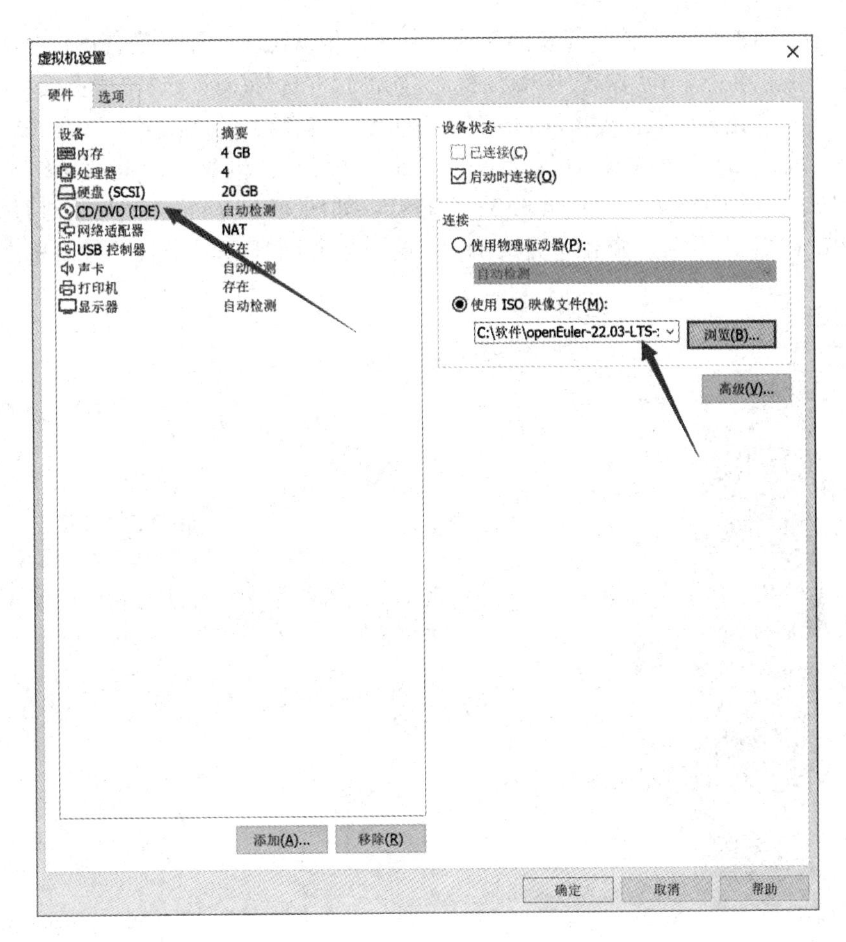

图 C-16　确定 ISO 映像文件

(2) 进入欢迎使用 openEuler 界面，选择“中文→简体中文(中国)”语言，然后单击“继续(C)”，如图 C-17 所示。

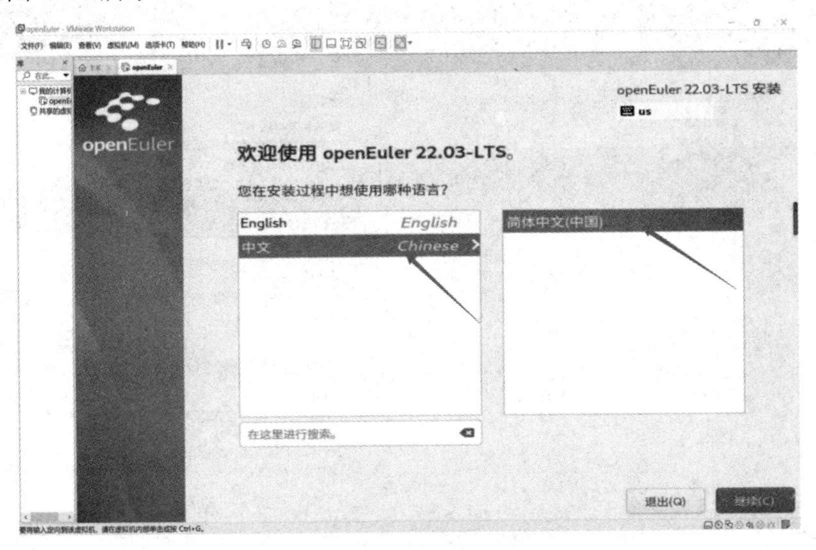

图 C-17　欢迎使用 openEuler 界面

(3) 如图 C-18 所示，进入安装信息摘要界面，依次配置“软件选择(S)”“安装目的地(D)”“网络和主机名(N)”和“根密码(R)”。首先单击“软件选择(S)”，选择“服务器→openGauss 数据库”，单击“完成(D)”，如图 C-19 所示；单击“安装目的地(D)”，选择“安装目标位置”，单击“完成(D)”，如图 C-20 所示；再选择“网络和主机名(N)”进行网络和主机名设置，单击右边按钮把网卡“以太网(ens33)”打开，如图 C-21 所示；然后再进行如图 C-22 所示的“Root 密码”设置，单击“完成(D)”，返回至图 C-18 所示界面，最后单击“开始安装(B)”。

图 C-18　安装信息摘要界面

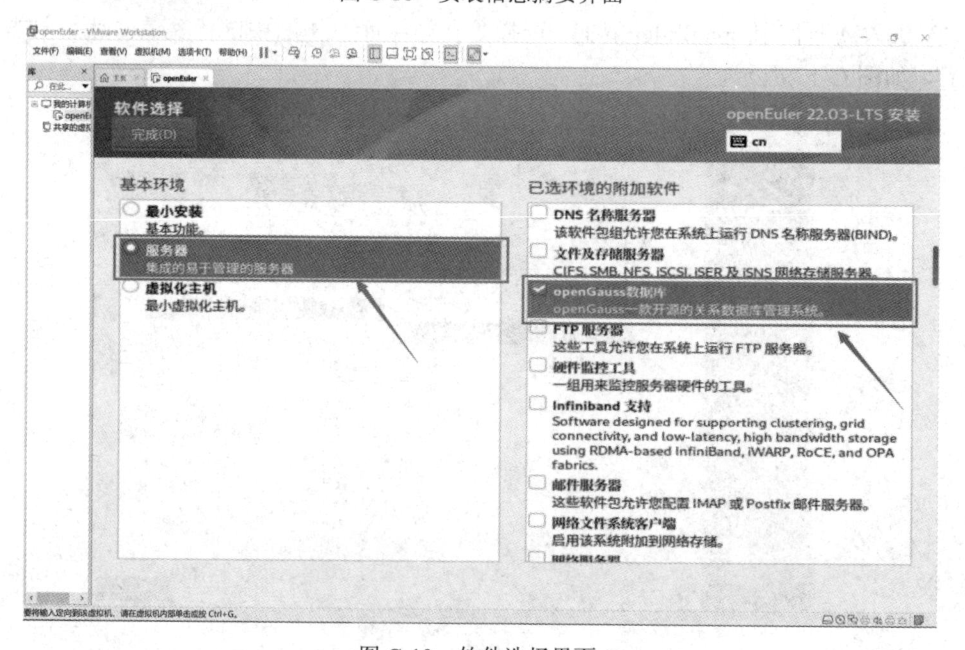

图 C-19　软件选择界面

图 C-20　安装目标位置界面

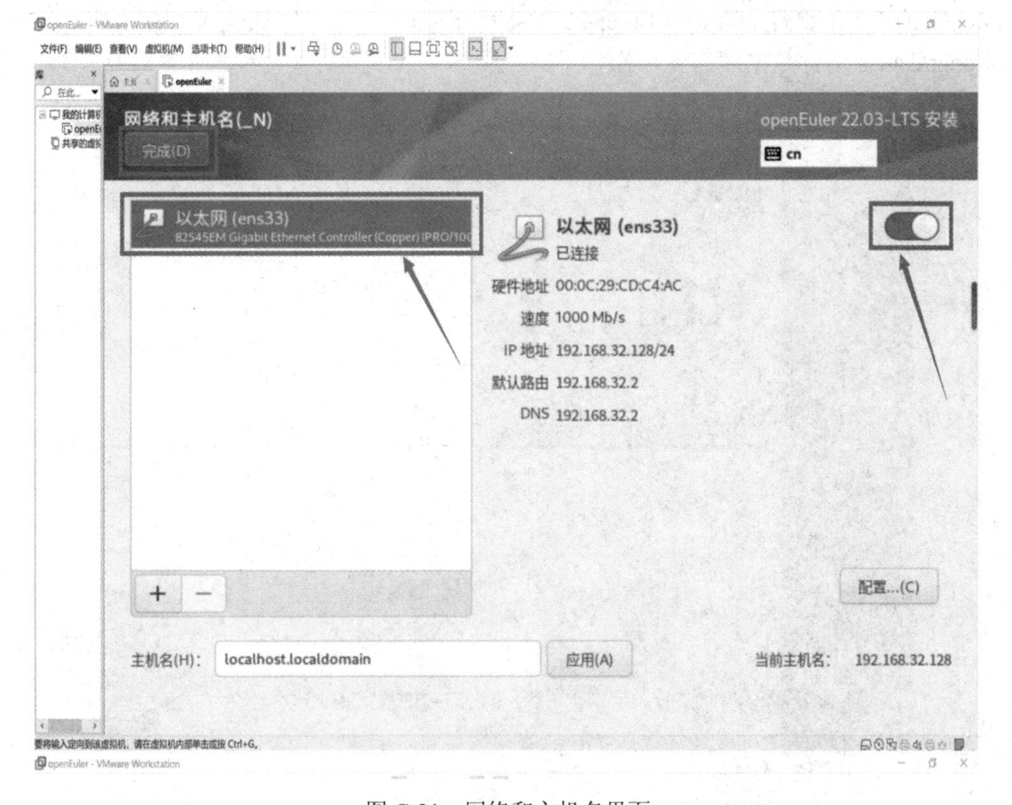

图 C-21　网络和主机名界面

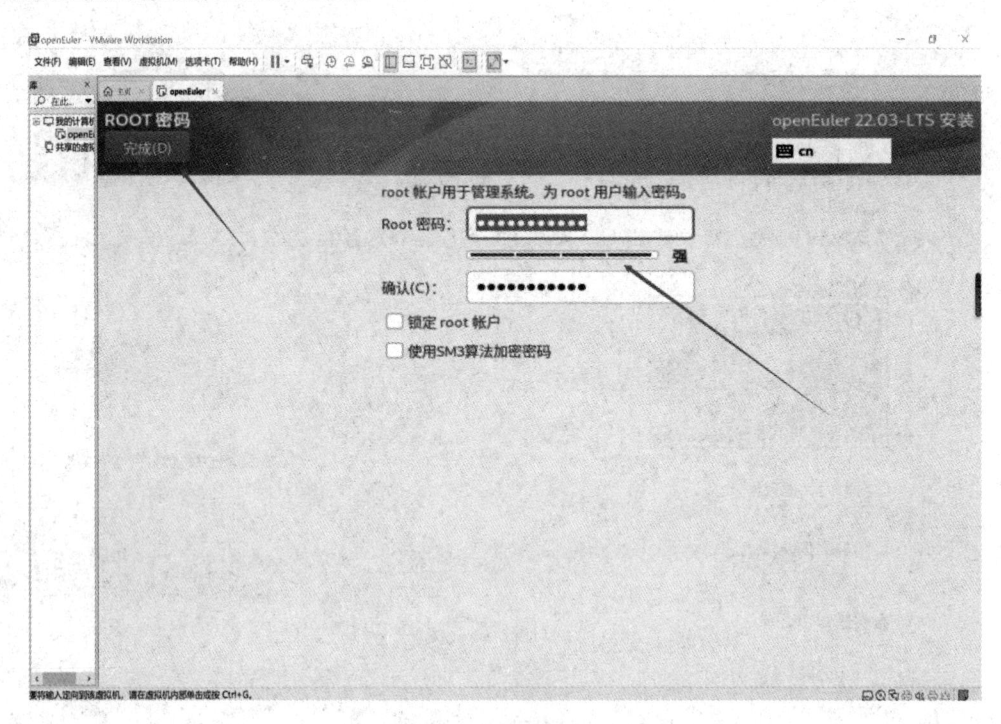

图 C-22　ROOT 账号密码设置

(4) 完成安装后，单击“重启系统(R)”，如图 C-23 所示。至此，虚拟机 VMware 上自带 openGauss2.1.0 数据库的 openEuler-22.03-LTS 操作系统已经完成安装。接下来，就可以使用 openGauss 进行数据库的各项操作了。

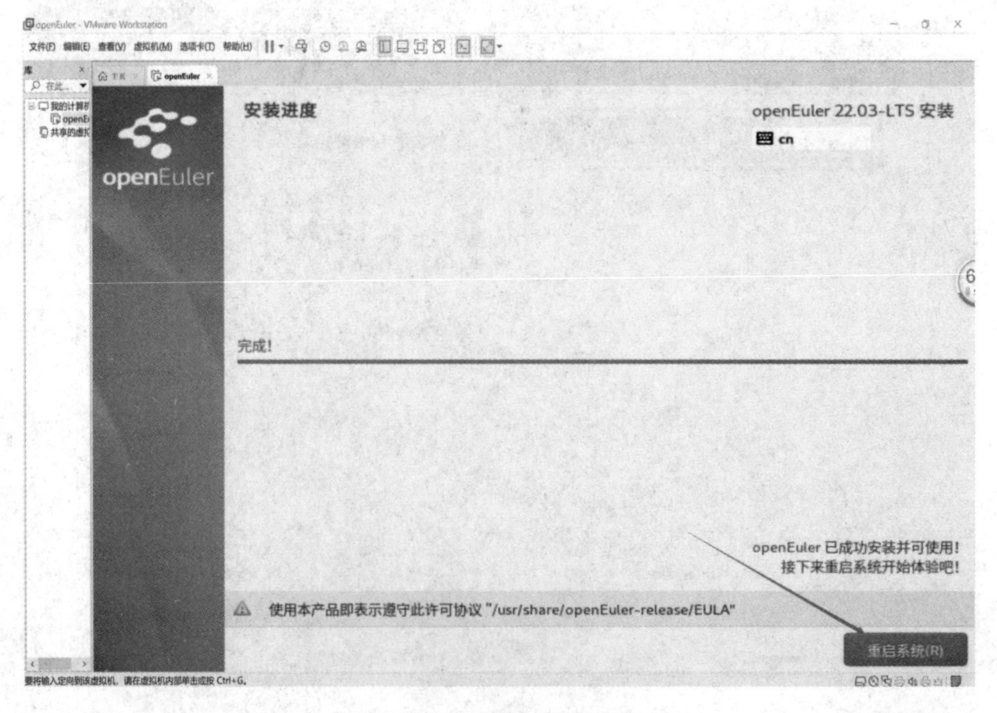

图 C-23　安装进度显示界面

四、实验内容

完成虚拟机上安装部署华为数据库 openGauss。

上机实验二　了解和使用 openGauss 数据库

一、实验目的

(1) 了解 openGauss 数据库的基本特性；
(2) 掌握 openGauss 数据库的基本操作。

二、实验准备

openGauss 数据库是一种关系型数据库管理系统，采用客户端/服务器模式和单进程多线程架构，支持单机和一主多备的部署方式，其备机可读，支持双机高可用和读扩展。它通过 openGauss 开源社区运作，推广华为自有数据库生态，助力华为鲲鹏计算产业生态的构建。

1. openGauss 数据库的产品特点

openGauss 相比其他开源数据库主要有复合应用场景、高性能和高可用等产品特点。

(1) openGauss 支持多种存储模型，适用于复合应用场景。行存储支持业务数据频繁更新场景，列存储支持业务数据追加和分析场景，内存表存储支持高吞吐、低时延和极高性能场景。

(2) 高性能。通过多核数据结构、增量检查点和大内存缓冲区管理实现百万级 tpmC，tpmC 值在国内外被广泛用于衡量计算机系统的事务处理能力，意为每分钟内系统处理的新订单个数，还可以通过服务端的连接池支持万级的并发链接。

(3) 高可用。支持主备同步和异步多种部署模式；数据页循环冗余校验码(Cyclic Redundancy Check，CRC)校验，损坏数据页通过备机自动修复；备机并行恢复，10 s 内可升主提供服务。

2. openGauss 数据库的软件架构

openGauss 主要包含 openGauss 主/备服务器、客户端驱动和运维管理(Operation Manager，OM)等模块，如图 C-24 所示。其中各模块功能如下：

(1) OM：为集群日常运维、配置管理提供管理接口和工具。

(2) 客户端驱动：负责接收来自业务应用的访问请求，并向业务应用返回执行结果；负责与 openGauss 实例的通信，下发 SQL 在 openGauss 实例上执行，并接收命令执行结果。

(3) openGauss 主备：负责存储业务数据(支持行存、列存和内存表存储)、执行数据查询任务以及向客户端驱动返回执行结果。

(4) Storage：服务器的本地存储资源，持久化存储数据。

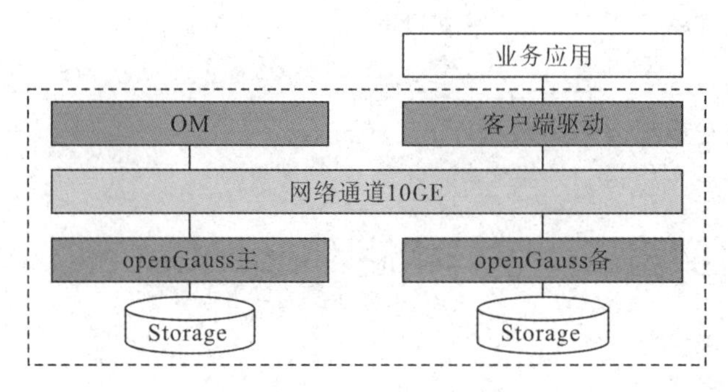

图 C-24　openGauss 软件架构图

3. openGauss 数据库的典型组网方式

为了保证整个应用数据的安全性，可以将 openGauss 的典型组网划分为两个独立网络：前端业务网络和数据管理存储网络。

4. openGauss 数据库的基本功能

(1) 支持标准 SQL。支持标准的 SQL 92/SQL 99/SQL 2003/SQL 2011 规范，支持 GBK 和 UTF-8 字符集，支持 SQL 标准函数、分析函数与存储过程。

(2) 数据库存储管理功能。支持表空间，可以把不同表规划到不同的存储位置。

(3) 提供主备双机。事务支持 ACID 特性、单结点故障恢复、双机数据同步和双机故障切换等。

(4) 应用程序接口。支持标准 JDBC 4.0 特性、ODBC 3.5 特性。

(5) 管理工具。提供安装部署工具、实例启停工具和备份恢复工具。

(6) 安全管理。支持安全套接字层(Secure Socket Layer，SSL)安全网络连接、用户权限管理、密码管理、安全审计等功能，保证数据库在管理层、应用层、系统层和网络层的安全性。

5. openGauss 数据库的逻辑结构

openGauss 的数据库结点负责存储数据，其逻辑结构主要从逻辑视角介绍数据库结点都有哪些对象，以及这些对象之间的关系，如图 C-25 所示。其中各逻辑单元的具体内容如下：

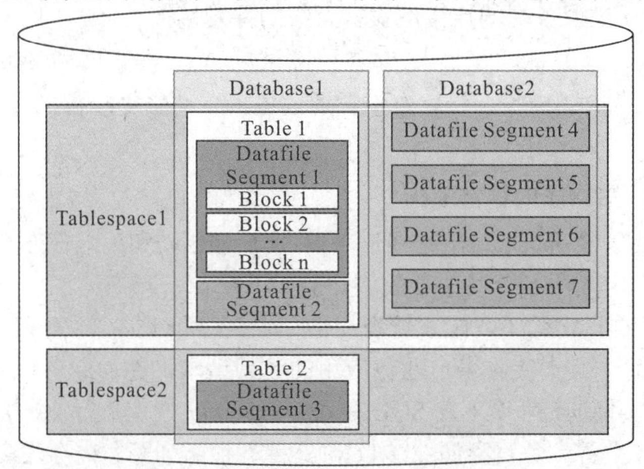

图 C-25　openGauss 数据库逻辑结构图

(1) Tablespace：表空间，它是一个目录，可以存在多个，其存储的是它所包含的数据库的各种物理文件。每个表空间可以对应多个 Database。

(2) Database：数据库，用于管理各类数据对象，各数据库之间相互隔离，数据库管理的对象可分布在多个 Tablespace 上。

(3) Datafile Segment：数据文件，通常每张表只对应一个数据文件。如果某张表的数据大于 1 GB，则会分为多个数据文件进行存储。

(4) Table：表，每张表只能属于一个数据库，也只能对应一个 Tablespace，即每张表对应的数据文件必须在同一个 Tablespace 中。

(5) Block：数据块，是数据库管理的基本单位，默认大小为 8 KB。

三、实验步骤

1. 虚拟机上启动 openEuler

需要输入登录账号“root”和密码(安装时设置的密码)，在 root 登录后，可以输入命令“vi /etc/yum.repos.d/openEuler.repo”查看 openEuler 的 yum 源，可以看到均已配置成功，输入“:wq”进行保存并退出。

2. 使用 openGauss 数据库

(1) 需要注意的是，在 openEuler-22.03-LTS 自带 open Gauss 版本中，数据库的管理用户为 opengauss，因此需要切换到 opengauss 用户下才可进行数据库的常用操作，如图 C-26 所示。执行命令如下：

```
su - opengauss
```

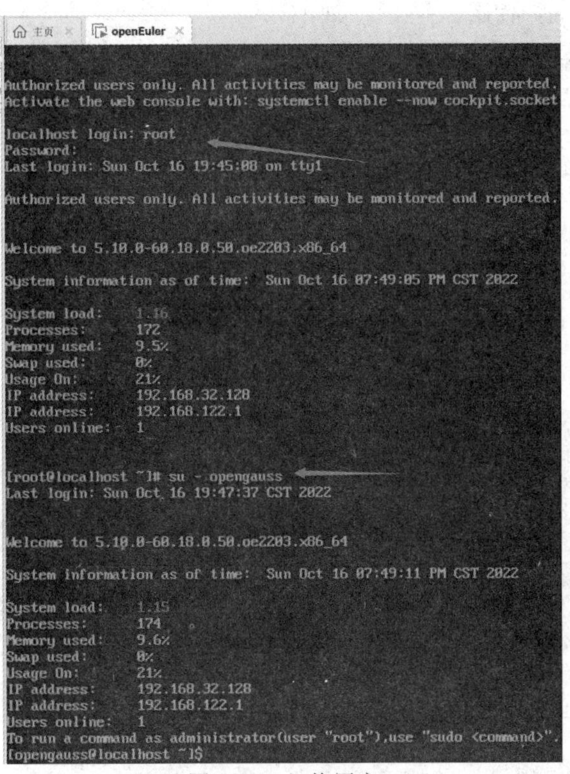

图 C-26　切换用户

(2) 接下来，可以使用在命令行下运行数据库连接工具 gsql 来登录数据库。执行命令如下：

```
gsql -d postgres -r
```

使用\l 命令查看数据库服务器上的数据库列表，但会发现要求必须先修改密码，因此先输入 SQL 语句修改 opengauss 用户的密码，如图 C-27 所示。修改 opengauss 用户密码的 SQL 语句如下：

```
ALTER ROLE opengauss IDENTIFIED BY 'Database@123';
```

```
[opengauss@localhost ~]$ gsql -d postgres -r
gsql ((GaussDB Kernel V500R002C00 build ) compiled at 2022-03-30 05:12:20 commit 0 last mr  )
Non-SSL connection (SSL connection is recommended when requiring high-security)
Type "help" for help.

openGauss=# \l
ERROR:  Please use "ALTER ROLE user_name PASSWORD 'password';" to set the password of user opengauss before other operation!
openGauss=# alter role openGauss identified by 'Database@123';
ALTER ROLE
openGauss=# \l
                          List of databases
   Name    |   Owner   | Encoding  | Collate | Ctype |    Access privileges
-----------+-----------+-----------+---------+-------+-------------------------
 postgres  | opengauss | SQL_ASCII | C       | C     |
 template0 | opengauss | SQL_ASCII | C       | C     | =c/opengauss           +
           |           |           |         |       | opengauss=CTc/opengauss
 template1 | opengauss | SQL_ASCII | C       | C     | =c/opengauss           +
           |           |           |         |       | opengauss=CTc/opengauss
(3 rows)
```

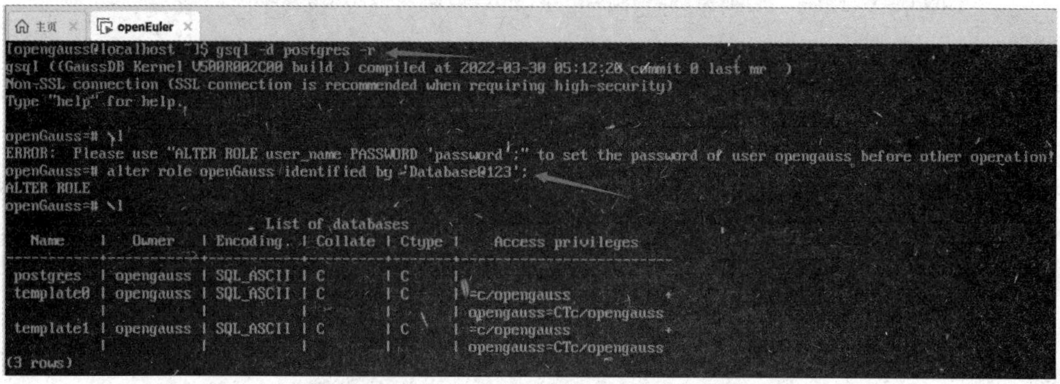

图 C-27　登录数据库并查看数据库列表

(3) 默认只有安装时创建的管理员用户才可以访问初始数据库，当然也可以创建其他数据库用户账号，如图 C-28 所示。

创建新用户 myuser，使用 SQL 语句如下：

```
CREATE USER myuser IDENTIFIED BY 'Database@123';
```

创建新的数据库 mydb，使用 SQL 语句如下：

```
CREATE DATABASE mydb OWNER myuser;
```

创建好数据库 mydb 后，先使用命令\q 退出 opengauss 数据库，再使用新用户 myuser 连接到 mydb 数据库，然后进行创建表等操作。

使用新用户 myuser 登录数据库 mydb，使用命令如下：

```
gsql -d mydb -U myuser -W Databababase@123 -r
```

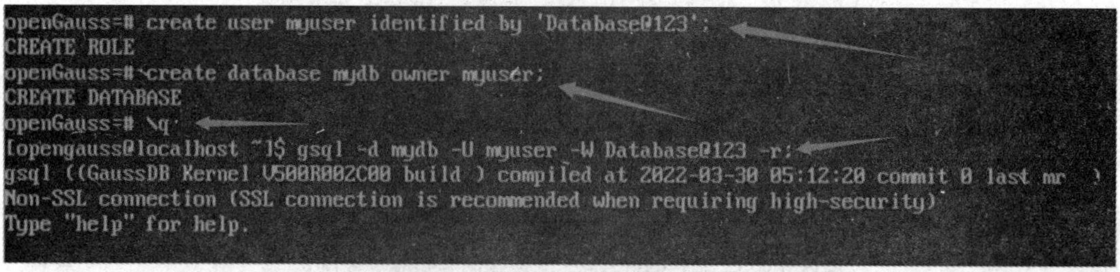

```
openGauss=# create user myuser identified by 'Database@123';
CREATE ROLE
openGauss=# create database mydb owner myuser;
CREATE DATABASE
openGauss=# \q
[opengauss@localhost ~]$ gsql -d mydb -U myuser -W Database@123 -r
gsql ((GaussDB Kernel V500R002C00 build ) compiled at 2022-03-30 05:12:20 commit 0 last mr  )
Non-SSL connection (SSL connection is recommended when requiring high-security)
Type "help" for help.
```

图 C-28　创建新用户和数据库

(4) 接下来，创建模式，使用 SQL 语句如下：

```
CREATE SCHEMA myuser AUTHORIZATION myuser;
```

然后，可以实现创建表、表中数据添加和查询等操作，如图 C-29 所示。

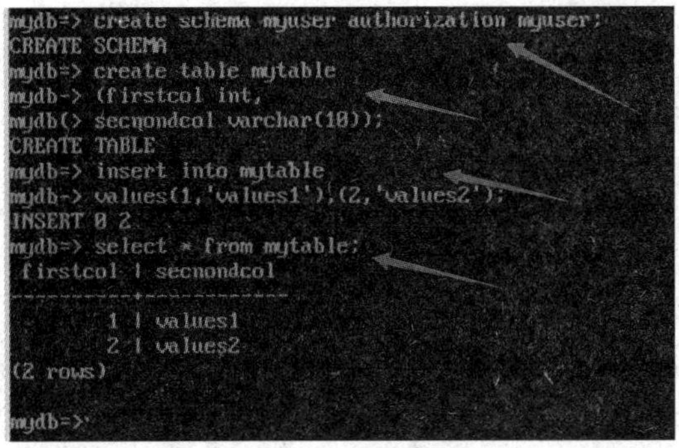

```
mydb=> create schema myuser authorization myuser;
CREATE SCHEMA
mydb=> create table mytable
mydb-> (firstcol int,
mydb(> secnondcol varchar(10));
CREATE TABLE
mydb=> insert into mytable
mydb-> values(1,'values1'),(2,'values2');
INSERT 0 2
mydb=> select * from mytable;
 firstcol | secnondcol
----------+------------
        1 | values1
        2 | values2
(2 rows)

mydb=>
```

图 C-29　数据表操作

四、实验内容

按照实验步骤中给出的示例，新建用户 myuser 下的数据库 grademanager，在 openGauss 数据库环境中完成附录A中实验三～实验十。

参 考 文 献

[1] ULLMAN J D，WIDOM J. A first course in database system. Prentice Hall，1997.

[2] DATE C J. An introduction to database system. 6th ed. Addison-Wesley，1995.

[3] ULLMAN J D. Principles of database systems. Computer Science Press，1980.

[4] DILBERSCHATZ A，KORTH H F，SUDARSHAN S. Database system concepts，Third Edition. The McGraw-Hill Companies，Inc. 1999.3.

[5] GARCIA-MOLINA H，ULLMAN J D. Jeennifer widom: database system implementation. Prentice Hall，2000.

[6] PRATT P J，ADAMSKI J J. The concepts of database management. 2nd ed. Course Technology，1997.

[7] KROENKE D M. Database processing: fundamentals，design & implementation. 7th ed. Prentice Hall，2000.

[8] STONEBRAKER M，MOORE D. Object-relation DBMSS: the next great ware. Morgan Kaufmaun Publisher，Inc.1996.

[9] LCHATURVEDI D，PATHAK P. Administering SQL server 7. The McGraw-Hill Companies，Inc.1999.

[10] 张红娟，傅婷婷. 数据库原理. 4 版. 西安：西安电子科技大学出版社，2016.

[11] 王珊，萨师煊. 数据库系统概论. 5 版. 北京：高等教育出版社，2014.

[12] Hector Garcia-Molina，ULLMAN J D.，Jennifer Widom. 数据库系统全书. 岳丽华，杨冬青，龚育昌，唐世渭，徐其钧，等译. 北京：机械工业出版社，2003.

[13] 张红娟，金洁洁，匡芳君. 数据库课程设计. 西安：西安电子科技大学出版社，2019.

[14] SILBERSCHATZ A，KORTH H F，S. Sudarshan. 数据库系统概念. 7 版. 杨冬青，李红燕，张金波，等译. 北京：机械工业出版社，2021.

[15] CONNOLLY T，BEGG C. 数据库系统：设计、实现与管理(基础篇). 6 版. 宁洪，等译. 北京：机械工业出版社，2016.

[16] CONNOLLY T，BEGG C. 数据库系统：设计、实现与管理(进阶篇). 6 版. 宁洪，等译. 北京：机械工业出版社，2017.

[17] PETROV A. 数据库系统内幕. 北京：机械工业出版社，2020.

[18] CAMPBELL L，MAJORS C. 数据库可靠性工程数据库系统设计与运维指南. 张海深，夏梦禹，林建桂，译. 北京：人民邮电出版社，2020.

[19] 皮雄军. NoSQL 数据库技术实战. 北京：清华大学出版社，2015.

[20] 万常选，廖国琼，吴京慧，等. 数据库系统原理与设计. 北京：清华大学出版社，2017.

[21] 张良均，樊哲，赵云龙，等. Hadoop 大数据分析与挖掘实战. 北京：机械工业出版社，2016.

[22] KROENKE D M. 数据库处理：基础、设计与实现. 7 版. 施伯乐，顾宁，刘国华，等译. 北京：电子工业出版社，2001.

[23] GARCIA-MOLINA H，ULLMAN J D, WIDOM J. 数据库系统实现. 杨冬青，等译. 北京：机械工业出版社，2010.

[24] 罗炳森，黄超，钟侥. SQL 优化核心思想. 北京：人民邮电出版社，2018.

[25] PETROV A. 数据库系统内幕. 黄鹏程，傅宇，张晨，译. 北京：机械工业出版社，2020.

[26] 李国良，周敏奇. openGauss 数据库核心技术. 北京：清华大学出版社，2020.